http://ajin.to

화학공학인을 위한

공정제어 이론과 실무

이광순 저

A-JIN
도서출판 아진

"내가 가는 길을 그가 아시나니 그가 나를 단련하신 후에는 내가 순금 같이 되어 나오리라 (욥23 : 10)"

차 례

머 리 말

대학에서 공정제어를 교육받은 많은 화학공학 엔지니어들에게 공정제어와 관련된 중요한 기억을 이야기해 보라 하면 Laplace 변환, 변이변수, 전달함수, 안정성과 같은 것들을 꼽는다. 그러나 막상 산업현장에서 근무를 시작하면 복잡하고 거대한 공정과 지나치게 단순화되고 현실감 없는 전달함수가 어떻게 연관되는지 이해하지 못하는 경우가 허다하다. 한편 산업계에서 P&ID와 오래 동안 씨름을 하던 엔지니어들은 Laplace 변환, 전달함수가 무엇인지 몰라도 공정의 특성에 대한 이해만으로도 공정도면 위에 제어루프를 그려가며 설계업무를 수행한다. 그러나 이들에게는 구성된 제어루프를 정량적으로 해석할 수 있는 능력이 부족한 경우가 많다. 따라서 좀 더 완벽한 접근을 위해서는 위의 두 지식, 즉 제어계 해석을 위한 기초이론과 제어내싱이 되는 공정에 대한 이해가 모두 필요하며 궁극적으로는 이 둘을 하나의 눈으로 볼 수 있는 능력이 요구된다.

본 교제는 이러한 요구를 충족시키기 위해서 준비된 것으로 제어이론의 보강이 요구되는 산업계의 제어 및 공정 엔지니어들을 일차적인 대상 독자층으로 하였다. 그러나 저자 본 교재가 화학공학 공정제어 교과서로 사용되기에도 부족함이 없도록 기초적인 내용을 충분히 담고자 노력하였으며, 동특성과 제어의 기본개념을 익히기에는 지나치게 수식적 조작에 치우친 기존 교재들의 문제점들을 보완하기 위해 노력을 기울였다. 제어실무자들을 대상으로 한 ISA (Instrument Society of America)의 과거 여러 교재들을 보면 수식의 사용을 가급적 피하고 정성적으로만 제어의 개념을 설명하고자 하고 있다. 그러나 모든 산업용 제어기들이 CPU 를 탑재한 디지탈형으로 바뀌며 많은 고급 제어기능들이 기본사양이 됨에 따라 적어도 Laplace 변환과 시스템이론의 기본을 이해하지 않고는 사용 설명서도 읽기가 어려운 상황이 되었다. 이 뿐 아니라 과거의 고급제어개념이 보편개념이 되고, 소위 advanced 제어라 불리우는 다변수 제어기법들이 화학공정에도 일반적으로 도입되어 활용됨에 따라, 제어에서 요구하는 최소한의 수학적 기초를 갖추지 않고는 이러한 발전을 쫓아가기 어려운 상황이 되었다. 이러한 시대적 상황변화에 부응하기 위해서 본 교재에서도 Laplace 변환을 중심으로 한 기본적인 수학을 소개하였으며, 특히 고전제어에서 현대제어에 이르기까지 핵심적 수학적 도구라 할 수 있는 주파수영역 해석기법도 중요하게 취급하였다.

본 교재는 단일 입출력 공정의 PID 제어를 중심으로 구성 되었으며, 이를 근간으로 한 다중 루프 제어 그리고 다중 입출력 공정의 연계제거 PID 제어 까지를 다루고 있다. 이 중 다중 루프 제어는 실제 공정에의 적용을 중심으로 소개하였으며, 특별히 대표적인 화학공정인 증류탑 제어 문제를 독립적으로 다루었다. 이론적으로 좀 더 깊이 있는 내용은 각 장의 부록에 소개하였으나, 실무에서 PID 제어를 이해하고자 하는 이들이 꼭 알아야 할 내용은 아니다. Advanced 제어에서 필요한 이산시간대 제어기법이나 다변수 제어기법, 또 그 중요성이 증대하고 있는 회분공정 제어기법은 본 교재에서 다루지 않았다.

설계를 중심으로 한 정적인 문제의 해석에 익숙해 있는 화학공학 엔지니어들에게 동특성을 다루는 공정제어는 매우 생소한 분야임이 틀림없다. 실제로 학교와 산업계에서 제어교육을 수행해 보면 상당기간의 교육 후에도 교육을 통해 습득한 내용과 제어실무를 어떻게 연결되어야 하는지를 이해하지 못하는 경우가 많음을 종종 경험하게 된다. 본 교재를 통해 독자들의 이와 같은 갈증이 시원하게 해소될 수 있기를 기대하여 본다.

본 교재를 완성하는 과정에서 여러 연습문제를 제공해 준 KAIST 생명화학공학과의 이재형 교수, 교정을 도와 준 서강대학교 화공생명공학과 2017년 공정제어 수강생들과 문제 풀이집을 제작하는데 수고한 공정시스템 및 제어연구실의 대학원생들. 에게 특별한 감사를 표한다.

제1장

공정제어의 기초개념

화학공학인의 활동은 크게 연구개발, 공정설계, 공정운전 및 경영의 네 단계로 분류하여 볼 수 있다. 공정제어는 이 중 공정운전 단계의 핵심적인 기술이다. 공정설계는 정상상태의 수지식을 기반으로 이루어지지만, 공정운전은 동적으로 움직이는 실제 공정을 다루어야 하기 때문에 동적상태에 대한 이해를 바탕으로 하는 한 단계 높은 수준의 문제를 다루게 된다. 공정제어를 위해서는 공정 운전정보 취득이 기본적으로 수행되어야 하며, 이들 정보는 결국 기업경영의 기본 자료가 되므로 공정제어는 기업 정보화라는 큰 틀의 하부구조를 이루게 된다.

기업간의 국제적 경쟁이 심화되면서 기업의 효율적 경영을 통한 수익성 제고는 모든 기업의 필수적 과제가 되었다. 정보화는 이를 위한 가장 중요한 도구로 공정제어 중요성이 강조되지 않을 수 없다.

1 장에서는 먼저 화학공정 운전문제의 기본성격을 간략히 이해하고 어떠한 사항들이 공정운전에서 요구되는지를 살펴본다. 넓은 의미에서의 공정제어는 이러한 운전문제 전반을 포괄하는 것이지만, 이론적 근간은 소위 피드백(feedback) 제어라는 개념에서 출발한다. 본 교재도 상당 부분이 피드백 제어를 이해하는 데에 그 초점이 맞추어져 있다. 이에 따라 1장의 나머지 부분은 피드백 제어의 개념 및 관련된 여러 개념을 소개하고 정성적인 측면에서 이들을 이해하는 데에 목적을

둔다.

- **공정제어는 좁게는 공정의 운전, 더 넓게는 운영을 다루는 기술이다.**

1.1 공정운전의 기본 성격과 공정제어

화학공정은 화학/물리적 과정을 통하여 어떠한 원료 물질이 원하는 생산물로 변환되는 생산공정을 말한다. 이러한 변환과정에서 흔히 열 에너지가 소모되거나 발생되며, 공정에 따라서는 고온, 고압의 위험한 조건에서 운전이 수행되기도 한다.

이러한 공정운전(process operation)은 여러 제약조건(constraints)을 만족시키며 이루어져야 한다. 무엇보다 중요한 것은 안전(safety)이 보장되어야 한다는 것이다. 화학공장에서의 작은 사고는 자칫 대형사고로 발전될 가능성이 높기 때문에 안전문제의 고려는 무엇보다 우선 되어야 한다. 같은 맥락에서 환경(environment)에 대한 고려도 공정운전의 중요한 제약조건이 된다. 공정운전은 이러한 제약을 기본적으로 만족시키며, 원하는 품질의 생산물을 원하는 양만큼 가능한 한 적은 비용을 들여 생산하도록 하여야 한다.

그림 1.1은 정유공정의 모형을 나타낸 것이다. 주공정은 상압 증류탑(atmospheric distillation column)으로 가솔린을 비롯한 여러 유분을 분리, 생산한다. 상압탑은 정류탑(rectifier)이며 재비기(reboiler)를 가지고 있지 않다. 대신 원유는 가열로(furnace)에서 가열되어 증류탑 하단으로 분사된다. 각 유분의 품질은 일정 기준을 만족시켜야 하며, 생산량은 안전에 문제가 없는 운전범위 내에서 최대의 이익을 얻을 수 있도록 결정된다. 증류탑은 대표적인 에너지 다소비 공정으로 가능한 한 적은 에너지를 사용하며 위의 조건들을 만족시키는 것이 필요하다.

이러한 정유공정에서 운전상태에 변화를 일으키는 여러 외란(disturbance)들이 존재한다. 그 중 큰 문제가 되는 것으로 원유 성상의 변화를 들 수 있다. 그림 1.2에 보인 것과 같이 원료 원유가 경질유인 경우 저비점 유분이 많이 포함되며,

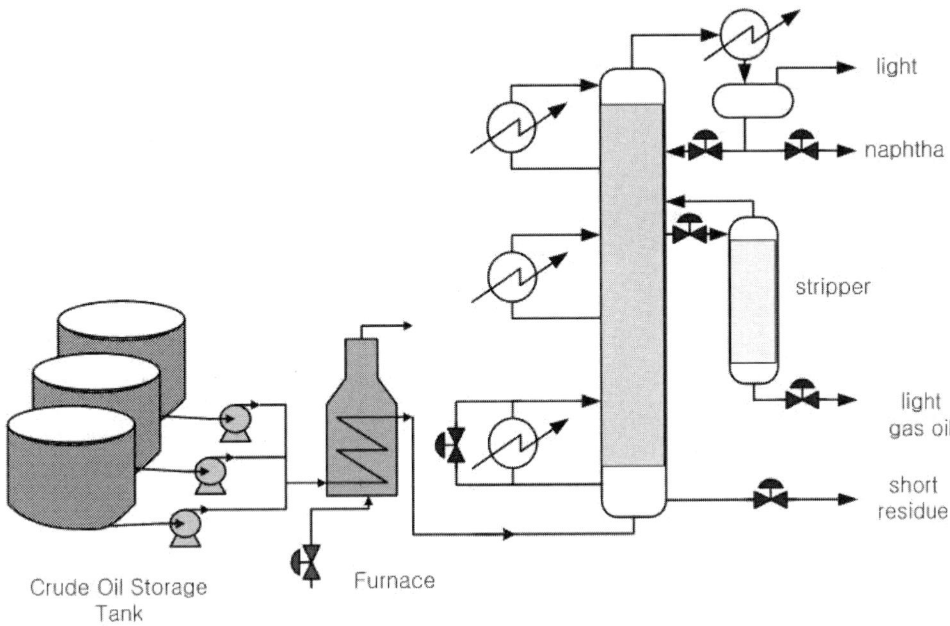

그림 1.1: 정유공정의 모형.

중질유의 경우는 그 반대가 된다. 따라서 원료와 상관없이 유분별로 생산량 목표값를 설정하고 이를 지키도록 하는 것은 불가능하며, 대신 주어진 원료조건하에서 가능한 한 이익이 최대가 되도록 유분별 생산량을 조절할 필요가 있다.

위의 예를 통하여 어느 한 공정의 운전에는 동시에 만족되어야 하는 다양한 요구조건이 있음을 볼 수 있다. 이 요구사항을 고려하며 공정제어의 문제를 넓은 의미에서 정의하면, 공정제어는 제약조건을 만족시키며 운전이익이 극대화 되는 (혹은 운전비용이 극소화 되는) 운전조건을 찾아 공정 운전점을 이동시키고 유지시키는 일련의 문제를 다루는 기술dl라 할 수 있다. 즉, 공정에 대한 지식을 바탕으로 제약조건이 고려된 최적화 (constrained optimization)와 제어(control)를 다루는 것이 넓은 의미에서 화학공정제어의 문제라 할 수 있다. 그러나 좁은 의미에서의 공정제어는 주어진 운전조건으로 공정 변수 값을 이동시키고 유지시키는 일련의 작업을 의미한다. 이 작업의 근간이 피드백(feedback) 제어이다.

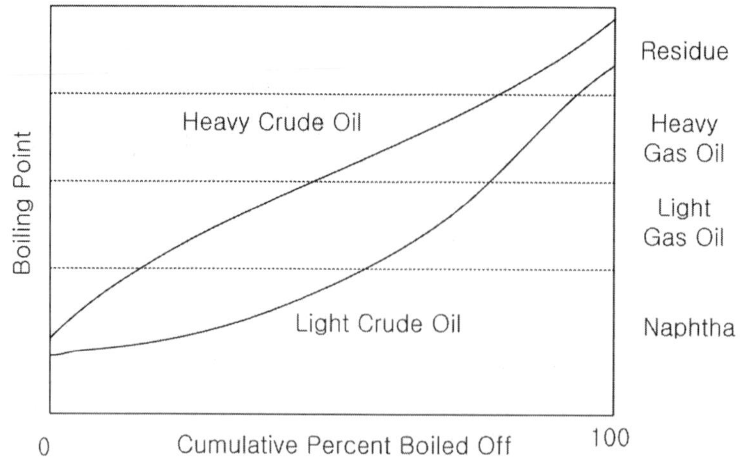

그림 1.2: 원료의 종류에 따른 생산물의 조성.

- **공정운전은 안전, 환경 등에 의한 여러 제약조건을 만족시키며, 가장 높은 수익성을 주는 운전조건을 찾고, 이 조건에 공정의 상태를 유지시키는 일련의 활동이다. 이것은 공정제어가 다루는 영역이기도 하다.**
- **좁은 의미의 공정제어는 주어진 조건에 공정의 상태를 유지시키는 기술이며, 피드백 제어가 근간이 된다.**

1.2 피드백 제어 (feedback control) 의 기본개념

1.2.1 수동제어 (Manual Control)

그림 1.3은 스팀을 열교환시켜 온수를 생산하는 가열탱크이다. 이 그림에 제시되어 있지 않지만 온수가 배출된 만큼 물이 자동으로 보충되어 수위가 항상 일정하게 유지된다고 가정한다. 또한 온수는 잘 섞여 탱크 내에서 온도분포가 형성되지 않는다고 가정한다.

이 장치는 계장 (instrumentation) 이 되어 있지 않으며 조업자 (operator) 가 손으로 온수의 온도를 감지한 후 감지된 온도가 조업자가 목표하는 값, 즉, 설정값

(set point, SP) 보다 높으면 스팀 밸브를 잠그고 낮으면 스팀 밸브를 여는 수동 (manual) 제어를 하고 있다. 여기서 조업자의 손이 온도센서 (sensor), 조업자 자신이 제어기 (controller) 구실을 하고 있다. 이 그림에서 온수온도가 조업자에게 감지되고, 조업자는 감지결과를 근거로 자신의 판단에 의해 스팀 밸브의 위치를 결정하며, 그 결과가 공정에 반영되어 다시 온수온도를 결정함으로써 신호의 흐름이 피드백 되며 닫힌 루프(closed loop)를 구성한다.

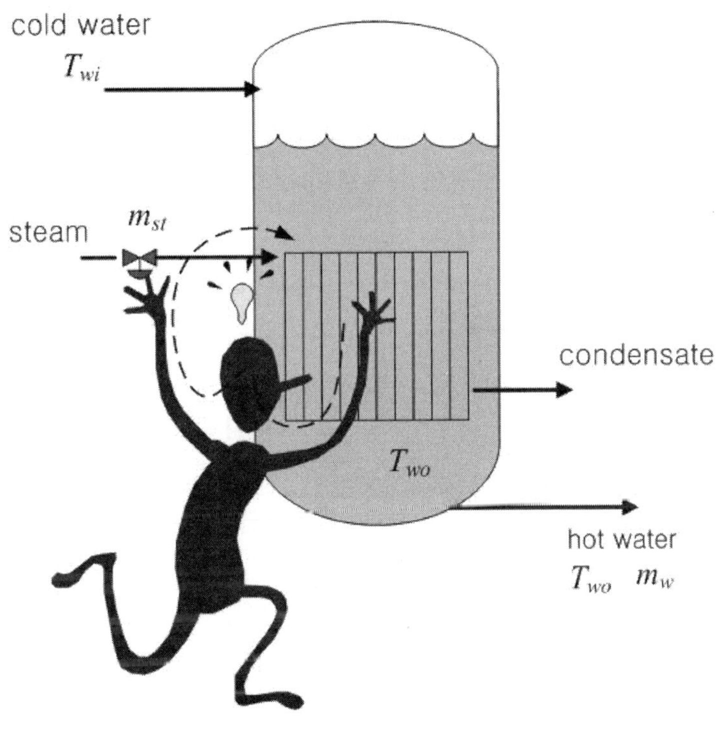

그림 1.3: 가열탱크 온수온도를 수동제어하는 모습.

조업자는 온수온도를 목표값에 도달시키기 위한 정확한 스팀 밸브위치를 단번에 찾아 낼 수 없다. 닫힌 루프는 제어행위가 시행착오적으로 반복되는 경로이며 이와 같은 시행착오 행위로 온도 목표값에 도달하는 것이 가능하다.

1.2.2 자동제어(Automatic Control)

그림 1.4는 자동제어가 가능하도록 그림 1.3에 계장을 설치한 것이다. 먼저 온수 파이프의 출구에 온도 센서가 설치되고, 수동 밸브는 자동 제어밸브(control valve)로 교체되었다. 온도 센서에서 측정된 신호는 제어기로 전달되고 제어기는 내부의 판단기능에 의해 온수의 온도가 설정값에서 벗어나지 않도록 제어밸브를 조작한다. 자동제어도 수동제어와 마찬가지로 신호의 흐름이 피드백되며 닫힌 루프를 형성한다.

우리가 본 교재를 통하여 배우고 다루는 내용이 바로 이 자동제어에 관한 것이다.

- **제어에는 시행착오적 수정이 필요하며 신호는 닫힌 루프를 형성한다.**

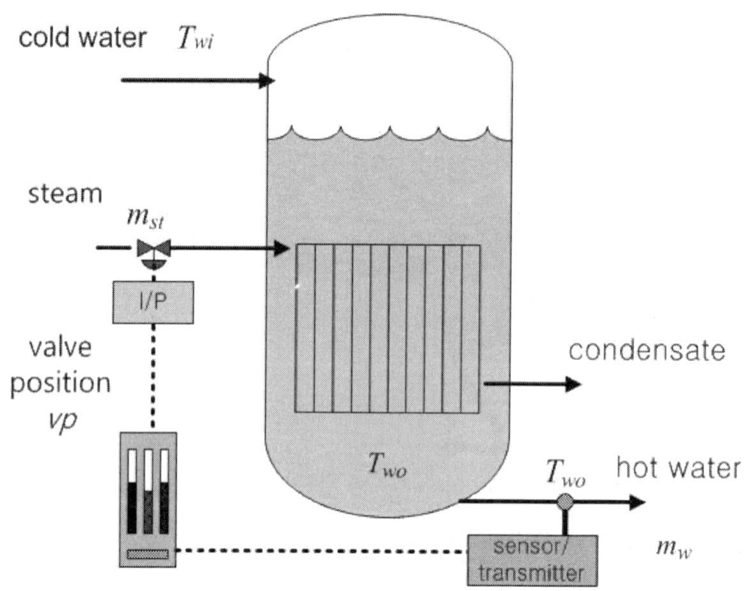

그림 1.4: 가열탱크의 온도제어를 위한 자동제어.

1.2.3 외란 (Disturbance)

제어기의 동작에 의해 온수온도가 일단 목표값에 일치되었다고 가정하자. 이때 제어밸브는 필요한 스팀량을 공급할 수 있는 어느 일정 위치에 머물러 있을 것이다. 이 상태를 정상상태(steady state)라 부른다. 이제 갑자기 온수 사용량이 늘어나 가열탱크의 부하(load)가 늘어났다고 하자. 스팀 공급량은 일정한데 부하가 커졌으므로 온수의 온도는 낮아질 것이며 제어기는 온도를 목표값에 맞추기 위하여 제어동작을 수행할 것이다. 제어되고 있는 공정변수에 영향을 주는 이러한 외적인 변화를 통칭하여 외란(disturbance)이라 부른다.

이러한 외란의 영향에 대해 수동제어와 자동제어를 수행한 결과는 어떻게 다를까? 그림 1.5에 부하가 증가한 경우에 대한 제어결과를 예시하였다. 아무런 제어행위가 없을 때에는 온수온도가 낮아져 목표온도 (T^*)를 벗어날 것이다. 수동제어를 행하는 경우, 숙련된 조업자가 아니라면 좋은 제어결과를 기대하기 어려울 뿐 만 아니라 일관된 제어성능을 얻을 수 없다. 이에 반하여 바르게 설계된 자동제어에서는 일관되고 우수한 제어성능이 기대된다.

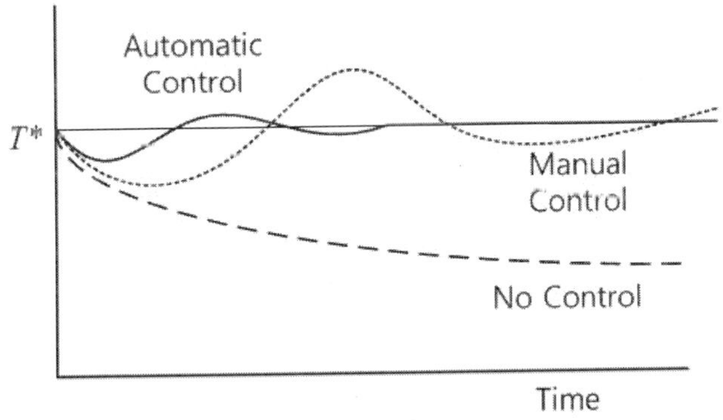

그림 1.5: 온수 사용량 증가에 대한 제어응답의 예시.

- **외란은 공정을 안정적인 상태에서 벗어나게 하는 모든 요인을 통칭한다.**

1.2.4 블랙박스(black box) 모델에 의한 공정의 표현

그림 1.3의 공정에서 입출력되는 물질은 스팀과 물이지만, 제어에서는 신호의 흐름이 중요하며, 공정을 그림 1.6과 같이 신호전달의 매개체 혹은 신호를 필터링(filtering)하는 시스템으로 관점을 바꾸어 보는 것이 필요하다. 그림 1.6에 보인 것과 같이 공정에 관계되는 신호는 크게 세 종류로 분류된다.

첫 번째는 피제어변수(controlled variable, CV)이다. 제어대상이 되는 변수를 의미하며 그림 1.3의 온수온도가 이에 해당된다. 피제어변수는 공정변수(process variable) 혹은 출력변수(output variable)라 부르기도 한다. 두 번째는 조작변수(manipulated variable, MV)이며 피제어변수를 제어하기 위해 조작되는 변수를 나타낸다. 가열탱크에서는 스팀유량이 이 변수에 해당되며 제어변수(control variable) 혹은 입력변수(input variable)라 부르기도 한다. 세 번째는 외란이며 온수유량이 이에 해당된다. 만약 열교환기로 입력되는 물의 온도, 스팀의 공급압력도 임의로 변한다면 이들도 모두 외란이 된다. 이들 중 온수유량은 이 장치가 수행하는 일의 양을 나타내는 것이므로 부하(load 혹은 load disturbance)라고 부르기도 한다.

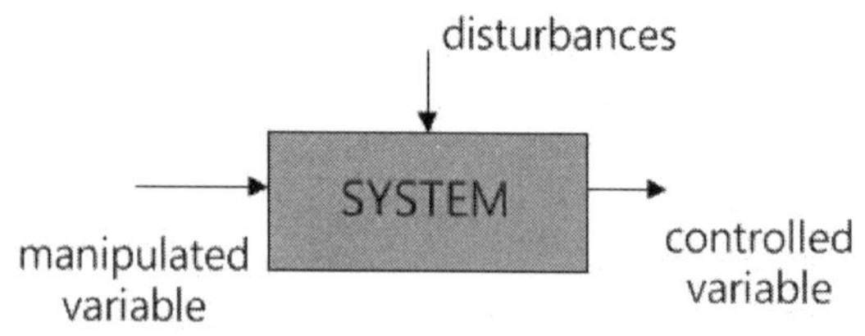

그림 1.6: 블랙박스에 의한 공정의 표현 ; 가열탱크의 예.

제어시스템의 예는 우리의 주변에서 흔히 찾아 볼 수 있다. 가정에서 사용하는 냉장고, 전기가열기 내의 온도제어기가 간단한 제어 시스템의 예라면, 미사일의 위치, 속도제어기는 복잡한 제어시스템의 예라 할 수 있다. 앞의 가열탱크와 함께 미사일 제어에 관련되는 변수들을 아래의 표에 분류하였다.

신호명	다른 이름	미사일	가열탱크
Controlled Variable (CV)	Process Variable(PV) Output Variable(OV) Measured Variable(MV)	position, velocity	T_{wo}
Manipulated Variable (MV)	Control Variable(CV) Input Variable(IV)	magnitude/angle of thrust angle of fins	m_{st}
Disturbance (DV)	load (일부 외란에 대하여)	wind, climate ···	$m, T_{wi}, \cdots$

- **제어대상공정은 물질의 흐름이 아닌 신호의 흐름 입장에서 이해하여야 한다.**
- **공정에 작용하는 신호는 피제어변수, 조작변수, 외란의 세 종류로 크게 나누어 진다.**

1.2.5 센서/전송기 (sensor/transmitter) 에 의한 신호의 변환과 전송

공정변수들은 온도, 유량 등과 같은 물리량으로 각각 고유한 단위를 가지고 있다. 이들의 측정을 위해서는 센서가, 측정값들을 중앙제어실의 제어기까지 전송하기 위하여 전송기가 필요하다. 산업용 계장에서는 센서/전송기가 하나의 장비로 제작된다.

산업용으로 가장 많이 사용되는 전송용 표준신호는 4-20 mA (0-100 %) 의 전류 신호이다. 공기압은 3-15 psig (0.2-1.0 kgf/cm^2) 가 표준 신호이지만 최근 거의 사용되지 않으며, 전기신호에 의한 안전사고 위험이 높은 곳이나 공기압식 제어 밸브를 구동하기 위한 최종단계에서만 사용된다.

전기신호를 전압이 아닌 전류로 전송하는 가장 중요한 이유는 전류신호가 전자기 유도잡음의 영향을 덜 받기 때문이며, 0 % 신호를 0 mA가 아닌 4 mA에 대응시킨 이유는 단선 혹은 센서/전송기의 고장을 쉽게 진단하기 위함과 동시에 낮은 신호영역에서도 신호-대-잡음 비 (signal-to-noise ratio, S/N) 를 높이기 위함이다. 4-20 mA 신호는 전자기 유도잡음을 상쇄시키기 위하여 그림 1.7과 같이 2가닥의

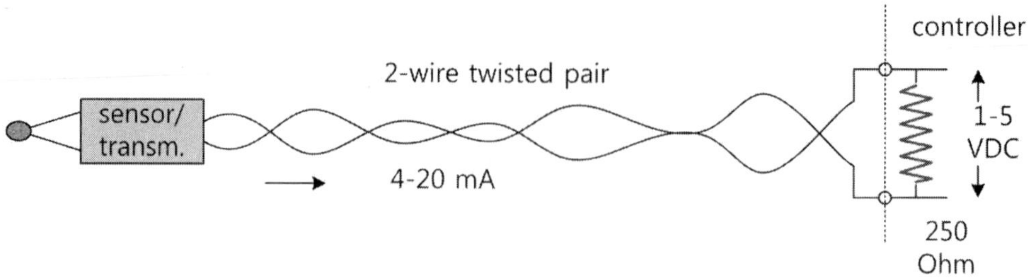

그림 1.7: 4-20 mA 신호 전송의 계통도.

꼬인 선으로 전송한 후 제어기 입력단에 연결된다. 제어기 입력단에는 250 Ω 저항이 부착되어 있어 1-5 V 직류전압신호로 다시 변환된 후 제어기 내부로 전달된다.

센서/전송기는 측정범위(span)를 가지며 이 범위가 4-20 mA로 대응된다. 예로, 0-150 °C가 측정범위인 경우, 이 범위의 온도가 4-20 mA (0-100 %)로 변환된다. 블록선도(block diagram) 표현에서 센서/전송기는 그림 1.8과 같이 상수의 이득(gain, 증폭도)을 갖는 블랙박스로 표현한다.

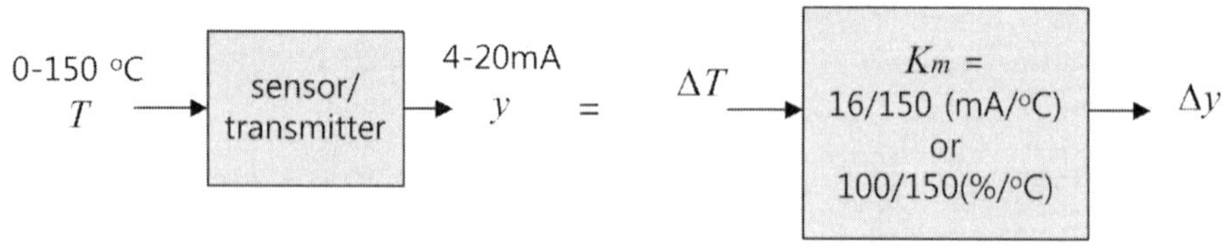

그림 1.8: 센서/전송기의 블랙박스 모델.

P&ID (piping and instrumentation diagram)에서 전류신호는 그림 1.4와 같이 점선 혹은 /// 을 그은 실선으로, 공압 신호는 // 을 그은 실선으로 표시한다.

최근에는 스마트(smart) 전송기가 아날로그 전송기를 대체하는 추세이다. 스마트 전송기는 CPU를 가지고 있어 자기진단, 자기보정 등을 수행할 수 있을 뿐 아니라, 측정치를 디지털 신호로 변환하여 그림 1.9에 보인 것과 같이 field bus 나 LAN을 통하여 신호를 전송할 수 있다. 스마트 전송기도 측정범위 내의 신호가 0-100 %에 대응되므로, 0-150 °C를 변환시키는 스마트 전송기는 그림 1.8에서와 동일하게 $K_m = 100/150(\%/°C)$ 의 이득을 가지는 상수이득 블록으로 표현된다.

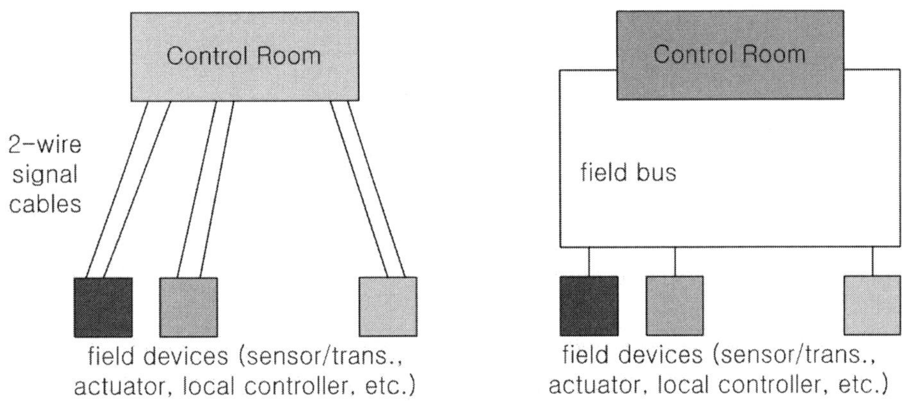

그림 1.9: 아날로그와 디지털 신호전송의 차이 ; Field bus는 신호선로를 단순화시킨다.

- **센서/전송기는 공압식, 전기식, 디지털 방식에 따라 각각의 표준신호로 변환된다. 그러나 신호 변환방식과 상관없이** $K_m = 100\%/span$ **의 상수이득을 갖는 블록으로 표현된다.**

1.2.6 제어기와 블랙박스 모델

제어기는 CV와 SP를 입력하여 MV를 출력으로 내 보낸다. CV와 SP로 부터 MV를 계산하는 구체적인 방법은 제어기 종류에 따라 다르지만, 제어오차를 감소시키는 알고리즘이 구현되어 있다. 제어기에 입출력되는 변수들은 0-100 %의 표준신호들이므로 제어기 자체는 무단위(dimensionless) 신호변환 블록으로 볼 수 있다.

80년대까지는 아날로그(analog) 제어기가 사용되었으나, 지금은 모두 CPU를 내장한 디지털 제어기를 사용한다. 디지털(digital) 제어기의 내의 신호의 변환과정은 그림 1.11과 같다.

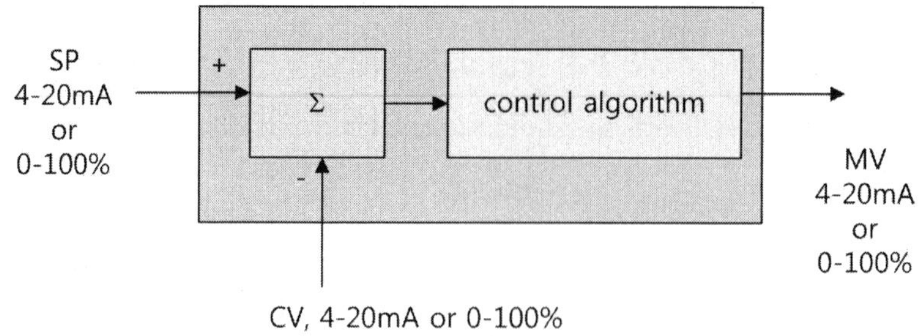

그림 1.10: 제어기의 블랙박스 모델. 대부분의 상업용 제어기는 표준신호를 입출력한다.

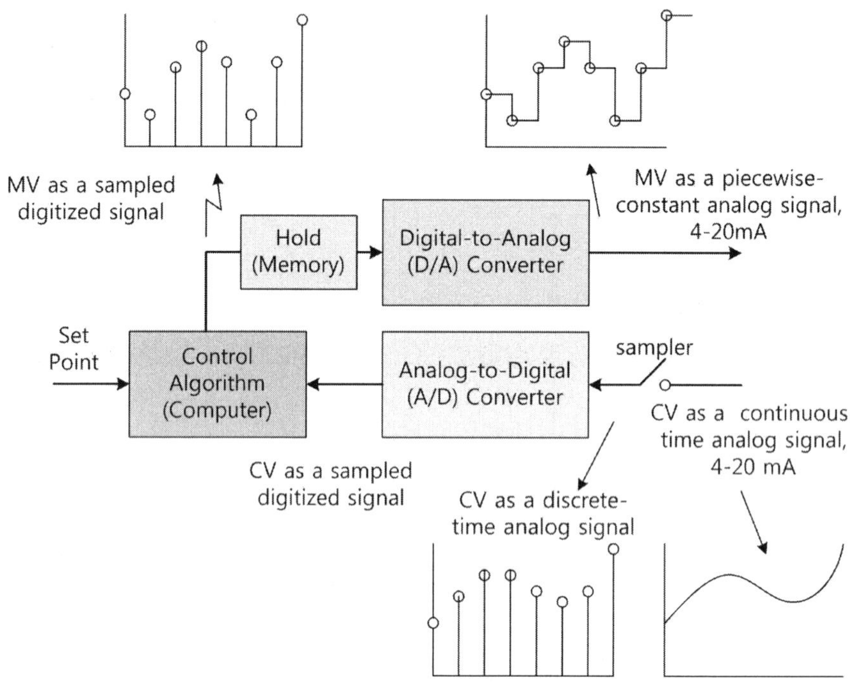

그림 1.11: 디지털 제어의 신호 변환 및 흐름 개요도.

디지털 제어기 내부에서는 이진신호 (binary signal)만이 허용되므로 4-20 mA의 아날로그 신호는 샘플링 후 A/D 변환기 (analog-to-digital converter)를 거쳐 디지털 신호로 변환된다. 한편 CPU 연산은 시간이 소요되므로 신호 샘플링과 A/D 변환은 샘플링 주기 (sampling period)에 한 차례씩 수행된다. CPU는 제어 알고리즘을 통해 조작변수 값을 계산한다. 조작변수 값도 일정한 주기로 출력되며 다음 주기까지 값을 유지시키는 hold와 D/A 변환기 (digital-to-analog converter)를 거쳐 4-20 mA의 아날로그 신호로 변환된 후 공정에 전달된다. 여기서 A/D, D/A 변환기의 해상도는 bit 수로 규정된다. 예를 들어 14 bit A/D 변환기는 입력신호 범위 (보통 0-5VDC)를 $2^{14} = 16,384$ 등분하며, $100/16,384 \approx 0.006\%$의 해상도를 가진다. 마찬가지로 16 bit 변환기는 $100/2^{16} = 100/65,536 \approx 0.0015\%$의 해상도를 갖는다.

샘플링 주기가 충분히 짧고 A/D, D/A의 bit수가 충분히 높으면 (14 bit 이상) 샘플링과 디지털화에 따른 신호의 왜곡이나 오차를 사실상 무시할 수 있어, 사실상 아날로그 제어기와 동일하게 취급할 수 있다.

- **제어기는 피제어변수와 설정값이 입력되고 조작변수가 출력되는 무차원 블록으로 볼 수 있다.**
- **샘플링 주기가 짧고 디지털 bit수가 높은 디지털 제어기는 아날로그 제어기와 사실상 동일하다.**

1.2.7 제어기 신호의 전송

제어기 출력신호는 제어밸브까지 전송되어야 하며 이때 사용되는 신호는 센서/전송기에서와 같이 전기식인 경우 4-20 mA이다. 그러나 제어밸브는 대부분 공압식이므로 전류신호가 공기압으로 변환되어야 하며 이때 I/P 변환기 (current-to-pneumatic pressure transducer)가 사용된다. I/P 변환기는 20-30 psig (1.4-2.0 kgf/cm^2) 범위에 속하는 정제되고 건조된 계기용 공기 (instrument air)를 공급받아 4-20 mA의 입력신호에 비례하는 3-15 psig (0.2-1.0 kgf/cm^2) 공기를 출력시킨다. 공기압은 제어밸브로 연결되어 밸브위치 (valve position)를 조절한다. 그림 1.12에 신호전달의 계통을 보였다.

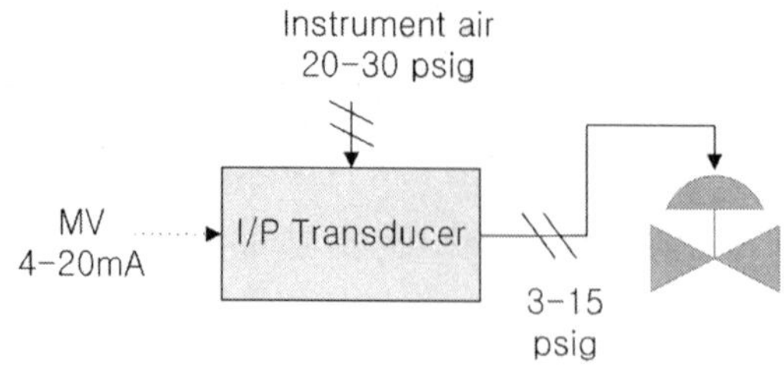

그림 1.12: 전기식 제어신호는 I/P 변환기에서 공기압으로 변환된 후 제어밸브로 전달된다.

1.2.8 블록선도(Block Diagram)에 의한 피드백 제어계의 표현

이제 그림 1.4의 제어계를 블록선도로 표현하면 그림 1.13과 같다. 피제어변수의 신호가 루프(loop) 내로 되돌아 오기 때문에 이와 같은 제어계를 피드백 제어계라 부른다. 이때, 설정값과의 비교를 위하여 공정변수 신호의 부호가 음으로 바뀌기 때문에 구체적으로는 음성 피드백 (negative feedback) 제어계라 부른다.

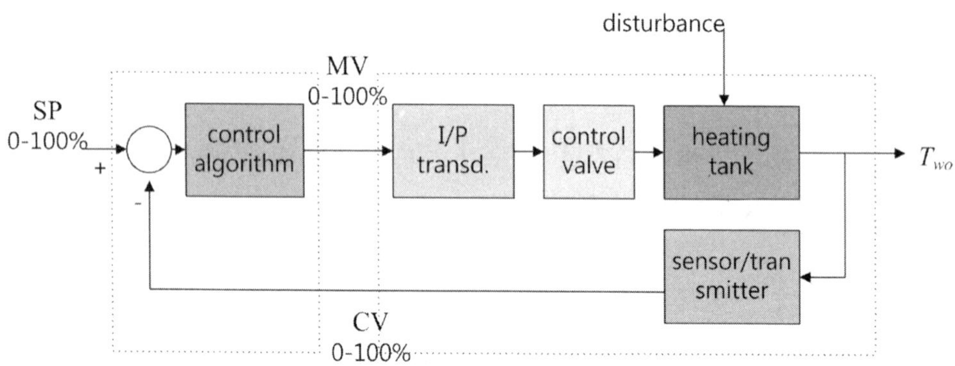

그림 1.13: 가열탱크 제어루프의 블록선도. 제어기가 보는 공정은 무차원 블록이다.

여기서 '제어기가 보는 공정'은 I/P 변환기-제어밸브-공정-센서/전송기까지 이며, 이 공정은 입력신호가 0-100% (혹은 4-20 mA) 출력신호도 0-100% (혹은 4-20

mA)인 무차원 공정이 된다.

- **제어계 설계와 해석을 위해서는 '제어기가 보는 공정'의 개념이 중요하다. 제어기가 무차원 블록이면, 제어기가 보는 공정도 무차원 공정이 된다.**
- **제어계는 음성 피드백 루프를 구성한다.**

1.2.9 음성 피드백과 양성 피드백

그림 1.13의 제어계는 음성 피드백 루프를 구성한다고 하였다. 대응되는 개념으로 양성(positive) 피드백 루프도 있다.

그림 1.14(a)의 음성 피드백 루프는 스스로 안정화 되려는 경향을 가진다. 공정 블록이 양의 이득(gain) 가지는 경우, 공정변수 y가 설정값 r 보다 커지면 $r-y$가 음수가 되어 y를 감소시키는 방향으로, r 보다 작아지면 $r-y$가 양수가 되어 y를 증가시키는 방향으로 제어 루프가 작동한다. 즉, 음성 피드백은 y를 r로 복귀시키려는 특성을 가진다.

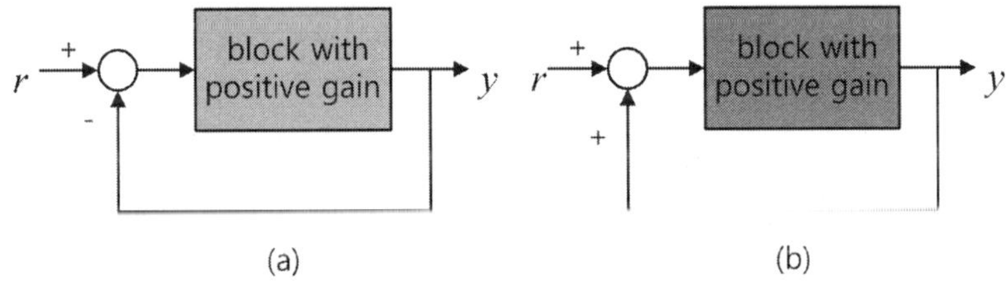

그림 1.14: 음성 피드백의 블록선도(a)와 양성 피드백 블록선도(b).

반면 양성 피드백은 그림 1.14(b)와 같이 y가 루프 내로 되돌려지며 자체 값에 더해져 계속 신호 값을 증가시키는 경향을 가진다. 양성 피드백은 본질적으로 불안정성을 일으키는 경향을 가진다. 앰프를 이용하여 마이크 음성을 증폭할 때에 심한 하울링이 (삐- 소리) 나는 것을 종종 경험한다. 이것은 스피커로 출력된 음성 신호의 일부가 다시 마이크로 양성 피드백되어 나타나는 불안정성의 결과이다.

양성 피드백의 개념이 제어에 사용되는 것은 아니지만, 화학공정의 불안정성을 해석하는 데에 이용될 수 있다. 그림 1.15는 자열(auto-thermal) 반응기를 보인 것이다. 암모니아 합성, SO_2 산화와 같이 반응열이 크지 않은 경우 반응열로 원료가스를 가열하는 자열 반응기가 종종 사용된다. 그런데 이 공정은 내부에 양성 피드백 루프가 형성되어 그 자체로는 안정하지 못하다. 즉, T_i가 조금 증가하면 T_f가 증가되며, 이것은 촉매층 온도 T_b를 증가시키고 반응을 가속시키며 반응열 발생을 증가시킨다. 이것이 열전달에 의해 T_f를 더욱 증가시키며 T_b가 지속적으로 증가하는 불안정성을 초래한다. 이러한 공정은 본질적으로 불안정하며 안정화를 위해서는 그림에서와 같이 제어기를 이용한 음성 피드백 루프를 구성하여 양성 피드백을 상쇄시켜야 한다.

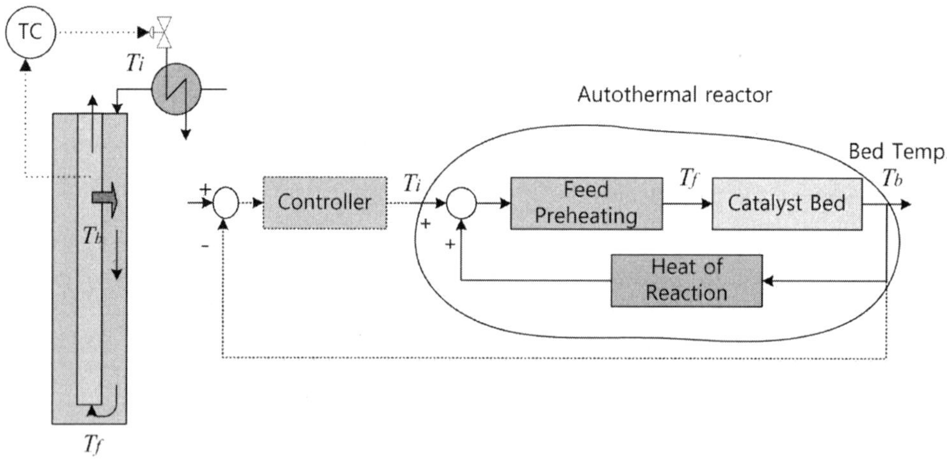

그림 1.15: 자열 반응기와 양성 피드백에 의한 불안정성. 양성 피드백을 상쇄시킬 수 있는 음성 피드백 루프를 형성하여 안정화시킨다.

음성 피드백 제어루프도 '공정의 동특성' 때문에, (잘못 설계될 경우,) 불안정해질 수 있다. 이때의 불안정성도 사실은 공정의 동특성에 의해 일부 신호가 양성 피드백 되며 나타나는 것이다.

전자회로에서는 포화된 상태의 진동신호를 발생시키는 발진기(oscillator)의 설계에 양성 피드백 개념이 사용된다.

생명체의 대사 작용에도 많은 곳에서 피드백이 관여한다. 인체의 생물학적 조절 시스템은 주로 호르몬과 신경으로 이루어지는데 대부분 음성 피드백으로 안정을 유지하지만, 간혹 양성 피드백이 작용되기도 한다. 양성피드백의 한 예가 옥시토신이라는 호르몬의 작용인데, 분만시기가 되면 임산부의 뇌하수체 후엽에서 옥시토신이 분비되어 자궁을 수축시키며 진통을 유발한다. 이 진통은 옥시토신의 분비를 촉진시켜 더 강하게 자궁을 수축시킴으로 분만이 이루어지게 한다.

인체 내 대부분의 호르몬은 간뇌의 시상하부를 중심으로 음성피드백을 통해 항상성이 유지된다. 예를 들면, 간뇌 시상하부에서 갑상선자극호르몬 방출호르몬(TRH)을 분비하여 뇌하수체를 자극하면 뇌하수체에서 갑상선자극호르몬(TSH)이 분비된다. 그러면 갑상선에 티록신이 분비되는데 그 양이 많아지면 티록신이 혈액을 통해 운반되면서 시상하부와 뇌하수체로 다시 피드백 되어 TRH와 TSH의 분비를 억제한다. 그렇게 되면 티록신의 분비량이 점차 감소하게 되고 이러한 음성 피드백으로 티록신 양이 일정하게 유지된다.

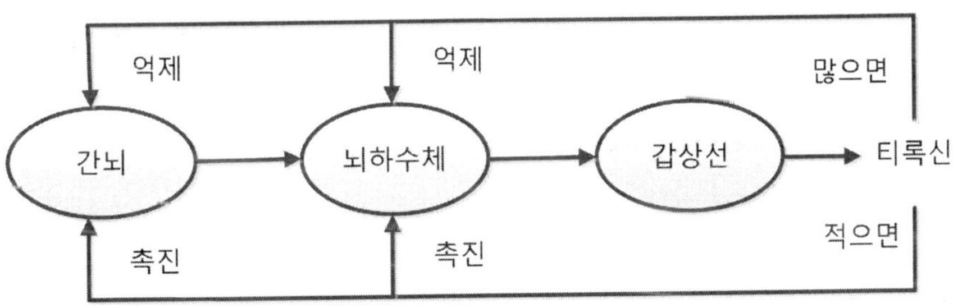

그림 1.16: 음성 피드백에 의한 인체 내 티록신 농도의 조절.

- **음성 피드백은 본질적으로 루프 내의 신호를 안정화 시키는 경향이 있으며, 제어에서 사용된다.**
- **양성 피드백은 불안정성을 유발한다. 공정의 불안정 상태는 양성 피드백에 의한 것으로 해석될 수 있다.**

1.2.10 조정제어(regulatory control)와 추적제어(tracking control)

연속식 화학공정의 운전은 공정변수들을 주어진 설정값에 유지시키는 정상상태에서 진행된다. 이와 같이 공정변수를 일정한 설정값에 유지시키는 제어를 조정제어라 한다.

반면에 회분식 공정의 운전에서는 설정값이 시간에 따라 변하는 경우가 많다. 공정변수가 설정값을 추적하는 제어를 추적제어라 하며, 서보제어(servo control)라 부르기도 한다.

일반적으로 조정제어에서 우수한 성능을 보이는 제어기가 추적제어에서도 우수한 성능을 보이는 것은 아니다. 따라서 조정제어기와 추적제어기는 분리하여 설계하는 것이 바람직하다. 피드백 제어는 사실 조정제어를 위한 개념이다.

- **연속공정에서는 조정제어가, 회분공정에서는 추적제어가 중요하다. 이렇게 제어문제를 분류하는 이유는, 각 제어문제에 적합한 제어기 형태가 다를 수 있기 때문이다.**

1.2.11 음성 피드백 제어의 기능

이 절을 마무리 하며 피드백 제어의 기능을 요약하자.

첫째, 피드백 제어의 가장 중요한 기능은 공정의 불확실성을 극복하며 공정변수를 원하는 목표값에 유지시키는 것이다. 앞에서 예로 든 가열탱크의 운전특성을 정확히 알고 있다면 제어행위는 불필요하다. 원하는 온수 공급량을 온도 목표값에 정확히 일치 시킬 수 있는 스팀유량을 미리 계산하고 이를 공정에 적용하면 되기 때문이다. 그러나 열손실, 열전달 계수 등 부정확한 공정 파라미터에 의한 불확실성이 존재할 수밖에 없으며, 동시에 외란의 불확실성도 피할 수 없다. 피드백 제어는 이러한 불확실성의 존재 하에서도 시행착오적 동작으로 공정변수를 원하는 목표값에 유지시키는 기능을 한다.

둘째, 피드백 제어는 불안정한 공정을 안정화시킬 수 있다. 이것은 앞의 음성 피드백과 양성 피드백에서 설명하였다.

셋째, 피드백 루프는 공정의 동특성을 향상시키며, 비선형성을 완화시켜 선형성을 증진시키는 기능도 갖는다. 이 기능에 대한 설명은 '6장 피드백 루프의 해석과 안정성' 및 '9장 다단제어'로 미루기로 하자.

1.3 공정은 어떻게 이해하는 것이 필요한가?

제어계 설계는 제어 루프 구성(control loop configuation)과 제어 루프 내의 제어기 설계 혹은 조율의 두 단계로 이루어진다. 제어루프 구성은 공정의 특성에 따른 요구사항을 만족하도록 구성되는 것이다. 따라서 대상 화학공정의 특성과 요구에 대한 이해가 필요하다. 이 문제는 8장부터 다루게 된다. 반면 제어 루프 내 제어기의 설계와 조율은 7장 까지의 주제이며, 여기서는 제어기 설계와 조율을 위해 공정을 어떤 관점에서 보는 것이 필요한 가를 소개한다.

좋은 성능의 제어기를 설계하기 위해서는 대상공정의 특성에 대한 정확한 지식을 갖는 것이 중요하다. 공정에 대한 지식이란 공정의 물리, 화학적 특성과 함께 시스템적 특성 등 광범위한 것을 포함할 수 있지만 제어기 설계를 위해서는 이들을 함축시켜 다음의 관점에서 이해하는 것이 중요하다.

첫째: 제어에 관련된 변수와 이들의 분류

이에 대한 내용은 1.2.4절에서 그림 1.6을 통하여 설명하였다. 복잡한 공정을 그대로 다루려는 것은 바람직하지 않다. 제어와 관련된 신호만을 따로 모아 분류하고 공정을 이들 신호를 변환시키는 블랙박스로 단순화시켜 보는 안목이 필요하다.

둘째: 공정의 정특성

공정의 정특성이란 정상상태에서 입력변수들과 출력변수들의 관계를 말한다. 예로서 그림 1.3 가열탱크에 대해 정상상태 열수지식을 수립하면

$$\lambda m_{st} = m_w c_p (T_{wo} - T_{wi}) \tag{1.1}$$

여기서

$$\begin{aligned} \lambda &= \text{스팀의 증발잠열(kJ/kg)}, \quad m_{st} = \text{스팀의 질량유량 (kg/min)} \\ m_w &= \text{물의 질량유량 (kg/min)}, \quad c_p = \text{물의 열용량 (kJ/kg °C)} \\ T_{wi}, T_{wo} &= \text{물의 입출구 온도(°C)} \end{aligned}$$

이며, 이 관계로 부터

$$T_{wo} = T_{wi} + \frac{\lambda}{m_w c_p} m_{st} \tag{1.2}$$

을 얻는다. 간단한 식이지만 이 식은 우리에게 중요한 정보를 제공한다. m_{st}의 공급능력에 따라 얻을 수 있는 T_{wo}의 최대값도 추정할 수 있으며 조작변수, 각종 외란이 어떤 함수관계로 T_{wo}에 영향을 미치는지도 알 수 있다. 예를 들어 m_{st}, T_{wi}는 선형적으로 T_{wo}에 영향을 주나 m_w의 변화는 비선형적으로 영향을 준다.

공정의 정특성 중 가장 중요한 것은 정상상태 이득(steady state gain) 이다. 이것은 입력변수 변화에 대한 출력변수 변화의 비, 즉, 그림 1.17에 보인 입력변수 대 출력변수 그래프의 기울기를 나타낸다. 일반적으로 출력변수 y와 입력변수 u의 다음과 같은 비선형 관계를 가질 때에

$$y = f(u) \tag{1.3}$$

정상상태 이득 K는

$$K = \frac{\partial y}{\partial u} \approx \frac{\Delta y}{\Delta u} \tag{1.4}$$

로 표현된다. 비선형 공정의 경우, K는 운전점에 따라 다른 값을 가진다.

가열탱크의 경우, 여러 다른 입력의 T_{wo}에 대한 정상상태 이득은 식 1.2로 부터

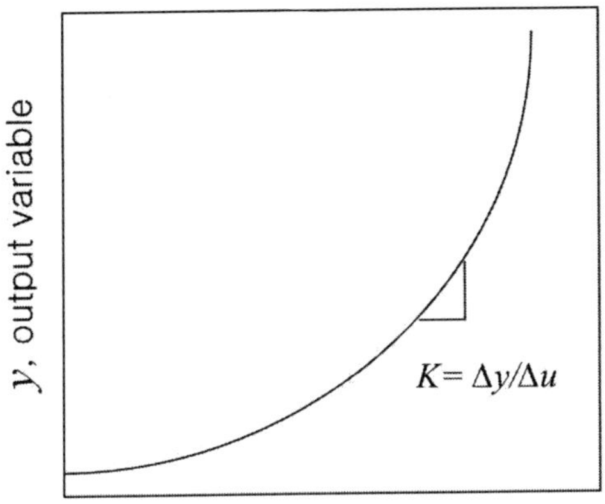

그림 1.17: 정상상태 이득; 비선형 공정은 운점에 따라 K가 달라진다. 동작영역 전체를 대표하는 평균적인 정상상태 이득을 고려할 수도 있다.

다음과 같이 얻어진다.

$$\begin{aligned} K_{T_{wo}-Twi} &= \frac{\partial T_{wo}}{\partial T_{wi}} = 1 \\ K_{T_{wo}-m_{st}} &= \frac{\partial T_{wo}}{\partial m_{st}} = \frac{\lambda}{m_w c_p} \\ K_{T_{wo}-m_w} &= \frac{\partial T_{wo}}{\partial m_w} = -\frac{\lambda m_{st}}{m_w^2 c_p} \end{aligned}$$

동작점의 변화가 심하며, 매 동작점에서의 도함수를 구하기가 용이치 않은 경우는 평균적인 정상상태 이득을 고려할 수도 있다.

셋째 : 공정의 동특성 피드백 제어가 종종 어려운 문제가 되는 것은 공정의 동특성 (dynamics) 때문이다. 동특성이라 함은 공정에 어떤 입력이 가해졌을 때 곧 바로 응답이 나타나지 않고 긴 시간을 통해 응답이 지연되어 나타나는 특성을 뜻한다. 기억(memory)효과 혹은 관성(inertia)효과라 부르기도 한다. 그림 1.3의 가열탱크에서 T_{wi}가 10 °C 상승한다면 T_{wo}도 최종적으로는 10°C 상승하겠지만, 실제로는 그림 1.18과 같이 지연과정을 거치며 서서히 상승하는 응답을 보인다.

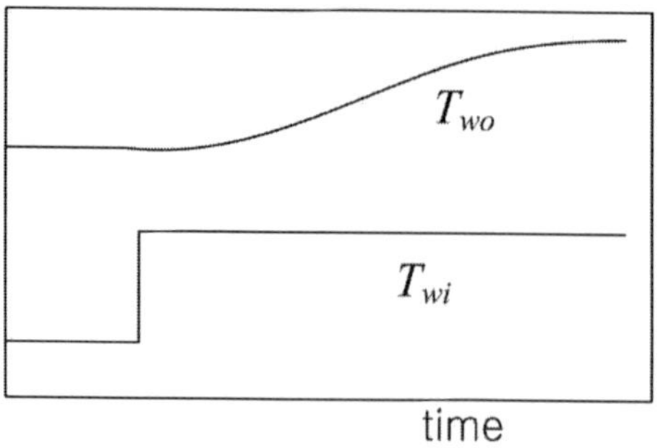

그림 1.18: 가열탱크 온도응답의 동특성.

단순한 형태의 제어기들은 현시점에서 측정된 제어오차에 근거하여 제어동작을 결정할 뿐, 제어동작이 공정변수의 미래값에 미치는 영향을 예측하고 이를 제어동작에 반영하지 않는다. 응답이 지연되는 공정의 경우, 공정의 미래 응답을 예측하지 못하는 제어기는 제어신호를 가해도 당장 제어오차가 잘 감소되지 않기 때문에 오차를 없애기 위해 과도한 제어입력을 다시 가하게 된다. 결국 이들의 영향이 후에 나타나면 공정출력이 크게 진동을 하며 불안정해 질 수 있다. 이와 같은 문제에 대처하기 위해서는 공정의 동특성이 제어기 설계에 반영될 필요가 있다.

공정의 정특성도 사실은 동특성의 한 부분이기 때문에, 동특성이 공정의 특성을 포괄하는 개념이라 할 수 있다. 동특성의 문제는 정특성과는 달리 다소 복잡한 여러 성격을 가지고 있으며 구성된 제어계의 성능, 안정성/불안정성이 모두 공정 동특성의 영향을 받는다.

그림 1.19에 똑같은 비례이득 K_c를 갖는 비례제어기를 이용하여, 서로 다른 동특성을 갖는 공정을 제어한 결과를 비교하였다. 비례제어기는 다음 식과 같이 현재의 제어오차에 비례하여 제어기 출력을 결정하는 제어기이다.

$$u(t) = u_b + K_c(r(t) - y(t)) \quad \rightarrow \quad \Delta u(t) = K_c e(t)$$

여기서, u, y, r 은 각각 MV, CV, SP 값을 나타낸다. 공정의 특성이 달라짐에 따라 제어성능이 크게 달라지는 것을 확인할 수 있다.

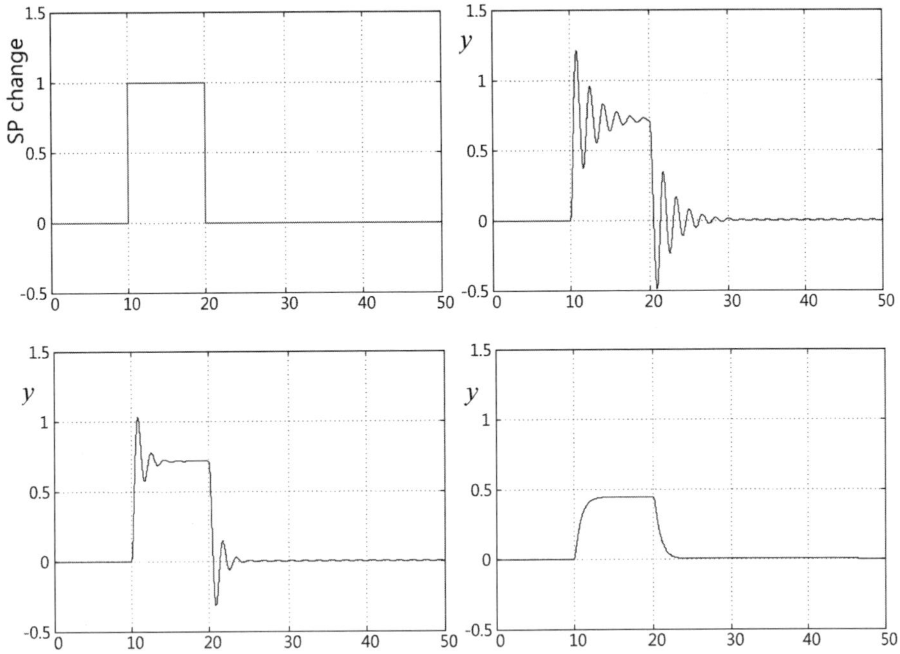

그림 1.19: 세 개의 서로 다른 공정에 동일한 비례제어기를 적용한 결과.

넷째 : 공정변수의 제약조건

모든 공정변수는 제한된 범위 내에서만 변화가 허용된다. 예를 들어 온수탱크의 스팀유량은 제어밸브위치에 의해 결정되므로 어느 한계치 이상의 값을 가질 수 없다. 반응기 온도, 용기나 배관의 압력 등도 안전, 공정수명 등의 이유로 제약이 가해진다. 제어기는 자신과 관계되는 공정변수들이 제약조건을 벗어나지 않는 범위 내에서 운전되도록 설계되어야 한다.

다섯째 : 비선형성

공정이 비선형성을 가진다는 것은 공정의 특성이 운전점에 따라 달라진다는 것을 의미한다. 이것은 정해진 어느 한 제어기를 사용하는 경우, 운전점에 따라 제어성능이 변할 수 있음을 의미한다. 혹은, 여러 운전점에서 일관된 제어성능을 얻기 위해서는 운전점에 따라 제어기가 달리 설계되어야 함을 의미하기도 한다. 따라서 공정의 비선형성을 파악하는 것은 제어계의 설계에 매우 중요하다. 간혹 비선형성이 제어특성을 개선시키기도 하지만 일반적으로는 나쁜 영향을 주게 된다. 이러한 문제를 피하기 위하여 비선형성을 보상하여 선형화시키기도 하다.

그림 1.17으로 설명한 정상상태 비선형성의 개념은 동적상태로도 확장이 된다. 선형성/비선형성의 정확한 정의는 다음 장에 소개된다.

- **제어기 설계를 위해서는 공정 입출력 변수들 사이의 정특성, 동특성, 제약조건, 비선형성들을 이해하는 것이 중요하다.**

연습 문제

1. 다음의 상황에서 형성되는 피드백 제어계를 블록선도로 나타내고 계(공정), 제어문제, CV, MV, SP, DV, 제어기를 각각 기술하여라.

   a) 냉동용 압축기 on/off 동작을 통해, 냉장고 내의 온도를 제어
   b) 차선을 지키며 목표지점을 향해 자동차를 운전
   c) 물을 저수하는 댐에서 운전자가 수동으로 수위를 조절
   d) 전열팬에서 전열선의 on/off 동작을 통해 온도를 제어

2. 그림 P1.1은 생물학적 폐수 처리장 전단에서 pH를 조절하는 전처리 공정을 나타낸 것이다. 유입폐수의 pH는 대략 4에서 10 사이로 변화하며 이를 pH=7 부근으로 조정하여야 한다.

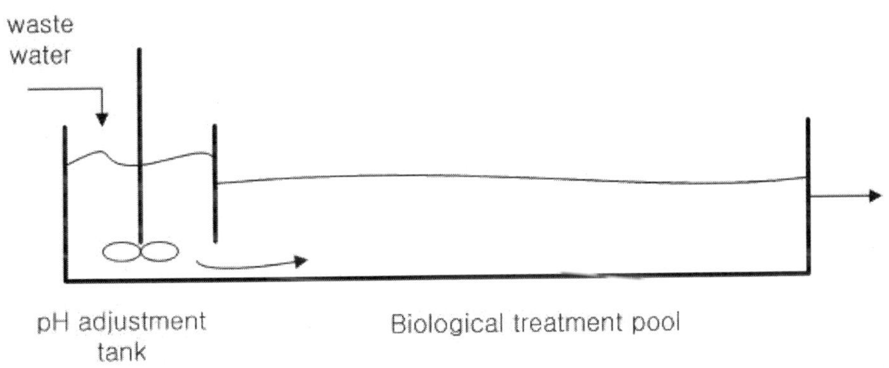

그림 P1.1: 폐수처리용 pH 조절 탱크

   a) pH 센서, 제어기, 중화용 산/염기 공급용 배관 및 제어밸브 등 자동제어에 필요한 모든 계장을 생각하여 제어계를 구성하고 P&ID로 표현하여라.
   b) 이것을 블록선도로 표현하여라.

3. 그림 P1.2은 도시가스 저장탱크이다. 수요자들이 가스를 사용하면 탱크의 압력이 떨어지며, 압력 회복을 위하여 제어밸브를 열어 공급자로 부터 가

스를 공급 받는다. 탱크 압력을 일정하게 유지하기 위한 제어루프 구성에 필요한 계장을 생각하고 그림 1.4의 형태로 제어계를 완성하여라. 이것을 블록선도로도 표현하여라.

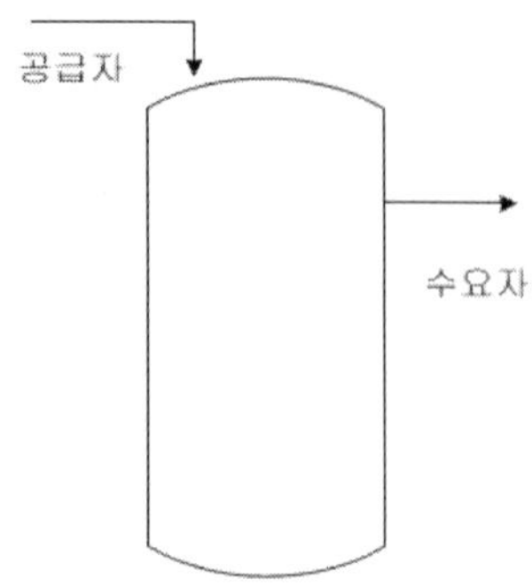

그림 P1.2: 도시가스 저장탱크

4. 그림 P1.3은 제열을 위한 냉각 재킷을 가진 연속흐름 교반형 반응기이다. 반응은 $A \rightarrow B$의 1차 발열반응이라 가정하고, 열전달 면적이 충분하지 못할 때에 공정이 불안정할 수 있음을 보여라. 그리고 이것이 공정 내에 형성된 양성 피드백 루프로 설명될 수 있음을 보여라. 또한 반응온도가 제어기를 통해 안정화될 수 있음을 설명하여라.

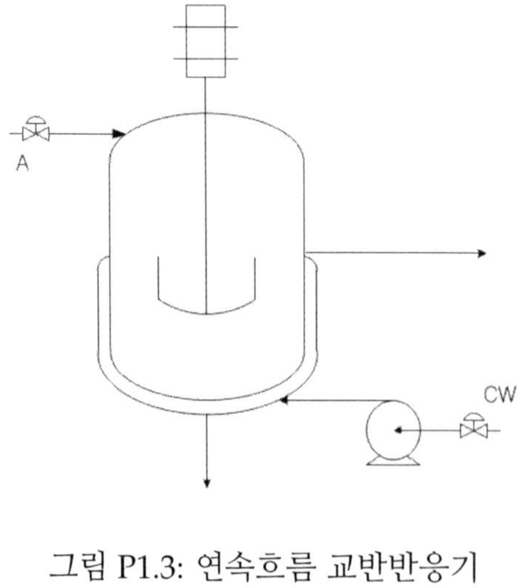

그림 P1.3: 연속흐름 교반반응기

5. 분리공정에서 생산물과 미반응 원료를 회수하여 미반응 원료물질을 반응기로 재순환시키는 환류 경로가 있는 반응기-분리공정이 있다. 전공정을 블럭선도로 표현하고, 이 공정이 양성 피드백 공정인지 음성피드백 공정인지를 판단하여라.

6. 인체에서 혈당지수는 췌장에서 분비되는 인슐린에 의해 조절된다. 췌장을 혈당 제어기로 생각하고, 이 조절작용을 폐회로 블록선도로 표현하여라. 이때 이 제어기의 이득은 양인가 아니면 음인가?

7. 지구 온난화의 영향으로 시베리아의 동토가 녹으며 땅 밑에 묻혀있던 유기물이 발효되며 CO_2 보다 20배 높은 온난화 영향지수를 가진 CH_4 가스 방출이 이루어지고 이로 인해 온난화가 더욱 가속될 것이라는 염려가 있다. 이 불안정성의 문제를 양성 피드백 루프로 설명하여라.

8. 0-1,500°C를 4-20mA로 변환하는 온도전송기의 전류신호가 그림 1.7과 같이 250Ω 저항을 거쳐 직류전압으로 바뀌었다. 이 전압신호를 입력범위 0-5VDC를 갖는 14bit A/D 변환기를 이용하여 디지털화 한다면 이 신호의 해상도는 얼마인가? °C와 %로 각각 나타내어라. 만약 이 A/D 변환기가 LSB 1bit 오차를 가진다면 해상도가 어떻게 변하겠는가?

9. 디지털 신호로 주어지는 제어기의 출력을 14bit D/A 변환기를 이용하여 아날로그 신호로 변환시기고, 이 신호로 제어밸브를 조절한다고 하자. 제어밸브의 위치 정밀도가 ±0.2%라 할 때, 14bit 신호의 해상도를 반영할 수 있을지 논하여라.

제2장

동특성의 수식 표현

1 장의 마지막 절에서 공정의 동특성에 대한 이해가 제어계 설계에서 핵심적 역할을 함을 이야기하였다.

화학공정의 동특성을 수식으로 정확히 표현하는 것은 간단한 소수의 공정을 제외하고는 쉽지 않은 일이며, 또한 정확히 표현한다 하더라도 공정의 비선형 특성을 제어계 설계에 반영하는 것은 용이하지 않다. 그럼에도 불구하고 복잡한 공정의 동특성은 간단한 동특성들의 조합으로 이루어지는 경우가 많으며, 요소가 되는 동특성들에 대한 지식은 실제 공정의 동특성을 이해하는 데에 큰 도움이 된다.

사실상 모든 공정이 비선형 특성을 가지고 있지만, 이 특성을 해석적으로 다루는 일반적인 방법이 없으므로, 대부분의 제어기 설계도 선형공정을 대상으로 한다. 동특성은 시간에 대한 미분방정식으로 표현되며, 특별히 선형 시불변인 경우, Laplace 변환에 의한 전달함수로 표현할 수 있다. 이 중, Laplace 변환은 동특성 표현과 해석, 나아가 제어기 설계를 용이하게 하므로, 본 교재도 Laplace 변환을 기본 도구로 사용한다. 2장에서는 Laplace 변환과 응용을 소개하며, 이에 따른 공정의 동특성 해석을 소개한다. 마지막으로 임펄스 응답 모델을 소개하고, 부록에서 다변수 제어기법에서 보편적으로 사용되며 또한 동특성 모델의 가장 일반화된 표현이라 할 수 있는 상태공간(state space) 모델을 소개한다.

2.1 동특성의 수식 표현

질량, 에너지, 모멘텀과 같은 크기변수(extensive variable)들은 합산이 가능하므로 수지식(balance equation)이 적용된다. 공정의 동특성은 관련된 모든 변수들이 공간적으로 분포되지 않도록 적절히 설정된 대상부피(control volume)에 대해 다음과 같은 크기변수 비정상상태(unsteady state) 수지식을 이용하여 모델화된다.

$$\text{Rate of}\left\{\text{accumulation} \;=\; \text{input - output + generation}\right\} \qquad (2.1)$$

$$\text{단위시간당}\left\{\text{축적량의 변화} \;=\; \text{입력량 - 출력량 + 생성량}\right\}$$

여기서 단위시간당 축적량의 변화(rate of accumulation)는

$$\frac{d}{dt}\left\{\text{해당 물리량의 대상부피 내의 총 축적량}\right\} \qquad (2.2)$$

으로 표현되므로 동특성식은 항상 시간에 대한 미분방정식이 된다. 공정변수들이 공간적으로 분포를 갖는 분산 파라미터 계(distributed parameter system, DPS)에서는 대상부피가 무한히 작게 설정되므로 동특성식이 시간과 공간좌표에 대한 편미분방정식이 되며, 공간적으로 변수값의 분포가 없는 뭉친 파라미터 계(lumped parameter system, LPS)는 시간에 대한 상미분방정식으로 표현된다. DPS는 LPS에 비해 복잡하며 해석에 더 높은 수학적 기술이 요구된다. 본 교재에서는 LPS로 표현되는 공정을 주로 다루기로 한다. 사실 실제 공정은 모두 어느 정도 DPS의 성질을 가진다. 그러나 합리적 가정을 도입함으로써 LPS 모델로 근사할 수 있는 경우가 많다.

예제 2-1: 그림 2.1의 가열탱크를 생각하고 스팀 공급량과 탱크 내 온수온도와의 관계를 에너지 수지식으로부터 구하여 보자. 이를 위하여 다음의 가정을 도입한다.

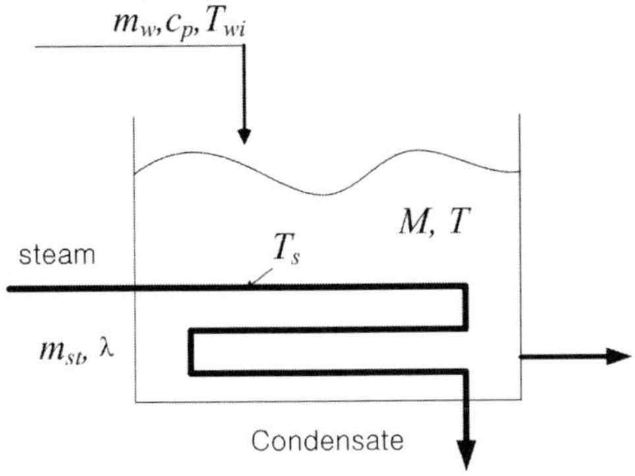

그림 2.1: 가열탱크의 모형.

- 탱크 내의 물 축적량, 유량, 비열, 즉 M, m_w, c_p 는 일정하다.
- 탱크 내에서는 완전혼합이 이루어지며 가열관 내의 스팀은 모두 포화상태의 응축수로 변환되고 스팀트랩을 통해 배출된다
- 가열탱크 외벽을 통한 열손실은 없다.

대상부피를 가열탱크 내의 물 전체로 선택하여 에너지 수지식을 수립하자. 물의 운동에너지, 위치에너지 등은 엔탈피에 비하여 부시될 수 있으므로

$$\begin{aligned}
\text{Rate of enthalpy acc.} &= \frac{d}{dt}[Mc_p(T - T_d)] \\
\text{Rate of enthalpy input} &= m_w c_p(T_i - T_d) + m_{st}\lambda \\
\text{Rate of enthalpy output} &= m_w c_p(T - T_d)
\end{aligned}$$

$$\Downarrow$$

$$\left(\frac{M}{m_w}\right)\frac{dT}{dt} + T = T_i + \left(\frac{\lambda}{m_w c_p}\right) m_{st} \tag{2.3}$$

을 얻는다. 여기서 T_d 는 임의의 기준온도로 자동으로 소거되어 최종 수지식에는 영향을 주지 않는다. 최종 미분방정식을 T 항의 계수가 1이 되도록 정리한 것은

이후에 구할 전달함수의 표준꼴에 형태를 맞추기 위함이다.

예제 2-2: 그림 2.2의 액위탱크를 생각하고, 유입유량과 액위의 동적관계를 총괄 물질수지식을 수립하여 구하여 보자. 탱크출구에서 유체의 흐름은 난류라고 가정한다.

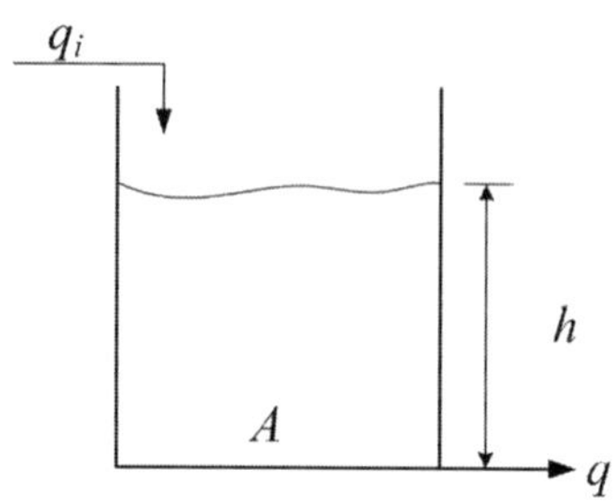

그림 2.2: 액위에 의해 배출유량이 결정되는 액위 탱크.

$$\begin{aligned}
\text{Rate of mass acc.} &= \frac{d}{dt}[\rho A h] \\
\text{Rate of mass input} &= \rho q_i \\
\text{Rate of mass output} &= \rho q = \rho\alpha\sqrt{h}
\end{aligned}$$

$$\Downarrow$$

$$\left(\frac{A}{\alpha}\right)\frac{dh}{dt} + \sqrt{h} = \left(\frac{1}{\alpha}\right) q_i \tag{2.4}$$

위의 식에서 ρ는 유체의 밀도이며, 출구유량 q는 출구 배관 양단의 압력차의 평방근에 비례하므로 (난류의 경우) $q = \alpha\sqrt{h}$로 표현하였다. h가 비선형항 $\sqrt{h}$을 포함한 1차 미분방정식으로 표현됨을 볼 수 있다.

예제 2-3: 그림 2.3의 액위탱크를 생각하자. 이 공정은 그림 2.2의 액위탱크와 매우 유사하나 탱크출구에서 유체가 펌프로 배출되므로 배출유량은 액위 h와 관계없이 펌프 회전속도에 의해 결정된다. 이러한 가정하에서 물질수지식을 통하여 유입유량과 액위의 동적관계를 구하여 보자.

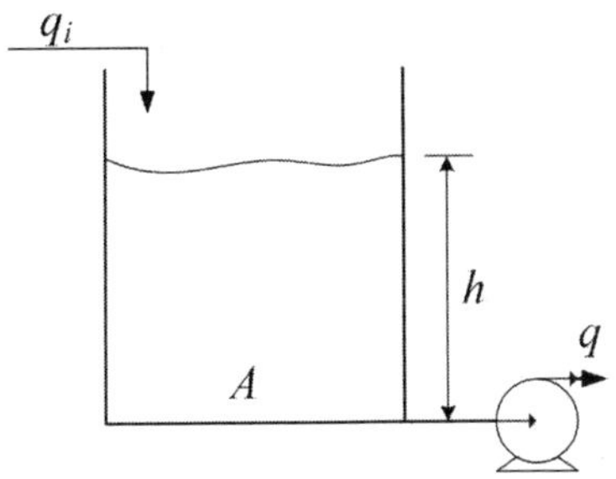

그림 2.3: 펌프를 이용하여 강제 배출되는 액위탱크.

$$
\begin{aligned}
\text{Rate of mass acc.} &= \frac{d}{dt}[\rho A h] \\
\text{Rate of mass input} &= \rho q_i \\
\text{Rate of mass output} &= \rho q \\
&\Downarrow
\end{aligned}
$$

$$A\frac{dh}{dt} = q_i - q \tag{2.5}$$

$q_i(t) - q(t)$의 시간에 대한 적분이 $h(t)$의 해가 되는 단순한 선형 1차 미분방정식으로 표현된다.

2.2 선형 동적계

선형성(linearity)이라는 것은 자연과학 전분야에 걸쳐 대단히 중요한 개념이다. 그것은 자연의 많은 현상이 선형특성을 갖고 있기 때문은 아니며, 선형계일 때에 풍부한 수학적 기법의 적용과 다양한 해석이 가능해지기 때문이다.

앞 절에 소개한 것과 같이 뭉친 파라미터 동적계의 출력변수는 상미분방정식으로 거동이 표현된다. 이 상미분방정식은 출력변수의 초기조건과 입력변수 값에 따라 그 해가 달라진다. 공정의 입력변수, 출력변수, 초기조건을 각각 u, y, IC라 할 때, u와 IC의 y에 대한 관계가 직선적이면 우리는 이 공정을 선형 동적계(linear dynamic system)라고 부른다. 여기서 직선적이라 함은 u가 (또는 IC가) k 배 증가할 때 y도 k 배 증가하는 관계를 말한다.

뭉친 파라미터 계의 경우는 동특성을 표현하는 미분방정식이

$$y^{(n)}(t)+a_1(t)y^{(n-1)}(t)\cdots+a_n(t)y(t)=b_0(t)u^{(m)}(t)\cdots+b_m(t)u(t),\ n\geq m \quad (2.6)$$

와 같이 y와 u의 시간에 대한 도함수들의 선형조합(linear combination)으로 표현되면 선형계이다. 이때, 계수 $a_i(t)$, $b_i(t)$가 시간에 대해 변치않는 일정한 값을 가지면 시불변 (time-invariant) 선형계, 시간의 함수이면 시변(time-varying) 선형계라 부른다. 이 교재에서 다루는 공정은 시불변 선형 동적계로 국한되며, 아래와 같은 미분방정식으로 표현된다.

$$y^{(n)}(t)+a_1y^{(n-1)}(t)+\cdots+a_ny(t)=b_0u^{(m)}(t)+\cdots+b_mu(t),\ n\geq m \quad (2.7)$$

2장의 부록에 선형계에 대한 좀 더 엄밀한 수학적 정의와 예제를 제시하였다.

2.3 Laplace 변환의 정의, 중요 함수의 변환

제어에서 Laplace 변환은 매우 중요한 도구이다. 그 이유는 무엇보다 식 (2.7)와 같은 미분식이 Laplace 변환을 통해 간단한 대수식으로 바뀌기 때문이다. 여기에 더하여 Laplace 변환은 시간영역에서 표현된 동특성을 주파수영역으로 변환시키는 중요한 물리적 기능도 가진다.

2.3.1 정의

Laplace 변환은 $\mathscr{L}$로 표현하며 $t \geq 0$에서 정의된 함수 $f(t)$에 대해 다음과 같이 정의된다.

$$F(s) = \mathscr{L}\ [f(t)] = \int_0^\infty f(t)e^{-st}dt \tag{2.8}$$

흔히 Laplace 변환의 대상이 되는 함수는 $f(t) = 0,\ t < 0$을 만족하는 것으로 표현하기도 하며 이러한 함수를 절삭함수(truncated function)라고 부른다. Laplace 변환을 통하여 시간의 함수 $f(t)$가 새로운 독립변수인 s의 함수 $F(s)$가 된다. Laplace 변환은 일대일 대응 (one-to-one correspondence) 변환으로 $F(s)$에 대해 유일한 $f(t)$가 존재한다. $F(s)$로 부터 $f(t)$를 찾는 과정을 역변환(inverse transform)이라 하며 $\mathscr{L}^{-1}$로 표현한다.

$$f(t) = \mathscr{L}^{-1}[F(s)] \tag{2.9}$$

Laplace 변환은 적분변환(integral transform)으로 복잡해 보이지만 실제 동특성 해석과 제어에서 중요한 함수들의 변환은 의외로 단순하다. 이제 몇 가지 중요한 함수들에 대한 변환 예를 살펴보자.

2.3.2 중요한 함수들의 Laplace 변환 예

단위계단함수(unit step function): 단위계단함수의 정의와 Laplace 변환은 다음과 같다.

$$\mathrm{U}(t) = \begin{cases} 0 & \text{for } t < 0 \\ 1 & \text{for } t \geq 0 \end{cases}$$

$$\mathscr{L}[\mathrm{U}(t)] = \int_0^\infty 1e^{-st}dt = -\frac{1}{s}e^{-st}\bigg|_0^\infty = 0 - \left(-\frac{1}{s}\right) = \frac{1}{s} \tag{2.10}$$

계단함수는 간단하기 때문에, 공정의 동특성 분석을 위한 시험용 입력신호로 많이 사용된다. 또한 임의의 함수 $h(t)$ 에 $\mathrm{U}(t)$ 를 곱한 $h(t)\mathrm{U}(t)$ 는 $t<0$ 에서 0 이 되므로 절삭함수를 생성시키는 목적으로도 사용된다. $\mathrm{U}(t)$ 는 Heaviside 함수라고도 부른다.

경사함수 (ramp function):

$$f(t) = t\mathrm{U}(t)$$

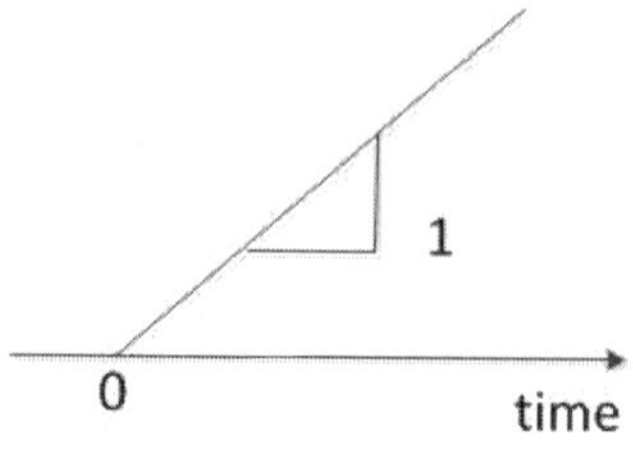

$$\mathscr{L}[f(t)] = \int_0^\infty te^{-st}dt = \frac{1}{s^2} \tag{2.11}$$

높이가 H 폭이 T 인 펄스함수(pulse function):

$$f(t) = \begin{cases} 0 & \text{for } t < 0 \text{ and } t \geq T \\ H & \text{for } 0 \leq t < T \end{cases}$$

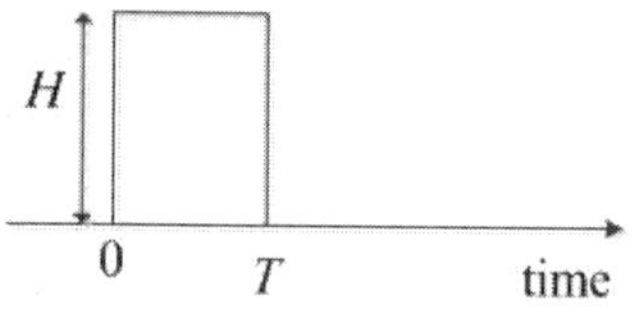

$$\mathscr{L}[f(t)] = \int_0^T He^{-st}dt = \frac{H}{s}(1 - e^{-sT}) \tag{2.12}$$

펄스함수도 계단함수와 마찬가지로 시험용 입력신호로 많이 사용된다.

단위임펄스함수(unit impulse function): 이 함수는 Dirac delta 함수라고도 한다. 단위임펄스함수는 별도의 엄밀한 정의가 있지만 여기서는 펄스함수의 극한으로 정의한다.

$$\delta(t) = \lim_{T \to 0} \text{펄스함수}(t) \quad \text{with } H = 1/T$$

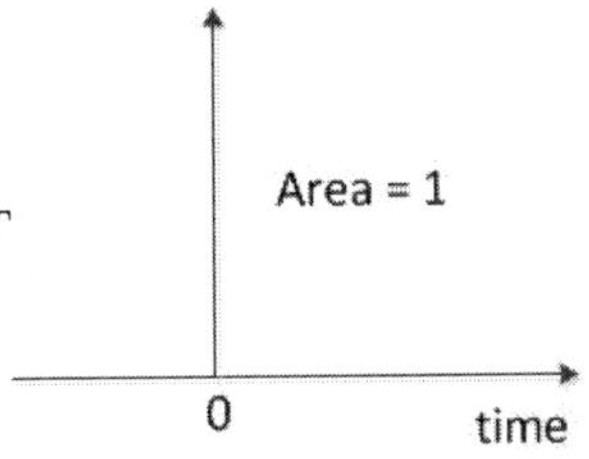

즉, 그림과 같이 폭은 무한히 작으나 면적=1을 유지하며 높이가 한없이 큰 펄스함수로 정의한다. 이 함수의 Laplace변환은 식 (2.12)에 극한을 취함으로써 얻을 수 있다.

$$\mathscr{L}[\delta(t)] = \lim_{T \to 0} \frac{1}{Ts}(1 - e^{-sT}) = 1 \quad \text{(L'Hospital 정리 적용)} \tag{2.13}$$

경사함수의 경우 U(t)가 적분결과에 아무런 영향을 미치지 않기 때문에 대상 경사함수가 절삭함수임을 명확히 할 이유가 없지만, 시간축으로 평행이동된 함수들을 다룰 때에 이 사실을 간과하면 잘못된 결과를 얻는다. 따라서 당분간은 항상 U(t)를 곱한 형태로 변환 대상함수를 표현하는 것이 좋다.

표 2-1. 제어에서 중요하게 취급되는 함수들의 Laplace 변환.

$f(t)$	$F(s) = \mathscr{L}[f(t)]$	$f(t)$	$F(s) = \mathscr{L}[f(t)]$
$\delta(t)$	1	U(t)	$\frac{1}{s}$
t	$\frac{1}{s^2}$	t^n	$\frac{n!}{s^{n+1}}$
e^{-at}	$\frac{1}{s+a}$	te^{-at}	$\frac{1}{(s+a)^2}$
$t^n e^{-at}$	$\frac{n!}{(s+a)^{n+1}}$	$\sin\omega t$	$\frac{\omega}{s^2+\omega^2}$
$\cos\omega t$	$\frac{s}{s^2+\omega^2}$	$e^{-at}\sin\omega t$	$\frac{\omega}{(s+a)^2+\omega^2}$
$e^{-at}\cos\omega t$	$\frac{s+a}{(s+a)^2+\omega^2}$		

이상과 같이 간단한 몇가지 예를 살펴 보았지만 제어에서 중요하게 취급하는 다른 함수들의 Laplace 변환을 구하는 것도 어려운 일이 아니다. 표 2-1에 이러한 함수들에 대한 Laplace 변환결과를 요약하였다.

2.4 Laplace 변환의 중요한 성질

이번 절에서는 어떤 함수 $f(t)$의 Laplace 변환이 $F(s)$ 일 때 $f(t)$로 부터 변형된 함수의 Laplace 변환이 $F(s)$와 어떤 관계를 갖는 지를 살펴본다. 아래 성질들의 증명은 부록에 제시하였다.

1. 선형성 : Laplace 변환은 다음 관계를 만족하는 선형변환이다. 상수 a, b에 대해

$$\mathscr{L}[af(t)+bg(t)] = a\mathscr{L}[f(t)]+b\mathscr{L}[g(t)] = aF(s)+bG(s) \tag{2.14}$$

2. 도함수의 변환: 1차 도함수에 대해서 다음의 관계가 성립한다.

$$\mathscr{L}\left[\frac{df(t)}{dt}\right] = sF(s)-f(0) \tag{2.15}$$

고차 도함수의 Laplace 변환은 다음과 같다.

$$\mathscr{L}\left[\frac{d^n f(t)}{dt^n}\right] = s^n F(s)-s^{n-1}f(0)-s^{n-2}f'(0)\cdots-f^{(n-1)}(0) \tag{2.16}$$

도함수의 변환은미분방정식을 s 영역의 대수방정식으로 변환시키는데 이용된다. f의 모든 도함수의 초기조건이 0이라 하고 $D = d/dt$(미분연산자)를 정의하면, $df/dt = Df$, $\cdots$ $d^n f/dt^n = D^n f$로 표현되므로 식 (2.15), (A2.17)으로 부터 s가 D와 기능적으로 일치하는 것을 알 수 있다. 따라서 s가 어떤 함수에 곱해질 때에는 미분연산자의 구실을 하는 것으로 이해하면 된다. 일예로 경사함수의 미분은 단위계단 함수인데, 이것은 s 영역에서도 확인된다. 즉, 경사함수의 Laplace 변환 $1/s^2$에 s를 곱하면 단위계단 함수의 Laplace 변환 $1/s$가 얻어진다.

3. 적분식의 변환 :

$$\mathscr{L}\left[\int_0^t f(\tau)d\tau\right] = \frac{F(s)}{s} \tag{2.17}$$

중적분의 변환은 다음과 같다.

$$\mathscr{L}\left[\int_0^t \int_0^{\tau_1} \cdots \int_0^{\tau_{n-1}} f(\tau)d\tau d\tau_{n-1}\cdots d\tau_1\right] = \frac{F(s)}{s^n} \tag{2.18}$$

D가 미분연산자일 때 $1/D$가 적분연산이 되는 것과 같이, s가 미분을 나타내므로 $1/s$가 적분을 나타냄을 위의 식에서 볼 수 있다.

4. t가 곱해진 함수:

$$\mathscr{L}[tf(t)] = -\frac{dF(s)}{ds} \tag{2.19}$$

위 성질의 적용 예로 $\mathscr{L}[\mathrm{U}(t)] = 1/s \rightarrow \mathscr{L}[t\mathrm{U}(t)] = -\frac{d}{ds}(\frac{1}{s}) = 1/s^2 \rightarrow \mathscr{L}[t^2\mathrm{U}(t)] = -\frac{d}{ds}(\frac{1}{s^2}) = 2/s^3$를 들 수 있다.

5. 시간축으로 이동된 함수:

$$\mathscr{L}[f(t-d)] = e^{-ds}F(s) \tag{2.20}$$

많은 화학공정들이 외부에서 입력변화가 가해지면 어느 정도 시간이 지난 후 응답이 본격적으로 나타나는 특성을 가진다. 시간 축으로 이동된 함수는 이와 같이 느린 응답을 보이는 화학공정의 동특성 표현에 많이 이용된다.

6. e^{at}가 곱해진 함수:

$$\mathscr{L}[e^{at}f(t)] = F(s-a) \tag{2.21}$$

이 성질을 이용하면 $\mathscr{L}[\mathrm{U}(t)] = 1/s$로 부터 $\mathscr{L}[e^{at}\mathrm{U}(t)] = 1/(s-a)$를 직접 얻을 수 있다.

7. 최종값 정리 (Final Value Theorem):

$$\lim_{t\rightarrow\infty} f(t) = \lim_{s\rightarrow 0} sF(s) \text{ if the limit exsits.} \tag{2.22}$$

이 정리는 공정에 계단입력을 가했을 때 공정의 출력이 최종적으로 어떤 값에 도달하는 가를 계산하는 데에 이용된다.

8. 초기값 정리 (Initial Value Theorem):

$$\lim_{t\to 0} f(t) = \lim_{s\to\infty} sF(s) \tag{2.23}$$

9. Convolution 정리:

$$\mathscr{L}\left[\int_{-\infty}^{\infty} f(\tau)g(t-\tau)d\tau\right] = F(s)G(s) \tag{2.24}$$

Convolution 적분은 $f(t)$, $g(t)$ 의 성질에 따라 여러 형태로 변형될 수 있다. 먼저 식 (2.24)은 $\int_{-\infty}^{\infty} f(t-\tau)g(\tau)d\tau$와 동일하다. $f(t)$가 절삭함수인 경우는 $\int_0^{\infty} f(\tau)g(t-\tau)d\tau$ 으로, $g(t)$가 절삭함수인 경우는 $\int_{-\infty}^{t} f(\tau)g(t-\tau)d\tau$ 으로 표현될 수 있다. $f(t), g(t)$가 모두 절삭함수일 때는 $\int_0^t f(\tau)g(t-\tau)d\tau$ 로 표현된다.

Convolution 정리는 복잡한 함수의 Laplace 변환을 구하는데 이용될 수도 있으나, 선형 동적계의 표현방법 중 하나인 입출력 모델(input-output model 혹은 임펄스 응답 모델)을 구성하는 이론적 근간이 된다.

2.5 Laplace 변환을 이용한 선형 상미분 방정식의 해

선형 상미분 방정식의 해를 구하는 일이 어려운 것은 아니지만 Laplace 변환을 이용하면 더 용이하게 해를 구할 수 있다. 또한 공정의 동특성을 분리하여 표현할 수 있어 유용하다.

Laplace 변환을 이용하여 선형 상미분방정식의 해를 구하는 과정은 그림 2.4와 같다. 먼저, 도함수의 Laplace변환이 대수식이 되기 때문에 미분방정식은 대수방정식으로 변환된다. 이 대수방정식의 해를 s 영역에서 구한 후, 이것을 역변환하면 시간영역에서의 해가 얻어진다.

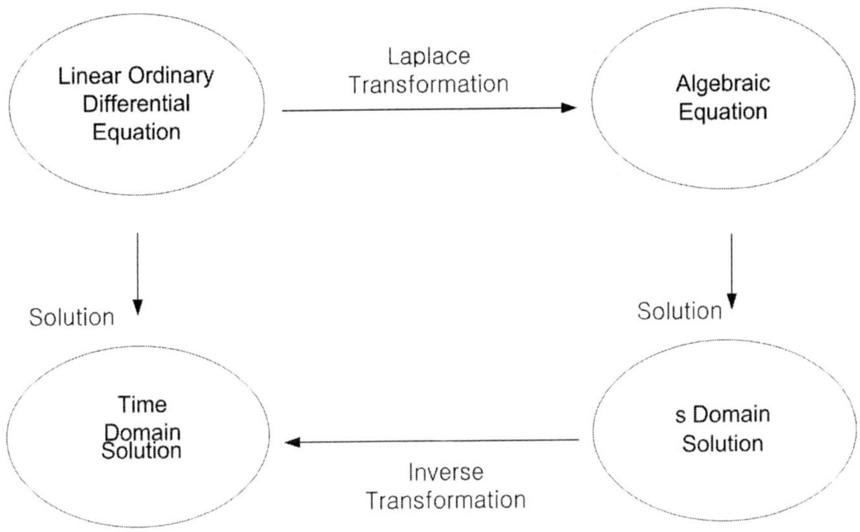

그림 2.4: Laplace 변환을 이용하여 선형 상미분 방정식의 해를 구하는 과정.

2.5.1 역변환 (Inverse Transform)

앞 절에서 Laplace 변환이 일대일 대응변환이기 때문에 유일한 역변환 함수 (inverse, pre-image)가 존재한다는 것을 이야기 하였다. 이것은 어떤 방법으로든 역변환 값을 얻으면 그것이 곧 해라는 뜻이다. 역변환의 수학적 일반꼴은 역시 적분변환으로 주어지며 부록에 제시하였다. 그러나 제어에서 다루는 함수들은 이런 어려운 방법에 의존할 필요가 없으며 표 2-1과 같은 변환관계 표와 Laplace 변화의 성질을 이용하여 손쉽게 역변환을 수행할 수 있다. 특히, 시불변 선형 상미분방정식의 s 영역 해는 항상 분수함수로 주어지며, 이 분수함수는 낮은 차수의 부분분수의 합으로 나타낼 수 있기 때문에, 이 부분분수들을 역변환한 후 이들의 합을 구하면 시간영역 해가 얻어진다.

응용 예를 소개하기에 앞 서, Laplace 변환은 비선형 상미분방정식의 해를 구하는 데는 이용될 수 없음을 다시 한번 강조한다. 예로서, $\mathscr{L}[a(dy(t)/dt)] = a[sY(s) - y(0)]$ 이지만 $\mathscr{L}[a(dy(t)/dt)^2]$ 는 $Y(s)$ 의 함수로 표현될 수 없다. 시변 선형 상미분방정식은 Laplace 변환으로 해가 얻어질 수 있으나, 형태가 매우 복잡해져 유용하지 못하다.

예제 2-4: $y''(t)+3y'(t)+2y(t)=5u(t)$ 으로 표현되는 공정의 입력변수 $u(t)$ 에 단위계단함수가 가해질 때에 공정출력 $y(t)$ 를 구하여 보자. 공정출력의 초기조건은 $y(0)=2, y'(0)=0$ 로 가정한다.

- 1 단계: $y''(t)+3y'(t)+2y(t)=5u(t)$ 의 좌우변을 모두 Laplace 변환하면

$$\begin{aligned} &(s^2+3s+2)Y(s)-(s+3)y(0)-y'(0)=5U(s) \\ \rightarrow\ & Y(s)=\frac{5}{s^2+3s+2}U(s)+\frac{(s+3)y(0)+y'(0)}{s^2+3s+2} \end{aligned} \tag{2.25}$$

- 2 단계: $y(0)=2, y'(0)=0$ 과 $U(s)=1/s$ 대입하여 $Y(s)$ 에 대하여 정리하여 s 영역에서의 해를 다음과 같이 얻는다.

$$Y(s)=\frac{1}{s^2+3s+2}\frac{5}{s}+\frac{2(s+3)}{s^2+3s+2}=\frac{2s^2+6s+5}{(s^2+3s+2)s}$$

- 3 단계: 시간영역 해는 $y(t)=\mathscr{L}^{-1}[Y(s)]$ 이다. 여기서 $Y(s)$ 가 s 의 분수함수로 표현되므로 역변환은 부분분수를 이용하여 쉽게 구할 수 있다.

$$Y(s)=\frac{2s^2+6s+5}{(s^2+3s+2)s}=\frac{A}{s+1}+\frac{B}{s+2}+\frac{C}{s}=\frac{-1}{s+1}+\frac{1/2}{s+2}+\frac{5/2}{s}$$

표 2-1로 부터 각 부분분수의 역변환을 찾아 정리하면 다음의 해를 얻는다.

$$y(t)=[0.5e^{-2t}-e^{-t}+2.5]\mathrm{U}(t)$$

여기서 $\mathrm{U}(t)$ 는 단위계단함수이다.

- **Laplace 변환은 시불변 선형 상미분방정식의 해를 구하는데에 유용하다.**
- **시불변 선형 상미분방정식은 s 의 분수함수로 해가 얻어지며, 역변환은 부분분수로 분해한 후, 변환표를 이용하여 각 부분분수를 역변환하는 것이**

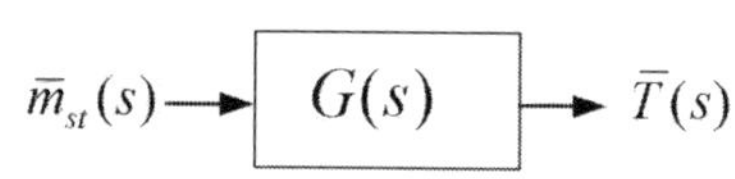

편리하다.

2.6 전달함수

2.6.1 변이변수와 전달함수

선형 동적계의 해는 식 (2.25)와 같이 초기조건에 의한 부분과 입력함수에 의한 부분의 합으로 표현된다. 여기서 입력 $U(s)$와 출력 $Y(s)$ 사이의 함수 $\frac{5}{s^2+3s+2}$를 전달함수(transfer function)라 부른다. 예제 2-4 에서 초기조건이 모두 0 이었다면 공정의 동특성은 이 전달함수에 의해서만 결정되었을 것이다. 즉, 전달함수는 계의 초기조건이 모두 0일 때의 입출력 관계를 나타낸다.

공정이 초기에 정상상태를 유지하고 있었다고 할 때, 공정변수의 시간에 대한 미분치는 모두 0 이지만 공정변수 자체는 어떤 값을 가질 것이다. 이제 공정변수와 초기 정상상태 값의 차를 변이변수(혹은 편차변수, deviation variable)로 정의하면 변이변수는 모든 도함수 뿐 아니라 변수 값 자체도 초기에 0이 된다. 변이변수를 취하여 입출력 관계에 초기조건의 영향이 나타나지 않게 하는 일은 affine 함수를 평행이동시켜 선형함수로 변환하는 것과 동일한 작업이다. 이제 간단한 예를 통해 이 과정을 살펴 보자.

예제 2-5: 예제 2-1의 가열탱크에서 스팀양 m_{st}와 온수온도 T 사이의 전달함수를 구해보자. 초기에 이 공정은 정상상태를 유지하며 이 때 온수온도는 T_I라 가정한다.

m_{st}와 T 사이의 관계를 구하는 것이므로 T_{wi}, m_w 등 다른 변수들은 변하지 않는다고 가정한다.

- 1 단계 : 정상상태 입력변수 값 : $dT/dt = 0$으로 부터 $m_{stI} = (m_w c_p/\lambda)(T_I - T_{wi})$
- 2 단계 : 변이변수 정의 : $\bar{T}(t) \triangleq T(t) - T_I$, $\bar{m}_{st}(t) \triangleq m_{st}(t) - m_{stI}$

- 3 단계 : 변이변수에 대해 식 (2.3)을 재정리하기 위하여

$$(M/m_w)dT/dt + T = T_i + (\lambda/m_w c_p)m_{st}, \quad T(0) = T_I$$

초기 정상상태에서 $\quad (M/m_w)dT_I/dt + T_I = T_i + (\lambda/m_w c_p)m_{stI}$

두 식의 차를 취하면 $\quad (M/m_w)d\bar{T}/dt + \bar{T} = (\lambda/m_w c_p)\bar{m}_{st}, \quad \bar{T}(0) = 0$

- 4 단계 : Laplace 변환 : Laplace 변환을 취한 후 정리하면

$$\bar{T}(s) = \frac{\lambda/m_w c_p}{(M/m_w)s + 1}\bar{m}_{st}(s) = G(s)\bar{m}_{st}(s)$$

이 결과를 블록선도로 표현하면 그림 2.5와 같다.

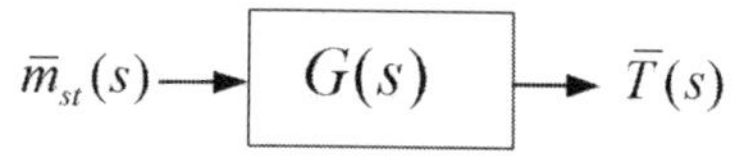

그림 2.5: 블록선도에 의한 가열탱크의 표현.

- **선형계의 출력은 초기조건의 영향과 입력함수의 영향으로 나타나며 전달함수는 입력함수와 출력함수의 관계 만을 나타낸 것이다.**
- **초기조건의 영향이 출력에 나타나지 않기 위해서는 공정이 초기에 정상상태에 있어야 한다. 이때 정상상태 값에서의 차이를 나타낸 입출력 변이변수 사이의 s 영역에서의 관계가 전달함수이다.**

2.6.2 비선형 공정의 선형화

예제 2-1의 가열탱크에서 m_w과 T, 예제 2-2의 q_i와 h 사이의 관계는 비선형적이므로 수지식에 직접 Laplace 변환을 가하여 이 변수들 사이의 관계를 전달함수를 구할 수 없다. 그러나 공정변수들이 정상상태 값 주변에서 변화한다면 그 관계를 선형으로 근사할 수 있다.

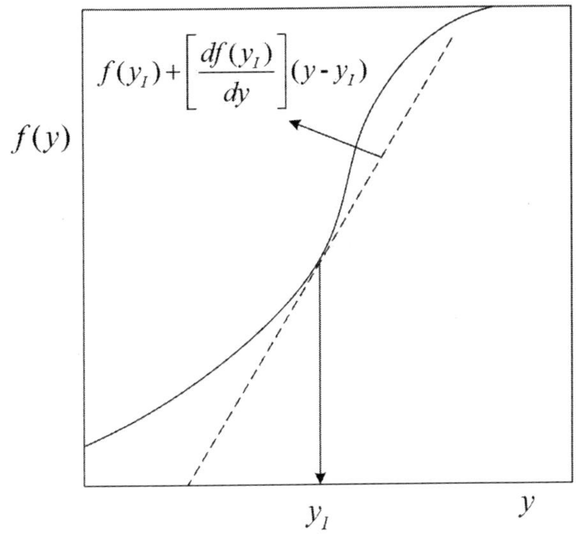

그림 2.6: 접선식을 이용하여 비선형함수를 선형함수로 근사한다.

단변수 비선형함수 $f(y)$는 y_I 주변에서

$$f(y) \approx f(y_I) + \left[\frac{df(y_I)}{dy}\right](y - y_I) \tag{2.26}$$

로 근사된다. 이것은 비선형함수 $f(y)$를 그림 2.6와 같이 $(y_I, f(y_I))$ 점에 접하는 직선으로 근사한 것이다. 다변수함수의 경우도 같은 개념으로 근사되며 두 변수에 대한 비선형함수 $f(y_1, y_2)$의 경우

$$f(y_1, y_2) \approx f(y_{1I}, y_{2I}) + \left[\frac{df(y_{1I}, y_{2I})}{dy_1}\right](y_1 - y_{1I}) + \left[\frac{df(y_{1I}, y_{2I})}{dy_2}\right](y_2 - y_{2I}) \tag{2.27}$$

이 된다. 식 (2.27)의 우변은 $(y_1, y_2, f(y_1, y_2))$으로 표현되는 곡면의 $(y_{1I}, y_{2I}, f(y_{1I}, y_{2I})$에서의 접평면을 나타낸다.

이제 추가적인 예를 통하여 비선형공정을 선형화하고 전달함수를 구하는 과정을 살펴 보자.

예제 2-6: 예제 2-1의 가열탱크에서 유량 m_w와 온수온도 T 사이의 전달함수를 구하여 보자. 초기 정상상태에서 온수온도는 T_I에 유지되며 나머지 모든 변수들은 일정하다고 가정한다.

식 (2.3)을 먼저 아래와 같이 정리한다.

$$MdT/dt + m_w T = m_w T_i + (\lambda/c_p)m_{st}$$

- 1단계: 정상상태 입력변수 값: $dT/dt = 0$으로 부터 $m_{wI} = (\lambda/c_p)m_{st}/(T_I - T_i)$
- 2단계: 변이변수 정의: $\bar{T}(t) \triangleq T(t) - T_I, \quad \bar{m}_w(t) \triangleq m_w(t) - m_{wI}$
- 3단계: 비선형항을 정상상태 주변에서 선형화:

$$\begin{aligned} m_w T &\approx m_{wI}T_I + \left[\frac{\partial(m_w T)}{\partial m_w}\right]_{m_{wI},T_I}(m_w - m_{wI}) + \left[\frac{\partial(m_w T)}{\partial T}\right]_{m_{wI},T_I}(T - T_I) \\ &= m_{wI}T_I + T_I(m_w - m_{wI}) + m_{wI}(T - T_I) \end{aligned}$$

- 4단계: 선형화된 식을 모델식에 대입하고 변이변수를 이용하여 재정리:

  선형화 모델 $MdT/dt + m_{wI}T_I + T_I(m_w - m_{wI}) + m_{wI}(T - T_I) = m_w T_i + (\lambda/c_p)m_{st}$

  초기 정상상태에서 $MdT_I/dt + m_{wI}T_I = m_{wI}T_i + (\lambda/c_p)m_{st}$

  두 식의 차를 구한 후 변이변수로 정리하면

$$\begin{aligned} Md\bar{T}/dt + m_{wI}\bar{T} &= (T_i - T_I)\bar{m}_w \\ \rightarrow \quad (M/m_{wI})d\bar{T}/dt + \bar{T} &= [(T_i - T_I)/m_{wI}]\bar{m}_w, \quad \bar{T}(0) = 0 \end{aligned}$$

- 5 단계 : Laplace 변환을 취한 후 정리

$$\bar{T}(s) = \frac{[(T_i - T_I)/m_{wI}]}{(M/m_{wI})s + 1}\bar{m}_w(s) \tag{2.28}$$

예제 2-7: 예제 2-2의 액위탱크에서 q_i와 h사이의 전달함수를 구하여 보자. 초기 정상상태에서 액위는 h_I에 유지되고 있다고 가정한다.

이 공정에서 비선형항은 $\sqrt{h}$이며 이 항을 정상상태 주변에서 선형화하면 나머지는 예제 2-6과 같은 과정으로 진행할 수 있다.

$$\sqrt{h} \approx \sqrt{h_I} + \left[\frac{d\sqrt{h}}{dh}\right]_{h_I}(h - h_I) = \sqrt{h_I} + \frac{1}{2}\frac{1}{\sqrt{h_I}}(h - h_I) \tag{2.29}$$

2.6.3 제어기가 보는 공정

예제 2-5에서 2-7에 걸쳐 입출력 변수 사이의 전달함수를 구하는 과정을 살펴보았다. 그림 1.13에 보인 것과 같이 제어기 설계에 필요한 공정모델은 I/P 변환기, 제어밸브, 센서/신호전송기가 직렬로 연결된 모델이다. 예를 들어 예제 2-5에서 스팀양과 온수온도 사이의 전달함수를 구하였으나 제어기가 보는 공정은 그림 2.7과 같이 I/P 변환기, .. , 온도센서/전송기가 연결된 것이어야 한다.

I/P 변환기, 제어밸브, 온도센서/전송기는 가열탱크에 비하여 응답이 매우 빨라 동특성을 무시할 수 있으므로 일반적으로는 단순한 선형 정특성 블록으로 취급한다. 이제

$$\begin{aligned} \bar{m}_{st}(s) &= K_v u(s) \quad \cdots\cdots \quad \text{I/P 변환기 - 제어밸브} \\ y(s) &= K_m \bar{T}(s) \quad \cdots\cdots \quad \text{온도센서/신호전송기} \end{aligned}$$

라 하면, 제어기가 보는 공정은

$$y(s) = G(s)u(s) = \frac{K_m K_v \lambda / m_w c_p}{(M/m_w)s + 1}\, u(s) \tag{2.30}$$

의 무차원 공정이 된다. 여기서 주목할 것은 공정 자체는 선형일지라도 앞뒤의

부속블록이 비선형이면 제어기가 보는 공정은 비선형이 된다는 것이다. 예를 들어 예제 2-5의 스팀유량과 온수온도는 선형의 관계를 갖지만 제어밸브가 비선형이면 제어기가 보는 공정은 비선형이 된다. 실제로 제어밸브는 제어기가 보는 공정을 비선형화 시키는 주요 요인으로 작용하는 경우가 많다. 이 때문에 선형성을 향상 시킬 수 있는 적절한 제어밸브를 선택하는 문제가 중요하다. 한편 센서들도 크든 작든 모두 비선형성을 가지고 있다. 일반적으로 센서의 비선형 특성은 전송기 내에서 상쇄시켜 선형특성을 나타내도록 한다. 공정의 비선형성도 그 특성을 정확히 알면 상쇄시킬 수 있다.

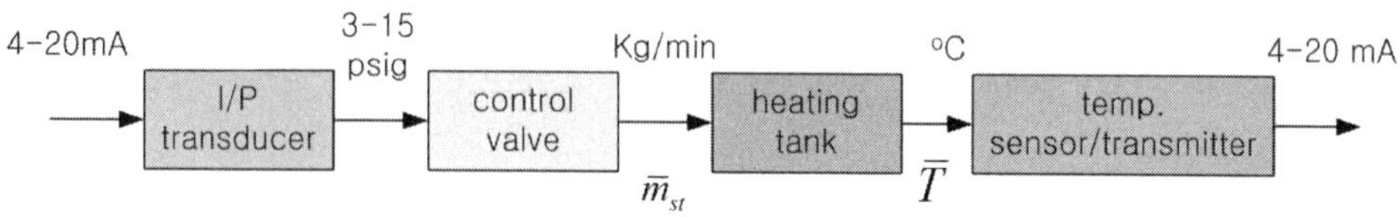

그림 2.7: 제어기가 보는 공정.

제어대상 공정의 비선형성이 심해지면 일반적으로 제어계 설계가 어려워지며 제어성능도 나빠진다. 따라서 수식적으로 선형화를 하여 전달함수를 구하기 이전에 물리적으로 비선형성을 상쇄시키는 방법을 모색하는 것이 바람직하다.

2.7 선형 동적계의 응답특성: 특성 방정식, 극

우리는 앞에서 선형 동적계의 입출력 관계가

$$y(s) = G(s)u(s) \tag{2.31}$$

로 표현됨을 보았다. 이때 시불변계에 대해서 전달함수 $G(s)$는 항상

$$G(s) = \frac{N(s)}{D(s)} \tag{2.32}$$

와 같은 분수함수가 된다. $D(s)$는 s의 다항식이므로

$$D(s) = (s-a_1)\cdots(s-a_n) \tag{2.33}$$

와 같이 인수분해가 가능하고, 이를 이용하여 $y(s)$는

$$y(s) = \frac{A_1}{s-a_1} + \cdots + \frac{A_n}{s-a_n} + (u(s)\text{를 부분분수로 전개한 항}) \tag{2.34}$$

형태의 부분분수로 전개가 되어 역변환을 통하여 $y(t)$를 구할 수 있음을 보았다. 결국 $y(t)$는

$$y(t) = \underbrace{A_1e^{a_1t} + \cdots + A_ne^{a_nt}}_{\text{공정의 동특성에 의한 응답}} + (u(t)\text{에 의한 응답}) \tag{2.35}$$

와 같이 공정의 동특성이 자극되어 나타나는 고유응답항과 입력(forcing function)에 의한 응답항의 합으로 나타남을 알 수 있다. 이것은 사실 일반적인 선형 미분방정식의 해가 갖는 성질이며 이것이 Laplace 변환의 해에도 동일하게 나타난 것이다.

여기서,

- $D(s)$를 공정의 특성 다항식(characteristic polynomial),
- $D(s) = 0$을 특성 방정식(characteristic equation),
- $D(s) = 0$의 근, 즉 $a_1, a_2, \cdots$를 $G(s)$의 극(pole) 혹은 고유치(eigenvalue) ,
- 그리고 $N(s) = 0$의 근들을 $G(s)$의 영(zero)라 부른다.

극은 실수 값을 갖거나 복소수 쌍으로 나타나므로 이들에 의한 고유응답은

$$\mathscr{L}^{-1}\left\{\frac{1}{s-\alpha}\right\} \quad \rightarrow \quad e^{\alpha t} \quad \text{혹은} \tag{2.36}$$

$$\mathscr{L}^{-1}\left\{\frac{c}{s-\alpha-j\omega}+\frac{\bar{c}}{s-\alpha+j\omega}\right\}=$$

$$\mathscr{L}^{-1}\left\{\frac{D_1(s-\alpha)+D_2\omega}{(s-\alpha)^2+\omega^2}\right\} \quad \rightarrow \quad e^{\alpha t}(D_1\cos\omega t+D_2\sin\omega t)$$

의 꼴을 갖는다. 여기서 $\bar{c}$는 복소수 c의 켤레 복소수(conjugate)이다. 위의 관계로 부터 전달함수의 극의 위치와 고유응답 사이에 다음의 관계가 있음을 알 수 있다. 예를 들어

- 음(양)의 실수로 표현되는 극은 지수적으로 단조감소(증가)하는 응답을 나타내며, 원점에서 멀수록 감소(증가)속도가 커진다.
- 음(양)의 실수부를 갖는 복소수극은 진동하며 감소(증가)하는 응답을 나타내며, 이때 진동주파수는 ω가 커질(작아질) 수록 증가(감소)하며, 응답의 감소(증가)속도는 극의 실수부 값이 음(양)의 방향으로 커질 수록 커진다.

이러한 성질들을 종합하여 그림 2.8에 극의 위치와 고유응답의 관계를 예시하였다.

위의 성질로부터 유추되는 결과로

- $G(s)$가 양의 실수부를 갖는 극을 하나라도 가지면, $y(t)$는 입력신호와 상관없이 발산한다는 것이다. 즉, 공정이 불안정하다는 것을 나타낸다. 극의 위치는 공정의 응답모드 뿐 아니라 안정성도 결정 짓는다.
- 만약 모든 극의 실수부가 음수라면 고유응답은 시간이 지나면서 0으로 수렴하고 결국 최종적인 응답은 입력함수의 영향으로만 결정된다. 특별히 입력신호가 계단, 경사, 삼각함수일 경우 출력응답도 궁극적으로 결국 동일한 함수모양을 갖는다.

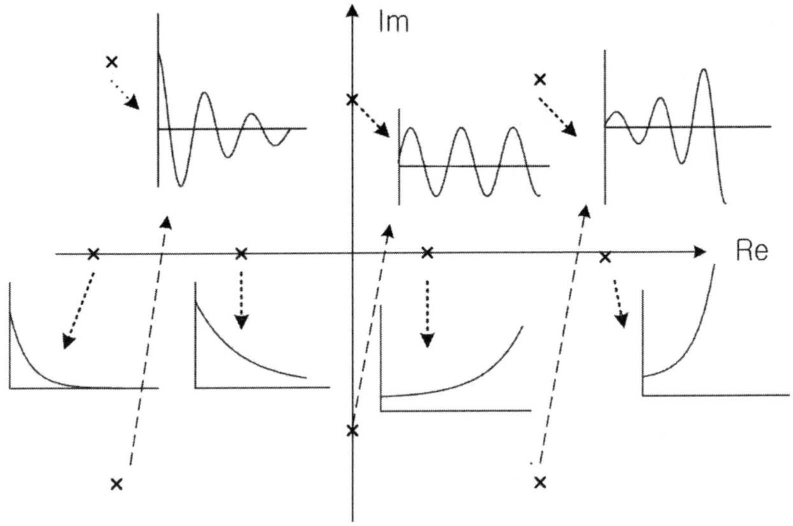

그림 2.8: 극의 위치와 고유응답.

예제 2-8: 예제 2-4에 의하면 초기조건은 $Y(s)$의 분자항에만 영향을 주며, $Y(s)$는 극에 의한 고유응답과 입력함수에 의한 부분으로 나누어짐을 볼 수 있다. 공정의 극은 $0 = s^2 + 3s + 2 = (s+1)(s+2)$로 부터 $s = -1,\ -2$의 두 개이다. 따라서 이 공정은 안정하며 고유응답은 결국 0으로 수렴한다. 최종적으로 남는 응답은 $Y(s) = 2.5/s$ 혹은 $y(t) = 2.5\mathrm{U}(t)$로 입력에 가해지는 계단함수의 모양을 그대로 따른다.

- **전달함수, 특성방정식, 극, 영은 선형공정의 동특성에 관련된 매우 중요한 개념이다.**
- **선형공정의 안정성과 응답모드는 전달함수 극의 위치에 의해 결정된다.**

2.8 다중 입출력계, 전달함수 행렬

앞에서 다룬 계들은 모두 입력과 출력이 각각 하나인 단일 입출력 (SISO, single-input single-output) 계이었다. 다중 입출력계(MIMO system, multi-input multi-output system)는 SISO 전달함수를 행렬로 묶어 표현할 수 있다. 입력과 출력변수의 수가 각각 m, n개인 MIMO 계는 다음과 같이 표현된다.

$$\begin{bmatrix} y_1(s) \\ y_2(s) \\ \vdots \\ y_n(s) \end{bmatrix} = \begin{bmatrix} G_{11}(s) & G_{12}(s) & \cdots & G_{1m}(s) \\ G_{21}(s) & G_{22}(s) & \cdots & G_{2m}(s) \\ \vdots & \vdots & \ddots & \vdots \\ G_{n1}(s) & G_{n2}(s) & \cdots & G_{nm}(s) \end{bmatrix} \begin{bmatrix} u_1(s) \\ u_2(s) \\ \vdots \\ u_m(s) \end{bmatrix} \tag{2.37}$$

여기서 $G_{ij}(s)$는 $u_j(s)$와 $y_i(s)$ 사이의 SISO 전달함수이다.

전달함수 행렬은 성질이 복잡하여, 전달함수가 가지는 편리성이 상실된다. 이런 이유로 MIMO 계는 부록에서 소개될 상태공간모델로 표현하는 것이 더 유용하다.

2.9 임펄스 응답 모델

임펄스 응답 모델은 선형 동적계의 대표적인 입출력 모델(input-output model) 중 하나이다. 임펄스 응답 모델은 다음과 같이 전달함수 모델을 convolution 정리로 역변환한 것이다.

$$y(t) = \mathscr{L}^{-1}(G(s)u(s)) = \int_{-\infty}^{t} g(t-\tau)u(\tau)d\tau \tag{2.38}$$

여기서 $g(t)$는 $G(s)$의 역변환이므로 임펄스 응답 함수를 나타내며[1], 따라서 식 (2.38)를 임펄스 응답 모델이라고 부른다.

임펄스 응답 모델은 중요한 의미를 갖는다. 먼저 $u(\tau)d\tau$는 τ 시점에서 가해진 입력을 폭 $d\tau$ 높이 $u(\tau)$인 면적의 펄스로 표현한 것이다. 한편 $g(t-\tau)$는 $t-\tau$

[1]단위 임펄스 입력신호는 $u(s)=1$, 따라서 $y(s)=G(s)$이다.

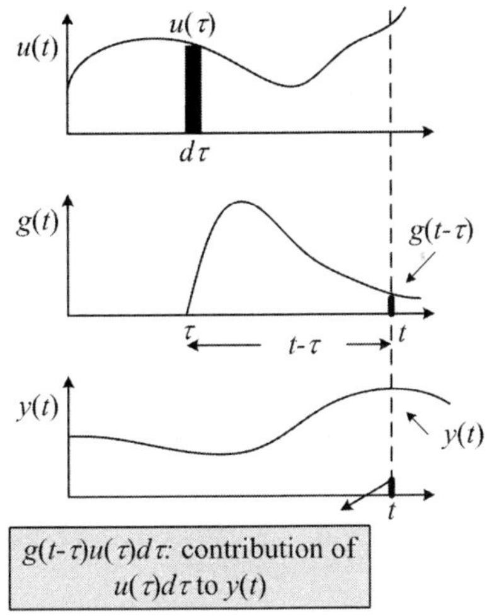

그림 2.9: 임펄스 응답 모델의 개념.

시간 후의 단위 임펄스 응답을 나타낸 것이다. 따라서 $g(t-\tau)u(\tau)d\tau$는 $y(t)$에 대한 $u(\tau)$의 기여라고 할 수 있다. 만약 계가 신형이라면 $y(t)$는 $\tau \leq t$인 모든 τ에서의 입력의 영향을 더한 것이며 식 (2.38)은 바로 이 관계를 표현한 것이다.

임펄스 응답 모델은 연속시간 모델에서는 많이 사용되지 않지만 이산시간 (discrete-time) 모델에서는 흔히 사용된다.

2장의 부록

부록 2-1: 선형계의 정의

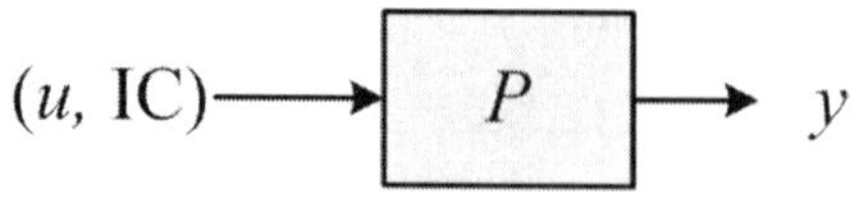

그림 A2.1: 동적계의 map.

뭉친 파라미터 동적계는 시간에 대한 상미분방정식으로 표현되므로, 그림 A2.1과 같이 (u, IC)를 출력 y로 투영(mapping)시키는 함수로 볼 수 있다. 여기서 IC는 초기조건을 나타낸다. 이 함수관계를 P라 하면 계의 입출력 관계는 다음 식과 같이 표현된다.

$$y = P(u, IC), \quad (u, IC) \in \mathscr{D}, \quad y \in \mathscr{R} \tag{A2.1}$$

여기서 $\mathscr{D}$와 $\mathscr{R}$은 각각 정의역(domain)과 치역(range)이며 모두 선형공간(linear space 혹은 vector space)이다. 이제 $x = (u, IC)$로 정의하고 임의의 두 입력 $x_1, x_2 \in \mathscr{D}$를 생각하고 이 두 입력에 대한 각각의 출력을

$$y_1 = P(x_1), \quad y_2 = P(x_2) \tag{A2.2}$$

라고 하자. 만약 임의의 두 상수(scalar) a, b에 대하여

$$P(ax_1 + bx_2) = aP(x_1) + bP(x_2) = ay_1 + by_2 \tag{A2.3}$$

가 만족되면 선형계, 만족시키지 못하면 비선형계라고 부른다. 그림 A2.2에 선형계의 투영을 표현하였다.

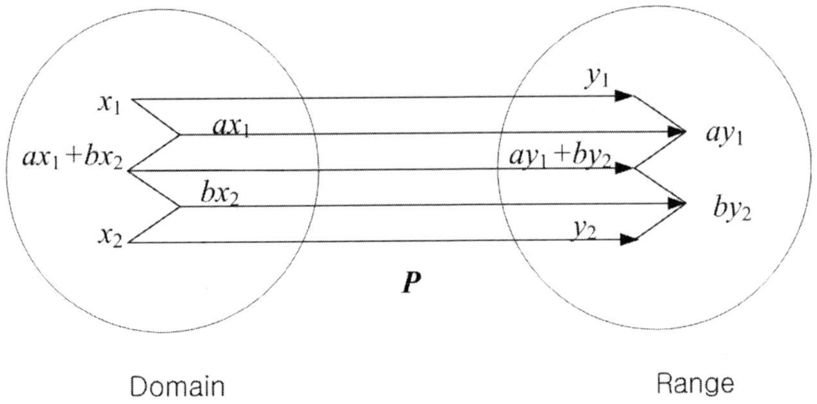

그림 A2.2: 선형함수의 투영 법칙.

선형함수의 중요한 성질 중 하나는

$$0 = P(0) \tag{A2.4}$$

즉, (x,y)가 반드시 원점을 통과해야 한다는 것이다.

예제 2A-1: 단순한 선형계의 예로 $y = P(x) = cx$를 들 수 있다. (x,y)가 원점을 지나는 직선이므로 선형임을 직관적으로 알 수 있으며, $y_1 = P(ax_1) = cax_1$, $y_2 = P(bx_2) = cbx_2$라 할 때 $y = P(ax_1 + bx_2) = c(ax_1 + bx_2) = cax_1 + cbx_2 = aP(x_1) + bP(x_2)$를 만족한다. 그러나 $y = P(x) = cx + d$는 직선식을 이루지만 원점을 통과하지 않으므로 선형계라고 부르지는 않으며 affine 계라고 한다.

예제 2A-2: 예제 2-1의 가열 탱크에서 $x = T_i$, $y = T$ 두 변수의 정상상태($dT/dt = 0$)에서 관계를 살펴보자. 정상상태에서의 수지식은 아래와 같으며.

$$T = T_i + \left(\frac{\lambda}{mc_p}\right) m_{st} \quad \leftrightarrow \quad y = x + \left(\frac{\lambda}{mc_p}\right) m_{st} \quad \leftrightarrow \quad y = P(x) \tag{A2.5}$$

두 변수는 affine 관계를 갖는다. 그러나 $z = y - \left(\frac{\lambda}{mc_p}\right) m_{st}$ 를 정의하면 x와 z 사이의 관계는 선형이 된다.

예제 2A-3: 예제 2-1의 공정에서 모든 입력변수와 초기조건을 포함한 $x = (T_i, m_{st}, T(0))$와 온도 $y = T$ 의 동적관계를 살펴보자.

식 (2.3)을 $T(t)$에 대해 풀면

$$T(t) = T(0)e^{-\left(\frac{m_w}{M}\right)t} + \frac{\lambda}{Mc_p}\int_0^t e^{-\left(\frac{m_w}{M}\right)(t-\tau)} m_{st}(\tau)d\tau + \frac{m_w}{M}\int_0^t e^{-\left(\frac{m_w}{M}\right)(t-\tau)} T_i(\tau)d\tau \tag{A2.6}$$

이 관계로 부터 $x = (T_i, m_{st}, T(0))$와 $y = T$가 식 (A2.3)을 만족시킴을 볼 수 있다. 즉, 선형계가 된다.

이제 $T(0)$와 T_i를 어떤 값에 고정시키고 $x = m_{st}$와 $y = T$ 사이의 관계만을 생각하여 보자.

$$T(t) = T(0)e^{-\left(\frac{m_w}{M}\right)t} + \left(1 - e^{-\left(\frac{m_w}{M}\right)t}\right) T_i + \frac{\lambda}{Mc_p}\int_0^t e^{-\left(\frac{m}{M}\right)(t-\tau)} m_{st}(\tau)d\tau \tag{A2.7}$$

$T(0)$와 T_i의 항으로 인하여 affine관계를 가진다. 이제

$$z(t) = (T(t) - T_i) - (T(0) - T_i)e^{-(m/M)t}$$

로 정의하면

$$z(t) = \frac{\lambda}{Mc_p}\int_0^t e^{-(m/M)(t-\tau)} m_{st}(\tau)d\tau \tag{A2.8}$$

로 $x = m_{st}$와 z가 선형관계를 가짐을 알 수 있다.

보통 선형계라 부르는 대부분의 공정이 사실은 affine 계이며, 변이변수를 정의하는 것은 바로 affine계를 평행이동 시켜 선형계로 변환시키기 위하여 변수치환을 하는 과정이라 할 수 있다.

부록 2-2: Laplace 변환과 역변환

기본 성질

- Laplace변환은 $t \in [0, \infty)$에서 정의되는 함수가 대상이지만, 응용의 입장에서는 $t < 0$에서 0인 절삭함수가 대상인 것으로 생각하여도 무방하다.
- Laplace 변환의 대상이 되는 함수는 식 (2.8)의 적분이 정의될 수 있는 것이어야 한다. 즉, $\int_0^\infty |f(t)e^{-st}|dt \approx \int_0^\infty |f(t)e^{-\alpha t}|dt < \infty$ for some $\alpha \geq 0$이 만족되는 함수라야 한다. 따라서 $e^{\alpha t}$보다 더 빠르게 증가하는 함수, 예를 들어 e^{t^2}, e^{t^t} 같은 함수는 Laplace변환의 대상이 되지 않는다. 변환이 가능한 함수들이 모여 $\mathscr{L}$의 정의역을 구성한다. 이 정의역은 선형공간이다. Fourier 변환이 $\int_0^\infty |f(t)|dt < \infty$를 만족하는 제한적인 함수에 대해서만 정의되는 것에 비하여 Laplace변환은 더 넓은 영역의 함수에 대해 정의된다.
- s는 사실 $\alpha + j\omega$ ($\alpha =$ 상수 $\geq 0, \omega =$ 변수)인 복소수이다. $\alpha = 0$일 때 식 (2.8)는 Fourier 변환과 일치하며, ω는 주파수를 의미한다. 따라서 Laplace 변환은 Fourier 변환의 일반회라 할 수 있다.

역변환: $F(s)$의 역변환은 다음 식으로 표현된다.

$$f(t) = \frac{1}{2\pi j}\int_{\alpha - j\infty}^{\alpha + j\infty} F(s)d\omega \tag{A2.9}$$

여기서 α는 충분히 큰 양의 실수이다.

부록 2-3: Laplace 변환 성질의 증명

식 (2.15):

$$\mathscr{L}\left[\frac{df(t)}{dt}\right] = \int_0^\infty \frac{df(t)}{dt}e^{-st}dt = f(t)e^{-st}\Big|_0^\infty + s\int_0^\infty f(t)e^{-st}dt = sF(s) - f(0) \tag{A2.10}$$

식 (2.19):

$$-\frac{dF(s)}{ds} = -\frac{d}{ds}\int_0^{\infty} f(t)e^{-st}dt = \int_0^{\infty} tf(t)e^{-st}dt = \mathscr{L}[tf(t)] \qquad \text{(A2.11)}$$

식 (2.20): 이 성질의 증명에는 Laplace 변환의 대상이 되는 함수가 절삭함수라는 사실이 중요한 역할을 한다. 그림을 참조하자.

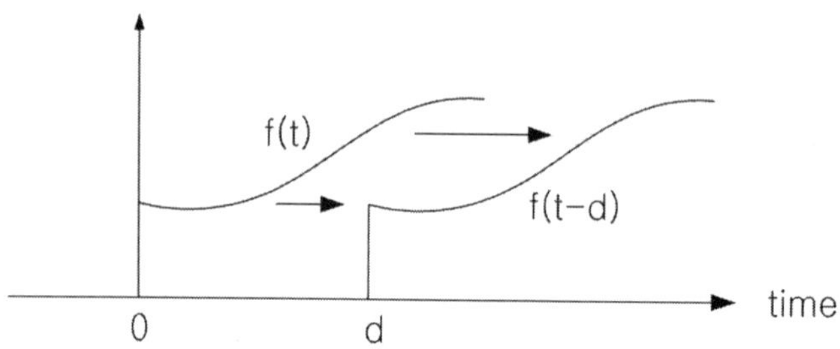

$$\begin{aligned}
\mathscr{L}[f(t-d)] &= \int_0^{\infty} f(t-d)e^{-st}dt, \quad p=t-d \text{ 로 변수치환을 하면} \\
&= \int_{-d}^{\infty} f(p)e^{-s(p+d)}dp = e^{-ds}\int_{-d}^{\infty} f(p)e^{-sp}dp, \; f(p)=0, \; p<0\text{이므로} \\
&= e^{-ds}\int_0^{\infty} f(p)e^{-sp}dp = e^{-ds}F(s) \qquad \text{(A2.12)}
\end{aligned}$$

식 (2.21):

$$\mathscr{L}[e^{at}f(t)] = \int_0^{\infty} f(t)e^{at}e^{-st}dt = \int_0^{\infty} f(t)e^{-(s-a)t}dt = F(s-a) \qquad \text{(A2.13)}$$

식 (2.22):

$$\lim_{s\to 0}\left[sF(s) = \int_0^{\infty}\frac{df(t)}{dt}e^{-st}dt + f(0)\right] = f(t)\mid_o^{\infty} + f(0) = \lim_{t\to\infty} f(t) \qquad \text{(A2.14)}$$

식 **(2.23)**

최종값 정리의 증명에서 $s \to 0$를 $s \to \infty$로 대체하면 얻어진다.

식 (2.24):

$$\mathscr{L}\left[\int_{-\infty}^{\infty} f(\tau)g(t-\tau)d\tau\right] = \int_0^{\infty} e^{-st}\int_{-\infty}^{\infty} f(\tau)g(t-\tau)d\tau dt, \quad p = t-\tau \text{ 를 정의하면}$$
$$= \int_{-\tau}^{\infty}\int_{-\infty}^{\infty} e^{-s(p+\tau)} f(\tau)g(p)d\tau dp = \int_{-\tau}^{\infty} e^{-s\tau} f(\tau)d\tau \int_{-\infty}^{\infty} e^{-sp} g(p)dp,$$
$$f(t){=}g(t){=}0, t<0\text{이므로 } = \int_0^{\infty} e^{-s\tau} f(\tau)d\tau \int_0^{\infty} e^{-sp} g(p)dp = F(s)G(s) \quad \text{(A2.15)}$$

부록 2-4: 상태공간(state space) 모델

앞에서 소개한 전달함수와 임펄스 응답 모델은 초기조건의 영향을 고려하지 않고 입력과 출력 사이의 관계만을 나타내는 입출력 모델이며 MIMO 계의 경우는 복잡성이 갑자기 증가하여 편리성을 잃게 된다.

기본형과 상태의 정의

상태공간 모델은 입력뿐 아니라 초기조건의 출력에 대한 영향도 함께 표현되는 일반화된 모델이녀 MIMO 계로의 확장이 자연스럽다. 선형계의 상태공간 모델은 아래와 같이 일차 벡터 미분방정식의 형태를 갖는다.

$$\begin{aligned} \frac{dx}{dt} &= Ax + Bu, \quad x(0) = x_0 \\ y &= Cx \end{aligned} \qquad \text{(A2.16)}$$

여기서 $x(t)$를 t 시점에서의 상태 (state)라 부르며, 행렬 A, B, C는 각각 시스템, 입력 및 출력행렬이다. 상태공간 모델은 입력과 출력의 관계를 상태 x를 매개변수로 표현한 형태를 갖는다. u와 y는 각각 n_u 및 n_y 차원 입출력 변수이다.

상태는 중요한 의미를 갖는다. 임펄스 응답 모델 (2.38)은 $y(t)$가 무한한 과거로부터 t 시점까지의 입력, 즉 $u(\tau)$, $\tau < t$의 영향임을 나타낸다. 그런데 상태공간은 $y(t)$가 $u(\tau)$, $0 \le \tau < t$와 $x(0)$의 영향으로 결정됨을 표현한다. 이것은 $x(0)$가 $t = 0$ 이전의 모든 입력의 영향을 동등하게 대체할 수 있다는 것을 의미한다. 이런 이유로 $x(0)$를 '$t = 0$에서의 상태'라고 부르다. 마찬가지로 $x(t)$는 t 시점의 상태가

된다.

상태공간 모델의 적분

식 (A2.16)의 해는 선형일차 미분방정식의 해와 형태상으로 동일하다.

$$y(t) = Ce^{At}x_0 + \int_0^t Ce^{A(t-\tau)}Bu(\tau)d\tau \tag{A2.17}$$

여기서 문제가 되는 것은 어떻게 e^{At}가 정의되느냐 하는 것이다.

행렬의 함수 $f(A)$는 $f(x)$의 Taylor series를 통하여 정의된다. 즉, 전개중심을 $x = 0$으로 한 $f(x)$의 Taylor series를 생각하자.

$$f(x) = \sum_{k=0}^{\infty} c_k x^k, \quad \text{여기서 } c_k = \frac{f^{(k)}(0)}{k!} \tag{A2.18}$$

로 부터

$$f(A) = \sum_{k=0}^{\infty} c_k A^k \tag{A2.19}$$

로 정의된다. 따라서

$$e^{At} = \sum_{k=0}^{\infty} \frac{1}{k!} A^k \tag{A2.20}$$

와 같다. 특별히 A가 다음에서 소개될 대각행렬 Λ로 유사변환되는 경우는 다음과 같이 간략화 된다.

$$e^{At} = e^{V\Lambda V^{-1}t} = Ve^{\Lambda t}V^{-1} = V \text{ diag}[e^{\lambda_i t}]\ V^{-1} \tag{A2.21}$$

유사변환과 Canonical 모델

상태는 입력과 출력의 관계를 표현하기 위하여 도입된 일종의 매개변수이며, 입출력 관계를 동일하게 유지시키는 무수히 많은 상태가 정의될 수 있다. 이를

보이기 위하여 임의의 $n \times n$ nonsingular 행렬 M을 이용하여

$$x = Mz \tag{A2.22}$$

인 z를 정의하자. z는 M의 열(column) 벡터들을 새로운 basis로 하여 x를 좌표 변환시킨 것이다. 위의 관계를 식 (A2.16)에 대입하면

$$\begin{aligned}
&\begin{cases} M\dfrac{dz}{dt} &= AMz + Bu, \ Mz(0) = x_0 \\ y &= CMz \end{cases} \\
\Rightarrow \quad &\begin{cases} \dfrac{dz}{dt} &= M^{-1}AMz + M^{-1}Bu, \ z(0) = M^{-1}x_0 \\ y &= CMz \end{cases} \\
\Rightarrow \quad &\begin{cases} \dfrac{dz}{dt} &= \bar{A} + \bar{B}u, \ z(0) = M^{-1}x_0 \\ y &= \bar{C}z \end{cases}
\end{aligned} \tag{A2.23}$$

을 얻는다. 이것은 단순한 치환이므로 $u(t)$와 $y(t)$의 관계가 영향 받지 않는다. 위에서 $\bar{A} = M^{-1}AM$을 A의 유사변환(similarity transform)이라고 부른다. 이것은 A와 $\bar{A}$가 서로 다른 basis에 의해 표현된 동일한 선형 연산자(linear operator)이기 때문이다. M의 선택에는 무한히 많은 가능성이 있으므로 어느 한 상태공간 모델은 유사변환에 의하여 무한히 많은 동등한 상태공간 모델로 변환될 수 있다.

A가 서로 다른 고유치 λ_i와 해당되는 고유 벡터 v_i를 가지는 경우, 다음의 관계가 성립한다.

$$Av_i = \lambda_i v_i, \ i = 1, \cdots, n \ \Rightarrow \ AV = V\Lambda \tag{A2.24}$$

여기서

$$V \triangleq \begin{bmatrix} v_1 & \cdots & v_n \end{bmatrix}, \quad \Lambda \triangleq \begin{bmatrix} \lambda_1 & \cdots & 0 \\ \vdots & \ddots & \vdots \\ 0 & \cdots & \lambda_n \end{bmatrix}$$

따라서 $M = V$로 취하면 $\bar{A} = M^{-1}AM = \Lambda$로 대각행렬이 된다. 이렇게 구성된 상태공간모델을 대각형이라고 부른다. 이와 같이 M의 선택에 따라 $\bar{A}$가 유용한 꼴로 변환될 수 있으며 이 때의 상태공간 모델을 canonical 모델이라고 부른다.

전달함수로의 변환

상태공간모델은 전달함수로 다음과 같이 변환된다. $x(0) = 0$이라는 가정하에,

$$\begin{aligned} \mathscr{L}\{dx/dt\} &= \mathscr{L}\{Ax+Bu\} \rightarrow sx(s) = Ax(s) + Bu(s) \\ \Rightarrow\ x(s) &= (sI-A)^{-1}Bu(s) \\ \Rightarrow\ y(s) &= C(sI-A)^{-1}Bu(s) = G(s)u(s) \end{aligned} \tag{A2.25}$$

여기서

$$G(s) = C(sI-A)^{-1}B = \frac{C\mathrm{Adj}(sI-A)B}{\det(sI-A)} = \frac{N(s)}{D(s)} \tag{A2.26}$$

따라서, $0 = \det(sI-A) = D(s)$가 특성방정식이 되며 A의 고유치들이 극이 됨을 알 수 있다.[2] 이러한 이유로 2.7절에서 극을 고유치로 부른 것이다. 식 (A2.25)에서 Adj는 adjoint 행렬을 의미한다.

고차 선형 미분방정식 모델의 상태공간 모델화

고차 미분방정식으로 주어진 모델은 언제나 상태공간 모델로의 변환이 가능하다. 다음의 모델을 생각하자.

$$y^{(n)} + a_1 y^{(n-1)} + \cdots + a_n y = u \tag{A2.27}$$

[2] $0 = \det(sI-A)$은 A의 고유치를 구하는 식이다.

아래와 같이 상태를 정의하면 요소들간에 다음의 관계가 성립한다.

$$\left\{\begin{array}{lcl} x_1 & = & y \\ x_2 & = & y' \\ & \vdots & \\ x_n & = & y^{(n-1)} \end{array}\right. \Rightarrow \left\{\begin{array}{lcl} x_1' & = & x_2 \\ x_2' & = & x_3 \\ & \vdots & \\ x_n' & = & -a_n x_1 \cdots - a_1 x_n + u \end{array}\right. \tag{A2.28}$$

이 관계는 다음과 같은 상태공간 모델로 정리된다.

$$\begin{aligned} \frac{dx}{dt} &= Ax + Bu \\ y &= Cx \end{aligned} \tag{A2.29}$$

여기서

$$x = \begin{bmatrix} x_1 \\ x_2 \\ \vdots \\ x_n \end{bmatrix},\ A = \begin{bmatrix} 0 & 1 & \cdots & 0 \\ 0 & 0 & \cdots & 0 \\ \vdots & \vdots & \ddots & \vdots \\ -a_n & -a_{n-1} & \cdots & -a_1 \end{bmatrix},\ B = \begin{bmatrix} 0 \\ 0 \\ \vdots \\ 1 \end{bmatrix},\ C = \begin{bmatrix} 1 \\ 0 \\ \vdots \\ 0 \end{bmatrix}^T$$

이제 일반화된 고차 선형 미분방정식 모델을 생각하자.

$$y^{(n)} + a_1 y^{(n-1)} + \cdots + a_n y = b_0 u^{(m)} + b_1 u^{(m-1)} + \cdots + b_m u \tag{A2.30}$$

선형 모델이므로 $y(t)$는 $b_m u(t)$, $\cdots$, $b_0 u^{(m)}(t)$ 각각에 의한 출력의 합으로 표현된다. 이를 위하여 먼저 다음의 모델을 생각한다.

$$\xi^{(n)} + a_1 \xi^{(n-1)} + \cdots + a_n \xi = u \tag{A2.31}$$

선형성에 의하여 $y(t)$는 다음과 같이 표현된다.

$$y = b_0 \xi^{(m)} + b_1 \xi^{(m-1)} + \cdots + b_m \xi \tag{A2.32}$$

식 (A2.31)의 상태공간 모델은 식 (A2.29)과 동일하다. 이제 식 (A2.28)의 관계를 식 (A2.32)에 대입하면 출력행렬만이 변형된 다음의 상태공간 모델을 얻는다.

$$\begin{aligned} \frac{dx}{dt} &= Ax + Bu \\ y &= \bar{C}x \end{aligned} \tag{A2.33}$$

여기서 $\bar{C} = [\, b_m \;\cdots\; b_1 \; b_0 \; 0 \;\cdots\; 0]$이다.

연습 문제

1. 다음 함수의 Laplace 변환을 구하여라. 단, $\mathrm{U}(t)$는 단위계단함수이다.

(a) $(te^{-2t}\sin 3t)\mathrm{U}(t)$ (b) $t\mathrm{U}(t)+(\sin 2(t-1))\mathrm{U}(t-1)$

(c) $(\sin 2t)\mathrm{U}(t-1)$

(d) $u(t)=\begin{cases} 1, & 2k\le t\le(2k+1),\ k=0,1,2,\cdots \\ -1, & 2k+1\le t\le 2k+2 \end{cases}$

(e) $u(t)=\begin{cases} 1-t, & 0\le t\le 2, \\ -3+t, & 2\le t\le 3 \\ 0, & 3\le t \end{cases}$

2. Laplace 변환을 이용하여 다음 미분 방정식의 해를 구하라.

(a) $y'(t)+2y(t)=u(t),\ y(0)=2,\ u(t)$는 문제 1-(d) 에 주어짐

(b) $y''(t)+y'(t)+y(t)=u(t),\ y(0)=0,\ y'(0)=-1,\ u(t)=e^{-t}$

(c) $y''(t)+2y'(t)+y(t)=u(t),\ y'(0)=y(0)=0,\ u(t)$는 그림 P2.1에 주어짐

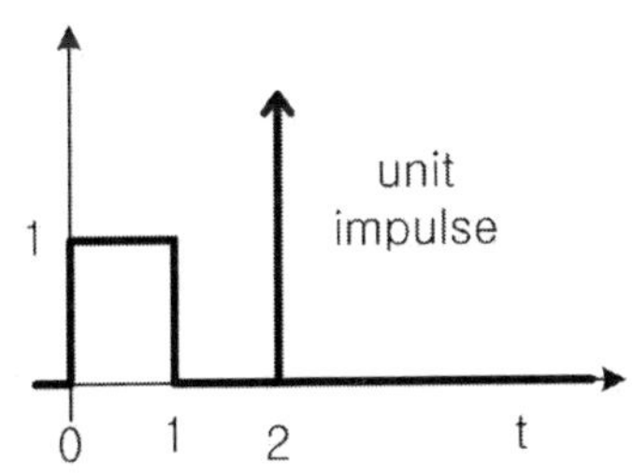

그림 P2.1: 문제 2-(c) 의 $u(t)$)

3. 미분 방정식으로 특성이 표현된 다음 각 공정의

(a) $y''(t)+2y'(t)+y(t)=2u(t),\ y'(0)=0,\ y(0)=2$

(b) $y''(t)+y'(t)+y(t)=u'(t)+u(t),\ \ y(0)=-1,\ y'(0)=0$

(c) $y'''(t)+2y''(t)+y(t)=u'(t)-2u(t),\ \ y''(0)=y'(0)=0,\ y(0)=1$

a) 전달함수를 구하여라.

b) 임펄스 응답 모델로 입출력 관계를 표현하여라.

c) 상태공간모델로 입출력 관계를 표현하여라.

4. 다음 공정들 중 가장 빠른 주파수로 진동하는 응답을 나타내는 것은? 가장 빠른 속도로 발산하는 응답을 나타내는 공정은 어느 것인가?

(a) $2y''-y'+y=u(t)$ (b) $y''-y'+y=u(t)$

(c) $y''-2y'+2y=u(t)$ (d) $2y''+y'+y=u(t)$

(e) $y''+2y'-2y=u(t)$ (f) $2y''+2y'+y=u(t)$

5. 어떤 공정을 동특성 모델링한 결과 입출력변수 u, y 사이에 대해 각각 다음의 미분방정식을 얻었다. $t=0$ 시점에서는 $y(0)=1$의 정상상태에 있었다고 가정할 때에, 이 정상상태를 주변으로 근사된 전달함수를 각 경우에 대해 구하여라.

(a) $y'(t)+y^3(t)=3u^3(t)$

(b) $y''(t)+y(t)y'(t)=u(t)$

(c) $y''(t)+y'(t)+u(t)y(t)=0$

6. 정상상태에서 내용물의 부피가 5(m^3)인 탱크가 있다. 정상상태에서는 순수한 물이 1(m^3/min)로 유입되며, 이때 배출유량은 $q(m^3/\text{min})=10\sqrt{h\ (m)}$ (h는 액위)로 표현된다. 이 탱크에 tracer를 투입하며 그 농도가 출구에서 어떻게 변하는 지를 관찰하기를 원한다.

a) 탱크 내에서 완전혼합이 이루어진다는 가정하에 유입유량과 입구에서의 tracer농도의 변화에 따른 액위와 출구에서의 tracer농도 변화를 나타내는 총괄 및 성분 물질수지식을 수립하여라.

b) 정상상태 액위를 계산하고 탱크의 밑면적을 계산하여라.

c) 정상상태 주변에서 수지식을 선형화하여, tracer의 입구농도와 출구농도사이의 전달함수를 구하여라.

d) $t = 0$ 에서 3(kmol)의 tracer가 일시에 투입되었다고 하자. 이것을 '입구농도'의 변화로 표현하고 출구농도를 시간의 함수로 나타내어라.

e) Tracer의 유입농도가 계단함수 형태로 0 에서 5(kmol/m^3)으로 변화하였을 때, 출구농도의 변화를 시간의 함수로 표현하여라.

7. $A \rightarrow B$ 반응이 수행되며, 부피가 V(m^3), 입출구 유량이 q(m^3/min)로 일정한 그림 P2.2과 같은 연속흐름 교반반응기를 생각하고 자켓 내에는 온도분포가 형성되지 않는다고 가정하자. 다음을 이용하여 반응기의 온도 및 반응기 내 A의 농도의 동적응답을 표현하는 에너지 및 성분수지식을 수립하여라.

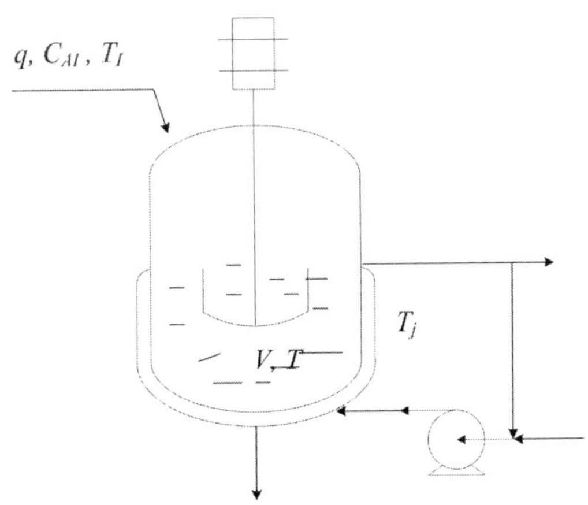

그림 P2.2: 연속흐름 교반반응기.

- 반응속도 : $r_A(\mathrm{kmol/m^3min}) = -k_0 e^{-E/RT} C_A$, 여기서 C_A 의 단위는 $(\mathrm{kmol/m^3})$, 반응열은 $\Delta H < 0$ (kJ/kmol)
- 반응기와 자켓 사이의 총괄열전달계수 : $U(\mathrm{kJ/K\ m^2min})$, 전열면적 : A $(\mathrm{m^2})$.
- 반응기 내용물의 비열 : $c_p(\mathrm{kJ/kg\ K})$, 밀도 : $\rho(\mathrm{kg/m^3})$.

8. 그림 P2.3와 같이 전열기를 이용하여 100 kg의 물을 가열하고 있다. 불완전한 단열로 인하여 대기 중으로 열손실이 발생하는데 이때 열손실의 UA 가 0.1 kJ/K min로 확인되었으며 대기의 온도는 $T_a = 25°\mathrm{C}$로 일정하다. 전열기로 공급되는 열은 조절 가능하며 Q (kW)로 표현하자.

   a) T를 Q의 함수로 나타내는 비정상상태 에너지 수지식을 수립하여라.

   b) 정상상태 때 물의 온도를 $T^{ss} = 70°\mathrm{C}$로 가정하고 이에 상응하는 전열량 Q^{ss}를 결정하여라.

   c) Q와 T 사이의 전달함수를 구하여라.

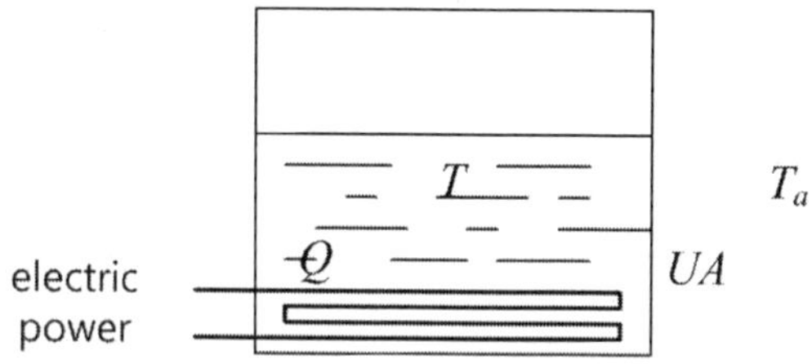

그림 P2.3: 전열기를 이용한 가열탱크

9. 밀도 ρ 인 유체가 그림 P2.4와 같은 콘형 탱크에 투입되고 있다. 탱크하부에서의 배출유량은 액위 h의 평방근에 비례한다. $h(t)$의 동적응답을 나타내는 수지식을 수립한 후, 적절한 정상상태를 가정하고, 이 정상상태를 주변으로 하고, q_i와 h 사이의 전달함수를 구하여라.

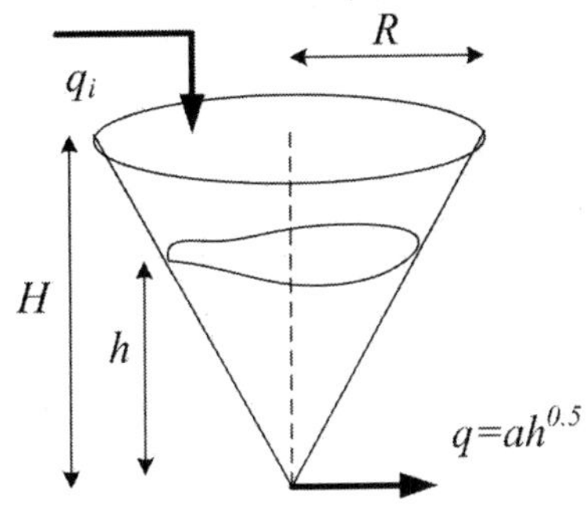

그림 P2.4: 콘형 액위탱크.

10. 반경이 1(m) 인 그림 P2.5와 같은 구형탱크에 액체가 출입한다. 액체의 밀도는 1,000(kg/m^3) 이며, 정상상태에서 액위는 1.5(m), 탱크내 압력은 50(psig), 입출구 유량은 15,000(kg/hr) 이다. p_1, p_2, p_3 는 각각 90, 50, 45(psig) 로 일정하다. (14.7(psi) = 1(bar))

    밸브를 통과하는 유량이 $w(t) = 228C_v vp(t)\sqrt{\Delta p}$ (kg/hr) 로 표현될 때에

    a) $h(t)$ 의 동적응답을 표현하는 비정상상태 수지식을 수립하여라.

    b) 정상상태에서의 밸브위치 vp_1 과 vp_2 를 각각 구하여라.

    c) 수지식 내의 비선형항을 정상상태 운전조건 주변에서 선형화하여 (vp_1, vp_2) 와 h 사이의 관계를 전달함수로 표현하여라.

    $w(t)$ = 유량, (kg/hr)
    C_v = 밸브상수, (gpm/$\sqrt{psi}$): C_{v1}=20.2, C_{v2}=28.0
    Δp = 밸브 양단의 압력차, (psi)
    $vp(t)$ = 밸브위치, $0 \sim 1$

11. 그림 P2.6은 직렬연결된 두 개의 물탱크로 첫번째 탱크에 전열기가 설치되어 있다. 두 탱크 모두 완전혼합이 이루어지며, 유량은 q =10(kg/min), 각 탱크 내 물의 저장량은 M =1,000(kg) 로 일정하다. 물의 비열은 c_p = 4.2(kJ/kg °C), Q(kW) 는 전열기의 전력이다.

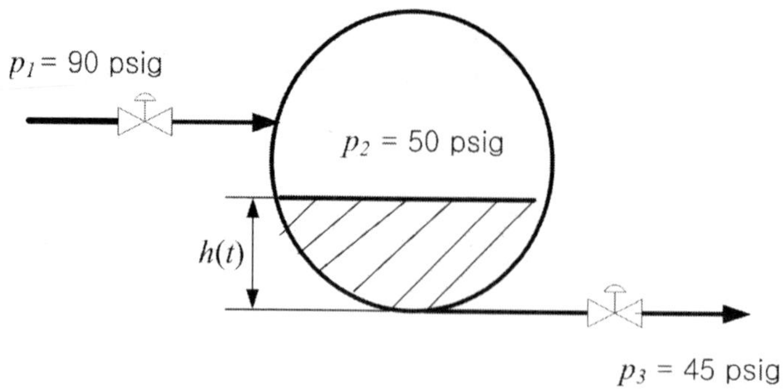

그림 P2.5: 구형 액위탱크.

a) 각 탱크의 비정상상태 에너지 수지식을 수립하여라.

b) 두 상미분 방정식에서 T_1 을 소거하고 Q 및 T_0 과 T_2 의 관계를 나타내는 2차 상미분방정식을 구하여라.

c) $T_0 = 20^{\circ C}$ 로 일정하며, 이 공정이 초기에 $T_1(0) = T_2(0) = T_0$ 의 정상상태에 있었다는 가정하에, Q 와 T_2 의 관계를 나타내는 전달함수를 구하여라.

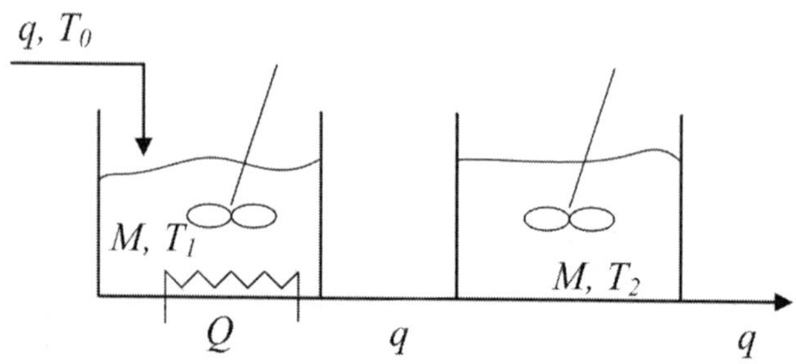

그림 P2.6: 가열 탱크.

12. 다음의 반응이 진행되는 연속흐름 완전혼합 생물반응기를 생각하자.

$$\text{Substrate} \overset{cell}{\rightarrow} \text{cell 증식} + \text{Product}$$
$$r_g = \mu X, \quad \mu = \mu_{max}\frac{S}{K_S + S}$$
$$r_P = Y_{P/X} r_g$$
$$r_S = \frac{1}{Y_{X/S}} r_g + \frac{1}{Y_{P/S}} r_P$$

여기서

S : substrate 농도 (g/liter), X : cell 농도 (g/liter), P : product 농도 (g/liter)

D : dilution rate=F/V (hr^{-1}), F : substrate 공급유량, V : 반응기 부피, 30(liter)

μ_{max} : cell의 최대 증식속도, 0.2(hr^{-1}), $K_S = 2$(g/liter)

$Y_{X/S} = 1$, $Y_{P/S} = 0.7$, $Y_{P/X} = 0.3$

이 반응기에서 조작가능 변수는 F와 공급되는 substrate의 농도(S_F)이며, 이들로 부터 종속변수 X, S, P가 결정된다.

a) 이 공정의 동특성을 나타내는 물질 수지식을 수립하여라.

b) $F = 10$(liter/hr), $S_F = 10$(g/liter)의 조건에서 정상상태 종속변수 값을 결정하여라.

c) 어떠한 D 값에서 'wash-out'이 발생하는지를 표현하여라.

d) 정상상태 조건 주변에서 수지식을 선형화하고 결과식을 다음과 같은 상태공간모델로 표현하여라.

$$\frac{dx}{dt} = Ax + Bu, \quad x = \begin{bmatrix} \bar{X} \\ \bar{S} \\ \bar{P} \end{bmatrix}, \quad u = \begin{bmatrix} \bar{D} \\ \bar{S_F} \end{bmatrix}$$

여기서 ¯는 변이변수를 의미한다.

e) u와 $y = \begin{bmatrix} \bar{X} \\ \bar{P} \end{bmatrix}$ 사이의 전달함수 행렬을 구하여라.

13. 그림 P2.7은 종이생산공정의 마지막 단계인 펄프를 벨트 위에 펼쳐 건조시키는 공정을 보인 것이다. 탱크의 밑면적은 $A(\mathrm{m}^2)$, 총 높이는 $H(\mathrm{m})$이며, 펄프 방출 유량 $S(\mathrm{kg/min})$는 배출 슬리트 입출구의 압력차에 비례하고, 공기 배출유량 $G_O(\mathrm{kg/min})$은 $P - P_a$의 평방근에 비례한다고 하자. 여기서 P_a는 대기압이며, 공기 온도는 $T(\mathrm{K})$로 가정하며, $F(\mathrm{kg/min})$와 $G(\mathrm{kg/min})$은 펄프와 공기의 공급유량을 나타낸다.

    a) $h(t)$와 $P(t)$의 동적응답을 표현하는 비정상상태 수지식을 수립하여라.

    b) 어느 한 정상상태를 가정하고, 비선형 항들을 선형화한 후, G와 F이 h와 S에 미치는 전달함수 행렬을 이 정상상태 주변에서 구하여라.

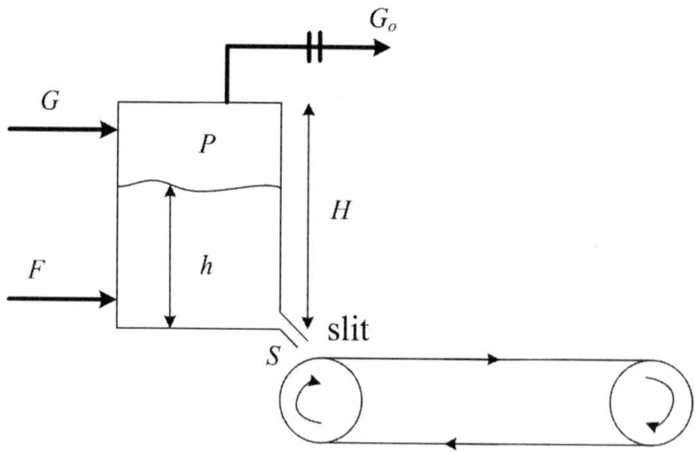

그림 P2.7: 제지공정.

제3장

선형 동특성 공정

3 장에서는 선형계의 표준 모델과 함께 어떠한 공정들이 이들 모델로 표현되는지를 소개한다.

3.1 1차 공정

1차 공정 (first-order process) 은 선형계에서 가장 기본이 되는 계이다. 많은 화학공정이 이러한 특성을 가지거나, 1차 공정의 조합으로 표현된다. 먼저 1차 공정의 표준꼴과 그 성격을 살펴보자.

3.1.1 표준형

1차 공정은 1차 선형미분방정식으로 동특성이 표현되는 공정들을 통칭하며, 식 (3.1) 의 전달함수로 표현되며 τ, K 두 개의 파라미터를 갖는다.

$$y(s) = \frac{K}{\tau s + 1} u(s) \tag{3.1}$$

식 (3.1) 에서 u, y는 변이변수이며 K, τ는 각각 정상상태 이득(steady state gain) 및 시정수 혹은 시상수(time constant)라 부른다. 정상상태 이득은 입출력 변수의 물리량에 의해 단위가 결정되며, 시정수는 시간의 (화학공정의 경우 보통 min) 단위를 갖는다.

식 (3.1)을 미분방정식으로 변환하면 다음과 같다.

$$\tau\frac{dy(t)}{dt}+y(t)=Ku(t), \quad y(0)=0 \tag{3.2}$$

공정의 동특성 수지식을 세울 때 시간당 축적량 변화항에 의해서 시간에 대한 1차 미분항 d/dt이 나타나는 것을 생각하면 식 (3.1)은 공정의 동특성 모델에서 가장 흔히 나타날 수 있는 형태임을 알 수 있다.

3.1.2 여러 입력신호에 대한 1차 공정의 응답특성

1차 공정이 어떠한 응답을 보이는 지를 여러 입력신호에 대해 살펴 보자. 제어에서 중요하게 취급되는 입력신호는 계단, 임펄스, 그리고 싸인파 신호의 세가지 이다.

계단 입력신호는 실제 공정에 적용하기 쉬운 편의성으로 인하여, 임펄스 입력신호는 구현은 불가능하지만 이론적인 중요성 때문에, 그리고 싸인파 입력은 계의 주파수 응답특성을 나타낸다는 점에서 중요하다.

계단 입력신호 응답: 크기가 A인 계단 입력신호에 대한 1차 공정의 응답은 다음과 같으며,

$$y(s)=\frac{K}{\tau s+1}\frac{A}{s} \quad \rightarrow \quad y(t)=KA(1-e^{-t/\tau})\mathrm{U}(t) \tag{3.3}$$

그림 3.1에 그 형태를 보였다. 1차 공정의 응답의 중요한 특징은 다음과 같다.

1. 공정응답은 최종적으로 KA, 즉, 입력의 크기에 정상상태 이득이 곱해진 값에 도달한다. 따라서 계단응답으로부터 공정의 정상상태 이득을 다음과 같이 계산할 수 있다.

$$K=\frac{y(\infty)}{A} \tag{3.4}$$

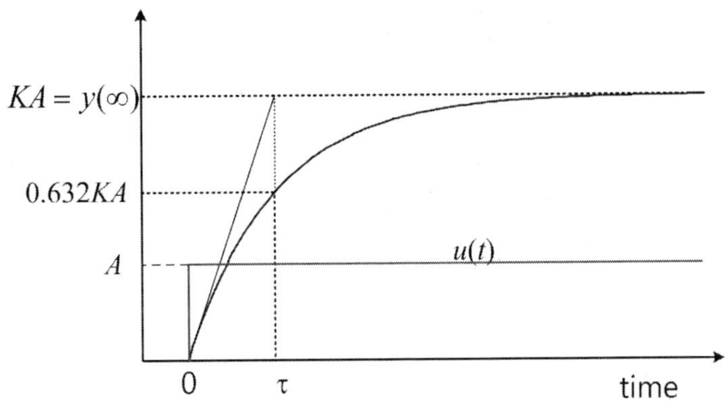

그림 3.1: 1차 공정의 계단응답.

이 관계는 최종값 정리를 이용하여 확인할 수도 있다.

$$y(\infty) = \lim_{s\to 0} sy(s)_{step} = \lim_{s\to 0} \frac{KA}{\tau s + 1} = KA \tag{3.5}$$

2. $t = \tau$ 일 때 공정출력은 $y(\tau) = AK(1 - e^{-1}) = 0.632\ KA = 0.632y(\infty)$, 즉 최종값의 63.2 %에 이르게 된다. τ는 응답이 얼마나 빠른 가를 나타내는 지표이다.

3. $t = 0$에서 응답곡선의 접선을 구하면 기울기 $y'(0) = AK/\tau$, 절편 0 인 직선이 된다. 즉, 1차 공정의 응답은 $t = 0$에서 부터 기울기를 가지고 상승한다. 한편, 이때 $t = 0$에서의 접선은 $t = \tau$에서 $AK = y(\infty)$에 도달한다.

임펄스 응답 : 단위 임펄스 신호의 Laplace 변환은 $u(s) = 1$이며, 따라서 공정출력은

$$y(s) = \frac{K}{\tau s + 1} \quad \rightarrow \quad y(t) = \frac{K}{\tau} e^{-t/\tau} \tag{3.6}$$

으로 전달함수가 그대로 출력으로 나타난다. 즉, 공정 고유의 동특성이 그대로 출력된다. 그림 3.2에 응답의 형태를 보였다.

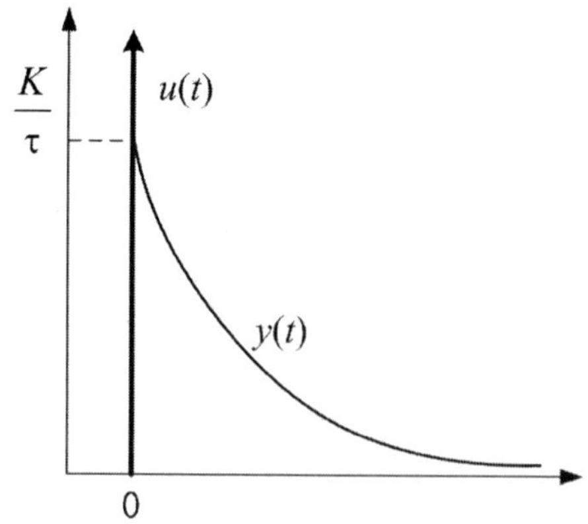

그림 3.2: 1차 공정의 단위 임펄스 응답.

초기시간에 공정출력은 순간적으로 K/τ까지 상승하였다가 이후에 줄어들어 최종적으로 0으로 복귀된다. 복귀되는 속도는 τ가 클 수록 느려진다.

임의의 입력신호 $u(t)$에 대해 선형공정 $G(s)$의 출력은

$$y(s) = G(s)u(s) \tag{3.7}$$

이며, convolution 적분을 이용하여 시간영역에서 표현하면

$$y(t) = \int_0^t g(t-\tau)u(\tau)d\tau \tag{3.8}$$

여기서 $g(t) = \mathscr{L}^{-1}[G(s)]$로 단위 임펄스응답이다. Convolution 모델에 관한 물리적인 의미는 2.9절에서 설명한 바 있다.

싸인파 응답: 진폭이 A이며, 주파수가 ω(rad/min)인 싸인파 신호($A\sin\omega t$)의 Laplace 변환은 $u(s) = A\omega/(s^2+\omega^2)$이며 공정출력은

$$y(s) = \frac{K}{\tau s+1}\frac{A\omega}{s^2+\omega^2} \tag{3.9}$$

이다. 이것을 역변환하면

$$y(t) = \underbrace{\frac{AK\omega\tau}{\tau^2\omega^2+1}e^{-t/\tau}}_{\text{초기 과도응답}} + \underbrace{\frac{AK}{\sqrt{\tau^2\omega^2+1}}\sin(\omega t+\phi(\omega))}_{\text{지속되는 응답}}, \quad \phi(\omega) = -\tan^{-1}(\tau\omega) \tag{3.10}$$

의 복잡한 응답을 얻는다. 이 응답은 초기시간에 나타나는 과도응답(transient response)과 지속적으로 진동하는 싸인파 응답의 두 부분으로 나누어진다. 안정한 공정의 싸인파 응답에서 중요한 부분은 과도응답이 사라진 후의 지속되는 진동응답이며 이 응답을 주파수 응답(frequency response)라 부른다.

$$y_s(t) = \frac{AK}{\sqrt{\tau^2\omega^2+1}}\sin(\omega t+\phi(\omega)) \quad \phi(\omega) = -\tan^{-1}(\tau\omega) \tag{3.11}$$

이 응답은 동일한 싸인파이지만 진폭이 달라지고, 위상지연(phase lag)이 나타난 것을 볼 수 있다. 이들로 부터 각각 다음을 정의한다.

$$\begin{aligned} \text{AR(amplitude ratio, 진폭비)} &= \frac{K}{\sqrt{\tau^2\omega^2+1}} \\ \text{Phase angle(위상각)} &= \phi(\omega) = -\tan^{-1}(\tau\omega) \end{aligned} \tag{3.12}$$

그림 3.3에 싸인파 응답을, 그림 3.4에 $\log_{10}$AR과 ϕ를 $\log_{10}\omega$의 함수로 나타낸 Bode 선도를 예시하였다.

주파수 응답에서는 다음의 사항들이 중요하다.

1. AR 선도는 계를 통과한 싸인파 입력의 진폭 변화를 나타낸다. 즉, 입력신호에 대한 주파수별 필터링 특성을 나타낸다. 1차 공정은 주파수가 높을 수록 많은 감쇠를 일으킨다.

2. 주파수 응답은 사실 $G(j\omega)$로 부터 직접 얻을 수 있으며, $\text{AR}(\omega) = |G(j\omega)|$, $\phi(\omega) = \angle G(j\omega)$ 이다. $G(s) = K/(\tau s+1)$를 예로 들면

$$\begin{aligned} \text{AR}(\omega) &= |G(j\omega)| = \frac{K}{\sqrt{\tau^2\omega^2+1}} \\ \phi(\omega) &= \angle G(j\omega) = -\tan^{-1}(\tau\omega) \end{aligned} \tag{3.13}$$

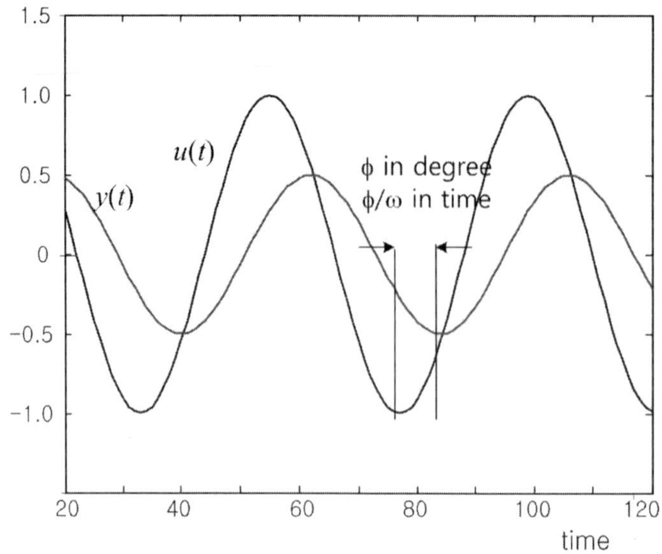

그림 3.3: 선형 동특성 계의 전형적인 주파수응답.

이며, 이 관계는 1차 공정이 아닌 일반적인 고차 공정에 대해서도 성립한다.

3. AR은 $\omega = 1/\tau$ 에서 $K/\sqrt{2}$=0.707K 이 된다.

4. ω 대 ϕ 의 곡선은 출력신호의 입력신호에 대한 위상지연을 나타낸다. 1차 공정은 -90° 까지의 위상지연이 나타난다. $\omega = 1/\tau$ 에서는 -45° 의 위상 지연을 가진다. 일반적으로 n차 공정은 $\omega \to \infty$ 에서 $-90n^o$ 의 위상지연이 나타난다.

5. AR의 Bode선도는 저주파와 고주파 두 영역에서의 점근선을 이용하여 쉽게 그릴 수 있다.

$$\begin{aligned}
\omega \to 0 \text{ 에서는} \quad & \mathrm{AR} \to K \;\Rightarrow\; \log_{10}\mathrm{AR} \to \log_{10}K \\
\omega \to \infty \text{ 에서는} \quad & \mathrm{AR} \to \frac{K}{\tau\omega} \;\Rightarrow\; \log_{10}\mathrm{AR} \to \log_{10}\frac{K}{\tau} - \log_{10}\omega
\end{aligned}$$

따라서 점근선은 $\omega \to 0$ 에서 기울기 0의 직선을, $\omega \to \infty$ 에서는 기울기 -1의 직선이 된다. 한편, $\omega = 1/\tau$ 에서 두 점근선이 교차하며, $\mathrm{AR} = K/\sqrt{2}$ 이

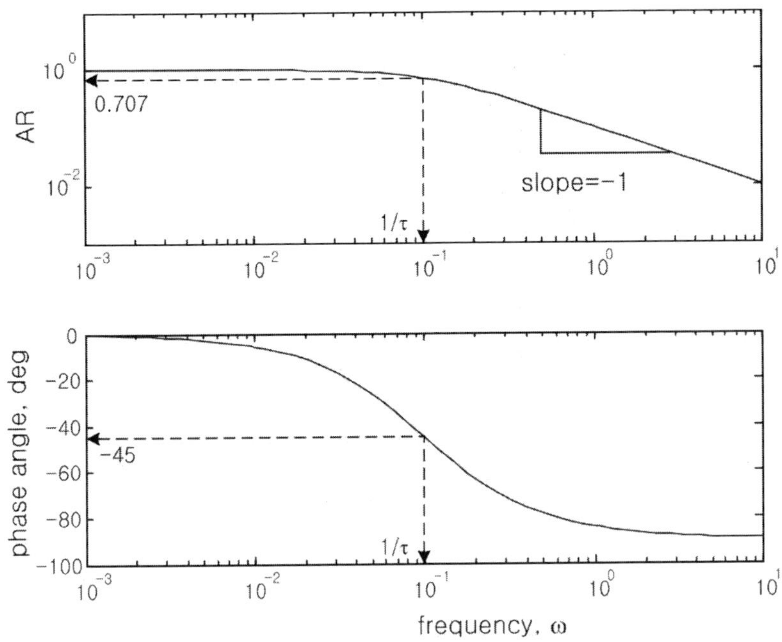

그림 3.4: 1차 공정의 Bode 선도 ($G(s) = \frac{1}{10s+1}$).

된다.

- **1차 공정은 정상상태 이득과 시정수의 두 파라미터로 특성화된다.**
- **공정의 응답은 계단, 임펄스, 주파수 입력신호에 대한 응답이 중요하다.**

3.1.3 1차 공정의 예

화학공정 내의 현상은 복잡하지만 동특성의 근원은 크게 혼합(mixing)과 전달저항(transport resistance)의 두 가지로 대별되며, 이들은 기본적으로 1차 공정의 특성을 보인다. 이제 이 두 현상이 어떻게 모델화되는지를 살펴 보자.

3.1.3.1 혼합에 의한 동특성 공정

예제 3-1: 연속흐름 완전혼합공정

그림 3.5은 완전혼합이 이루어지는 연속흐름 공정의 모형이다. 여기서 입출력 흐름은 부피유량 q로 일정하며, 따라서 공정내 액체의 부피 V도 일정하다고 가정한다. V, q, C_A가 각각 부피, 유량, 성분 A의 농도를 나타낸다고 할 때, 성분 A에 대한 물질수지식은 다음과 같다.

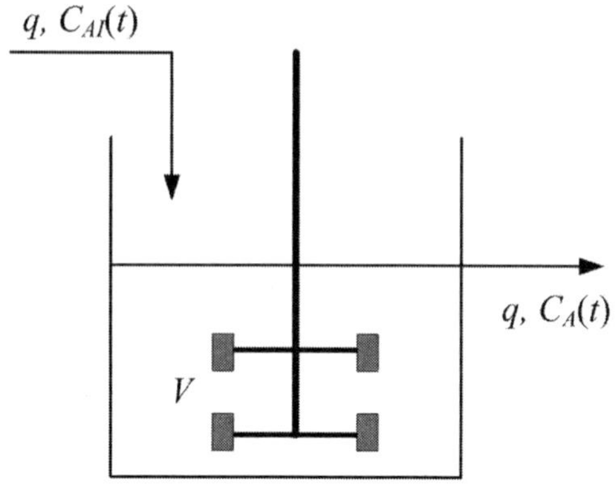

그림 3.5: 연속흐름 혼합공정.

$$\frac{V}{q}\frac{dC_A(t)}{dt} + C_A(t) = C_{AI}(t), \quad C_A(0) = C_{A0} \tag{3.14}$$

초기 정상상태($C_{AI}(0) = C_{A0}$)를 가정하고 이 값을 주변으로 변이변수를 도입한 후, 위 식을 재정리하여 Laplace 변환을 취하면

$$\bar{C}_A(s) = \frac{1}{(V/q)s+1}\bar{C}_{AI}(s) \tag{3.15}$$

을 얻는다. 여기서 ¯는 변이변수를 나타낸다. 이 공정은 시정수 $\tau = V/q$, 정상상태 이득 $K = 1$을 갖는 1차 공정이다.

이 예제에서 시정수 $\tau = V/q$는 q의 유량으로 V의 부피를 채우는데 걸리는 시간을 의미하기도 하며, 유입되는 유체의 각 분자가 공정내에 존재하는 평균체류시간

(mean residence time)을 의미하기도 한다. 한편 혼합만이 일어나는 공정에서는 농도 혹은 온도와 같은 변수가 입구에서 Δ만큼 계단함수로 변하면 출구에서도 결국 Δ만큼 변화할 것이므로 정상상태이득이 1인 것은 당연하다.

예제 3-2: 연속흐름 완전혼합 반응기

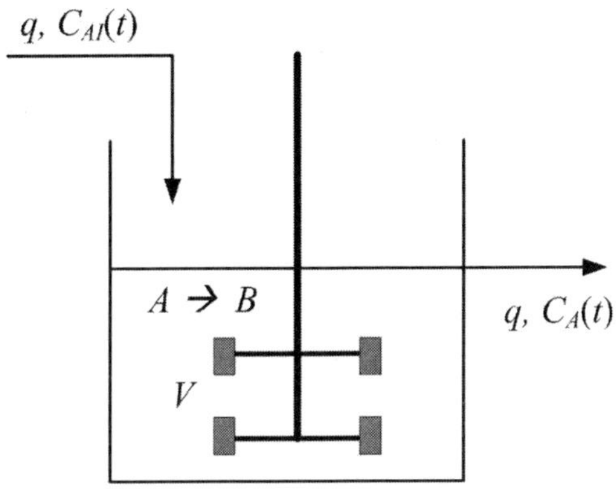

그림 3.6: 완전혼합 연속흐름 반응기.

$$A \longrightarrow B, \quad R_A = -kC_A \text{ (mol/sec cm}^3\text{)}$$

인 1차 반응이 등온상태에서 진행되는 완전혼합 연속흐름 반응기를 생각하자. 성분 A에 대한 물질수지식을 세우고 이를 정리하면 다음 식을 얻는다.

$$\left(\frac{V}{q+kV}\right)\frac{dC_A(t)}{dt}+C_A(t)=\left(\frac{q}{q+kV}\right)C_{AI}(t), \quad C_A(0)=C_{A0} \tag{3.16}$$

초기 정상상태를 가정하여 변이변수를 정의하고 Laplace 변환을 취하면

$$\bar{C}_A(s)=\frac{K}{\tau s+1}\bar{C}_{AI}(s), \quad \tau=\frac{V}{q+kV}, \quad K=\frac{q}{q+kV} \tag{3.17}$$

와 같이 1차 공정 모델이 얻어지지만 반응으로 인해 시정수와 정상상태이득이

예제 3-1의 것과 다르다.

연속흐름 혼합공정에서 시정수는 평균체류시간의 의미를 갖는다고 하였다. 반응이 있는 공정에서도 시정수는 성분 A의 평균체류시간을 의미한다. 반응이 존재하면 성분 A가 배출구로 빠져나가는 것뿐 아니라 반응에 의해 다른 성분으로 바뀌면서도 소실되므로 성분 A의 평균체류시간은 반응이 없는 경우에 비하여 짧아진다. 유출에 의해 A가 소실되는 속도는 qC_A이고 반응에 의해 없어지는 속도는 VkC_A이므로 시정수는 $V/(q+Vk)$가 된다. 결국, 혼합공정은 반응이 있든 없든 시정수가 평균체류시간의 의미를 가지며, 식 (3.17)은 이 해석이 그대로 반영된 것이다.

증류, 추출, 흡수 등 다단분리공정의 각 단은 일종의 혼합공정이며 전체공정은 이들 혼합공정이 다단으로 연결된 것이다. 따라서 완전혼합을 가정하면 각 단의 동특성은 위의 예와 같은 1차 공정으로 표현되며 이때 동특성 파라미터도 혼합특성으로 부터 유추된다.

예제 3-3: 다단 분리공정의 각 단에서의 혼합모델

그림 3.7은 기액평형단 1개의 모형이다. 기액 유량 L, V 그리고 단내의 체류량 H가 일정하다고 할 때, 유입되는 흐름의 농도 x_{n-1}, y_{n+1}와 유출되는 액상농도 x_n 사이의 전달함수를 구하자. 여기서 $y_n = kx_n$로 기액평형이 성립된다고 가정한다.

해당성분에 관한 물질수지식을 세우면

$$H\frac{dx_n}{dt} = Lx_{n-1} - Lx_n + Vy_{n+1} - Vy_n \tag{3.18}$$

평형관계를 대입하고, 변이변수를 도입한 후 표준형으로 정리하면

$$\left(\frac{H}{L+kV}\right)\frac{d\bar{x}_n}{dt} + \bar{x}_n = \left(\frac{L}{L+kV}\right)\bar{x}_{n-1} + \left(\frac{V}{L+kV}\right)\bar{y}_{n+1} \tag{3.19}$$

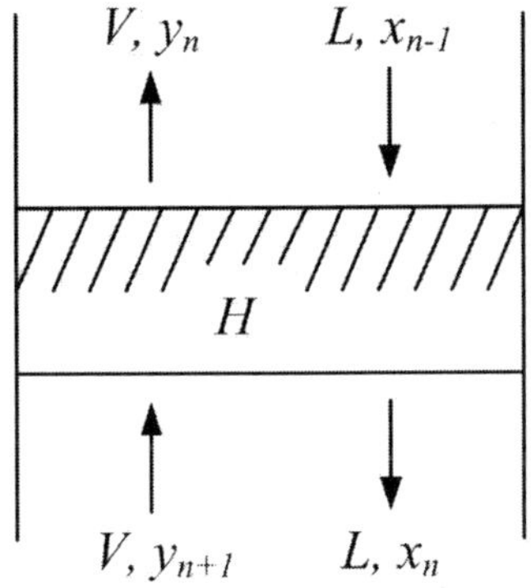

그림 3.7: 기액평형단의 모형.

Laplace 변환을 행하면

$$\bar{x}_n(s) = \frac{K_1}{\tau s+1}\bar{x}_{n-1}(s) + \frac{K_2}{\tau s+1}\bar{y}_{n+1}(s) \tag{3.20}$$

$$\text{여기서} \quad \tau = \frac{H}{L+kV}, \quad K_1 = \frac{L}{L+kV}, \quad K_2 = \frac{V}{L+kV}$$

평형단에서도 액상성분이 흐름에 의해 하측 단으로 유출될 뿐 아니라 그 일부가 기액평형에 의해 기체측 흐름으로 유출되므로 예제 3-2의 반응기에서와 같이 시정수(액상성분의 평균체류시간)가 H/L이 아닌 $H/(L+kV)$가 된다.

3.1.3.2 저항-용량 결합에 의한 동특성 공정

전기회로에서 성립하는 $i = v/R$의 Ohm의 법칙을 잘 알고 있을 것이다. 여기서 v는 저항 R의 양단에 걸린 전압(전위차)이며 그 결과로 전류 i가 흐르게 된다. 화학공학에서의 열, 물질, 모멘텀 흐름도 두 지점 사이의 구동력과 그 사이의 전달저항에 의하여 그 양이 결정되는 유사성을 보인다.

먼저 1차계의 동특성을 보이는 RC 회로의 유사성을 통하여 전달저항과 용량이 있는 공정의 동특성을 이해해 보자.

예제 3-4: RC 회로의 전압응답 모델

그림 3.8은 저항 R (resistance, Ω)과 용량 C (capacitance, F)가 직렬로 연결된 회로이다. 회로에 가해지는 전압 $v_i(t)$와 용량 C 양단의 전압 $v_c(t)$의 관계를 전달함수로 표현하여 보자. 자세한 유도과정은 생략하고 임피던스(교류저항 혹은 직류저항의 일반화)를 이용하여 전달함수를 구한 후 이에 대한 물리적 해석을 하기로 하자.

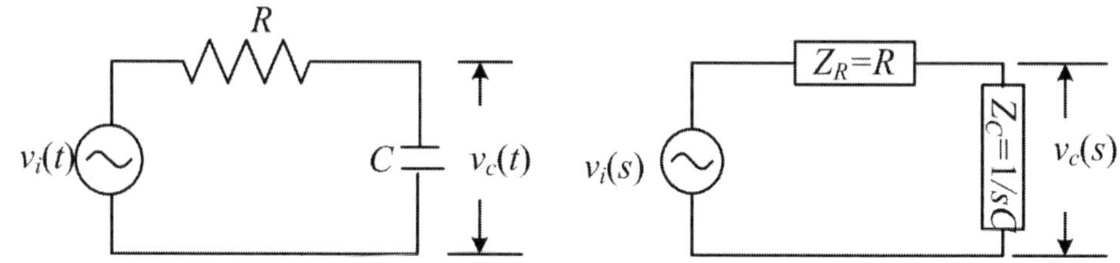

그림 3.8: RC 회로와 임피던스에 의한 표현.

그림 3.8에 RC 회로와 저항과 용량을 s 영역에서의 임피던스로 표현한 그림을 보였다. 임피던스에 변환된 s 영역에서는 Ohm의 법칙이 그대로 성립한다. 용량의 임피던스가 $Z_c = 1/sC$ 라는 것은 Ohm의 법칙에 의해

$$i_c(s) = v_c(s)/Z_c = Csv_c(s) \quad \rightarrow \quad i_c(t) = C\frac{dv_c(t)}{dt} \tag{3.21}$$

가 성립한다는 것이다. 여기서 전류 i_c는 전하의 흐름으로 $i_c(t) = dq(t)/dt$ (여기서 q는 용량내의 전기량, coulomb)이므로 용량은

$$q(t) = Cv_c(t) \tag{3.22}$$

의 관계를 가진다. 물리적으로는 용량 양단의 전압이 낮더라도 C 값이 크면 많은 전기량이 축전된다는 것을 의미한다. 다음 예제에서 다룰 액위탱크는 RC 회로와 유사성을 가지고 있으며 전압을 액위, C는 공정의 밑면적에 해당된다.

이제 그림 3.8에 Ohm의 법칙을 적용하면

$$v_c(s) = Z_c(s)i(s) \tag{3.23}$$

이며, 이때 $i(s) = v_i(s)/(Z_R(s) + Z_c(s))$ 이므로

$$v_c(s) = \frac{Z_c}{Z_R + Z_c} v_i(s) = \frac{1}{\tau s + 1} v_i(s), \qquad \tau = RC \tag{3.24}$$

를 얻는다. 여기서 τ는 $v_c(t)$가 얼마나 빠르게 증가하느냐 (혹은 용량에 전기량이 얼마나 빠르게 포화되느냐)를 나타내는 인자이다. 저항은 전류의 흐름을 방해하는 요소이며 용량은 저장소의 크기를 의미하므로 이 둘의 곱이 시정수가 된 것은 물리적으로 타당하다.

예제 3-5: 액위탱크

그림 2.2와 같은 액위탱크에서 q_i와 h 사이의 전달함수를 구하여 보자. 이번에는 RC 회로와의 유사성을 갖도록, 흐름 저항 R을 정의하고 배출유량 q가 $q(t) = h(t)/R$의 선형관계를 가진다고 하자. 물질수지식은

$$\frac{d(Ah)}{dt} = q_i - \frac{h}{R} \tag{3.25}$$

이 되며, 표준형으로 정리하고 변이변수를 정의한 후 Laplace 변환을 취하면

$$\bar{h}(s) = \frac{R}{(AR)s + 1}\bar{q}_i(s) \tag{3.26}$$

을 얻는다. 시정수가 공정의 밑면적과 유량저항의 곱이 된 것을 볼 수 있다. 액위탱크에서 공정의 밑면적이 RC 회로의 용량에 해당되는 것을 생각할 때 액위탱크은 RC 회로와 완전한 유사성을 갖는다.

3.1.3.3 혼합과 전달저항이 함께 작용하는 공정

예제 3-6: 가열공정에서의 열전달

그림 3.9에 그림 2.1과 동일한 가열공정을 생각하되, 이번에는 가열관 내 스팀온도 T_{st} 와 온수온도 T 사이의 전달함수를 구하여 보자. 스팀관의 전열면적은 A, 총괄열전달계수는 U 라 하자. 열수지식을 세우면 다음과 같다.

$$Mc_p\frac{dT}{dt} = m_w c_p(T_i - T) + UA(T_{st} - T) \tag{3.27}$$

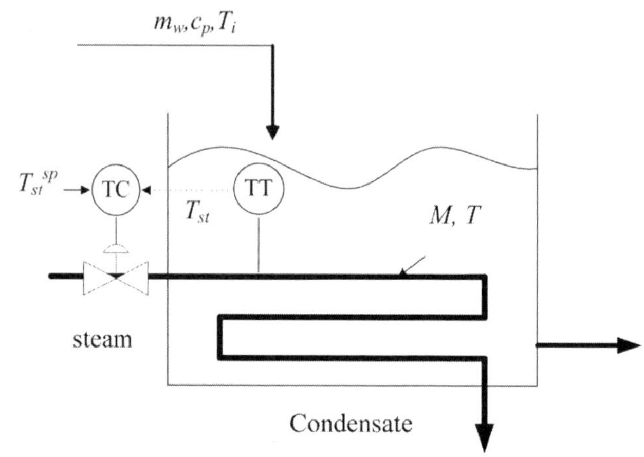

그림 3.9: 가열공정.

이제 두가지 상황을 생각하여 보자. 첫째는 액체의 유출입이 없는 경우($m_w = 0$)이다. 식 (3.27)을 표준형으로 정리하고, 변이변수를 취한 후, Laplace 변환을 행하면

$$\bar{T}(s) = \frac{K}{\tau_h s + 1}\bar{T}_s(s), \quad K = 1, \quad \tau_h = \frac{Mc_p}{UA} \tag{3.28}$$

둘째, 액체의 흐름이 있는 경우는 다음 식이 얻어진다.

$$\bar{T}(s) = \frac{K}{\tau s + 1}\bar{T}_s(s), \quad K = \frac{UA}{UA + m_w c_p}, \quad \tau = \frac{Mc_p}{UA + m_w c_p} \tag{3.29}$$

첫째 경우는 전열만이 일어나는 상황으로, 식 (3.28)에서 시정수가 Mc_p(열질량, RC회로의 C에 해당)와 $1/UA$(전열저항, RC회로의 R에 해당)의 곱으로 표시되어 있다. 두번째는 흐름에 의한 혼합현상이 동반되어 혼합과 전열이 동시에 시정수를 결정한다. 혼합에 의한 시정수가 $\tau_m = M/m_w = Mc_p/m_w c_p$ 인 것을 생각하면, 시정수 τ는 이 둘의 영향으로 구성된 것을 볼 수 있다. 구체적으로는

$$\frac{1}{\tau} = \frac{1}{\tau_h} + \frac{1}{\tau_m} \tag{3.30}$$

의 관계를 가지며, 전열과 혼합의 두 현상이 동시에 (병렬적으로) 온도 동특성에 영향을 미치고, 그로 인해 각 현상이 단독으로 영향을 미칠 때 보다 동특성이 빨라지므로 식 (3.30)와 같이 표현된다.

- **화학공정 동특성은 대부분 혼합, 전달저항-용량의 두 현상에 기인한다.**

3.2 1차 적분공정

예제 3-7: 액위탱크

화학공정에서 1차 적분공정(first-order integrating process)의 특성은 액위탱크에서 흔히 나타난다. 예제 2-3의 액위탱크가 바로 그 예이다. 식 (2.5)를 적분하면 아래와 같이 유량차를 적분한 값이 t 시점의 수위가 된다

$$h(t) = h_I + \frac{1}{A}\int_0^t (q_i(\tau) - q(\tau))d\tau \tag{3.31}$$

변이변수를 취하고 Laplace변환을 가하면 다음의 전달함수를 얻는다.

$$\bar{h}(s) = \frac{1}{As}(\bar{q}_i(s) - \bar{q}(s)) \tag{3.32}$$

이 공정에서 q_i가 q에 일치할 때에는 액위가 일정하게 유지되지만 두 값이 달라지면 수위가 계속 증가 혹은 감소하게 된다. 예를 들어 $q(t) = q_i(t)$ 인 상황에서

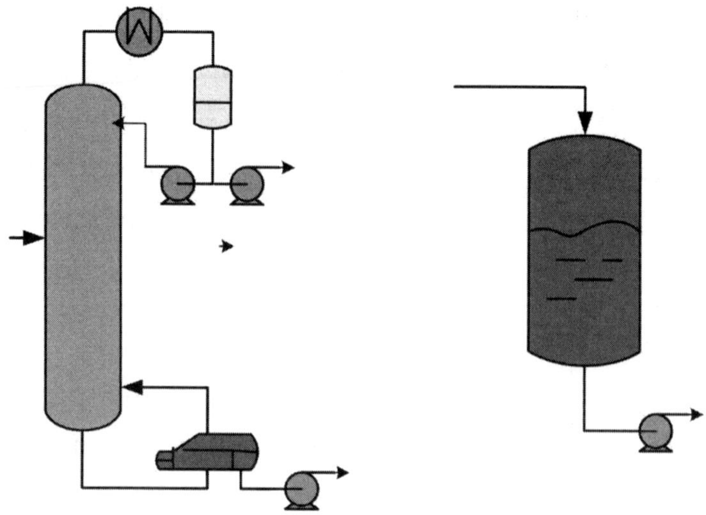

그림 3.10: 증류공정의 탑상공정와 재비기, 또한 중간저장공정 등 화학공정의 많은 액위탱크들이 적분공정의 특성을 갖는다.

$q_i(t)$ 가 단위량 만큼 증가하면

$$\bar{h}(s) = \frac{1}{As}\frac{1}{s} \quad \rightarrow \quad \bar{h}(t) = \left(\frac{1}{A}\right)t \tag{3.33}$$

의 경사응답을 보인다. 이 공정은 한정된 크기의 입력에 대해 출력이 계속 증가하므로 (입출력 안정성의 관점에서) 불안정한 계로 취급된다.

사실 화학공정의 많은 액체저장공정은 이와 같은 적분공정의 특성을 갖는다. 예를 들어 증류탑의 재비기 (reboiler), 탑상공정 (overhead tank) 도 이 특성을 가지며 유량안정을 위해 설치되는 중간저장공정도 이와 같은 적분공정에 속한다.

적분공정 $G(s) = 1/s$ 의 주파수 응답특성은 다음과 같으며, 그림 3.11에 적분공정의 Bode 선도를 보였다.

$$\begin{aligned} AR(\omega) &= |G(j\omega)| = \frac{1}{\omega} \\ \phi(\omega) &= \angle G(j\omega) = -90^\circ \end{aligned} \tag{3.34}$$

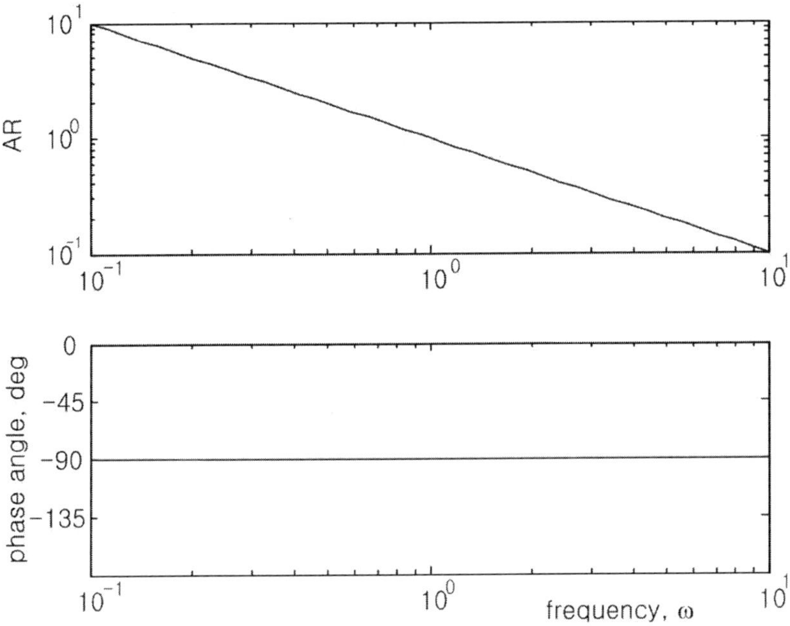

그림 3.11: 적분공정 ($G(s) = 1/s$) 의 Bode 선도.

적분공정 주파수 응답의 중요한 특징은 다음과 같다.

1. 주파수 $\omega = 0$ (직류) 신호에 대한 이득은 무한대이다. 계단입력의 신호를 적분하면 $t \to \infty$ 에서 무한대가 되는 것이 바로 이러한 특성을 설명하는 것이다. 1차 공정이 저주파에서 한정된 크기의 이득을 가지는 것과는 대조적이다.

2. 모든 주파수 입력에 대해 -90° 의 위상각을 갖는다.

- **화학공장의 많은 액체 중간저장공정들이 1차 적분공정의 동특성을 갖는다.**

3.3 시간지연 공정

시간지연(dead time, time delay)은 화학공정의 모델링에서 1차 동특성과 함께 중요하게 취급되는 요소이다. 이것은 실제 화학공정이 시간지연 특성을 갖기 때문이라기 보다는 근사적으로 그러한 특성을 보이는 경우가 많기 때문이다. 먼저 실제 공정의 예를 통하여 시간지연이 어떠한 특성을 나타내는 것인지를 살펴보자.

예제 3-8: 이송공정

그림 3.12은 컨베이어 벨트를 통해 분체가 이송되는 공정이다. 벨트의 선속도를 v(m/sec), 사일로에서 배출되는 분체의 양을 c(kg/min), 저울에서 측정되는 분체의 질량속도를 m(kg/min), 사일로 배출구와 무게센서 사이의 거리를 L(m)라 하자.

사일로에서 배출되는 분체가 무게센서까지 이동하는데 걸리는 시간은 $d = L/v$(min)이므로 $c(t)$의 변화는 d분 후 $m(t)$에 그대로 나타날 것이다. 이 관계를 식으로 표현하면

$$m(t) = c(t-d), \quad d = L/v \tag{3.35}$$

변이변수에 대한 전달함수는 다음과 같다.

$$\bar{m}(s) = e^{-ds}\bar{c}(s) \tag{3.36}$$

시간지연은 유체가 관을 흐르는 경우에도 나타나며 이 현상과 관련된 공정으로 관형 열교환기나 반응기를 생각할 수 있다. 그림 3.13은 온도 T_i인 유체가 유속 v로 길이 L인 관을 흐르는 상황을 보인 것이다. 관이 단열되어 있다면 출구의 온도 T는 이송공정과 동일한 지연응답을 보일 것이다.

$$T(t) = T_i(t-d), \quad d = L/v \quad \rightarrow \quad \bar{T}(s) = e^{-ds}\bar{T}_i(s) \tag{3.37}$$

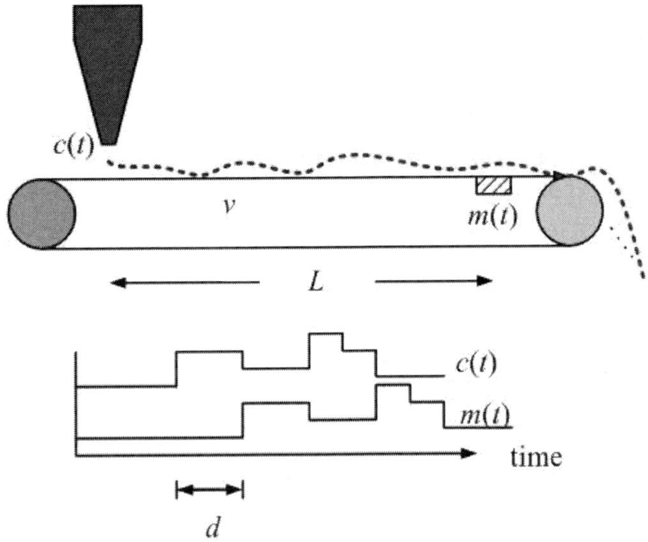

그림 3.12: 이송공정. 시간지연 공정의 특성을 갖는다.

외부와의 열교환이 있어 온도가 상승 혹은 하강한다면 다음의 관계를 보일 것이다.

$$T(t) = aT_i(t-d), \quad d = L/V \quad \rightarrow \bar{T}(s) = ae^{-ds}\bar{T}_i(s) \tag{3.38}$$

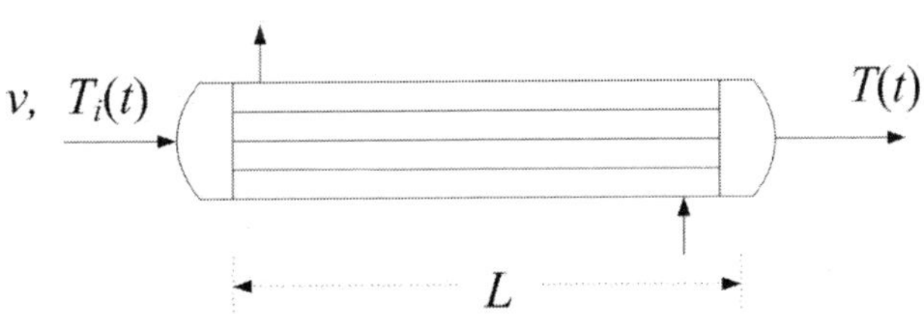

그림 3.13: 유체가 관을 흐를 때에 시간지연이 나타난다.

시간지연 공정의 주파수 응답은 $G(j\omega) = e^{-jd\omega}$ 로 부터 다음과 같다.

$$\begin{aligned} AR(\omega) &= |G(j\omega)| = 1 \\ \phi(\omega) &= \angle G(j\omega) = -d\omega \end{aligned} \tag{3.39}$$

이 결과로 부터 다음을 알 수 있다.

1. 모든 싸인파 주파수 입력신호에 대한 이득이 1이다. 순수 시간지연만 일어나므로 당연한 결과이다.

2. 위상지연은 ω에 따라 선형적으로 증가한다. 이것은 일정한 시간 (d) 의 지연이 높은 주파수에서는 큰 각도의 지연에 해당되기 때문이다.

- **시간지연은 제어에 어려움을 주는 요소이다.**

3.4 1차 공정의 직렬연결과 1, 2차-시간지연 공정

앞에서 화학공정의 동특성을 표현하는 기본요소로 1차 공정과 시간지연공정을 소개하였다. 실제 많 화학공정은 이들 요소들의 결합으로 표현된다.

그림 3.14에 예들을 보였다. 그림 3.14(a)는 증류, 흡수, 추출공정에 사용되는 다단 분리공정이다. 이 공정을 지배하는 동특성은 1차 공정으로 표현되는 각 단에서의 혼합이다. 그러나 전체 공정은 이 1차 공정들이 상호간섭을 동반하는 직렬연결로 이루어져 있다.

그림 3.14(b)는 관형반응기를 보인 것이다. 흐름에 의한 물질의 이동 뿐 아니라 확산에 의한 혼합효과를 고려하여 관형반응기는 연속흐름 혼합반응기의 직렬결합으로 표현될 수 있음은 잘 알려져 있다. 각 혼합반응기는 1차 모델로 표현되므로 관형반응기의 물질수지는 1차 모델이 상호간섭없이 한 방향으로만 직렬연결된 것으로 표현된다.

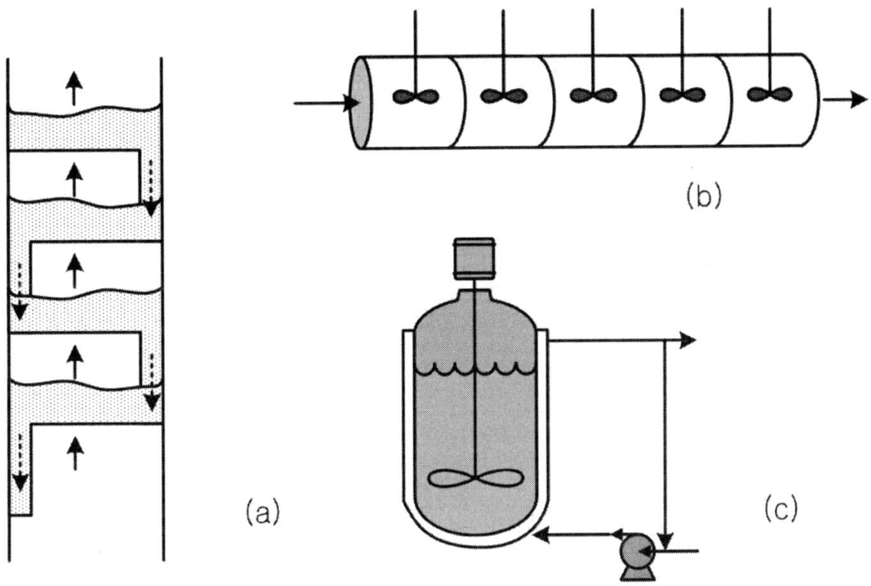

그림 3.14: 많은 화학공정은 1차 계들이 직렬로 연결된 형태를 취한다.

또 다른 예가 그림 3.14(c)와 같은 냉각용 자켓이 설치된 회분반응기이다. 반응기 내부에서의 온도동특성은 1차 공정으로 근사될 수 있으며, 자켓측도 냉각수 환류하에서는 혼합공정 성격을 갖게 되어 1차 공정의 특성을 갖는다. 이때 반응기 온도는 자켓 온도에 영향을 주고 마찬가지로 자켓 온도는 반응기 온도에 영향을 주므로, 결국 두 개의 1차 계가 상호간섭을 하며 직렬연결된 구조를 이루게 된다.

단위 동특성 요소의 직렬연결은 비간섭형 직렬연결 (noninteracting series connection)과 간섭형 직렬 연결 (interacting series connection)의 두 가지로 나눌 수 있다. 이 두 연결의 특성을 간단한 공정의 예를 통하여 살펴보고 이것으로 부터 유도되는 1차-시간지연 공정과 이를 확장한 2차-시간지연 공정을 소개하자.

3.4.1 공정의 비간섭형 및 간섭형 직렬연결

비간섭형 직렬연결 공정

그림 3.15는 두 액위탱크의 비간섭형 직렬연결을 보인 것이다. 첫번째 공정의 출력은 두번째 공정의 입력으로 작용하나 두번째 공정은 첫번째 공정에 대해 영향을 줄 수 없으므로 비간섭형 직렬연결이 된다. 편의상 $A_1 = A_2 = A$, $R_1 = R_2 = R$를 가정한다.

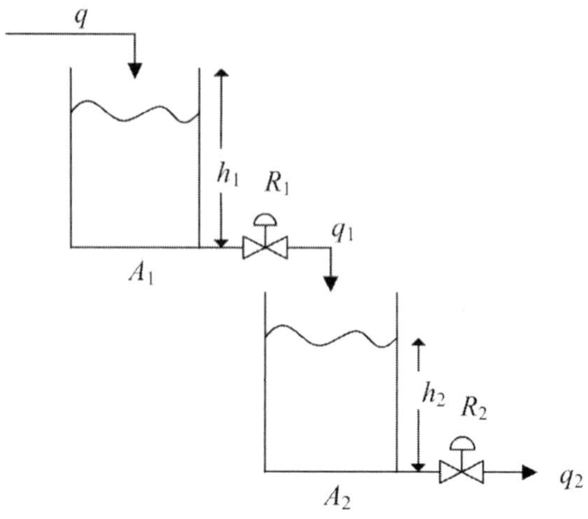

그림 3.15: 두 액위탱크의 비간섭 직렬연결.

예제 3-5의 결과를 이용하여 첫번째 공정 유입유량과 유출유량 사이의 전달함수를 구하면

$$q_1(s) = \frac{1}{ARs+1}q(s) \tag{3.40}$$

마찬가지로 두번째 공정도 다음의 관계를 갖는다.

$$q_2(s) = \frac{1}{ARs+1}q_1(s) \tag{3.41}$$

따라서 q와 q_2의 관계는 다음 식과 같이 개별 공정의 전달함수가 곱해진 형태를

갖는다.

$$q_2(s) = \frac{1}{(\tau s+1)^2} q(s), \quad \tau = AR \tag{3.42}$$

간섭형 직렬연결 공정

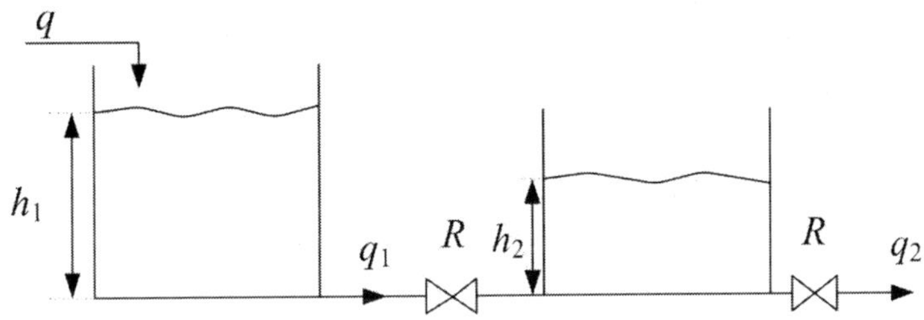

그림 3.16: 액위탱크의 간섭형 직렬연결.

그림 3.16은 두 액위탱크의 간섭형 직렬연결을 보인 것이다. 첫번째 공정의 배출량 q_1은 첫번째 공정의 액위뿐 아니라 두번째 공정의 액위에 의해서도 영향을 받는다.

첫번째 공정에서의 배출량은 두 공정의 액위차에 비례하므로

$$A\frac{dh_1(t)}{dt} = q(t) - \frac{1}{R}(h_1(t) - h_2(t)) \tag{3.43}$$

이 된다. 변이변수를 정의하고 Laplace 변환을 하면 다음의 관계를 얻는다.

$$h_1(s) = \frac{R}{ARs+1} q(s) + \frac{1}{ARs+1} h_2(s) \tag{3.44}$$

두번째 공정에 대해서도 같은 과정을 적용하면

$$A\frac{dh_2(t)}{dt} = \frac{1}{R}(h_1(t) - h_2(t)) - \frac{1}{R}h_2(t) \quad \rightarrow \quad h_2(s) = \frac{1/2}{(AR/2)s+1} h_1(s) \tag{3.45}$$

이 얻어진다. 이제 위의 두 식을 연립하여 q와 q_2 관계로 정리하면

$$q_2(s) = \frac{1}{\tau^2 s^2 + 3\tau s + 1} q(s), \quad \tau = AR \tag{3.46}$$

를 얻는다. 두개의 1차 공정의 비간섭형 직렬연결로 다시 분해하면 다음과 같다.

$$q_2(s) = \frac{1}{(0.38\tau s + 1)(2.62\tau s + 1)} q(s) \tag{3.47}$$

식 (3.47)은 동특성이 같은 두 1차 공정이 간섭형으로 연결되면 작은 시정수 (0.38τ)와 큰 시정수 (2.62τ)의 두 1차 공정이 비간섭형으로 연결된 것과 동일한 동특성을 갖는다는 것을 의미한다. 이 결과에 대해 다음의 해석이 가능하다.

첫째, 비간섭형 연결공정의 시정수의 합은 2τ인 반면, 간섭형 연결공정 시정수의 합은 $3\tau(= 0.38\tau + 2.62\tau)$로, 간섭이 있으면 공정전체의 응답은 간섭이 없는 경우에 비하여 더 느려진다.

둘째, 동일한 공정이 간섭형으로 연결되면 그 응답특성은 비간섭형의 것에 비하여 1차 공정에 가까워진다. 이것은 간섭형 연결공정에서 나타나는 작은 시정수 공정의 응답은 빠르게 소멸되어 결국 긴 시정수의 공정이 전체 응답을 지배하기 때문이다.

위의 결과를 n개의 동일한 액위탱크가 직렬연결되는 경우로 일반화하자. 비간섭형 연결에서는

$$q_n(s) = \frac{1}{(\tau s + 1)^n} q(s) \tag{3.48}$$

이 되나 간섭형 연결에서는 다음의 전달함수가 얻어진다.

$$q_n(s) = \frac{1}{(\tau_1 s + 1)(\tau_2 s + 1)\cdots(\tau_N s + 1)} q(s) \tag{3.49}$$

여기서 $\tau_1 > \tau_2 > \cdots > \tau_n$, $\sum_{i=1}^{n} \tau_i = \frac{n(n+1)}{2}\tau$, $\prod_{i=1}^{n} \tau_i = \tau^n$ 이다. $n = 3$ 인 경우 간섭형 연결공정은 시정수가 5.05τ, 0.64τ, 0.31τ인 세개의 1차 공정으로 분해되

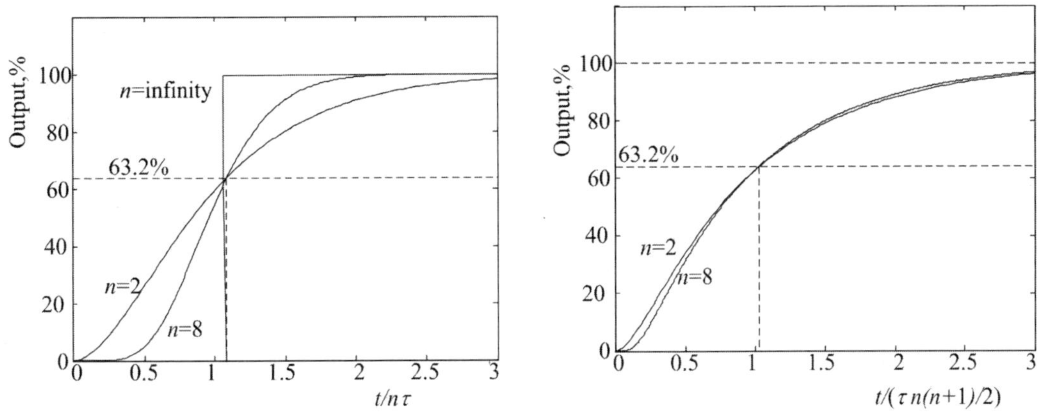

(a) 비간섭형 연결공정 (b) 간섭형 연결공정

그림 3.17: 간섭형 직렬연결 공정은 비간섭형 직렬연결 공정에 비해 전체적인 응답은 느려지나 1차 공정의 성격이 강하게 나타난다.

어, 위의 성질이 n이 증가할 수록 더 뚜렷하게 나타난다. 그림 3.17에 이들 공정의 계단응답을 보였다.

3.4.2 1차-시간지연 공정 (first-order plus dead time, FOPDT)

1차-시간지연 공정은 아래와 같은 전달함수로 표현되는 공정이다.

$$y(s) = \frac{Ke^{-ds}}{\tau s + 1} u(s) \tag{3.50}$$

이 공정은 순수한 1차 공정 ($K/(\tau s+1)$)과 시간지연 공정 (e^{-ds})이 직렬로 연결된 것이므로 그림 3.18과 같은 계단응답을 보인다.

FOPDT 모델은 화학공정의 동특성을 실험적으로 결정할 때 많이 사용된다. 앞 절에서 많은 화학공정이 1차계가 직렬 연결된 형태를 가지며 특히 간섭형 연결이 많음을 이야기 하였다. 또 간섭형 연결공정은 1 개의 큰 시정수와 여러 개의 작은 시정수를 가진 1차 공정이 연결된 것으로 표현됨을 이야기하였다. Taylor 급수

전개에 의하면

$$e^{-\tau_i s} = \frac{1}{e^{\tau_i s}} = \frac{1}{1 + \tau_i s + \tau_i{}^2 s^2/2 + \cdots} \tag{3.51}$$

이므로, τ_i가 충분히 작은 경우, 시간지연은 다음의 근사가 가능하다.

$$e^{-\tau_i s} \approx \frac{1}{\tau_i s + 1} \tag{3.52}$$

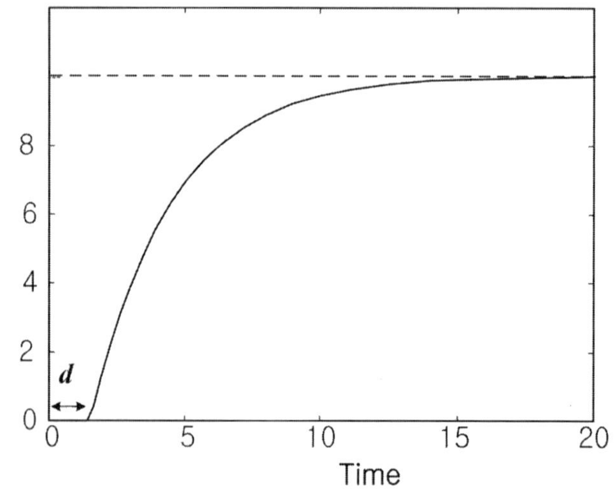

그림 3.18: FOPDT 공정의 계단응답 ; $G(s) = 10e^{-s}/(4s+1)$.

따라서 식 (3.50)의 공정에서 가장 큰 시정수만으로 1차 공정을 구성하고 나머지 항을 시간지연공정으로 근사하면

$$q_n(s) = \frac{e^{-ds}}{\tau_1 s + 1} q(s), \quad d = \sum_{i=2}^{n} \tau_i \tag{3.53}$$

와 같은 FOPDT 공정의 근사가 이루어진다. FOPDT 모델은 복잡한 화학공정의 동특성을 간략히 표현하기 위한 목적으로 산업계에서 오랫동안 사용되어 왔으며,

이 모델에 근거한 많은 제어기 설계 및 조율방법들이 제시되어 왔다.

- **많은 화학공정의 동특성이 1차 공정의 간섭형 연결로 표현된다.**
- **1차 공정의 간섭형 연결은 초기에 약간 지연되는 응답이 나타나나 전체적으로는 1차 공정의 특징을 강하게 유지한다. 이러한 이유로 FOPDT 모델은 전통적으로 화학공정의 동특성을 근사적으로 표현하는 데에 많이 사용되어 왔다.**

3.4.3 2차-시간지연 공정 (second-order plus dead time, SOPDT)

2차-시간지연 공정은 시간지연과 2차공정을 결합한 것이다.

$$y(s) = \frac{Ke^{-ds}}{(\tau_1 s+1)(\tau_2 s+1)}u(s) \tag{3.54}$$

그림 3.19에 계단응답의 예를 보였다. 시간지연 후 응답이 부드럽게 증가하기 때문에 고차공정의 계단응답을 더 잘 표현함을 볼 수 있다. FOPDT 모델에서

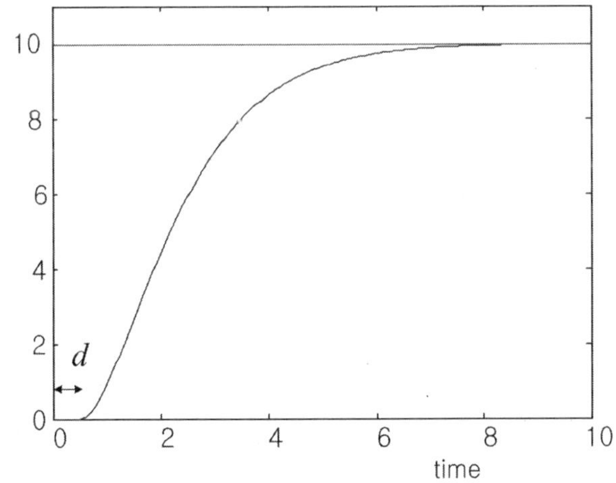

그림 3.19: SOPDT 공정의 계단응답; $G(s) = 10e^{-0.5s}/(s+1)^2$.

해석한 방법에 따라 SOPDT 모델의 τ_1, τ_2는 근사적으로 고차공정의 가장 긴 시정수 두 개에 해당하며 d는 나머지 시정수들의 합에 해당된다.

3.5 2차 공정

3.5.1 2차 공정의 모형

3.4절에서 2차 공정을 소개하였으며 그림 3.17와 같은 계단응답을 보였다. 이러한 응답을 주는 2차 공정을 과도감쇠(overdamped) 공정이라 부르며 일반적인 2차 공정의 일부분에 해당된다. 이 장에서는 일반적인 2차 공정의 특성과 함께 그 중요성을 소개한다.

그림 3.20는 일반형 2차 공정의 모형인 spring-mass-damper 계이다. 이 계에는 외부에서 가해지는 운동에너지를 보존하려는 spring과, 운동에너지를 마찰열로 소산시키려는 damper가 관성을 유지하려는 mass와 연결되어 있다. 우리의 관심은 외부에서 가해지는 힘 $x(t)$에 대해 질량체의 변위 $y(t)$가 어떻게 응답하는가이다. 힘과 가속도와의 관계를 적용하면 다음의 식을 얻는다.

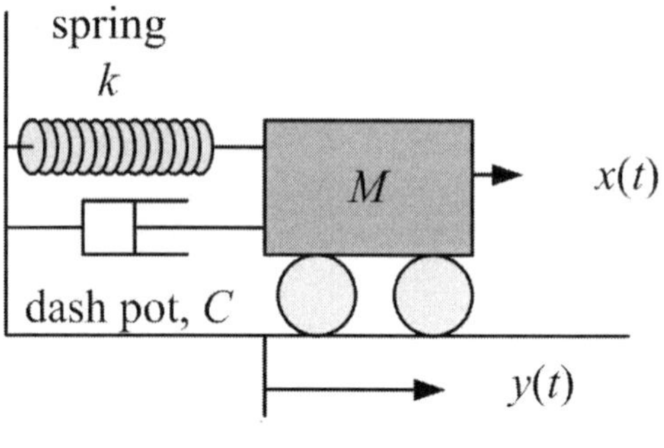

그림 3.20: Spring-mass-damper 계.

$$\begin{aligned}
&\text{mass} \times \text{acceleration} = \sum_i \text{external force}_i \quad \Rightarrow \\
&M\frac{d^2y(t)}{dt^2} = -ky(t) - C\frac{dy(t)}{dt} + x(t) \quad \Rightarrow \\
&\frac{1}{\omega_n^2}\frac{d^2y(t)}{dt^2} + 2\frac{\zeta}{\omega_n}\frac{dy(t)}{dt} + y(t) = Kx(t),
\end{aligned} \tag{3.55}$$

여기서, $\omega_n = \sqrt{\frac{k}{M}}, \quad \zeta = \frac{C}{2\sqrt{Mk}}, \quad K = \frac{1}{k}$

변이변수를 정의 후 Laplace 변환을 행하면 다음의 2차 공정 모델식을 얻는다.

$$y(s) = \frac{K}{(s/\omega_n)^2 + 2\zeta(s/\omega_n) + 1}x(s) \tag{3.56}$$

이 식에서 ζ는 감쇠비 혹은 제동비(damping ratio)라 부르며 이것은 ζ가 소성과 탄성의 정도를 나타내는 C와 k의 비로 구성되어 있기 때문이다. ω_n은 고유진동 주파수(natural frequency of oscillation)라 부르며 spring과 mass 만이 연결될 때에 나타나는 진동 주파수(1/time)를 나타낸다.

그림 3.20은 기계, 토목 등 여러 공학분야에서 탄성/소성계의 동특성 모델로 많이 사용되지만 화학공정의 동특성 모델로 직접 이용되는 경우는 거의 없다. 그럼에도 불구하고 이 계가 중요한 이유는 제어계의 표준 응답모형을 이 2차계의 응답으로 표현하는 일이 많기 때문이다.

3.5.2 계단입력에 대한 응답

식 (3.56)의 단위계단함수 $x(s) = 1/s$ 입력에 대한 s 영역 출력은 다음과 같다.

$$y(s) = \frac{K}{(s/\omega_n)^2 + 2\zeta(s/\omega_n) + 1}\frac{1}{s} \tag{3.57}$$

여기서 특성방정식은 다음의 두 근을 가진다.

$$s_{1,2} = -\omega_n\zeta \pm \omega_n\sqrt{\zeta^2 - 1} \tag{3.58}$$

이 근은 ζ의 크기에 따라 서로 다른 두 실수, 중복된 실수, 복소수 쌍의 세 경우로 나타나며, 각 경우에 대한 계단응답도 그림 3.21에 보인 것과 같이 다르게 나타난다.

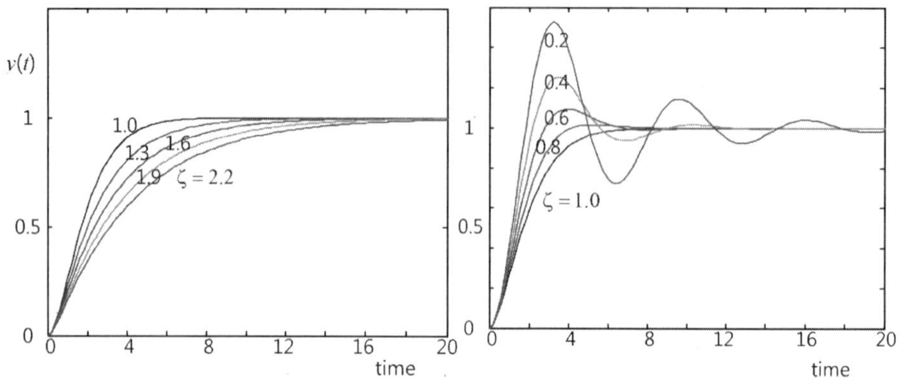

(a) 과도감쇠 응답 (b) 과소감쇠 응답

그림 3.21: 2차 계$(G(s) = 1/(s^2 + 2\zeta s + 1))$의 계단응답.

과도감쇠(overdamped) $(\zeta > 1)$ **응답:**

공정의 두 극이 모두 실수인 경우이다. 이때 공정응답은 다음과 같이 두 개의 1차 계가 직렬연결된 공정의 응답으로 나타난다.

$$y(s) = \frac{K\omega_n^2}{(s-s_1)(s-s_2)s} = \frac{K}{(\tau_1 s+1)(\tau_2 s+1)s} \tag{3.59}$$

여기서 $\tau_{1,2} = (\zeta \pm \sqrt{\zeta^2 - 1})/\omega_n$ 이다. 이 응답은 그림 3.21(a) 에서와 같이 진동 없이 지연되는 형태를 가진다. ζ는 damper 상수 C가 커질 때 (혹은 spring 상수 k가 작아질 때) 커지며 ζ가 1 이상이 되면 spring에 의한 진동이 응답에 전혀 나타나지 못한다. 식 (3.59)의 응답은 $t = 0$에서 기울기 0을 갖는다. 이것은 이 식에 초기치 정리를 적용하여 쉽게 확인할 수 있다.

$$\lim_{t\to 0} \frac{dy(t)}{dt} = \lim_{s\to\infty} s[s\, y(s)] = 0 \tag{3.60}$$

1차 공정의 계단응답은 $t = 0$ 에서 기울기를 가지지만 2차 이상의 공정은 항상 기울기가 0이 된다.

임계감쇠 (critically damped) ($\zeta = 1$) **응답:**

두 극이 중첩되는 경우이며, 출력은 시정수가 같은 두 1차 계의 직렬연결 공정의 응답으로 나타난다.

$$y(s) = \frac{K\omega_n^2}{(s-s_1)^2 s} = \frac{K}{(\tau s+1)^2 s} \tag{3.61}$$

여기서 $\tau = 1/\omega_n$ 이다. 그림 3.21(a) 와 같이 임계감쇠응답은 과도감쇠응답과 유사하다. 하지만 이것은 진동이 나타나기 직전의 응답이다.

과소감쇠 (underdamped) ($\zeta < 1$) **응답과 공진현상:**

두 극이 $s_{1,2} = -\omega_n\zeta \pm j\omega_n\sqrt{1-\zeta^2}$ 와 같은 복소수쌍인 경우이며, 역변환을 행하면 $y(t)$ 가 다음 식과 같이 진동하는 응답으로 나타난다.

$$y(t) = K\left[1 - \frac{1}{\sqrt{1-\zeta^2}} e^{-\zeta\omega_n t}\sin(\omega_n\sqrt{1-\zeta^2}t + \phi)\right], \quad \phi = \tan^{-1}\frac{\sqrt{1-\zeta^2}}{\zeta} \tag{3.62}$$

ζ 가 작아진다는 것은 damper의 힘이 약해지는 것 혹은 spring 힘이 강해지는 것을 의미하므로 응답에 진동이 나타나게 된다. 그림 3.21(b) 에서 ζ 가 작아질수록 진동의 진폭이 점점 커지며 주기가 짧아지는 것을 볼 수 있다. 식 (3.62) 로 부터 $\zeta = 0$ 이면 진동주파수는 ω_n 이 된다. 이것은 damper는 없고 spring만이 질량체에 연결되어 진동이 영구히 지속되는 상태로 ω_n 은 이 때의 진동주파수이다.

과소감쇠 공정은 공진 (resonance) 현상을 보인다. 스프링과 질량체만이 연결된 계에 계의 고유진동수와 일치하는 운동에너지가 외부로부터 계속 가해지면 이 에너지가 축적이 되며 진폭이 한없이 커지는 공진현상을 보인다. Damper가 있는 경우는 운동이 커지면서 damper에 의해 에너지 소산이 비례적으로 증가하므로 어느 한계 이상으로는 진폭이 커지지 못한다. 엄밀하게 이야기하면 과소감쇠 2

차 공정의 공진현상은 $\zeta < 1/\sqrt{2}$ 일 때 나타나며, 공진 주파수는 식 (3.62) 의 진동주파수 $\omega_n\sqrt{1-\zeta^2}$ 에서 약간 벗어난 $\omega_n\sqrt{1-2\zeta^2}$ 에서 나타난다. 이 수치들은 주파수 응답에서 얻어진다.

액위탱크의 공진현상: 2, 3장에서 액위탱크는 1차 공정으로 소개되었다. 그러나 실제 액위탱크 진동응답을 동반하는 고차계이다. 그림 3.22(a) 에 보인 것과 같이 하나의 공정로 구성된 액위탱크는 공정 양끝에서 교차되는 상하운동에 의한 진동모드를 가진다. 이 진동은 공정벽면에서의 마찰에 의해 감쇠되어 spring-mass-damper가 연결된 모델로 그 운동이 묘사된다. 감쇠효과를 무시할 때 길이 L 인 유체표면의 주 고유진동 주파수는

$$\omega_n = \sqrt{2g/L}(\text{radian/time}), \text{ 여기서 g는 중력가속도} \tag{3.63}$$

이다. 사각형의 유체표면은 가로 세로 길이에 의한 두 개의 주고유진동수를 갖는다.

그림 3.22(b) 는 액위계가 설치된 경우이다. 이때에는 공정 내의 좌우진동에 의한 것 뿐 아니라 두 액위 사이의 상하 진동모드가 함께 나타난다. 액위계의 단면적 A_2 가 공정의 단면적 A_1 보다 충분히 작고 연결부위의 단면적이 액위계의 단면적과 같다고 할 때 상하진동의 고유진동수는

$$\omega_n = \sqrt{g/L} \quad (\text{radian/time}) \tag{3.64}$$

으로 근사된다. 상하진동도 벽면/연결부위에서의 마찰효과로 감쇠된다.

큰 공정에서는 진동에 의한 오차를 극복하며 평균수위를 정확히 측정하기 위하여 공정에 다수의 액위 센서를 설치하고 평균값을 구하기도 한다.

3.5.3 과소감쇠 공정의 계단응답

화학공정에서 공정자체가 진동 특성을 나타내는 예로 앞 절에서 액위탱크를 소개하였으나 그 외의 예는 찾기가 쉽지 않다. 그럼에도 불구하고 과소감쇠 응답이 화학공정제어에서도 중요하게 취급되는 것은 이 응답이 제어계 응답의

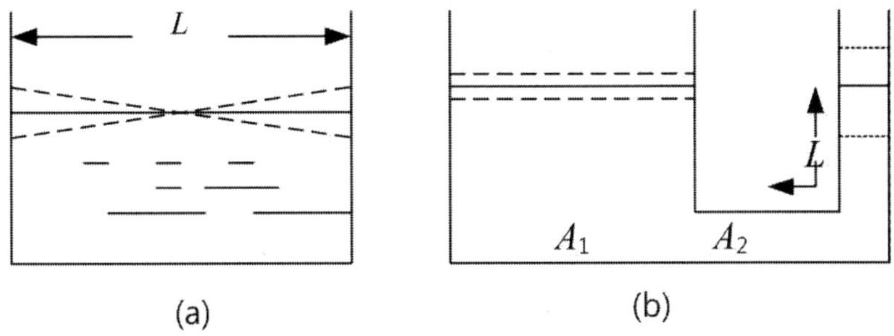

그림 3.22: 액위탱크는 공진현상을 갖는다. (a) 좌우파동에 의한 진동으 현상 (b) 상하운동에 의한 진동 현상

표준모형으로 사용되기 때문이며, 이러한 이유로 여러 특성과 용어들이 이 응답과 관련하여 정의되어 있다. 그림 3.23에 정상상태 이득이 1인 과소감쇠 2차 공정의 응답을 보였다. 이 응답의 특성을 표현하기 위하여 사용되는 주요 항목은 다음과 같다.

1. Overshoot: B/A로 정의되며 진동의 크기를 정량적으로 나타내는 지표이다. Overshoot은 다음과 같이 ζ 만의 함수로 표현된다.

$$\text{Overshoot} = \frac{B}{A} = \exp(-\pi\zeta/\sqrt{1-\zeta^2}), \quad \zeta < 1 \tag{3.65}$$

2. 쇠퇴비(decay ratio): 진동의 진폭이 주기가 반복되며 어떻게 줄어드는 가를 나타내는 지표이며 C/B로 정의된다. 쇠퇴비도 ζ 만의 함수이며 overshoot의 제곱으로 나타난다.

$$\text{Decay Ratio} = \frac{\text{C}}{\text{B}} = \exp(-2\pi\zeta/\sqrt{1-\zeta^2}) = \text{Overshoot}^2 \tag{3.66}$$

3. 감쇠진동 주파수(damped frequency of oscillation): 계단응답의 진동주파

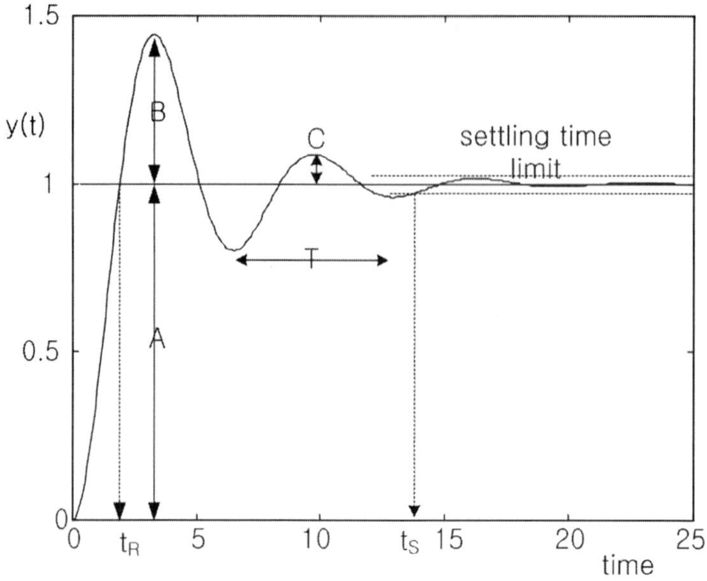

그림 3.23: 과소감쇠 2차 공정의 계단응답을 묘사하는 용어들.

수를 나타내며, 식 (3.62)로 부터 다음과 같이 주어진다.

$$\text{감쇠진동 주파수} = \omega = \omega_n\sqrt{1-\zeta^2}\ \text{(radian/time)} \tag{3.67}$$

진동주기는 $T = 2\pi/$진동주파수로 부터 계산된다.

$$T = \frac{2\pi}{\omega_n\sqrt{1-\zeta^2}} \tag{3.68}$$

4. 상승시간(rise time): 응답이 얼마나 빠르게 상승하는 가의 지표이다. 상승시간은 그림 3.23과 같이 응답이 최초로 $y(\infty)$에 도달하는 시간으로 정의되기도 하며, $y(\infty)$의 10% 에서 시작하여 90%에 도달할 때 까지의 시간으로 정의하기도 한다. 후자는 과도감쇠 혹은 임계감쇠 응답에서도 상승시간 정의를 가능하게 한다. 상승시간은 ζ와 ω_n의 함수이며 10% 에서 90%

사이의 시간으로 정의하는 경우, 다음의 근사식을 만족한다.

$$t_{r(10-90)} \approx \frac{1+1.1\zeta+1.4\zeta^2}{\omega_n} \tag{3.69}$$

5. 정착시간(settling time): $y(t)$가 $y(\infty)$를 중심으로 어떤 범위 이내로 안정되는 최초의 시간을 나타낸다. 식 (3.62)로 부터 과소감쇠 응답은 그림 3.24과 같은

$$y(t) = 1 \pm \frac{e^{-\zeta\omega_n t}}{\sqrt{1-\zeta^2}} \tag{3.70}$$

의 envelope 내에서 싸인함수가 진동하는 것으로 표현할 수 있다. $t_{s,\alpha\%}$은 이 envelope이 $1\pm 0.01\alpha$ 내에 도달하는 최초의 시간으로 표현한다. 예를 들어 $\alpha = 5\%$인 경우는 다음과 같다.

$$t_{s,5\%} = -\frac{\ln[0.05\sqrt{1-\zeta^2}]}{\zeta\omega_n} \tag{3.71}$$

과소감쇠 응답과 극 위치의 관계

전달함수의 극이 공정의 응답모드를 결정함은 그림 2.8을 통해 설명한 바 있다. 과소감쇠 2차 공정은

$$s_{1,2} = -\omega_n\zeta \pm j\omega_n\sqrt{1-\zeta^2} \tag{3.72}$$

와 같이 두 개의 극을 가지며 이들은 복소평면상에서 그림 3.25와 같이 배치된다. 이 그림으로 부터 원점에서 극까지의 거리가 고유진동 주파수 ω_n가 되며, 극이 음의 실수축과 이루는 각도를 θ라 할 때 다음의 관계가 성립된다.

$$\zeta = \cos\theta \tag{3.73}$$

한편 극의 허수부는 응답의 진동주파수를 나타내며, 실수부는 응답의 쇠퇴가

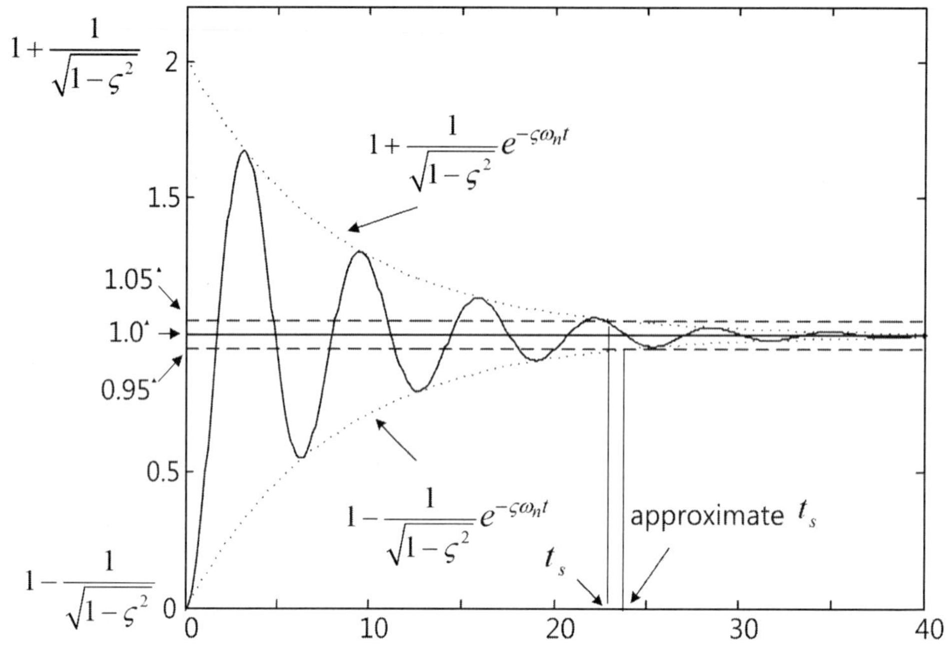

그림 3.24: 정착시간의 표현.

얼마나 빠른 가를 나타낸다. 극의 위치와 과소감쇠 응답특성의 중요한 관계는 다음과 같다.

1. Overshoot와 쇠퇴비는 θ에 의해서만 결정되며, θ가 작을 수록 두 값이 모두 작아진다.

2. 극의 허수값이 커지면 응답의 진동주파수가 커진다. 이때 실수부가 고정되어 있다면 θ도 함께 늘어나므로 overshoot, 쇠퇴비도 함께 증가한다.

3. 극의 실수값이 음의 방향으로 커질 수록 응답은 빠르게 쇠퇴한다. $\zeta \ll 1$인 경우, 정착시간은 $t_s \propto 1/\zeta\omega_n$ 이므로 극의 실수값은 정착시간을 나타내는 척도가 된다.

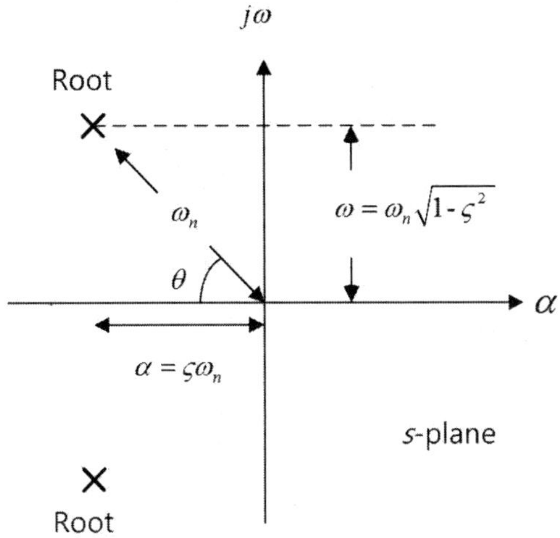

그림 3.25: 과소감쇠 2차 공정의 파라미터와 극 위치와의 관계.

3.5.4 주파수 응답

2차 공정의 주파수 응답 특성도 $G(j\omega)$로 부터 다음과 같다.

$$\begin{aligned} \mathrm{AR}(\omega) &= |G(j\omega)| = \frac{K}{\sqrt{(1-(\omega/\omega_n)^2)^2+(2\zeta(\omega/\omega_n))^2}} \\ \phi(\omega) &= \angle G(j\omega) = -\tan^{-1}\left(\frac{2\zeta\,\omega/\omega_n}{1-(\omega/\omega_n)^2}\right) \end{aligned} \tag{3.74}$$

그림 3.26에 여러 ζ에 대한 2차 공정의 Bode 선도를 보였다.

2차 공정의 Bode 선도는 1차 공정과 비교하여 다음의 특징을 갖는다.

1. 낮은 주파수에서 AR의 점근선은 log-log 축에서 기울기 0인 직선이며, 높은 주파수에서는 점근선이 -2의 기울기를 갖는 직선이다. 이것은 식 (3.74)으로 부터 쉽게 확인된다.

$$\text{As } \omega \to \infty,\quad \mathrm{AR} \to \frac{K}{(\omega/\omega_n)^2} \;\Rightarrow\; \log_{10}\mathrm{AR} \to \log_{10} K\omega_n^2 - 2\log_{10}\omega$$

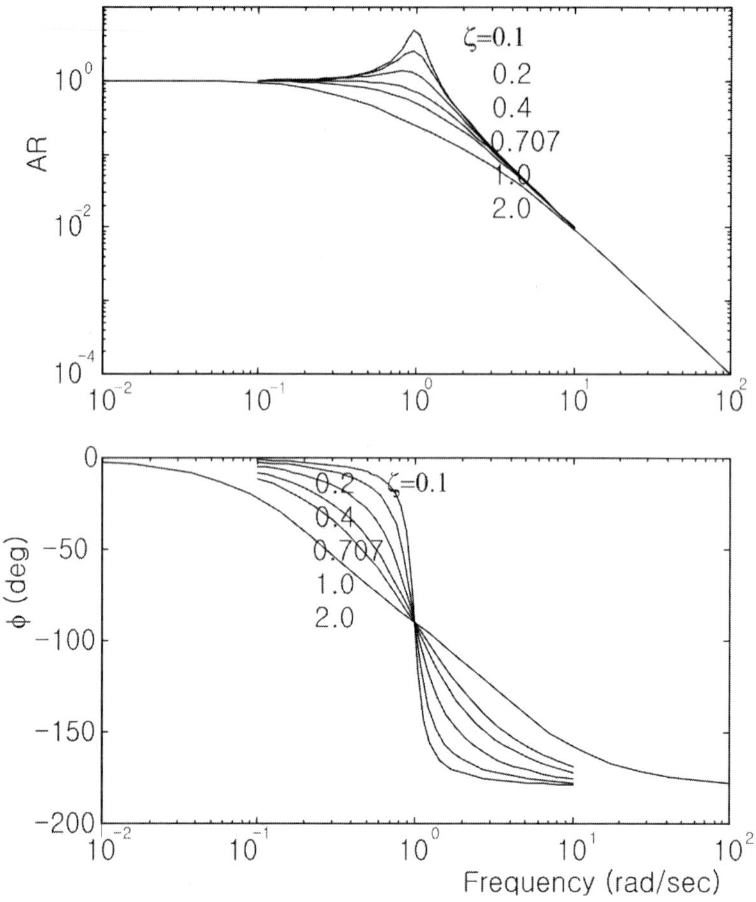

그림 3.26: 2차 공정의 Bode 선도.

일반적으로 n차 공정의 고주파에서의 점근선은 기울기 -n인 직선이다.

2. $\zeta \leq 1/\sqrt{2}$에서 공진 peak가 나타나며 ζ가 작을 수록 peak가 높아진다. Peak의 높이가 가장 높아지는 공진 주파수는 $\omega_n\sqrt{1-2\zeta^2}$이다. 이것은 $\frac{d(AR)}{d(\omega/\omega_n)^2} = 0$를 이용하여 쉽게 확인된다. 계단응답에서는 $\zeta < 1$일 때 진동이 나타난다.

3. 위상각은 0^o에서 출발하여 -180^o로 수렴한다. $\omega = \omega_n$에서는 -90^o가 된다.

n차 공정의 위상각은 -90°n까지 감소한다.

3.6 역응답 공정과 영의 영향

3.6.1 역응답 공정

역응답(inverse response)은 일부의 화학공정이 보이는 독특한 현상으로 어느 한계 이상으로는 제어성능을 개선시킬 수 없게 하는 좋지 않은 성질이 있다. 정상상태 이득이 양인 역응답 공정은 입력의 신호가 양의 방향으로 계단변화 할 때에 초기에 음의 응답을 보인 후 시간이 지나며 양의 방향으로 응답을 보인다. 그림 3.27에 대표적인 역응답 공정인 보일러의 계단응답을 보였다. 보일러는 급수량, 스팀 배출량, 가열량에 대한 수위의 변화가 모두 역응답을 보인다. 일반적으로 급수량이 증가하면 공정내 물이 계속 축적되므로 수위가 상승하여야 하지만, 보일러 가열공정 내의 물은 비등상태에 있으므로 차가운 외부 급수량이 증가하면 증기 기포가 소멸되며 일단 수위가 낮아진 후, 시간이 지나며 상승한다. 스팀 배출량 변화에 대해서도 유사한 현상이 나타난다. 스팀 배출량이 증가되면 공정 내 압력이 떨어져 스팀 기포가 팽창하고 비등이 유발되어 일단 수위가 증가한다. 그러나 시간이 지나면서 수위가 낮아지는 역응답이 나타난다. 역응답 현상은 보일러 가열공정과 유사한 상황을 갖는 증류탑 재비기의 액위에서도 관찰되며, 증류탑 자체의 동특성, 그리고 반회분 반응기(semi-batch reactor)의 온도 동특성에서도 관찰된다. 재비기에서 열유입량이 증가하면 증기 배출량이 많으므로 액위가 감소해야 하나 일단은 기포가 많이 생성되어 액위가 증가하는 역응답을 보인다. 또한 증류탑에서 재비기 열유입량을 늘려 증기발생량을 증가시키면 환류량이 늘어나고 결국 순도가 높아지는 효과를 가져오게 되지만, 일단은 증가된 증기량에 의해 각 단에서의 액체가 부상하며 많은 양이 넘쳐 holdup이 줄어들고 기액접촉이 나빠지며 단효율이 낮아지며 탑상순도가 떨어지는 역응답이 발생할 수 있다. 한편 발열반응이 있는 반회분 반응기에서 원료의 투입량이 늘어나면 반응양이 증가하므로 온도가 상승하는 효과가 나타나게 되지만, 일단은 원료의 찬 온도에 의하여 반응기 내용물이 냉각되므로 온도가 떨어지는 역응답이 나타날 수 있다.

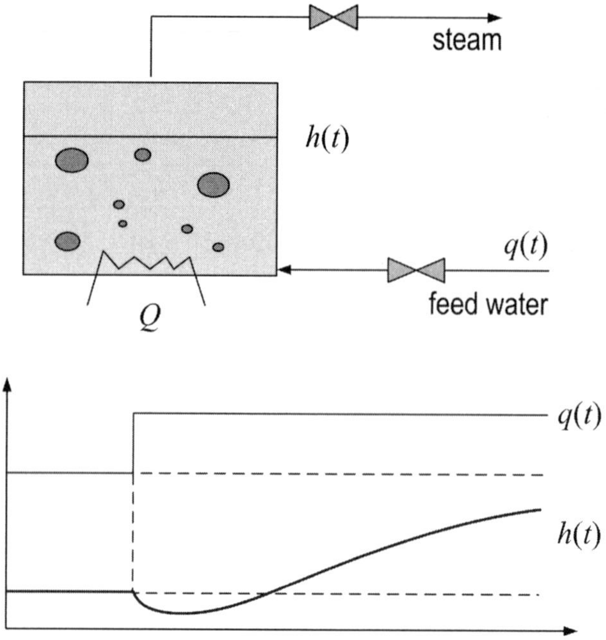

그림 3.27: 보일러 가열공정에서 수위의 역응답 현상.

역응답 공정의 제어는 까다로운 문제 중의 하나이다. 그것은 제어기가 올바른 방향의 제어동작을 공정에 가했을 때에 공정이 일단 반대방향의 응답을 보이기 때문에 제어기가 잘못된 제어동작을 가한 것으로 인식하기 때문이다. 이러한 이유로 역응답공정의 피드백 제어는 어느 한계 이상의 성능을 갖지 못한다. 따라서 역응답공정의 제어성능을 향상시키기 위해서는 역응답 특성이 최소화되도록 공정을 개선하는 작업이 우선 수행되어야 한다. 보일러에서 공급수를 충분히 예열하는 일, 증류탑에서 적절한 단 구조를 선택하는 일, 반회분 반응기에서 원료를 예열하여 공급하는 방법 등을 통해 역응답 특성을 완화시킬 수 있다.

3.6.2 영의 동특성에 대한 영향

역응답 현상은 극으로 표현되지 않으며, 영 (zero), 더 정확하게는 양의 영으로 표현된다. 과도감쇠 2차 공정을 대상으로 영이 응답에 어떠한 영향을 미치는가를 살펴 보자.

영을 갖는 과도감쇠 2차 공정의 일반식을 다음과 같이 표현하자.

$$y(s) = \frac{K(1+as)}{(\tau_1 s+1)(\tau_2 s+1)}u(s) \tag{3.75}$$

식 (3.75)의 전달함수는 정상상태 이득이 K이며 $s = -1/a$에 1개의 영을 갖는다. 이 식은 다음과 같이 분해할 수 있다.

$$\begin{aligned} y(s) &= G_1(s)u(s) + G_2(s)u(s) \\ &= \frac{K}{(\tau_1 s+1)(\tau_2 s+1)}u(s) + \frac{(Ka)s}{(\tau_1 s+1)(\tau_2 s+1)}u(s) \end{aligned} \tag{3.76}$$

$G_1(s)u(s)$는 표준형 과도감쇠 2차 공정의 응답이며, $G_2(s)u(s)$는 $G_1(s)u(s)$에 미분을 행한 후 a배한 응답이다. 이제 a에 따라 응답이 어떻게 달라지는지를 살펴보자.

음의 영, a > 0 : 그림 3.28에 $G_1(s)$와 $G_2(s)$ 각각의 계단응답과 함께 전체응답을 예시하였다.

과도감쇠 2차 공정이 음의 영을 가질 때 그 계단응답은 $t = 0$에서 1차 공정과 같이 기울기를 갖고 출발하며 overshoot이 생기지만 진동하지 않는 응답을 준다. 한편 영의 위치가 실수측 음의 방향으로 멀어질수록 a가 작아지며 영의 영향이 작아진다.

양의 영, a < 0 : 그림 3.29에 $a < 0$인 경우의 단위계단응답을 예시하였다.

과도감쇠 2차 공정이 양의 영을 가지면 $G_2(s)u(s)$가 초기에 음의 방향으로 기울기를 가지기 때문에 전체응답에 역응답현상이 필연적으로 나타난다. 한편 영의 위치가 실수축 양의 방향으로 멀어질수록 영의 응답에 대한 영향이 감소된다.

입력신호 전달에 대한 영향 : 식 (3.75)로 부터 $u(s) = \frac{C}{as+1}$ $(\to u(t) = Ce^{-t/a})$인 입력신호가 가해지면 전달함수의 분자항과 소거되어 그 영향이 출력에 나타날 수 없게 된다. 이와 같이 공정이 영을 가질 때 입력신호 중 영에 해당하는 모드는 출력으로 전달되지 못하고 봉쇄되는 특성이 나타난다. 이러한 의미로 유한한

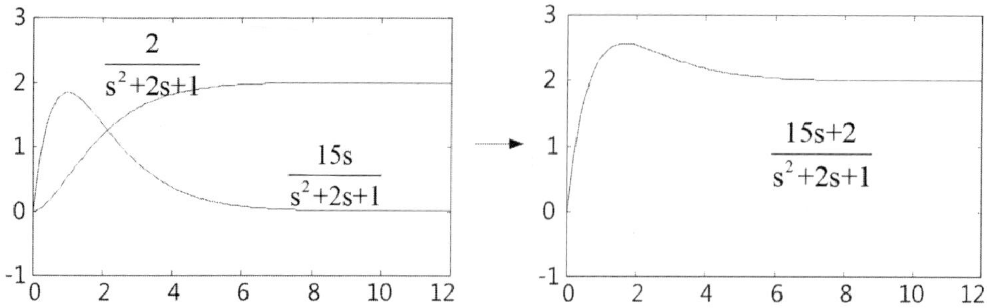

그림 3.28: 음의 영을 갖는 과도감쇠 2차 공정의 단위계단응답.

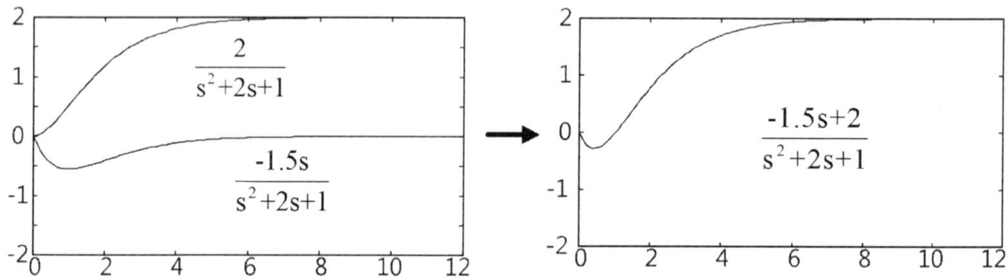

그림 3.29: 양의 영을 갖는 과도감쇠 2차 공정의 단위계단응답.

위치에 존재하는 영을 transmission zero라 부른다.

전달함수가 양의 영을 가진다고 항상 역응답이 생기는 것은 아니다. 고차계가 여러 개의 양의 영을 가질 때 그 수가 홀수이면 항상 역응답이 생기나 짝수이면 역응답이 나타나지 않을 수도 있다.

- **역응답은 시간지연과 함께 제어에 어려움을 주는 대표적 동특성 요소이다. 전달함수가 홀수 개의 양의 영을 가지면 역응답이 나타난다.**

3.6.3 영의 주파수 응답

먼저 음의 영을 갖는 전달함수 $G_1(s) = 1+s$를 생각하자. 주파수응답은 다음 식과 같이 AR이 주파수에 따라 증가하며, 위상각이 양으로 주파수가 증가함에 따라 최대 +90° 까지 증가한다.

$$\begin{aligned} \text{AR} &= |G_1(j\omega)| = \sqrt{1+\omega^2} & (3.77) \\ \phi &= \angle G(j\omega) = \tan^{-1}\omega > 0 & (3.78) \end{aligned}$$

이어서 양의 영을 갖는 전달함수 $G_2(s) = 1-s$를 생각하자. AR은 $G_1(s)$와 동일하나 위상각은 음의 값을 가지며 -90° 까지 감소한다.

$$\begin{aligned} \text{AR} &= |G_2(j\omega)| = \sqrt{1+\omega^2} & (3.79) \\ \phi &= \angle G(j\omega) = -\tan^{-1}\omega > 0 & (3.80) \end{aligned}$$

그림 3.30과 3.31에 $G_1(s) = \frac{5s+1}{s^2+2s+1}$ 과 $G_2(s) = \frac{-5s+1}{s^2+2s+1}$ 의 Bode 선도를 보였다. AR은 동일하며 영의 영향으로 높은 주파수 점근선의 기울기가 -1이 된다. 한편, 위상각은 주파수가 증가함에 따라 $1/(s^2+2s+1)$ 이 -180° 에 수렴하지만, $G_1(s)$ 의 경우, $5s+1$ 이 +90° 로 수렴하므로 -90° 에 이른다. $G_2(s)$ 의 위상지연은 $-5s+1$ 이 -90° 에 이르므로 -270° 에 이르게 된다.

동일한 AR을 갖는 두 계 중 더 큰 위상지연을 보이는 계를 비최소위상(non-minimum phase)계, 그렇지 않은 계를 최소위상(minimum phase)계라 부른다. 여기서는 G_2가 비최소위상계, G_1이 최소위상계이다. 시간지연항은 비최소위상계를 만드는 또 다른 예이다. 시간지연항은 AR=1 이므로, $G_1(s) = \frac{K}{\tau s+1}$ 와 $G_2(s) = \frac{Ke^{-ds}}{\tau s+1}$ 는 같은 AR 을 갖지만 $G_2(s)$가 (절대값으로) 더 큰 위상지연을 갖는다. 비최소위상을 만드는 요소는 제어성능을 저하시키는 나쁜 성질을 갖는다.

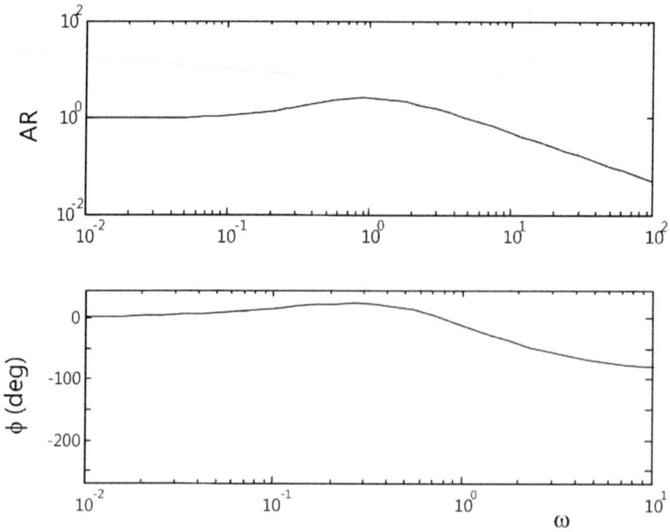

그림 3.30: $(5s+1)/(s^2+2s+1)$ 의 Bode 선도.

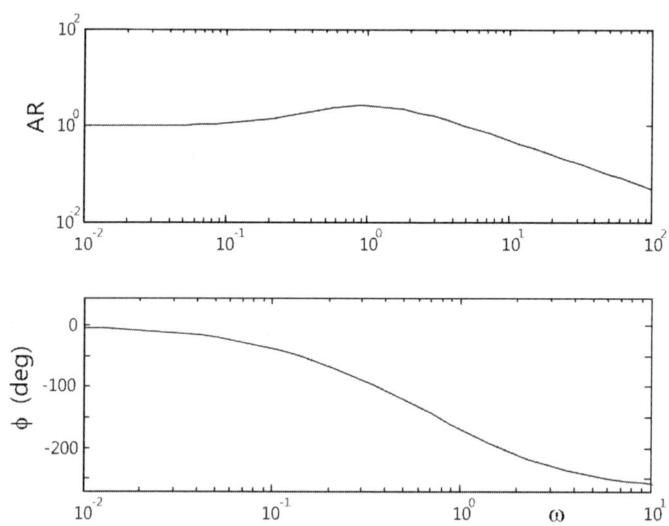

그림 3.31: $(-5s+1)/(s^2+2s+1)$ 의 Bode 선도.

3장의 부록

부록 3-1: Bode 선도 그리는 방법

3.1.2 절에서 설명한 것과 같이, $G(s)$ 의 Bode 선도는 $\mathrm{AR}(\omega) = |G(j\omega)|$와 $\phi(\omega) = \angle G(j\omega)$를 ω의 함수로 각각 그리는 것이다. MATLAB과 같은 프로그래밍 언어로 이 선도를 그리는 것은 어려운 일이 아니지만, 프로그래밍 언어를 이용하지 않고도 'AR 점근선'에 대한 이해만 있으면 Bode 선도를 쉽게 스케치할 수 있다. Bode 선도는 많은 중요한 물리적 의미를 내포하므로 선도의 형태를 추정하는 능력은 계를 이해하는 데에 유익하다. 이제 공정 별로 AR 점근선을 통해 Bode 선도를 그리는 방법을 설명하자.

1 차 공정: $G(s) = K/(\tau s+1)$ 의 주파수 응답은 $G(j\omega)$로 부터 다음과 같다.

$$\mathrm{AR} = |G(j\omega)| = \frac{K}{\sqrt{\tau^2\omega^2+1}} \tag{A3.1}$$

$$\phi(\omega) = -\tan^{-1}(\tau\omega)$$

- AR의 점근선

$$\text{As } \omega \to 0, \quad \frac{\mathrm{AR}}{K} \to 1 \Rightarrow \log\left(\frac{\mathrm{AR}}{K}\right) = 0 \tag{A3.2}$$

$$\text{As } \omega \to \infty, \quad \frac{\mathrm{AR}}{K} \to \frac{1}{\tau\omega} \Rightarrow \log\left(\frac{\mathrm{AR}}{K}\right) = -\log\tau - \log\omega$$

- 두 점근선이 만나는 점

$$1 = \frac{1}{\tau\omega}\text{로 부터 } \omega = \frac{1}{\tau}. \text{ At } \omega = \frac{1}{\tau}, \frac{\mathrm{AR}}{K} = \frac{1}{\sqrt{2}} \tag{A3.3}$$

따라서 $\omega \to 0$에서 $\log(\mathrm{AR}/K)$은 기울기 0인 직선으로, 또한 $\omega \to \infty$에서 $\log(\mathrm{AR}/K)$은 기울기 -1인 직선에 수렴하며 두 점근선은 $\omega = 1/\tau$에서 교차한다. 이 두 점근선은 두 선이 교차하는 지점에서 실제 AR과 가장 큰 차이를 보일 것인데, 이 때 AR/K= $1/\sqrt{2}$임을 알 수 있다.

- 위상각

$$\begin{aligned} &\text{As } \omega \to 0,\ \phi \ \to\ 0. \\ &\text{At } \omega = 1/\tau,\ \phi = -45^\circ \\ &\text{As } \omega \to \infty,\ \phi \ \to\ -90^\circ \end{aligned} \tag{A3.4}$$

2차 공정: $G(s) = k/((s/\omega_n)^2 + 2\zeta(s/\omega_n) + 1)$ 의 주파수 응답은 다음과

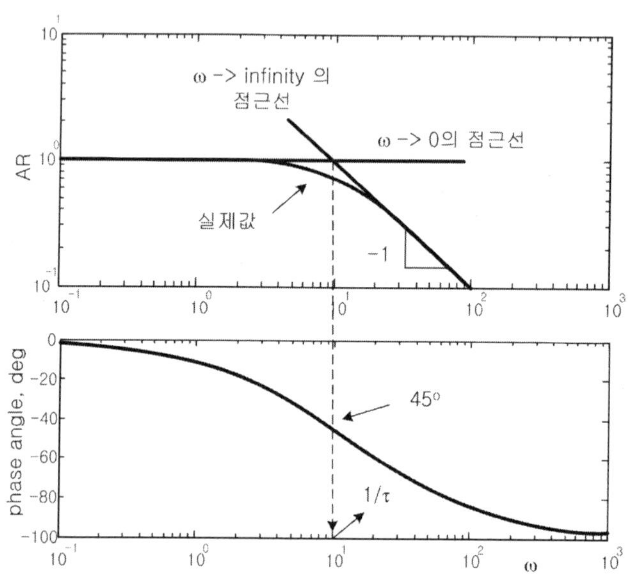

그림 A3.1: $1/(0.1s+1)$ Bode 선도.

같다.

$$\begin{aligned} \mathrm{AR}(\omega) &= |G(j\omega)| = \frac{K}{\sqrt{(1-(\omega/\omega_n)^2)^2 + (2\zeta(\omega/\omega_n))^2}} \\ \phi(\omega) &= \angle G(j\omega) = -\tan^{-1}\left(\frac{2\zeta\omega/\omega_n}{1-(\omega/\omega_n)^2}\right) \end{aligned} \tag{A3.5}$$

- AR의 점근선

$$\text{As } \omega \to 0, \qquad \frac{\text{AR}}{K} \to 1 \Rightarrow \log\left(\frac{\text{AR}}{K}\right) = 0 \tag{A3.6}$$

$$\text{As } \omega \to \infty, \qquad \frac{\text{AR}}{K} \to \frac{1}{(\omega/\omega_n)^2} \Rightarrow \log\left(\frac{\text{AR}}{K}\right) = \log \omega_n^2 - 2\log \omega$$

따라서 $\omega \to 0$에서 $\log(\text{AR}/K)$은 기울기 0인 직선으로, 또한 $\omega \to \infty$에서 $\log(\text{AR}/K)$은 기울기 -2인 직선에 수렴하며 두 점근선은 $\omega = \omega_n$에서 교차한다.

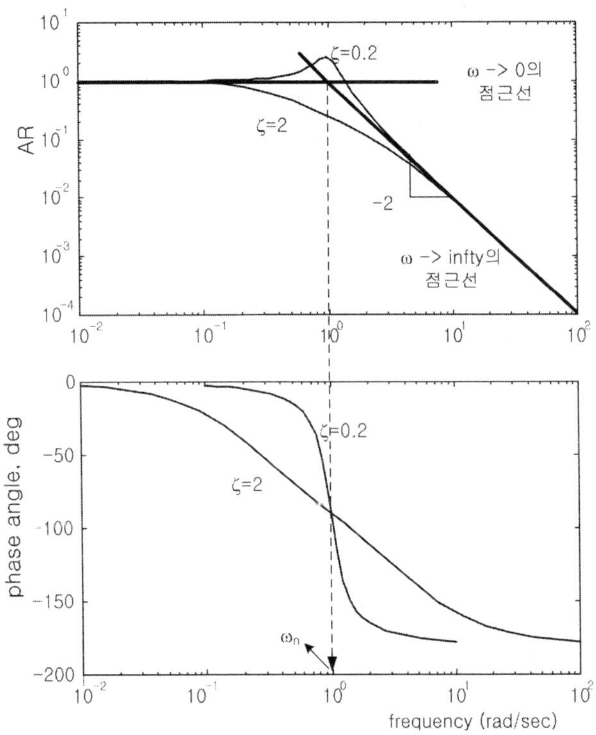

그림 A3.2: $1/(s^2 + 2\zeta s + 1)$ Bode 선도.

- 두 점근선이 만나는 점

$$1 = \frac{1}{(\omega/\omega_n)^2} \text{로 부터} \quad \omega = \omega_n. \quad \text{At } \omega = \omega_n, \frac{\text{AR}}{K} = \frac{1}{2\zeta} \qquad \text{(A3.7)}$$

- 공진 주파수: 공진현상이 있으면 AR이 공진 peak를 가진다. 공진주파수에서 식 (A3.5) 의 $D = (1-(\omega/\omega_n)^2)^2 + (2\zeta(\omega/\omega_n))^2$ 이 극소값을 가진다. $\frac{dD}{d(\omega/\omega_n)^2} = 0$로 부터

$$\text{공진 주파수 } \omega_r = \omega_n\sqrt{1-2\zeta^2}. \text{ At } \omega_r, \ \frac{\text{AR}}{K} = \frac{1}{2\zeta\sqrt{1-\zeta^2}} \qquad \text{(A3.8)}$$

고차 공정: 고차공정 $G(s)$는 저차공정의 곱으로 표현한 후 각 저차공정의 AR 점근선을 로그축 위에서 더하여 AR 점근선을, 또 각 저차공정 위상각을 더하여 위상각을 그릴 수 있다.

$$\begin{aligned}
G(s) &= G_1(s)G_2(s)\cdots G_n(s) \\
\text{AR} &= |G(j\omega)| = |G_1(j\omega)||G_2(j\omega)|\cdots|G_n(j\omega)| \qquad \text{(A3.9)} \\
\log_{10}\text{AR} &= \log_{10}|G_1(j\omega)| + \cdots + \log_{10}|G_n(j\omega)| = \log_{10}\text{AR}_1 + \cdots + \log_{10}\text{AR}_n \\
\phi &= \angle G(j\omega) = \angle G_1(j\omega) + \cdots + \angle G_n(j\omega) = \phi_1 + \cdots + \phi_n
\end{aligned}$$

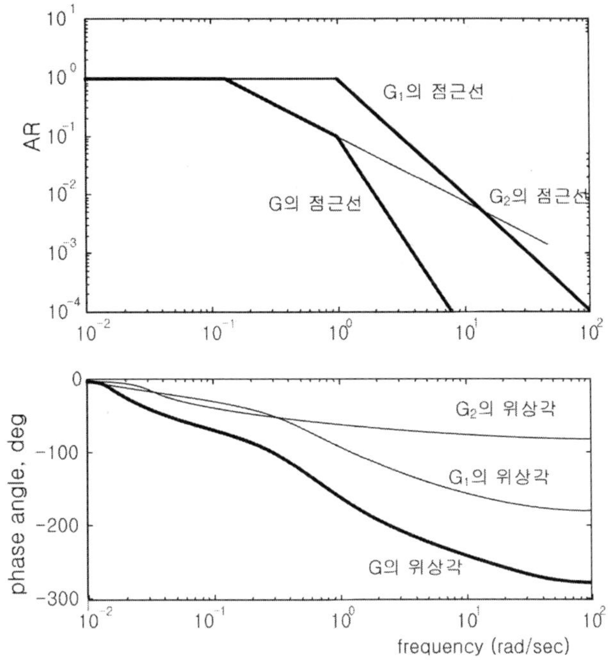

그림 A3.3: $G(s) = G_1(s)G_2(s) = (1/(s^2+2s+1))(1/(10s+1))$ Bode 선도.

부록 3-2: 상태공간 모델을 이용한 간섭형 직렬연결 액위탱크의 동특성 표현과 전달함수 유도

식 (3.43)과 (3.45)는 다음과 같이 상태공간 모델로 재정리 될 수 있다.

$$\frac{d}{dt}\begin{bmatrix} h_1(t) \\ h_2(t) \end{bmatrix} = \begin{bmatrix} -1/AR & 1/AR \\ 1/AR & -2/AR \end{bmatrix}\begin{bmatrix} h_1(t) \\ h_2(t) \end{bmatrix} + \begin{bmatrix} 1 \\ 0 \end{bmatrix} q(t) \qquad \text{(A3.10)}$$

$$h_2(t) = [0\ 1]\begin{bmatrix} h_1(t) \\ h_2(t) \end{bmatrix}$$

초기정상상태를 가정하고, 변이변수를 정의한 후, Laplace 변환을 취하여 정리하면, 다음과 같이 전달함수를 유도할 수 있다.

$$\begin{aligned}\bar{h}_2(s) &= [0\ 1]\begin{bmatrix} s+1/AR & -1/AR \\ -1/AR & s+2/AR \end{bmatrix}^{-1}\begin{bmatrix} 1 \\ 0 \end{bmatrix}\bar{q}(s) \\ &= \frac{1/AR}{(s+1/AR)(s+2/AR)-1/(AR)^2}\bar{q}(s) = \frac{1}{(AR)^2s^2+(3AR)s+1}\bar{q}(s)\end{aligned} \tag{A3.11}$$

연습 문제

1. 분당 10(kg)을 생산하는 아세트산 공정이 있다. 아세트산의 평균 순도는 98.5 wt%이며, 24 시간 주기의 기온변화로 순도가 평균값을 중심으로 $98.5 + 1.0\sin\omega t$ wt%로 변화하고 있다. 아세톤 순도변화의 폭을 낮추기 위하여 연속흐름 혼합공정를 거쳐 아세톤을 출하하고자 한다. 공정 내에서 완전혼합이 이루어진다는 가정 하에 순도변화의 진폭을 1.0에서 0.2 까지 낮추려면 공정의 부피가 얼마가 되어야 하겠는가? 아세트산의 밀도는 0.96 (g/cm^3)이다.

2. 열전대로 어떤 수조의 온도를 측정하고 있다. 이때 실제 수온과 측정온도 사이의 동특성이 $1/(\tau s+1)$, $\tau = 1$(sec)로 표현된다. (열전대의 원리와 특성은 5.1절 참조)

   a) 25°C 대기 중에 놓여있던 열전대를 50°C의 수조에 넣었을 때 몇 초 후에 측정온도가 48°C로 나타나겠는가?

   b) 50°C로 측정되던 수온이 어느 시점($t = 0$) 부터 $50+5te^{2t}$ °C로 측정되었다면 실제 수온의 변화는 무엇인가?

   c) 수온이 $70\pm0.5\sin t$ °C, t(sec)로 측정된다면 실제 수온은 어떻게 변화하고 있는 것일까?

3. FOPDT 혹은 SOPDT 모델로 근사하기에 적합한 전달함수들을 고르고 근사된 전달함수를 보여라.

$$(a)\ \frac{2(s+0.4)}{(s+0.5)(s+1)^2(s+3)},\quad (b)\ \frac{2(s-1)}{(s+1)(0.3s+1)(0.1s+1)}$$

$$(c)\ \frac{1-s}{(2s+1)(s+2)(s+3)},\quad (d)\ \frac{2}{2s^2+2s+1}$$

$$(e)\ \frac{2}{(s+0.5)(s+1)(s+3)},\quad (f)\ \frac{2}{(s+1)(0.3s+1)(0.1s+1)}$$

$$(g)\ \frac{2s+1}{(s+1)(0.5s+1)(0.3s+1)(0.1s+1)}$$

4. 다음 전달함수들의 Bode 선도를 스케치 하여라.

$$(a)\ \frac{2}{(s+1)(2s+1)(3s+1)} \qquad (b)\ \frac{e^{-0.3s}}{(s+1)(2s+1)}$$
$$(c)\ \frac{2}{s^2+s+1} \qquad (d)\ \frac{2s+1}{(s+1)^3}$$
$$(e)\ \frac{1-2s}{(s+1)^3} \qquad (f)\ \frac{2s+1}{s(s+1)^2}$$

5. 쇠퇴비와 3% 정착시간이 각각 15%와 30 (min) 인 과소감쇠 2차 공정의 고유진동주파수 ω_n과 감쇠비를 구하여라. 또한 이 공정의 극의 위치를 복소평면상에 보여라.

6. Overshoot와 5% 정착시간이 각각 30%와 20 (min) 인 과소감쇠 2차 공정의 고유진동주파수 ω_n과 감쇠비를 구하여라. 또한 이 공정의 극의 위치를 복소평면상에 보여라.

7. 그림 P3.1과 같은 시스템에 대해 외력 $F(t)$와 변위 $y(t)$ 사이의 관계를 나타내는 식을 수립하고, 두 변수의 관계를 전달함수로 표현하여라.

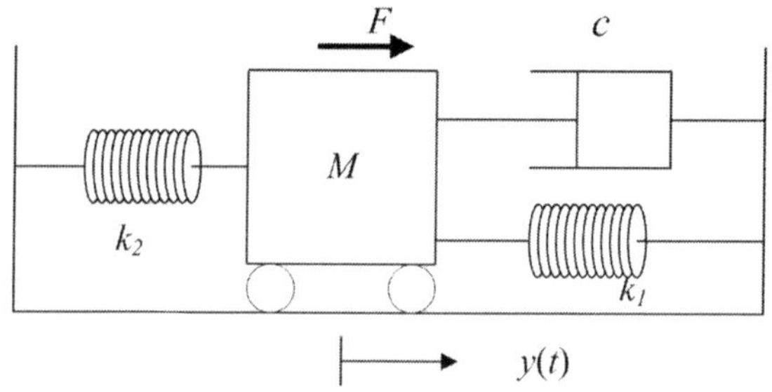

그림 P3.1: Spring-mass-damper 공정

8. 그림 P3.2와 같이 어떤 수용액이 밑면적 $A = 3(\mathrm{m}^2)$ 인 실린더형 용기에 공급되며 하부에서 q_o의 유량의 배출되고 있다. 정상상태에서의 운전조건은 $q^{ss} = q_o = 0.5(\mathrm{m}^3/\mathrm{min})$, $h^{ss} = 2(\mathrm{m})$, $C_I^{ss} = C^{ss} = 50(\mathrm{mol/m}^3)$ 이며, $C_i(t)$과 $q_i(t)$가 모두 시간의 함수이다. 공정 내의 용액은 잘 혼합된다고 가정한다.

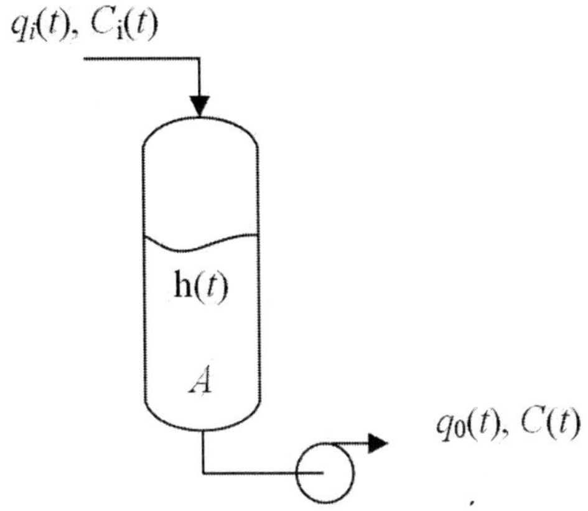

그림 P3.2: 용액 공정

a) $C_i(t)$와 $h(t)$의 동적응답을 표현하는 비정상상태 수지식을 수립하여라.

b) 수지식 내의 비선형항을 정상상태 운전조건 주변에서 선형화하여 $(C_i,\ q_i)$와 $(C,\ h)$ 사이의 전달함수 행렬을 구하여라.

9. 다음 그림 P3.3의 RC회로에서 V_i와 V_o 사이의 전달함수를 구하여라.

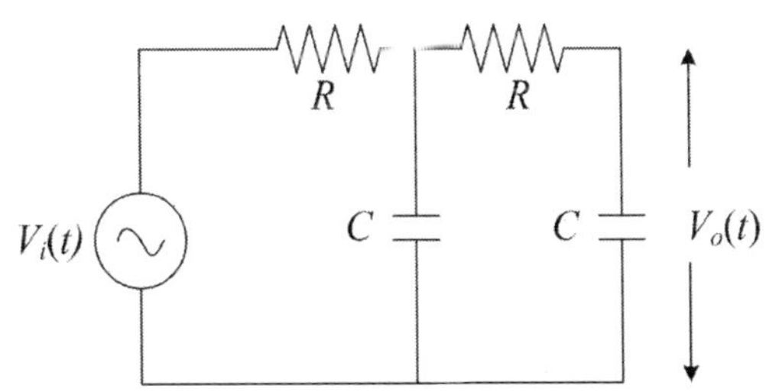

그림 P3.3: RC 회로

10. 10(liter/min)의 유량으로 용액이 입출하는 어떤 공정의 혼합특성을 조사

하기 위하여 tracer 0.1(mol)을 임펄스로 투입하였다. 그 결과 tracer 농도가

$$C(t) = a(e^{-t} - e^{-4t})(\text{mol/liter})$$

와 같은 시간의 함수로 측정되었다.

a) a를 결정하여라.

b) 입출구 농도의 관계를 전달함수로 표현하여라.

c) Tracer가 입구에서 0.01 (mol/liter)의 크기로 계단변화 한다고 가정할 때, 출구에서의 농도변화를 구하여라.

11. 기상의 반응물 A가 유동층 반응기에서 B ($A \rightarrow B$)로 변환된다. A의 유량은 표준상태에서 (1 (atm), 25°C) 5,000 (liter/min)이다. 반응기의 혼합특성을 조사하기 위하여 A의 유량을 5% 증가시켰을 때 반응기 출구에서 B가 다음과 같이 측정되었다.

$$y_B(B\text{의 몰분율}) = 0.6 + 0.1(1 + te^{-0.5t} - e^{-t})$$

여기서 0.6은 초기 정상상태에서의 값이며 t의 단위는 min이다.

a) A의 유량과 B의 몰분율 y_B 사이의 전달함수를 구하여라.

b) 이상기체의 법칙이 성립한다는 가정하에 1 몰의 A를 순간적으로 투입할 때 y_B의 변화를 구하여라.

c) A의 표준상태 유량이 다음과 같이 변화할 때

$$F_A = 5,000 + 100\sin(0.1t)$$

충분한 시간이 흐른 후 y_B는어떤 변화를 보이겠는가?

12. 섞이지 않는 두 용액이 단면적이 $A(\text{m}^2)$인 그림 P3.4와 같은 용액 분리기 (decanter)에 F_o(kg/min)의 유량으로 투입되어, 밀도가 낮은 용액 b는 상층액으로, 높은 용액 a는 하층액으로 분리되고 있다. 원료 중 용액 a

의 질량분율이 x이며 두 용액의 밀도는 ρ_a, $\rho_b(\mathrm{kg/m^3})$로 각각 일정하다. $h_a + h_b \geq h_1$인 경우에 대하여

a) F_b는 조절 가능하며, F_a는 배출구 차압의 평방근에 비례할 때, F_o와 F_b 변화에 대한 h_a와 h_b의 동적응답을 나타내는 모델식을 수립하여라.

b) 초기 정상상태를 가정하고, F_o와 F_b를 입력으로 h_a와 h_b를 출력으로 하는 전달함수 행렬을 구하여라.

c) 두 용액의 배출유량이 모두 배출구 차압의 평방근에 비례할 때, F_o의 변화에 대하여 h_a와 h_b의 동적응답을 나타내는 모델식을 수립하여라.

d) 초기 정상상태를 가정하고, F_o 입력으로 h_a와 h_b를 출력으로 하는 전달함수 행렬을 구하여라.

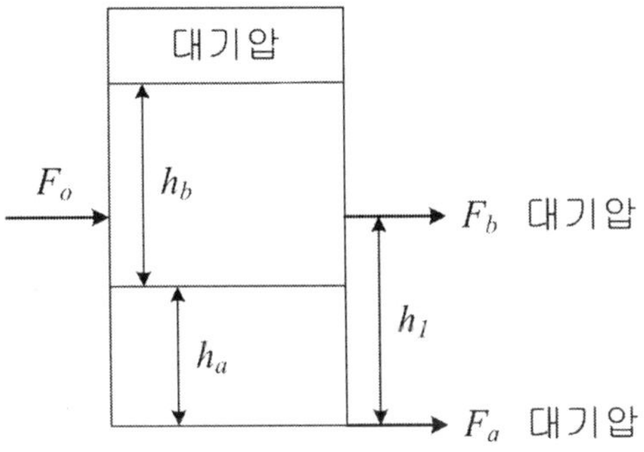

그림 P3.4: 용액 분리기

13. 그림 P3.5와 같이 10 ($\mathrm{m^3}$)의 부피를 가진 기체 공정이 $p_1(t)$의 변화를 흡수하기 위하여 설치 되어있다. 공정 내 기체의 온도는 400 K로 유지되고 있으며, 정상상태에서 다음의 조건을 만족한다고 하자.

$$
\begin{aligned}
p_1^{ss} &= 2{,}000(\mathrm{kN/m^2}), \quad p_2^{ss} = 1{,}200\ (\mathrm{kN/m^2}) \\
p^{ss} &= 1{,}800(\mathrm{kN/m^2}), \quad q_1^{ss} = q_2^{ss} = 25(\mathrm{kmol/sec})
\end{aligned}
$$

입출구 유량이 다음 식을 만족한다고 할 때,

$$
\begin{aligned}
q_1(t) &= k_1\sqrt{p_1(t)(p_1(t)-p(t))} \\
q_2(t) &= k_2\sqrt{p(t)(p(t)-p_2(t))}
\end{aligned}
$$

a) 이상기체법칙의 가정하에서 기체공정의 비정상상태 질량 수지식을 수립하여라.

b) 정상상태 운전조건으로부터 k_1 와 k_2 를 결정하여라.

c) p_2 가 일정하다는 가정하에, 수지식의 비선형항을 정상상태 주변에서 선형화하여 $p_1(s)$ 과 $q_2(s)$ 를 관련짓는 전달함수를 구하여라.

d) Bode 선도의 진폭비 (AR) 를 스케치하고 $p_1(s)$ 진동의 영향이 가스 공정에 의해서 어떻게 필터링되어 $q_2(s)$ 에 영향을 주는지 설명하여라.

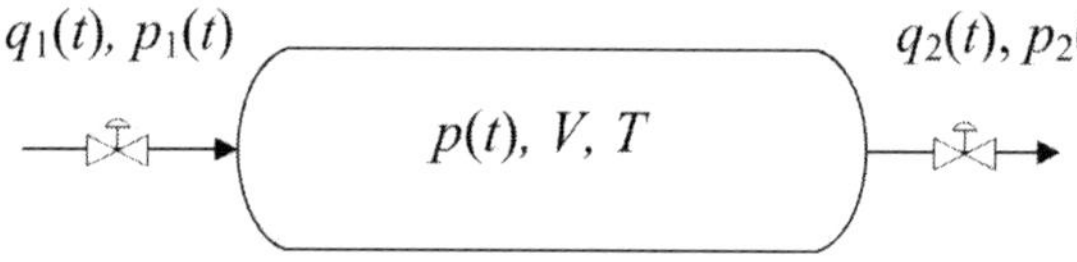

그림 P3.5: 기체용 surge 공정

14. 그림 P3.6와 같이 3개의 액위탱크가 설치되어있다. 각 공정의 배출유량은 액위에 비례하며 이때 흐름저항은 $R = 1$ 로 동일하다. 공정 기체층의 압력은 대기압이라 가정한다.

    a) 물질수지를 이용하여 q_I 와 h_3 의 관계를 나타내는 동특성 모델식을 수립하여라. 이것을 전달함수로 나타내여라.

    b) 이 전달함수를 FOPDT 과 SOPDT 모델로 근사하여라.

15. $G(s) = \frac{100e^{-10s}}{(2s+1)(3s+1)(10s+1)}$ 인 공정의 입력에 주파수 5(rad/time)과 진폭 3인 사인파 신호가 가해지고 있다. 출력에서의 응답은 동일한 주파수의 사인파 신호로 나타난다. 출력응답의 진폭은 얼마인가?

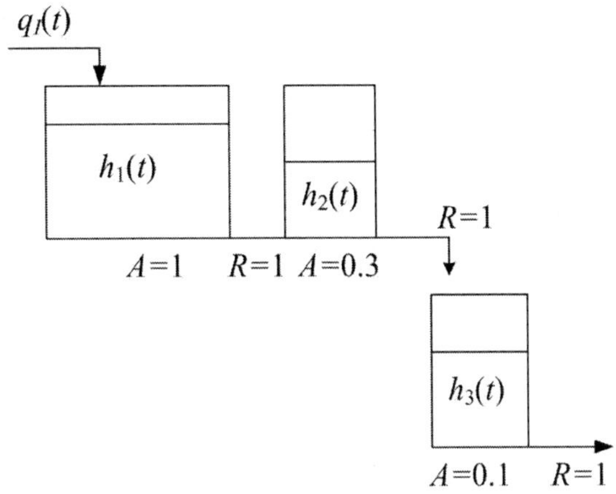

그림 P3.6: 세개의 액위탱크

16. Bode 선도로 표현된 다음 세 공정의 계단응답에서 나타날 수 있는 독특한 특성이 무엇일까? 시간지연, 역응답, 진동응답 (양의 영의 영향), 진동이 동반되지 않는 overshoot (음의 영의 영향) 등으로 각 공정에 대해 설명하여라.

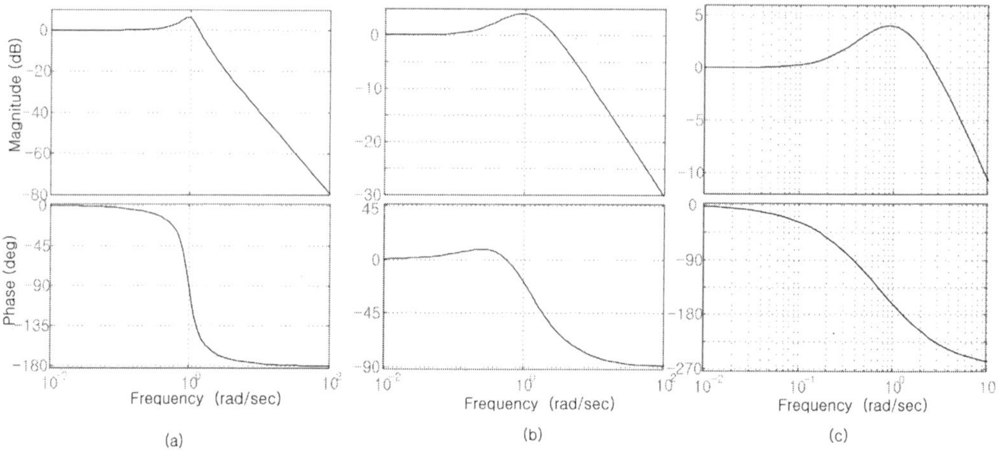

그림 P3.7: 세 공정의 Bode 선도

제4장

공정모델 인식

제어기 설계를 위한 공정모델은 수지식으로 부터 얻을 수도 있지만, 실제 공정에서는 대부분 실험적으로 결정된다. 그것은 물리법칙에 의한 모델수립이 쉽지 않은 작업일 뿐 아니라 오차를 포함할 수 밖에 없으며, 제어기 설계에는 비교적 간단한 선형모델로도 충분한 경우가 많기 때문이다. 그러나 온라인 최적화기를 제어기 상위에 설계하고지 할 때에는 흔히 물리적 모델이 사용된다.

실험적으로 공정모델을 찾는 방법을 모델인식(model identification)이라 부른다. 모델인식은 그 자체로 매우 큰 분야이며 많은 이론과 기법이 관련되어 있다. 여기서는 내용을 축소하여 PID 제어기 조율을 위해 전통적으로 많이 이용되어 온 공정반응곡선(process reaction curve)에 의한 FOPDT 모델과 SOPDT 모델의 인식방법을 먼저 소개하고 이어서 이산시간모델을 이용한 일반적인 방법의 개념을 간략히 소개한다.

4.1 모델인식의 일반적 개념

모델인식의 일반적인 개념은 그림 4.1와 같다. 공정 출력에 나타나는 신호는 공정에 가해진 입력신호가 공정의 동특성에 의해 변형된 결과이다. 따라서 입력과 출력신호를 적절히 처리하면 공정의 동특성을 추론할 수 있다. 이때 입력자극

(input excitation)은 동특성에 관한 정보가 공정출력에 많이 포함되도록 설계될 필요가 있다. 만약 입력에 일정한 값만을 가한다면 출력도 일정한 값만 나타날 것이며 이들 신호로 부터는 동특성에 대한 정보를 얻을 수가 없다. 화학공정에서 공정모델을 찾기 위해 전통적으로 사용하여 오던 공정반응곡선은 1회의 계단변화를 공정에 가하는 것으로 입력신호가 계단으로 바뀌는 순간 동특성이 자극되어 출력에 동특성의 영향이 나타나지만 이후로는 공정을 동적으로 자극하지 않으므로 사실 좋은 입력자극이라 할 수 없다. 실용적이며 더 효과적인 신호로는 임의의 시간간격으로 계단변화를 상하로 반복하는 소위 PRBS (pseudo-random binary sequence) (그림 4.2)가 있으며 고급제어설계를 위한 모델인식실험에서 실제 많이 사용된다.

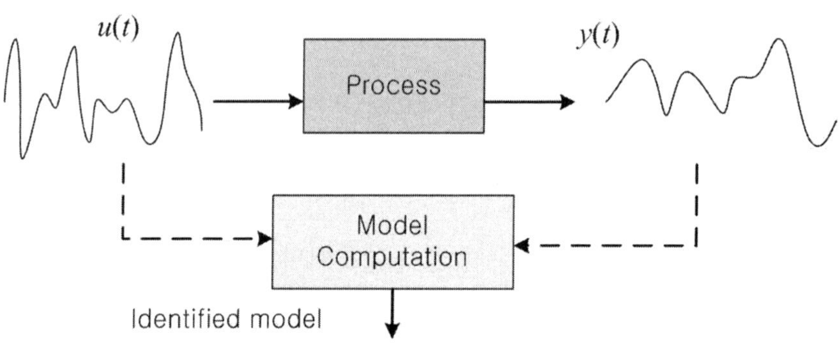

그림 4.1: 모델인식의 일반적 개념.

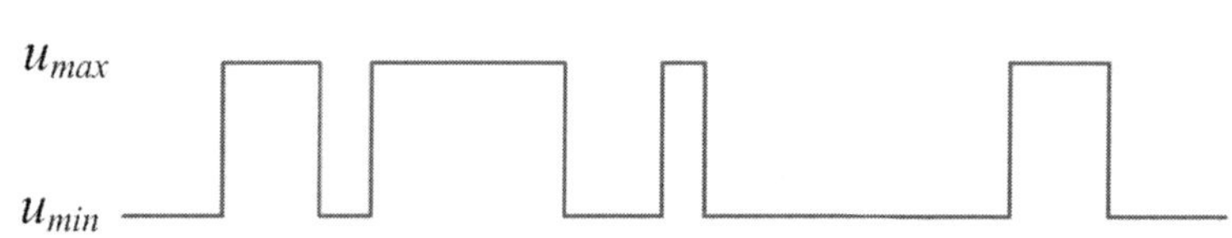

그림 4.2: PRBS 신호의 형태.

공정의 모델은 사전에 그 구조를 결정하고 (예, FOPDT 혹은 SOPDT 등), 수집된

신호를 이용하여 모델의 파라미터를 계산하는 방법을 취하는 일이 많다. 따라서 입력신호의 설계와 함께 적절한 모델구조 및 파라미터 계산방법을 결정하는 것이 중요하다.

4.2 공정반응곡선을 이용한 공정모델의 실험적 결정

4.2.1 FOPDT 모델

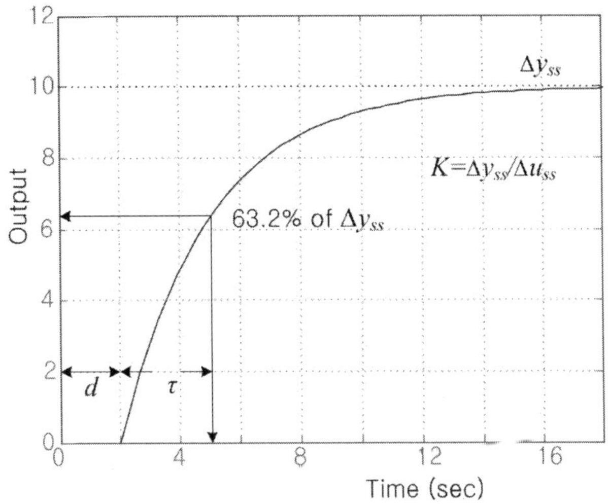

그림 4.3: FOPDT 공정의 계단응답과 파라미터와의 관계.

FOPDT 모델의 중요성은 3 장에서 이야기한 바 있다. FOPDT 모델은 수지식으로부터 유도될 수도 있겠지만 기본적으로는 실험적 근사모델이며 계단입력에 대한 응답을 분석하여 실험적으로 결정하는 것을 전제로 한다. FOPDT 모델은

$$y(s) = \frac{Ke^{-ds}}{\tau s+1}u(s) \tag{4.1}$$

로 표현되며 K, τ, d 세 개의 파라미터를 가진다. 이 모델은 Δu_{ss} 크기의 계단

입력변화에 대해 다음 식의 출력을 보인다.

$$y(t) = K\left(1 - e^{-(t-d)/\tau}\right)\mathrm{U}(t-d)\Delta u_{ss} \tag{4.2}$$

여기서 $\mathrm{U}(t)$는 단위계단함수이다. 이것은 1차 공정의 응답이 단지 d 만큼 지연되어 나타난 것으로 파라미터와 계단응답과의 관계를 그림 4.3에 보였다. 계단입력을 가하여 FOPDT 모델을 구하기 위해서는 다음의 과정을 밟는다.

1. 공정을 안정시킨 후 제어기를 수동(manual) 상태로 전환시킨다.
2. 제어기 출력(MV)에 Δu_{ss} 만한 계단변화를 가한 후 공정출력을 기록한다. 전형적인 응답 패턴이 그림 4.4와 같으며 공정반응곡선이라 부른다.
3. 다음 중 한 방법을 택하여 K, τ, d 를 결정한다.

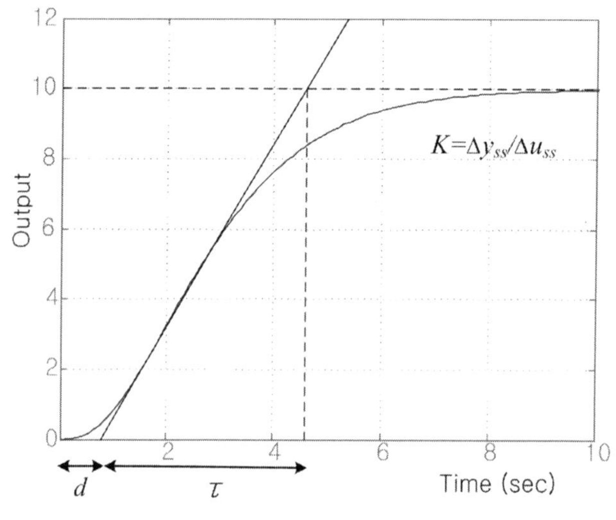

그림 4.4: 반응응답곡선으로 부터 FOPDT 모델을 결정하는 방법 1.

방법 1 그림 4.4와 같이 계단응답 변곡점에서의 접선을 그은 후 이 접선이 초기 및 새로운 정상상태 출력값과 일치하는 점으로 부터 d와 τ를 결정한다.

방법 2 그림 4.5와 같이 계단응답 변곡점에서의 접선을 그은 후 이 접선이 시간축을 끊는 점으로 부터 d를, 또한 응답이 새 정상상태 출력의 63.2%에 도달하는 시간으로 부터 τ를 결정한다.

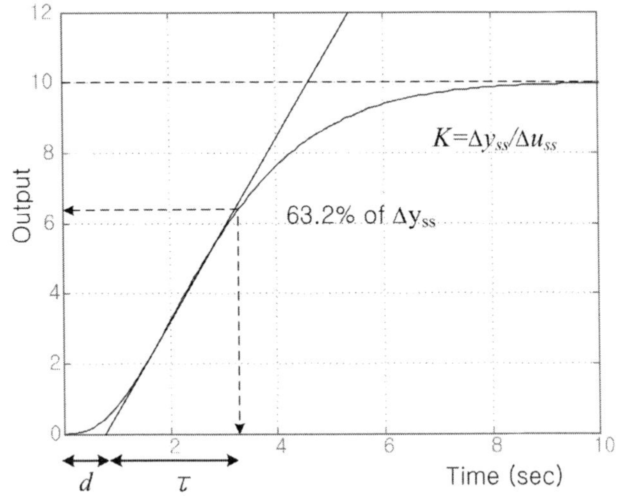

그림 4.5: 반응응답곡선으로 부터 FOPDT 모델을 결정하는 방법 2.

방법 3 위의 두 방법을 적용하기 위해서는 변곡점에서의 접선을 찾아야 하나, 잡음과 외란의 영향을 받고 있는 실제 공정의 응답곡선에서는 이 작업이 용이하지 않다.

방법 3에서는 그림 4.6과 같이 공정반응곡선으로 부터 관련되는 면적을 계산하여 모델을 결정한다. 면적을 계산하는 과정에서 응답의 잡음성분이 필터링 되므로 방법 1, 2의 단점을 극복할 수 있다. 이 방법의 계산순서는 다음과 같다.

1. $K = \Delta y_{ss}/\Delta u_{ss}$.
2. 면적 A_0를 구한다.
3. $d + \tau = A_0/\Delta y_{ss}$로 놓은 후, 면적 A_1를 구한다.
4. $\tau = 2.7182A_1/\Delta y_{ss}$, $d + \tau = A_0/\Delta y_{ss}$의 관계로 부터 τ d를 결정한다.

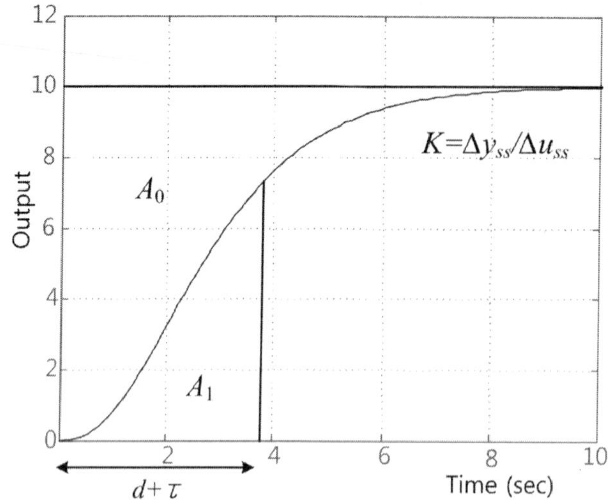

그림 4.6: 반응응답곡선으로 부터 FOPDT 모델을 결정하는 방법 3.

위의 세 방법은 FOPDT 공정의 계단응답 특성으로 부터 유도된 것이며, 이것을 일반적인 공정반응곡선에 적용한 것이다. 실제 공정이 FOPDT 특성에서 많이 벗어날수록 각 방법으로 부터 계산한 d, τ 들이 많은 차이를 보일 수 있다. 이 사실로부터 FOPDT 모델이 적절한 모델인지 아닌지를 판정할 수도 있다. 그림 4.4와 4.5를 비교하여도 각 경우의 τ가 큰 차이를 보이는 것을 알 수 있다. 이 때에는 SOPDT 혹은 그 이상의 고차모델을 도입할 필요가 있다.

4.2.2 SOPDT 모델

공정반응곡선으로 부터 다음 SOPDT 모델의 네 개의 파라미터 d, τ, ζ, K를 구하기 위한 방법 중 가장 잘 알려진 것이 Smith 방법이다.

$$y(s) = \frac{Ke^{-ds}}{\tau^2 s^2 + 2\zeta\tau s + 1}u(s), \quad \tau = 1/\omega_n \tag{4.3}$$

이 방법에서는 먼저 K와 지연시간 d를 FOPDT에서와 같이 결정한 후 (2차공정의 응답이 기울기 0으로 출발함을 고려하여야 함.) 최종 정상상태의 20%와 60%에

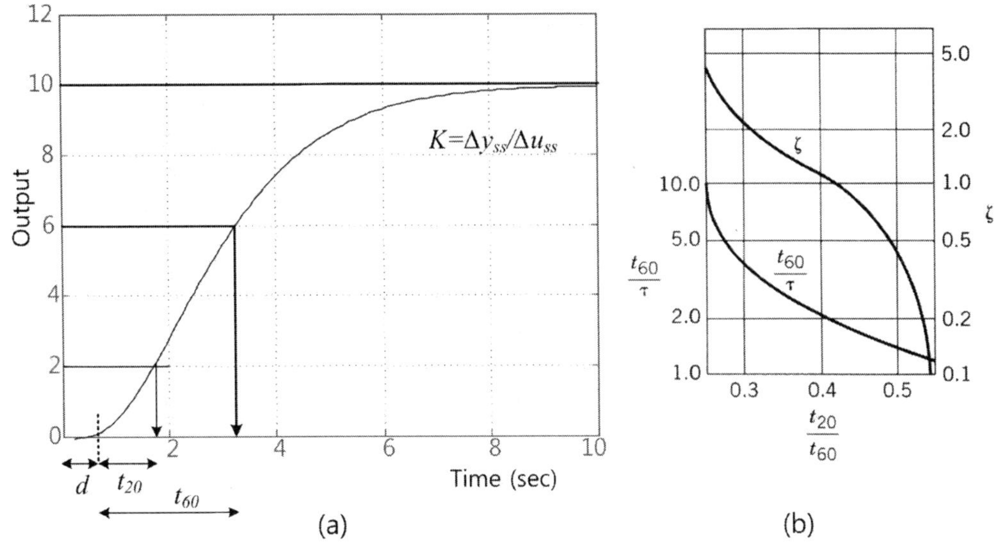

그림 4.7: 반응응답곡선으로 부터 SOPDT 모델을 결정하는 Smith 방법.

이르는 시간 t_{20}과 t_{60}을 읽어 그림 4.7(b)을 이용하여 τ와 ζ를 결정한다.

잎에서 그래프를 이용하여 파라미터를 결정하는 방법들은 매우 유용하지만, 사실 이들 값이 최적은 아니다. 수학적으로 더 정교한 파리미터 값은 다음 설의 최적화를 통한 파라미터 추정법으로 얻을 수 있다.

4.3 파라미터 추정에 의한 모델인식

파라미터 추정에 의한 모델인식법의 개념은 그림 4.8과 같으며, 실제 공정 출력과 모델의 출력오차가 최소가 되도록 파라미터 θ를 결정하는 것이다. 모델의 출력 예측치를 $\hat{y}(t;\theta)$ 라고 하고, $t_i,\ i=1,\cdots N$ 시점에서 측정된 공정출력과의 차이가 최소화되도록 파라미터를 결정한다면, 이것은 다음의 최적화 문제로 표현할 수

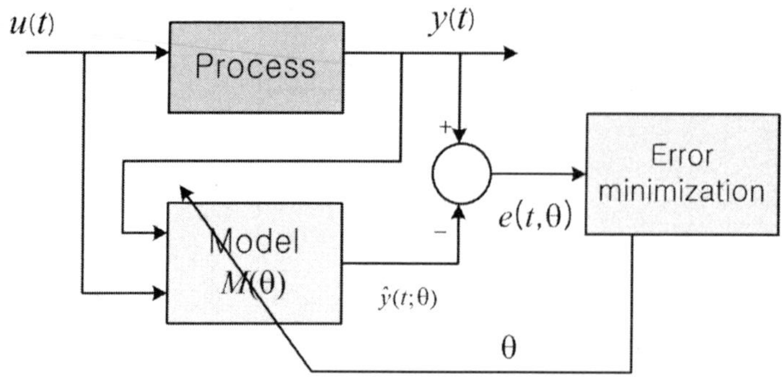

그림 4.8: 예측오차 최소화에 의한 파라미터 추정.

있다.

$$\min_{\theta} \left\{ J = \frac{1}{2N}\sum_{i=1}^{N} e(t_i;\theta)^2 = \frac{1}{2N}\sum_{i=1}^{N}(y(t_i) - \hat{y}(t_i;\theta))^2 \right\} \tag{4.4}$$

공정반응곡선으로 부터 FOPDT 모델을 결정하는 데에 위의 방법을 적용한다면,

$$\hat{y}(t;\theta) = \Delta u_{ss}K(1 - e^{-(t-d)/\tau})\mathrm{U}(t-d) \tag{4.5}$$

을 식 (4.4)에 대입하여 최적화 문제를 풀면 된다. K는 그림 4.3, 4.4와 같은 방법으로 미리 결정하고 d, τ만을 최적화를 통하여 결정할 수도 있다.

이번에는 공정반응곡선으로 다음의 과도감쇠 SOPDT 모델의 파라미터를 결정하는 문제를 생각하자.

$$y(s) = \frac{Ke^{-ds}}{(\tau_1 s+1)(\tau_2 s+1)}u(s) \tag{4.6}$$

Δu_{ss} 크기의 계단입력변화에 대한 출력은 다음과 같다.

$$\hat{y}(t,\theta) = \Delta u_{ss}K\left(1 - \frac{\tau_1 e^{-(t-d)/\tau_1} - \tau_2 e^{-(t-d)/\tau_2}}{\tau_1 - \tau_2}\right)\mathrm{U}(t-d) \tag{4.7}$$

K는 응답곡선으로 부터 미리 결정하기로 하고, 식 (4.4)에 대입하여 d, τ_1, τ_2를 결정하는 최적화 문제를 풀면 된다.

최적화문제는 보통 비선형 계획법(nonlinear programming)에 의존하여 수치적으로 해를 구한다.

위의 FOPDT, SOPDT 모델의 범주에 속하지 않는 공정들의 파라미터 추정도 동일하게 수행할 수 있으며, 계단입력에 대한 반응곡선으로 부터 모델을 결정하는 것보다는 그림 4.2와 같이 다양한 자극을 가하는 PRBS와 같은 입력신호를 이용하는 것이 더 우수한 결과를 제공한다.

연습 문제

1. 그림 P2.2의 연속흐름 교반반응기에서 정상상태 운전시 q와 C_{AI}는 각각 10,000 (cm^3/min)과 0.006(mol/cm^3)을 유지하고 있으며, 이때 $C_B(t)$ = 0.003(mol/cm^3)이 얻어진다. C_{AI}와 C_B 사이의 전달함수를 구하기 위하여 C_{AI}를 정상상태 값에서 0.007(mol/cm^3)로 증가를 시켰으며 그 결과로 그림 P4.1과 같은 1차 공정반응곡선을 얻었다.

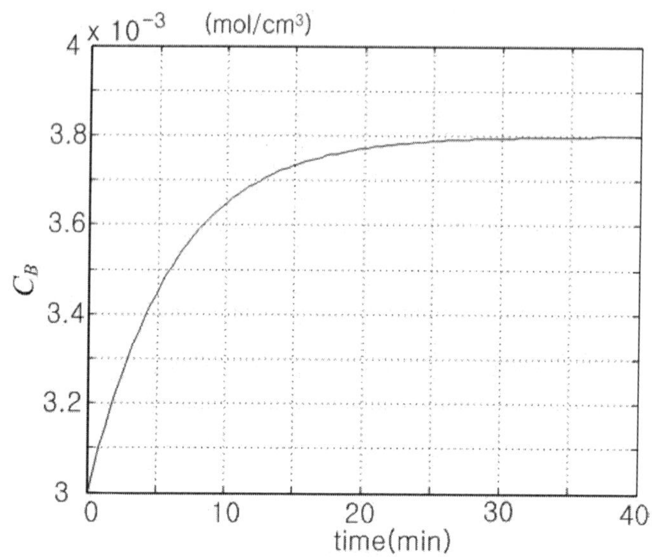

그림 P4.1: 연속흐름 교반반응기과 생성물 농도 단위계단응답.

a) 전달함수를 구하여라.

b) 정상상태에서 0.01(mol)의 A를 순간적으로 투입한다면 $C_B(t)$가 어떻게 나타나겠는가?

2. 어떤 공정이 $u(t) = 3$, $y(t) = 10$의 정상상태를 유지하고 있었다. 이 공정의 정상상태 입력에 크기가 0.2인 계단변화를 가한 결과 그림 P4.2과 같은 응답을 얻었다.

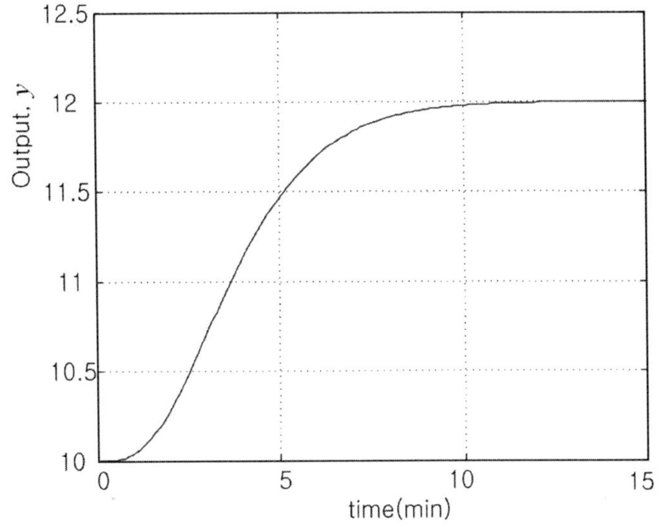

그림 P4.2: 고차 공정의 단위계단응답.

a) FOPDT 모델을 결정하는 세 가지 방법을 적용하여 전달함수를 구하고 FOPDT 모델의 타당성을 논하여라.

b) 이 공정을 SOPDT 모델로 근사하여라.

c) 이렇게 구한 FOPDT 모델들과 SOPDT 모델에 크기가 0.2인 계단변화에 대한 응답을 구한 후 그림의 응답과 비교하여라.

3. 그림 P4.3는 $G(s) = 1/(s+1)^6$ 의 단위 계단응답이다.

a) FOPDT 모델을 결정하는 세 가지 방법을 적용하여 전달함수를 구하고 FOPDT 모델의 타당성을 논하여라.

b) 이 공정을 SOPDT 모델로 근사하여라.

c) 이렇게 구한 FOPDT 모델과 SOPDT 모델의 단위계단응답을 구한 후 그림의 응답과 비교하여라.

4. FOPDT 모델을 구하는 4.2.1절의 방법 3을 유도해 보아라.

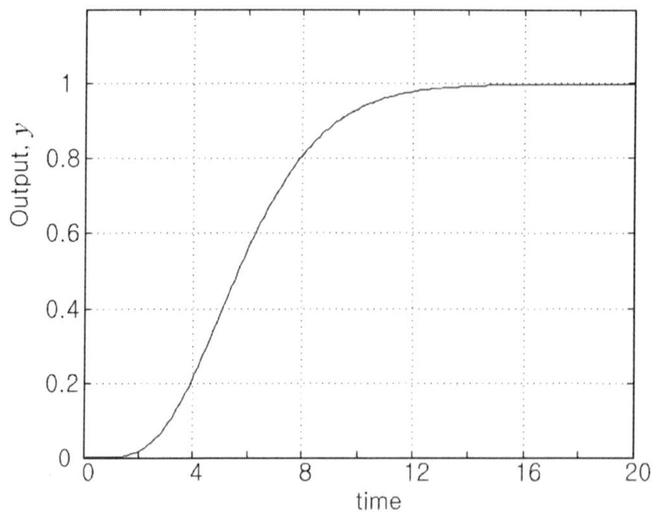

그림 P4.3: 6차 공정의 단위계단응답.

5. 그림 P4.4와 같은 역응답 공정의 단위계단응답으로 부터, 응답곡선의 특징점들을 이용하여 (예, 극소값과 그 때의 시간, 0을 지나는 시간, 변곡점 등) 식 (3.75)의 네 파라미터 K, a, τ_1, τ_2를 구하는 방법을 제시하여 보여라.

6. 그림 P4.5은 어떤 2차 과소감소공정에 크기 3의 계단입력을 가해 얻은 출력응답이다. 이 응답으로 부터 2차 공정의 K, ω_n, ζ를 구해 보아라.

7. 고정층 반응기의 동적모델을 실험적으로 결정하기 위하여 원료기체의 온도를 계단형태로 상승시켰다. 어느 정도 시간이 지나는 동안은 아무 응답이 없다가 온도가 하강한 후 다시 상승하기 시작하여 지속적으로 증가하는 응답을 얻었다. 이러한 동특성을 표현하기에 적합한 전달함수 형태를 제시하여 보아라.

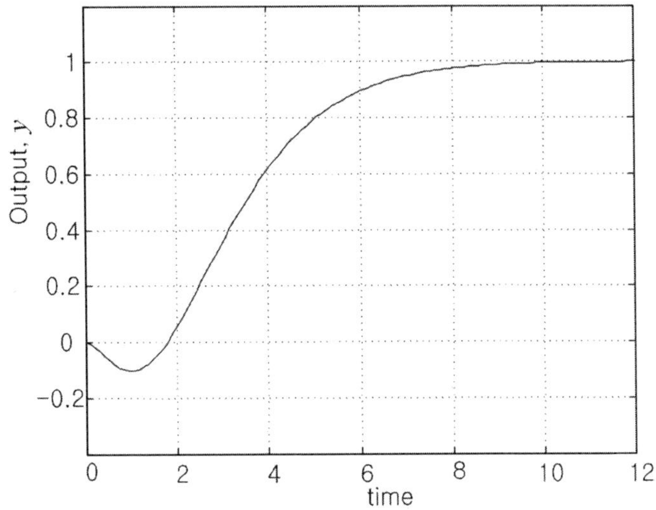

그림 P4.4: 역응답 공정의 단위계단응답.

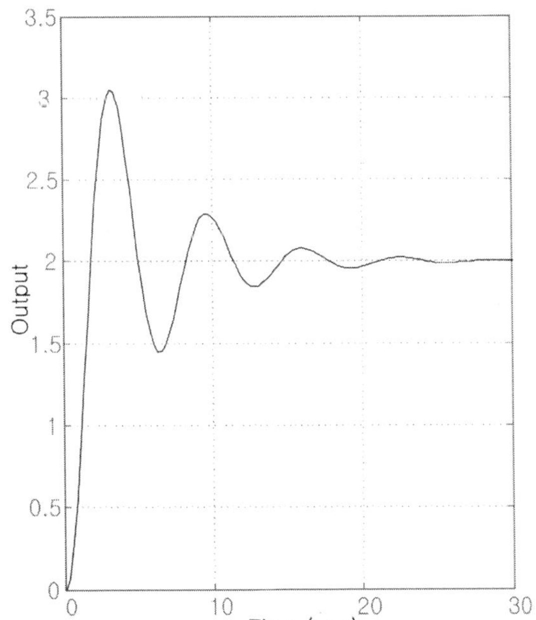

그림 P4.5: 과소감쇠 2차공정의 계단응답.

제5장

피드백 제어계의 구성요소: 센서, 최종 구동기, PID 제어기

3, 4장에서는 제어 대상인 공정의 모델링에 대해 배웠다. 이번 장에서는 공정 제어계의 나머지 구성요소인 센서, 제어밸브, 그리고 PID 제어기를 소개한다. 공정센서와 제어밸브는 간략하게, 그러나 PID 제어기는 좀 더 상세히 소개한다.

5.1 센서

화학공정에서는 온도, 압력, 유량, 액위, 그리고 조성과 물성의 측정과 제어가 중요하다. 최종제품의 품질(quality)은 조성 혹은 물성으로 규정되므로 이들의 측정이 가장 중요하지만, on-line으로 공정에서 직접 측정하기 어려운 경우가 많다. 따라서 이들 변수는 주기적으로 시료를 채취하여 off-line으로 분석실에 측정하고, 대신 온도, 압력, 유량, 액위는 실시간으로 측정하고 제어한다. 먼저 이 네 변수를 공정에서 측정하는 대표적인 방법을 간략히 소개한다.

5.1.1 온도

접촉으로 온도측정이 가능한 경우는 대부분 열전대(TC, thermocouple)와 측온저항체(RTD, resistance temperature detector) 중 하나를 사용한다. 접촉이 불가능한 경우는 pyrometer를 사용한다. 이외에도 반도체 온도센서 thermistor, 기체 혹은 오일 팽창식 온도계 등이 있지만 공정제어 용도로는 거의 사용되지 않는다.

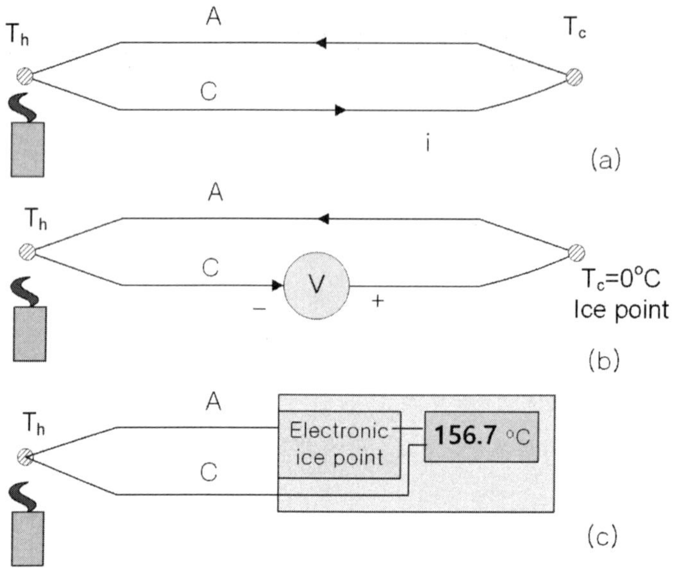

그림 5.1: 열전대의 원리와 측정.

열전대:

열전대는 종류가 다른 두 금속선을 그림 5.1과 같이 연결한 것으로, 두 접점 사이에 온도차가 존재하면 전류가 발생하는 Seebeck 효과를 이용한 것이다. 전류가 흐른다는 것은 그림 5.1(b)와 같이 루프 내에 기전력원이 있다는 것이다. 이 기전력은 금속선의 종류 및 T_h 와 T_c 의 함수인데, 실제 측정에서는 냉접점을 $T_c = 0°C$ (ice point)로 고정시켜 전압이 T_h 만의 함수가 되도록 하여 온도를 계측한다. Ice point는 전기회로로 대체하는 것이 가능하여 실제 측정은 그림 5.1(c)와 같이 수행된다.

열전대는 다양한 종류들이 있으며 측정 가능 온도, 측정 분위기 (산화, 산성 등)에 따라 선택한다. 가장 보편적인 것이 K-형 (chromel-alumel), J-형 (iron-constantan)이며 고온용으로는 Pt, Rh 합금에 의한 R-형이 많이 사용된다. 열전대는 출력전압이 낮으며 측온저항체에 비하여 비선형성이 심하다. 따라서 높은 이득의 신호증폭과 선형화가 필요하다.

열전대는 대체로 ±1°C의 오차를 보인다. 그러나 이것은 랜덤 오차가 아니어서 정확한 온도계를 이용하여 보정을 하면 ±0.01°C 이내의 높은 정밀도로 계측이 가능하다.

측온저항체 :

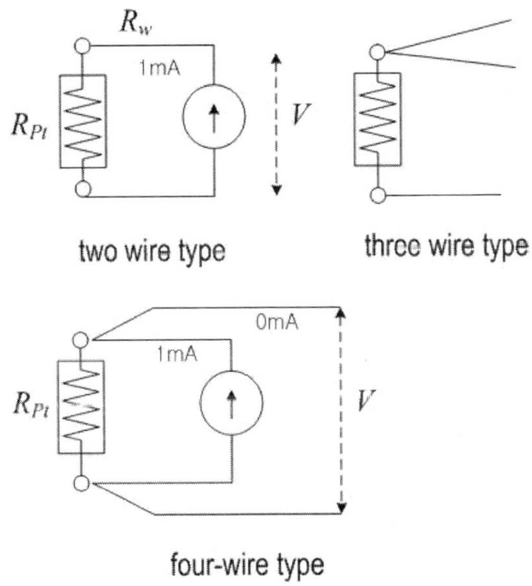

그림 5.2: 측온저항체의 원리와 측정.

측온저항체는 금속의 비저항이 온도에 따라 증가하는 원리를 이용한 것으로 가는 금속선을 세라믹 소자 외부에 감아 금속선의 저항변화로 온도를 계측한다. 가장 보편적으로 사용되는 금속선은 0°C에서 100Ω를 갖도록 제조된 백금선이며, 이 측온저항체를 흔히 Pt-100Ω 라 부른다. 저항계수는 0.385Ω/°C 가 국내표준이다.

측온저항체는 열전대에 비해 선형성이 좋고, 정밀하다는 장점을 가진다. 그러나 그림 5.2의 2선식으로 저항 R_{Pt} 을 읽고자 할 때, 측정용 배선의 저항 R_w 이 더해지는 문제점이 있다. 측정용 배선 저항의 영향을 제거하고 R_{Pt} 만을 읽을 수 있도록 3선식 혹은 4선식이 사용된다. 3선식은 Whiston bridge 회로를 이용하여 전압을 읽기 때문에 온도-전압 사이의 선형성이 손상되나, 4선식은 측온저항체의 선형성이 온도-전압의 관계에 그대로 유지된다.

저항을 읽기 위해서는 그림 5.2와 같이 저항체로 전류를 흘려야 하는데 (1mA 가 표준) 이 때문에 측온저항체는 자체 발열을 하며 (대략 0.1mW) 온도 상승을 일으킨다. 정체된 공기하에서는 약 0.5°C의 온도상승이 발생하며, 따라서 측온저항체는 단열환경에서의 온도계측에 사용하면 안된다.

열전대는 접촉점의 온도를 읽기 때문에 점(point) 측정이 가능하나, 측온저항체는 그렇지 못하다.

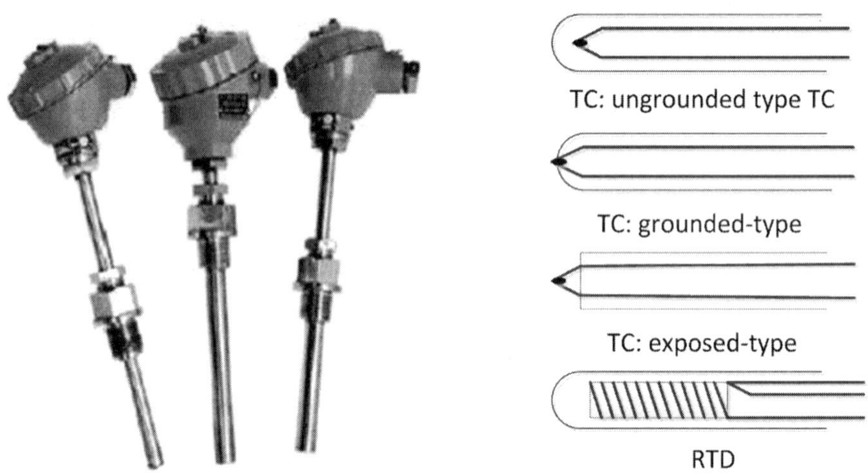

그림 5.3: 공업용 온도센서-전송기의 제작 형태.

그림 5.3에 공업용으로 사용되는 온도센서-전송기의 형태를 보였다. 열전대,

측온저항체 모두 스텐레스 보호관(sheath) 속에 제작된다. 원하는 민감도에 따라 열전대는 ungrounded, grounded, exposed 형 중 한 형태로 제작될 수 있지만, 전기 누전에 따른 위험을 피하기 위하여 ungrounded 형이 가장 많이 사용된다.

압력:

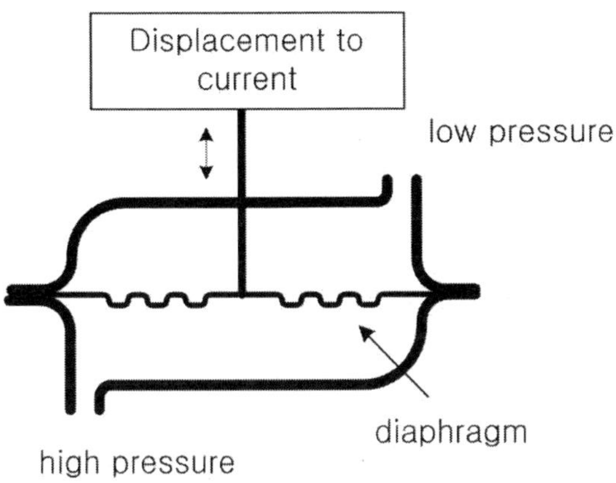

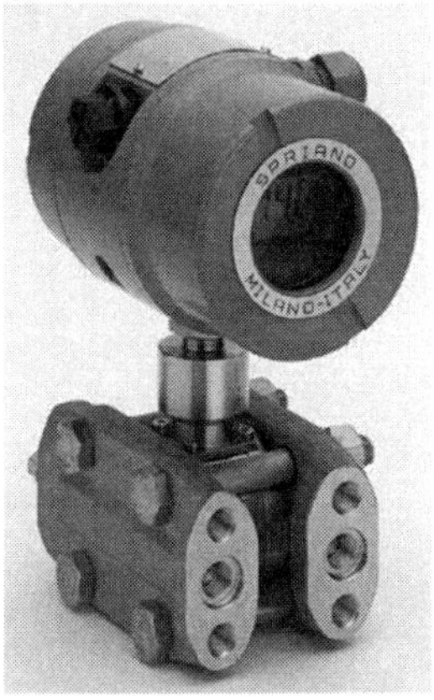

그림 5.4: 차압계의 원리와 공업용 차압계의 형태.

압력 변환기는 절대압 (absolute pressure) 측정용과 차압 (differential pressure) 측정용의 두 가지가 있다. 그림 5.4에 차압계의 원리를 보였다. 차압계는 두 지점의 압력차를 읽을 수 있는 계기이지만 한쪽 단자에 일정한 압력의 기체를 주입하고 밀봉하면 절대압력계로 사용할 수도 있다. 차압계는 유량, 액위의 측정 등 다양한 용도로 사용된다.

유량:

유량계는 기체용과 액체용, 부피유량측정과 질량유량측정, 고점도용 등 용도에 따라 다양한 원리가 사용된다. 이 중 가장 범용적인 것은 오리피스 양단의 차압측정을 이용하는 것으로 그림 5.5에 계측방법을 보였다.

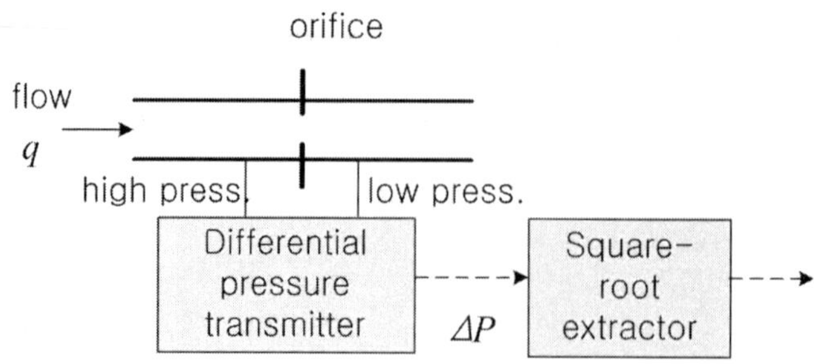

그림 5.5: 차압계를 이용한 유량 측정.

오리피스 양단에 발생하는 압력차는 turbulent 영역에서

$$\Delta P = \frac{1}{C_O^2} q^2 \tag{5.1}$$

의 관계를 가지므로, 측정된 차압에 $\sqrt{\ }$ 를 취하면 유량과 비례한 값을 얻게 된다.

오리피스-차압계는 저렴하고 적용가능 유체의 대상이 넓지만, 정밀도, turn-down ratio (측정가능 최대유량 대 최소유량 비) 등의 입장에서 장점이 있는 것은 아니다.

정밀한 유량측정에는 액체의 경우 Coriolis 질량 유량계나 oval 유량계 등을 생각할 수 있다. 특히 Coriolis 질량 유량계는 흐름을 방해하는 아무 장애물이 없으며, 고체 부유물 존재 여부에 상관없이 정밀한 질량유량을 제공한다. 기체의 경우, 특별히 반도체 산업에서의 요구에 의해 정밀한 질량 유량계들이 개발되어 사용되고 있다.

액위:

액위 측정도 다양한 원리들이 사용되는데, 부식성이 없고 점도가 지나치게 높지 않은 유체의 경우, 가장 많이 사용되는 방법이 그림 5.6와 같이 차압계를 이용하는 것이다. 액위는 차압과 다음의 관계를 가지므로 액체의 밀도를 알면 차압으로부터

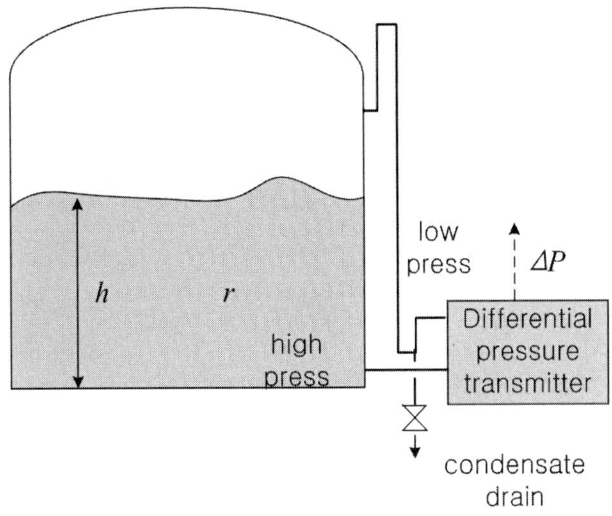

그림 5.6: 차압계를 이용한 액위 측정.

액위를 직접 알 수 있다.

$$\Delta P = \rho g h \tag{5.2}$$

차압계의 저압측 연결구에 액체가 차면 액위측정에 오차를 유발 시키므로, 응축액을 수시로 제거할 수 있도록 배관이 설계되어야 한다.

두 개의 차압계를 이용하면 혼합되지 않는 두 액체의 계면도 측정할 수 있다.

차압계 외에 액위측정에 많이 사용되는 방법은 부위를 이용하는 것이다. 고체분말이나 부식성이나 유독성이 강한 액체의 경우는 용기 전체의 질량을 측정하거나, 초음파 거리 센서를 이용하여 측정하는 방법 등이 사용된다.

5.1.2 영점, 입력범위, 정밀도

모든 센서들은 전송기와 (혹은 변환기(transducer)와) 한 조를 이루어 제작되며 측정치가 표준전기신호로 바뀐다. 센서-전송기는 영점(zero)과 입력범위(span)

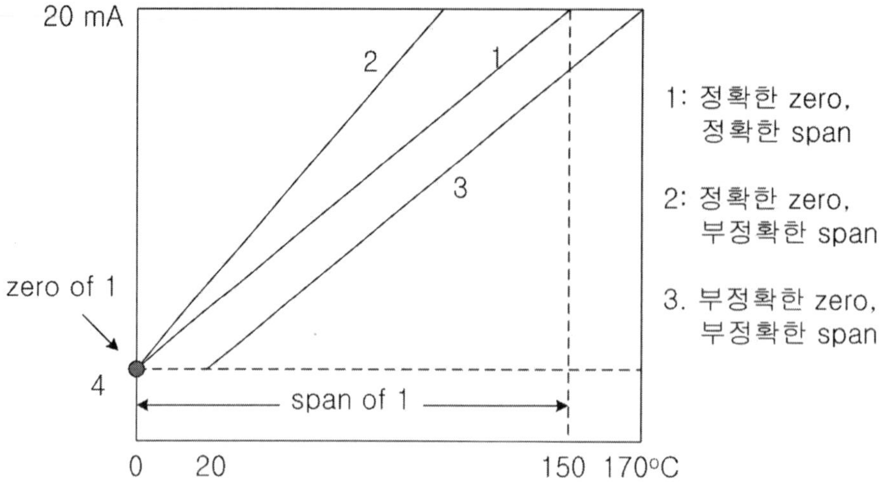

그림 5.7: 0-150°C를 4-20mA로 변환하는 센서-전송기의 보정상태.

가 정확히 조정되어 있어야 하며, 주기적으로 보정(calibration)이 필요하다.

그림 5.7은 0-150°C를 4-20mA로 변환하는 센서-전송기의 세가지 보정상태를 보인 것이다. 영점(4mA)은 0°C에 맞추어져야 하며, 입력범위는 150°C이어야 한다. 그림에서 1, 2, 3은 영점과 입력범위가 정확하게 혹은 부정확하게 조정된 세가지 예를 보인 것이다. 모든 센서-전송기는 영점과 입력범위를 조정할 수 있게 되어 있다.

센서-전송기는 정밀도(accuracy)를 가진다. 정밀도는 보통 %로 표시되어 있는데 주의할 것은 이 값이 상대오차가 아니며 '입력범위에 대한 절대값'이라는 것이다. 예를 들어 0-10(l/min) 범위의 유량을 측정하는 유량계의 정밀도가 0.5%이라면 이것은 모든 유량 영역에서 최대 ±0.05(l/min)의 오차를 보일 수 있다는 것을 의미한다. 이 값은 낮은 유량에서 큰 상대오차가 된다. 그러므로 이 유량계로 측정한 낮은 유량은 신뢰성이 떨어질 수 밖에 없다. 따라서 센서-전송기는 입력범위가 측정하고자 하 변수의 범위와 대체로 일치하는 것이 선택되어야 한다.

5.2 최종 구동기 : 제어밸브

1 장에서 살펴 본 바와 같이 제어기가 출력한 제어신호는 최종 구동기를 동작시킨다. 공업적으로 사용되는 최종 구동기의 종류는 대상 공정에 따라, 전열기(electric heater), 모터류, 공압식 피스톤, 유압식 피스톤 등으로 다양하다. 그러나 화학공정에서 사용하는 최종 구동기는 공압식 제어밸브가 대부분을 차지한다. 제어밸브는 유량을 조절하는 것이지만 이것을 이용하여 유량, 액위, 압력, 온도 등 화학공정이 요구하는 대부분의 공정변수를 제어한다. 밸브를 공기압으로 구동시키는 이유는 가연성 물질을 취급하는 학공장에서 전기 불꽃에 의한 폭발위험을 없애기 위해서이다. 그러나 가스 폭발의 위험이 없고 정밀제어를 요구하는 원자력 발전소 등에서는 모터구동밸브가 사용되기도 한다.

제어밸브는 그림 5.8과 같이 크게 구동부(actuator)와 밸브 본체(valve body)의 두 부분으로 나뉘어진다. 구동부와 밸브 본체는 목적에 따라 각각 달리 선택할 수 있으며 이들이 조립되어 하나의 제어밸브를 구성한다.

5.2.1 공압 구동기

그림 5.9(a)는 가장 흔히 사용되는 spring-opposed 격막식(diaphragm) 구동기의 전형적인 형태이나. 3-15(psig) (20-100(kPa), 0.2-1.0(kgf/cm^2))의 계기용 공기가 구동기의 상부로 공급되면 압력× 격막면적에 해당하는 힘이 스프링의 힘과 균형을 이루는 위치까지 축을 이동시켜 밸브의 위치를 결정한다.

구동기는 크게 ATC (air-to-close) 형과 ATO (air-to-open) 형의 두 가지로 구분한다. ATC형은 FO (fail open) 혹은 NO(normally open)형으로, ATO형은 FC(fail close) 혹은 NC(normally close)형으로 부르기도 한다. 구동기가 이러한 두 형태를 가지는 것은 안전에 대한 고려 때문이다. 만약 제어밸브가 발열공정의 냉각수를 조절하는 용도로 사용된다면, 사고로 계기용 공기의 공급이 끊길 때에 제어밸브는 자동으로 열려 과열에 따른 위험이 공정에 나타나지 않도록 작동되어야 할 것이다. 따라서 이런 상황에서는 ATC (FO, NO) 형의 구동기를 선택할 필요가 있다. 반대로 강한 발열을 일으키는 반응기의 원료 유량 조절용이라면 ATO 형의 구동기를 선택하여야 한다.

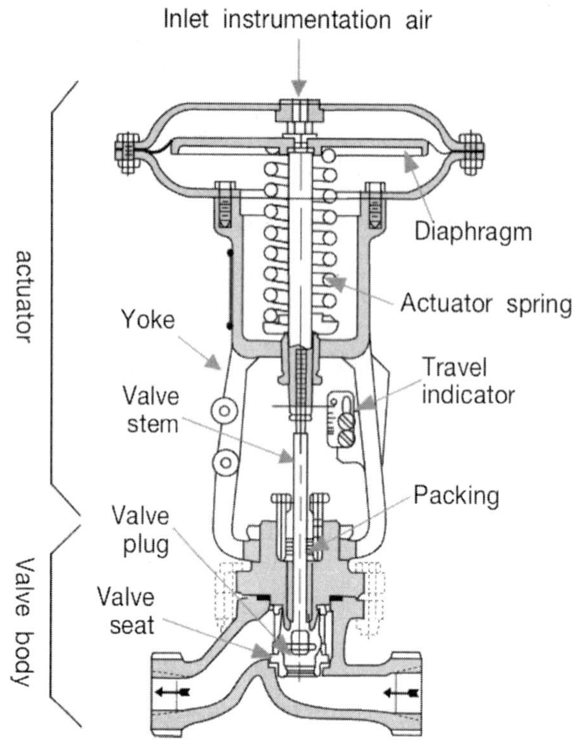

그림 5.8: 제어밸브의 구조.

그림 1.14에서 제어를 위해서는 음성 피드백이 구성되어야 한다는 것을 설명한 바 있다. ATO형 구동기는 제어신호가 증가할 때 유량을 증가시키는 반면, ATC형 구동기는 유량을 감소시키므로 제어밸브의 이득은 구동기에 따라 부호가 반대가 된다. 따라서 같은 제어기에서 구동기의 선택에 따라 음성 피드백 루프가 양성 피드백 루프로 바뀔 수 있다. 제어기는 구동기의 종류를 고려하여 항상 음성 피드백 루프이 형성되도록 설정 되어야 한다.

구동기는 격막 면적에 따라 크기가 달라진다. 격막 면적은 밸브에 작용하는 불균형 힘(unbalanced force)을 충분히 이길 수 있도록 선택된다. 구동기의 크기가 커질수록 당연히 동작은 느려진다. 12cm의 직경을 갖는 소형 구동기의 경우 약 0.5-1

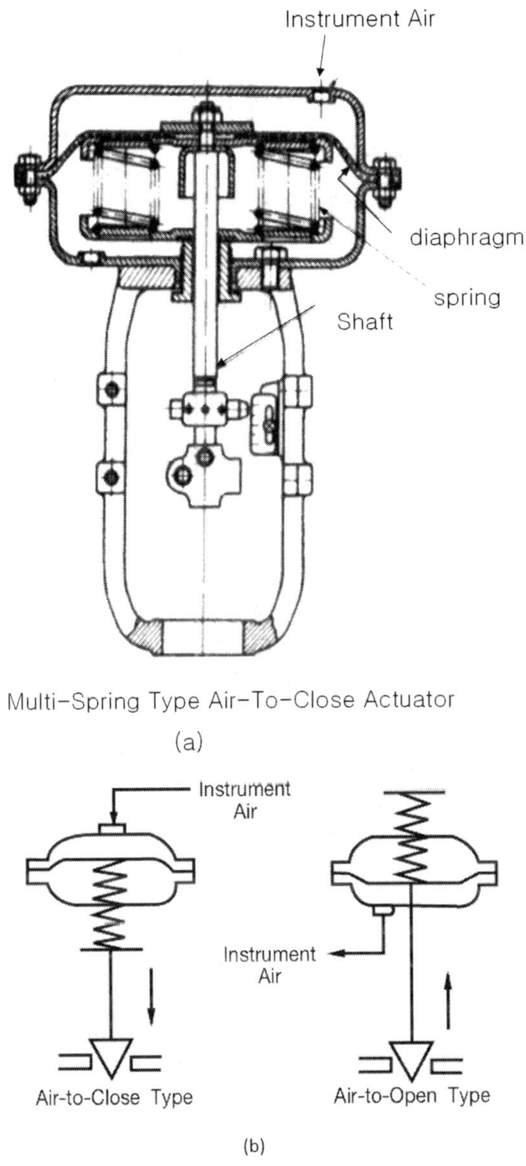

그림 5.9: (a) 공압식 구동기, (b) 두 종류의 구동기.

초 정도의 시정수를 가지며 격막직경의 제곱에 비례하여 시정수가 선형적으로 증가하는 경향을 보인다.

5.2.2 밸브 본체

밸브 본체의 선택은 유량, 사용온도, 접촉하는 유체의 물리/화학적 성질, 유체의 압력, 허용 leakage 정도, 소음, 배관과의 연결 방법 등 여러 관점을 반영하여 결정된다. 그림 5.10에 일반적으로 가장 많이 사용되는 단좌형(single seated) 밸브의 모형을 보였다.

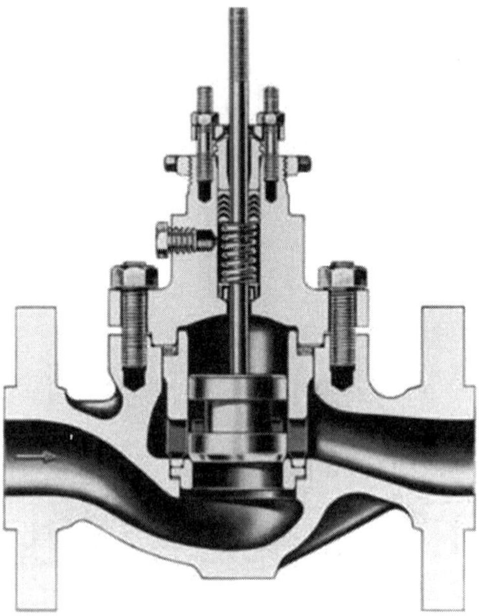

그림 5.10: 단좌형 밸브의 형태.

밸브 사이즈

밸브에서 가장 중요한 것은 유량특성으로 이것은 밸브위치(valve position, vp)와 유량의 관계를 말하며, 그 특성은 밸브 plug와 seat의 크기와 형태에 따라 달라진다. 밸브를 통하는 유체의 흐름은 보통 난류이므로 일반 배관 혹은 오리피스에서의 흐름식과 같은 형태를 만족한다. 액체가 흐르는 경우, 유량을 q(보통, gal/min로 표현), 밸브양단의 압력차를 ΔP(보통, psi로 표현), 유체의 비중을 G_f

로 표현할 때, 흐름식은 일반적으로

$$q = C_v f(vp)\sqrt{\frac{\Delta P}{G_f}} \tag{5.3}$$

로 표현된다. 여기서 $f(vp)$가 밸브의 흐름특성을 결정하는 식이며 vp $(0 \le vp \le 1)$가 증가에 따라 증가하고, $f(1) = 1$을 만족하도록 정의된다. 그러나 밸브양단의 압력차가 지나치게 커지거나, 밸브 내 압력이 액체의 증기압 이하로 낮아지는 지점이 형성되거나, 최고 유속이 음속에 근접하는 (기체흐름에서) 등, 비정상 흐름이 나타나게 되면 위의 식은 변형되어야 한다.

식 (5.3)에서 C_v를 밸브 사이즈라 부르며, 밸브를 완전히 열고 $(f(1) = 1)$, 밸브양단의 압력차를 1 psi로 유지한 상태에서 물$(G_f = 1)$이 흐를 때 나타나는 유량을 (gallon/min의 단위로) 의미한다. 예를 들어, $C_v = 0.5$라 함은 앞에서 언급한 조건에서 0.5(gal/min)의 유량을 얻을 수 있는 규격의 밸브를 말한다.

흐름특성에 따른 밸브의 종류

유량조절에 사용되는 밸브는 vp와 유량의 관계에 따라, 즉 식 (5.3)의 $f(vp)$의 함수관계에 따라 크게 선형(linear), 등비율(equal-percentage, EQ%) 밸브의 두 종류로 구분된다. 이들의 $f(vp)$는 각각 다음과 같다.

$$f(vp) = \begin{cases} vp & \text{linear valve} \\ R^{vp-1} & \text{EQ\% valve, } R \approx 50 - 100 \end{cases} \tag{5.4}$$

위 식에서 R은 rangeability라 부르며 ΔP가 일정한 상황에서 $vp = 1$과 $vp = 0$일 때의 유량비를 나타낸다. 위 식으로 부터 등비율 밸브는

$$\frac{df}{f} = \alpha\, dvp, \quad \alpha = \ln R,$$

즉, 밸브 양단의 압력차가 일정한 경우, 밸브위치의 증가에 따라 현재 유량에 비례한 만큼의 유량 증가를 보인다. '밸브 양단의 압력차가 일정한 경우' 나타나는 유량특성을 고유유량특성(intrinsic flow characteristic)이라 부르며 그림 5.11에

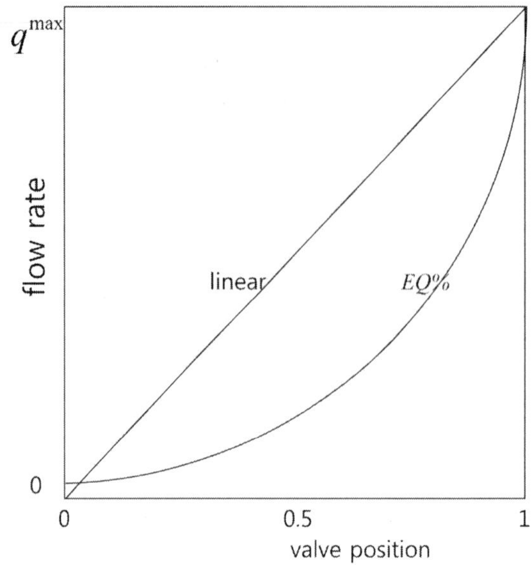

그림 5.11: Linear 밸브와 equal-percentage 밸브의 고유유량 특성.

이 두 밸브의 유량특성을 비교하였다. 이 그림으로 부터 왜 등비율 밸브와 같이 비선형성을 가진 밸브가 사용되는가 하는 의문이 생긴다. 그것은 실제 공정에서는 밸브양단의 압력이 일정하게 유지될 수 없고, 유량에 따라 변하기 때문이다. 이것을 이해하기 위하여 그림 5.12와 같이 배관 내에 밸브가 설치되어 있는 상황을 생각하자.

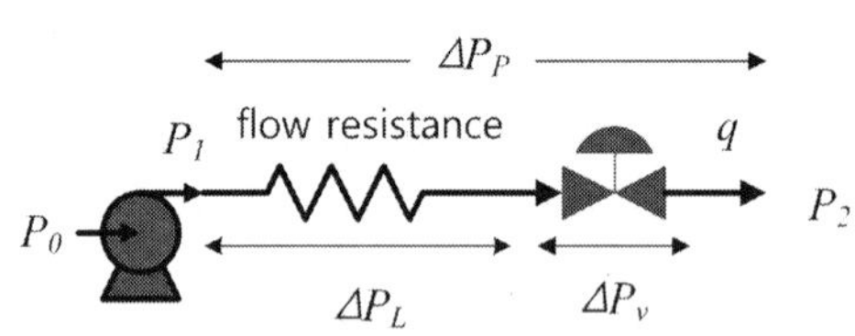

그림 5.12: 제어밸브가 설치된 배관.

출구압력을 P_2라 하면, $\Delta P_P = P_1 - P_2$는 배관에서의 압력강하 ΔP_L과 밸브에서의 압력강하 ΔP_v의 합이 될 것이다. 이때 펌프에 의한 압력상승은 펌프의 특성곡선을 따르며, 배관에서의 압력강하는 난류인 경우, 유량의 자승에 비례하므로 제어밸브 양단의 압력은 다음의 식을 만족한다.

$$\Delta P_v(q) = \Delta P_P(q) - \Delta P_L(q), \quad \Delta P_L(q) = \frac{1}{C_L^2} q^2 \tag{5.5}$$

이들 압력 간의 상관관계는 그림 5.13와 같이 표현된다.

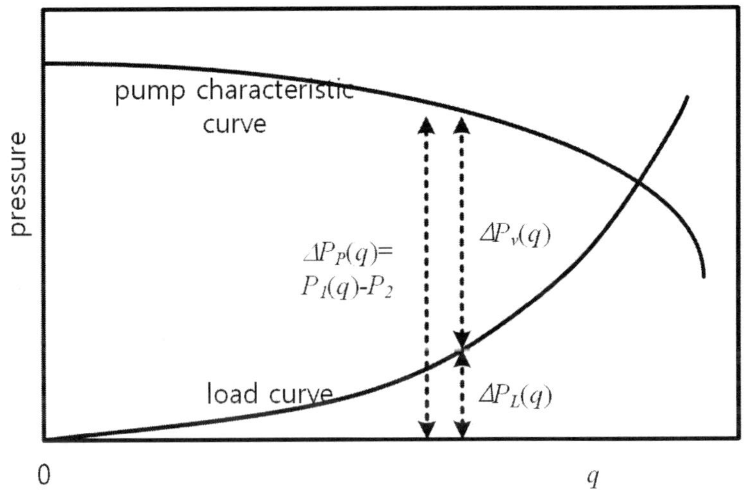

그림 5.13: 제어밸브에서의 압력강하는 유량의 증가에 따라 감소한다.

그림으로부터 실제 배관에서 제어밸브 양단의 압력차는 유량 증가에 따라 감소함을 알 수 있다. 이러한 사실을 반영하면 선형밸브는 실제 배관 내에 설치되었을 때, 낮은 유량에서는 vp의 증가에 따라 유량이 빠르게 증가하지만 높은 유량에서는 증가속도가 둔화되는 비선형성을 보이는 반면, 등비율 밸브는 낮은 유량에서는 $f(vp)$가 작은 값을 가지는 대신 ΔP_v가 커지고, 높은 유량에서는 $f(vp)$가 급하게 증가하는 대신 ΔP_v가 작아지므로 상쇄효과를 일으켜 오히려 선형성이 개선된다. 이때 선형성이 얼마나 개선되는지는 ΔP_P에서 $\Delta P_L(q)$의 비중에 따라 달라진다.

배관이 매우 짧아 $\Delta P_L(q)$ 가 유량에 관계없이 무시되는, 펌프의 압력상승이 모두 ΔP_v 로 나타나므로 선형 밸브를 선택하여야 한다. 그러나 $\Delta P_L(q)$ 가 상당한 정도로 나타날 때에는 등비율 밸브를 사용하여 압력변화에 의한 비선형성을 상쇄할 필요가 있다.

ΔP_P 가 일정하다는 가정하에, 배관에 설치된 제어밸브의 동작특성은 다음의 식으로 표현된다.

$$\frac{q}{q_{max}} = \frac{1}{\sqrt{1 + (\Delta P_{v,min}/\Delta P_{v,max})(1/f(vp)^2 - 1)}} \tag{5.6}$$

여기서 $\Delta P_{v,min}$ 와 $\Delta P_{v,max}$ 은 각각 제어밸브 양단에 걸리는 최소 및 최대압력을 나타내며, $vp = 1$ 과 $vp = 0$ 의 경우에 해당된다. 부록 5-1에 식 (5.6)의 유도과정을 기술하였다.

그림 5.14에 이렇게 계산된 선형 밸브와 등비율 밸브의 설치유량특성 (installed flow characteristics)을 예시하였다. 여기서 등비율 밸브의 rangeability, R 은 100으로 가정하였으며 50~200 사이의 다른 값을 가정하더라도 설치유량 특성이 크게 달라지지 않는다. $\Delta P_{v,min}/\Delta P_{v,max} = 0.05 \sim 0.25$ 의 범위에서 등비율 밸브의 선형화 효과가 큰 차이가 없어 보이며, 이 비율이 낮을 수록 밸브에서의 throttling 에너지 손실이 적기 때문에, 0.05-0.1 정도가 되도록 펌프가 선택되고, C_v 가 결정되는 것이 바람직할 것이다.

펌프 회전수 조절에 의한 유량조절

사실 제어밸브 양단의 압력차와 유량의 곱은 마찰에 의한 운동에너지 손실 (throttling loss)에 해당한다. 일반적으로 펌프는 일정한 RPM을 가진 유도 모터 (induction motor)로 구동되기 때문에 유량 조절을 위하여 제어밸브를 사용하지만[1], 만일 유도 모터의 RPM을 조절하여 유량을 직접 조절할 수 있다면, throttling 손실없이 유체를 이송하는 것이 가능하다. 부록 5-2에 인버터 (inverter)를 이용하여 펌프 RPM 조절로 유량을 조절하는 방법을 소개하였다.

---

[1]유도모터의 RPM은 교류전원의 주파수에 따라 결정된다.

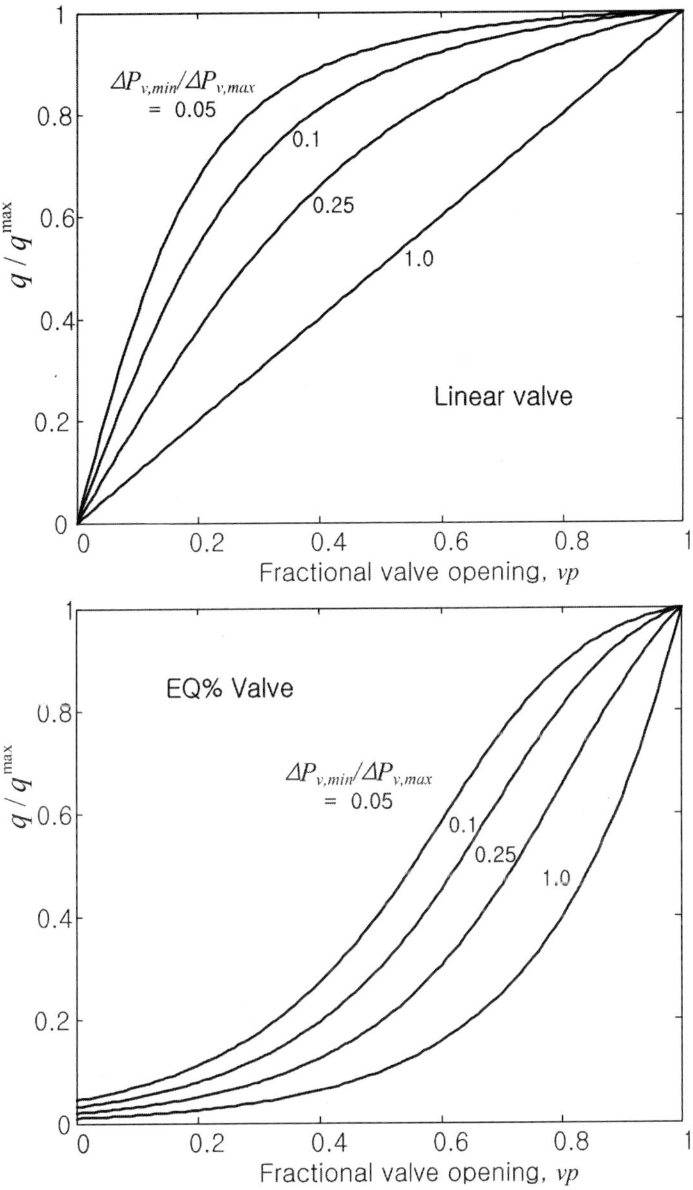

그림 5.14: 제어밸브 설치유량 특성의 예시.

5.3 PID 제어기

피드백 제어기를 공학적으로 설계하여 산업에 이용한 최초의 예로 1788 년 James Watt가 설계한 그림 5.15의 증기기관 회전속도 제어장치를 꼽는다. James Watt는 증기기관의 회전축에 그림과 같은 fly-ball을 설치하여 spring과 균형을 이루도록 하였다. 회전속도가 커지면 fly-ball은 원심력에 의하여 밖으로 벌어져 스팀밸브를 닫아 회전속도를 줄이며, 회전속도가 작아지면 spring 힘에 의해 안으로 움추려 들어 스팀밸브를 열도록 설계하였다. 이 제어장치는 뒤에서 설명할 제어모드 중 P(비례)-동작을 수행한다.

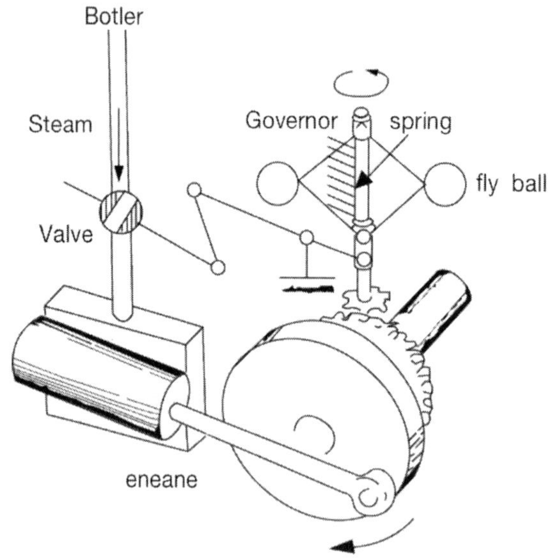

그림 5.15: Watt governor의 원리.

이렇게 시작된 제어기를 최초로 범용제어기로 상업화한 것은 1934년 미국의 FOXBORO 사이다. 당시의 제어기는 기계장치를 이용한 공압식 PID 제어기였으며, 이후 기술의 발전과 더불어 전자식 아나로그 제어기 시대를 거쳐, 80 년대 중반 디지탈 제어기 시대가 시작되었다. 현대의 제어기는 다양하여, 과거의 아나로그 제어기를 모방한 모듈형 (SLC, single-loop controller)이 있는가 하면, 대형공정의 중앙집중제어를 위한 DCS (distributed control system)라 불리우는 컴퓨터 제어시스템, 로직이나 순차제어 기능이 보강된 PLC(programmable logic controller) 등이 사용되고 있다.

디지탈 제어기는 소형 컴퓨터를 탑재하여 프로그램이 가능하기 때문에 기본적인 피드백 PID 제어 외에도 다양한 제어동작이 가능하다. 그러나 핵심 기능은 역시 PID 이며, 그 동안 많은 제어기법들이 제시 되어왔음에도 불구하고 PID 제어는 우수한 개념과 기능으로 인해 산업에서 여전히 가장 많이 사용되고 있다.

5.3.1 외형과 여러 운전모드

그림 5.16는 기본기능을 내장한 전형적인 PID 제어기의 외형을 도식화한 것이다. 그림의 각 기능들은 다음과 같다.

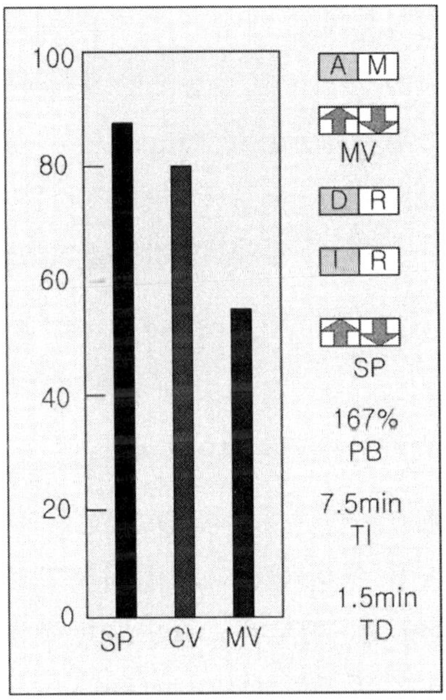

그림 5.16: PID 제어기의 모형.

- **CV, SP, MV 지시기 :** 피드백 제어기는 피제어변수(CV)를 입력하고 이 값을 설정값(SP)과 비교하여 제어오차를 구한 후 이 오차를 감소시키기

위한 제어출력(MV) 신호를 제어기 내의 알고리즘에 근거하여 계산한다. 범용제어기에서는 흔히 세 변수를 모두 0-100% 로 정규화하여 표현하든지 아니면 실제 물리량의 단위로 표현한다. 여기서는 0-100% 로 정규화 표현을 가정하였다. 제어기가 제어밸브를 직접 구동시키는 경우, MV 값은 곧 밸브위치(ATO밸브일 경우)와 일치된다.

- **Local/Remote Switch:** SP 값은 제어기에서 직접 조절할 수도 있지만 외부의 다른 기기로 부터 전송받을 수도 있다. SP를 어느 곳으로 부터 받아들일 것인지를 결정하는 선택 스위치이다.

- **Local SP 조절용 키:** SP 값을 제어기에서 설정할 때 사용하는 입력장치이다.

- **Auto/Manual:** 정상운전시 제어기 출력은 제어기에 의해 결정되지만, 필요에 따라 조업자가 개입하여 수동으로 조작하여 출력할 수도 있다. 이 상태를 전환하는 스위치가 Auto/Manual 이다. 모든 제어기는 Auto에서 Manual, 또 Manual에서 Auto로 전환될 때 전환 직전의 제어출력이 일단 그대로 유지되도록 설계되어 있다. 이 기능을 bumpless transfer라 부른다.

- **Direct/Reverse:** 제어오차가 증가할 때 MV를 증가시킬 것인지 감소시킬 것인지를 결정하는, 즉, 제어출력의 방향을 결정하는 스위치 이다. 이와 같은 선택이 왜 필요한지를 액위제어의 예를 통해 살펴보기로 하자.

  이 공정에서 액위제어를 위해서는 ATO, ATC형의 제어밸브가 모두 사용될 수 있다. 어느 경우든 액위(CV, y)가 증가하면 밸브를 열어 배출유량을 늘려야 한다. ATO형 제어밸브가 사용된다면 밸브를 열기 위해 MV (u)를 증가시켜야 하며, ATC형 밸브를 사용한다면 MV를 감소시켜야 한다. 이와 같이 동일한 액위 제어계에서도 제어밸브의 동작방향에 따라 제어기 출력방향이 옳게 선택되어야 정상적인 제어가 가능해 진다. Direct/Reverse가 이 선택을 제공한다. 제어기에서 Direct를 선택하면 CV가 증가할 때 MV가 증가하며, Reverse를 선택하면 CV가 증가할 때 MV가 감소된다. 따라서 ATO 밸브를 설치하였다면 Direct를, ATC 밸브를 설치하였다면 Reverse를 선택하여야 한다.

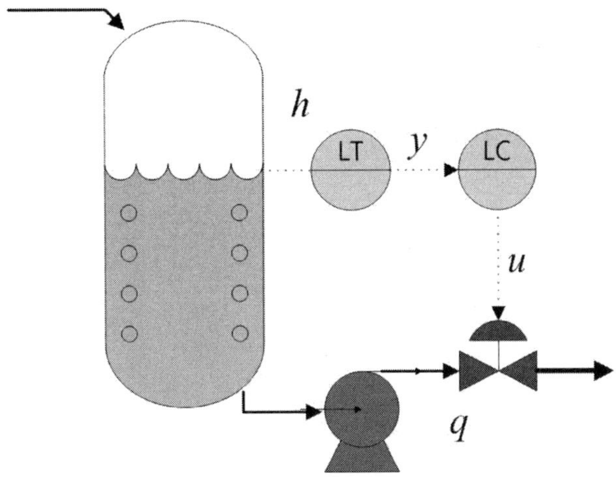

그림 5.17: 액위 제어계. 구동기 동작방향에 따라 제어기 출력방향이 달라져야 한다.

제어오차의 입장에서 볼 때, Direct 방향은 제어오차가 감소할 때 MV를 증가시키는 것이므로 제어기가 음의 이득을 갖도록 선택하는 것이며, Reverse는 그 반대가 된다.

- **PB, TI, TD 조절용 Knob:** 이것은 PID-제어기이 P, I, D 동작의 강도를 조절하기 위한 것으로 앞으로 배울 항목이다.

5.3.2 PID 제어기의 동작

PID 제어기는 제어오차에 대응하여 비례(P, proportional) , 적분(I, integral) , 미분(D, derivative) 동작을 수행한다. PID 제어기는 P 또는 I 만을 단독으로 사용될 수도 있으며 PI, PD, 혹은 PID와 같이 복합동작으로 사용되기도 한다.

이제 각 제어동작의 기능과 특성을 살펴보기로 하자. 이들 동작의 구체적인 이해를 위해 그림 2.1의 가열탱크를 예제공정으로 생각한다. 이 공정의 제어목표는 온수온도를 일정하게 유지하는 것이며 이를 위하여 스팀밸브를 조작한다. 여기서 스팀밸브는 ATO형이며, 온수유량의 부하변화가 주요 외란으로 작용한다고 가정한다. 또한 MV, CV, SP의 값은 각각 $u(t)$, $y(t)$, $r(t)$로 표현하며, 제어오차 $r(t)-y(t)$는 $e(t)$로 표현한다.

5.3.2.1 적분(Integral, I) 제어

I 제어기의 동작은 다음 식으로 표현되며

$$u(t) = u_{bias} + \frac{1}{T_I}\int_0^t (r(\tau)-y(\tau))d\tau = u_{bias} + \frac{1}{T_I}\int_0^t e(\tau)d\tau \tag{5.7}$$

전달함수는

$$u(s) = \frac{1}{T_I s}e(s) \tag{5.8}$$

와 같다. 위의 식에서 u_{bias}는 초기에 수동으로 결정한 제어출력이다. 만약, $y=r$를 만족시키는 '정확한 u_{bias}'가 주어진다면 새로운 외란이 들어오지 않는 한, 제어동작은 불필요하다. 적분동작은 바로 이 정확한 u_{bias} 값을 자동으로 찾아주는 기능을 한다.

식 (5.7)에 의하면 적분동작에 의한 $u(t)$는 제어오차가 존재하는 한 계속 변한다. 즉, $e(t)>0$이면, $u(t)$는 계속 증가한다. 가열탱크의 경우, $u(t)$는 스팀량, $y(t)$는 온수온도이므로 $e(t)>0$는 스팀량을 증가시키고, 이것은 $y(t)$를 증가시키며, 결국 $e(t)$는 감소한다. 같은 논리에 의해 $e(t)<0$는 $e(t)$의 증가를 유도한다. 이러한 동작은 제어오차가 완전히 0이 될 때 까지 지속된다. 다시 말하면 적분동작은 '불안정해지지 않는 한' 언젠가는 제어오차를 없애게 되며, 제어오차가 0으로 완전히 제거되는 시점에서의 $u(t)$가 바로 $y=r$이 되게 하는 '정확한 u_{bias}'가 되는 것이다. 즉, 부정확했던 u_{bias}를 정확한 값으로 재설정하는 기능을 하며, 이런 의미에서 적분동작을 reset 동작이라 부른다.

그림 5.18은 가열탱크의 온도제어에 적분제어기가 사용될 때의 상황을 보인 것이다. 초기에 온수온도가 설정값과 일치되어 있는데 온수 사용량이 증가하였다고 가정한다. 부하가 증가하면 스팀의 공급이 증가되어야 하며 이를 위해 밸브가 새로운 위치를 찾아야 한다. 그림에서 보는 바와 같이 부하가 증가되면 온도가

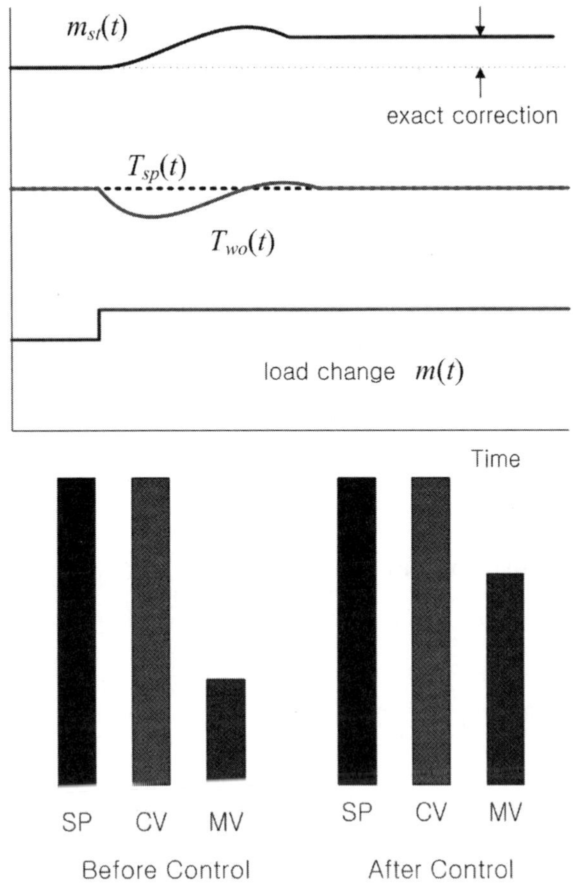

그림 5.18: I 제어기에 의한 가열탱크의 제어.

떨어지고 제어오차가 양으로 발생된다. 적분제어기는 이 오차를 적분하며 $m_{st}(t)$를 계속 증가시킨다. 스팀 공급이 증가됨에 따라 온도는 다시 상승하며 설정값과 일치된다. 제어오차가 제거됨에 따라 밸브위치는 더 이상 변화하지 않게 되며 변화된 부하에 대응되는 밸브위치를 정확히 자동적으로 찾아준 결과가 된다.

그림 5.18에 초기 정상상태 때와 제어 후 새로운 정상상태 때, 제어기의 SP, CV, MV 값이 어떻게 나타나는 가를 보였다. 적분동작은 CV를 SP에 일치시키는 제어출력을 스스로 찾아주는 이점이 있는 반면, 제어동작이 느리게 가해진다는

단점이 있다. 적분은 면적을 구하는 것이며 따라서 제어오차가 큰 값으로 나타났더라도 시간이 지나 충분한 제어오차의 누적치가 형성되어야 필요한 제어동작이 생성되기 때문에 지연이 생길 수 밖에 없다.

- **I 제어는 제어오차가 없어질 때 까지 시행착오적 제어동작을 지속하며, 그 결과는 제어루프가 불안정해지지 않는 한 ('일정한 값을 갖는 설정값에 한하여') 결국 제어오차를 없앤다. 주의할 것은 이러한 reset 동작은 시불변 설정값 그리고 계단함수 형태의 외란 변화에 대해서만 가능하다는 것이다.**
- **I 제어는 제어오차의 적분치에 비례하여 제어신호를 출력하므로 동작이 느리다.**

5.3.2.2 비례 (Proportional, P)

제어

비례제어기의 동작은 다음과 같으며

$$u(t) = u_{bias} + K_c e(t) \;\; \text{혹은} \;\; u_{bias} + \frac{100}{\text{PB}} e(t)$$

전달함수는 다음과 같다.

$$u(s) = K_c e(s) \;\; \text{혹은} \;\; \frac{100}{\text{PB}} e(s) \tag{5.9}$$

P 제어는 현시점의 제어오차에 비례하는 제어동작을 취하며, I 제어보다 동작이 빠르고 따라서 제어응답이 개선되는 효과를 기대할 수 있다.

K_c는 비례이득(proportional gain)이라 부르며 제어오차에 비례하여 동작량을 결정하는 비례상수이다. K_c는 양수와 음수값을 모두 가질 수 있으며, direct 모드는 음수에, reverse 모드는 양수에 해당한다.

상업용 제어기에서는 K_c보다 100/PB가 더 많이 사용되고 있다. PB는 비례폭(proportional band)이라 부른다. 식 (5.9)로 부터 PB %의 제어오차는 100%

의 제어입력변화를 일으킴을 알 수 있다. 즉, PB는 100% 제어출력의 변화를 일으키는 % 제어오차를 나타낸다. 큰 PB의 비례제어기는 제어동작이 둔감하게, 작은 PB의 제어기는 같은 제어오차에 대해 민감하게 동작된다.

비례동작은 PID의 중심이 되는 동작이지만 잔류오차(offset 혹은 droop를 일으킨다는 단점을 가지고 있다. 이 문제를 그림 5.19를 통하여 살펴보자.

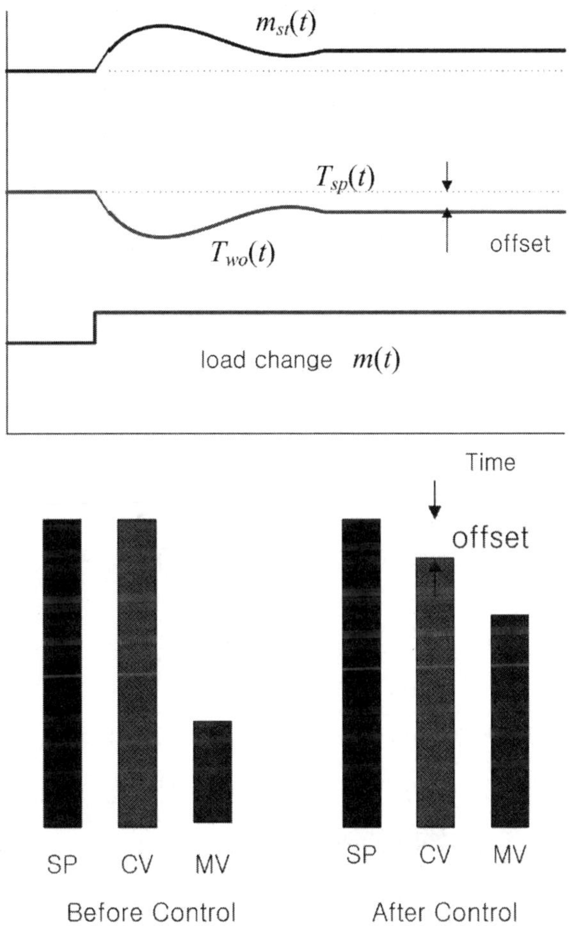

그림 5.19: P 제어기에 의한 가열탱크의 제어. 잔류오차의 발생을 피할 수 없다.

먼저 초기에 온수가 원하는 온도에 잘 유지되어 있었다고 가정한다. 이때 온수 요구량이 증가하면 온수온도가 떨어지고 P 제어기가 오차에 비례하는 동작을 시작한다. 이 영향으로 온도가 회복되기 시작하나 원래의 설정값으로는 도달될 수가 없다. 왜냐하면 설정값으로 완전히 회복된다는 것은 $e(t) = 0$이 되는 것인데, 이때의 밸브위치는 초기 부하변동이 있기 전의 스팀공급량 (u_{bias})에 해당되는 것이므로 모순이 된다. 따라서 이 조건은 만족될 수가 없고 온도는 설정값에 미쳐 이르지 못한 상태, 밸브위치는 이때 요구되는 스팀양을 공급하는 값에 도달될 수 밖에 없다. 이 새로운 정상상태에서 나타나는 제어오차를 잔류오차라 부른다.

P 제어기를 사용할 때 이해해야 할 중요한 또 하나의 사항은 PB, u_{bias}, SP 값에 따라 실제로 제어 가능한 CV값의 범위, 혹은 가용한 MV값의 범위가 제한될 수 있다는 것이다. 이것은 SP, CV, MV가 모두 0-100%범위로 제한되어 있기 때문에 나타나는 것이다. 몇가지 예를 통하여 이 문제를 이해해 보자.

예제 5-1: $u_{bias} = 80\%$, PB=50%, SP=80%로 설정된 경우를 생각하자.

$$u(t) = 80 + \frac{100}{50}(80 - y(t)) = 240 - 2y(t), \quad 0\% \le u(t), y(t) \le 100\%$$

로 부터 $y(t) = 70\%$ 일 때에 $u(t) = 100\%$, $y(t) = 100\%$ 일 때에 $u(t) = 40\%$가 됨을 알 수 있다.

이 결과로 부터 MV는 실제 $40 - 100\%$ 범위 내의 값만 가지며, $0 - 40\%$ 범위의 값은 가질 수 없음을 알 수 있다. 한편 CV는 $70 - 100\%$ 에서만 MV를 변화시킬 수 있으며, 이 범위를 벗어나면 MV가 포화되어 사실상 제어기능을 할 수 없다. 그림 5.20에 이 상황을 도식화 하였다.

예제 5-2: $u_{bias} = 80\%$, PB=200%, SP=20%로 설정된 경우를 생각하자.

$$u(t) = 80 + \frac{100}{200}(20 - y(t)) = 90 - 0.5y(t), \quad 0\% \le u(t), y(t) \le 100\%$$

로 부터 $y(t) = 0\%$ 일 때에 $u(t) = 90\%$, $y(t) = 100\%$ 일 때에 $u(t) = 40\%$가 됨을

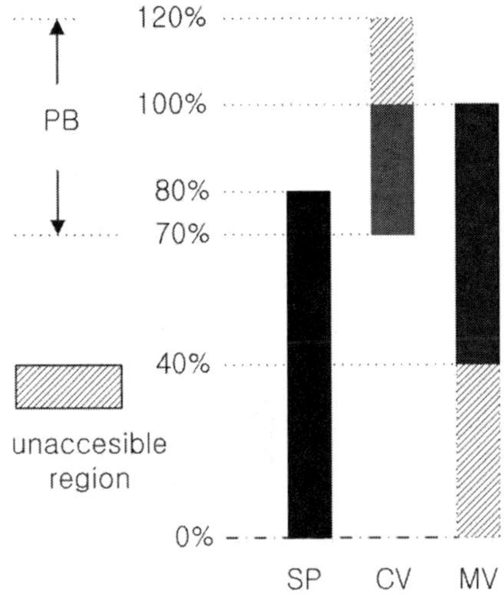

그림 5.20: PB=50%, SP=80%, $u_{bias} = 80\%$ 인 경우의 실제 CV의 비례폭 및 MV의 동작범위.

계산할 수 있다. 이 결과로 부터 MV는 실제 40 – 90% 범위 내에서만 움직이며, 0 – 100% 전범위의 CV가 MV 변화에 참여한다. 이 경우는 PB=200%로 설정되었지만 실제로는 100%의 오차범위에서만 제어동작이 이루어진다. 그림 5.21에 이 상황을 보였다.

- **P 제어는 I 제어에 비하여 동작이 빠르지만 잔류오차를 남긴다.**
- **P 제어에서 실제 가용한 CV, MV의 범위가 0-100% 이내로 제한될 수 있다.**

5.3.2.3 비례-적분 (PI, Proportional Integral) 제어

PI 제어는 비례동작과 적분동작을 조합한 것이다. PI 제어의 동작은

$$u(t) = u_{bias} + K_c \left[e(t) + \frac{1}{T_I} \int_0^t e(\tau) d\tau \right] \tag{5.10}$$

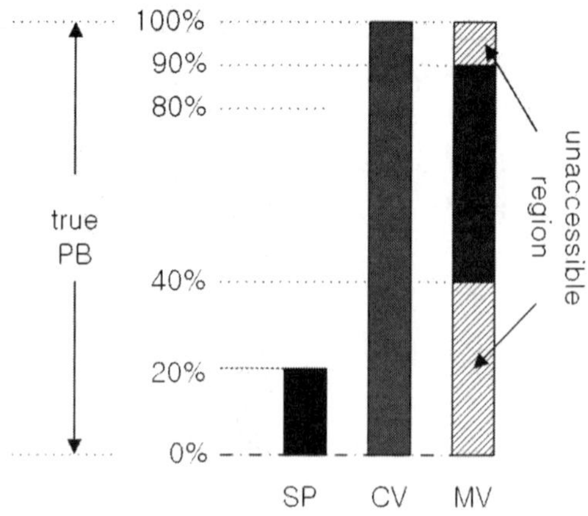

그림 5.21: PB=200%, SP=20%, $u_{bias} = 80\%$ 인 경우의 실제 CV의 비례폭과 및 MV의 동작범위.

로 표현되며, 전달함수는 다음과 같다.

$$u(s) = K_c \left[1 + \frac{1}{T_I s} \right] e(s) \tag{5.11}$$

PI 제어기는

$$u(t) = \underbrace{\left[u_{bias} + \frac{K_c}{T_I} \int_0^t e(\tau) d\tau \right]}_{\bar{u}_{bias}(t)} + K_c e(t) \tag{5.12}$$

와 같이 적분기능을 통해 u_{bias}를 $\bar{u}_{bias}(t)$로 reset하는 기능을 보완시킴으로써 P 제어의 빠른 동작과 I 제어의 잔류오차 제거의 장점을 모두 취한 제어기라 할 수 있다.

먼저 그림 5.22에 부하 변동에 대한 PI 제어의 동작을 예시하였다. P 제어만을 수행하였을 때 발생되는 잔류오차 문제가 적분동작의 도움으로 해결되었다.

PI 제어에서는 시변 reset 기능, 즉 $\bar{u}_{bias}(t)$의 동작으로 P 제어 때와는 달리 비례

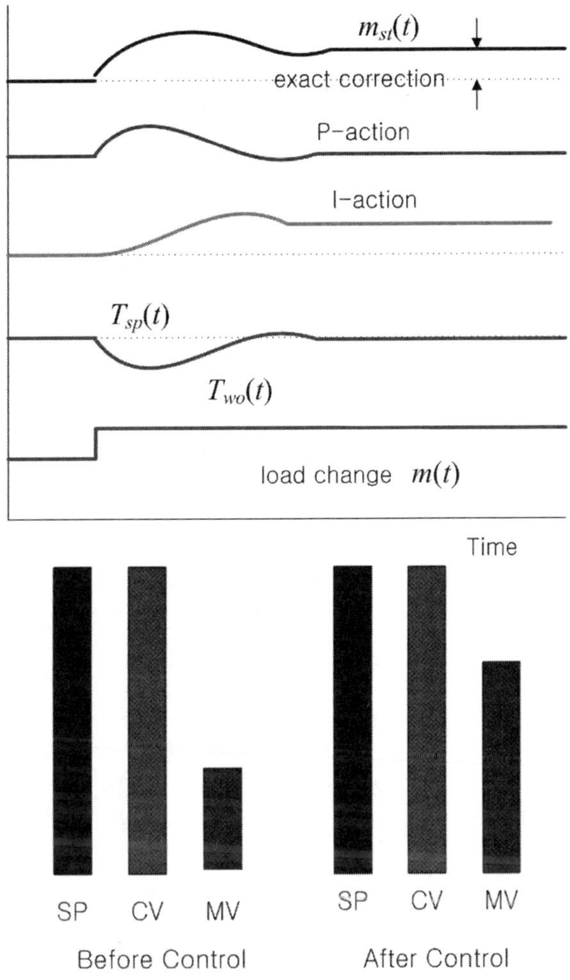

그림 5.22: PI 제어기에 의한 가열탱크의 제어. 동작도 빠르며 잔류오차도 발생하지 않는다.

폭이 시간에 따라 이동을 한다. 이것을 이해하기 위하여 다음의 예를 생각하자.

예제 5-3: PB=50%이며 $\bar{u}_{bias}(t) = 50 + 50\sin 0.01t = 0 \sim 100\%$ 이라면,

$$u(t) - \bar{u}_{bias}(t) = \frac{100}{\text{PB}} e(t) = 2e(t), \quad 0\% \le u(t) \le 100\%$$

로 부터 $\bar{u}_{bias}(t) = 0\%$ 인 경우, 가용한 비례폭이 $e(t) = 0 \sim 50\%$, $\bar{u}_{bias}(t) = 100\%$ 인 경우는 $e(t) = -50 \sim 0\%$ 이다. 이 두 값 범위 내를 모두 고려한 결과가 그림 5.23이다. PB의 폭은 유지하지만 $\bar{u}_{bias}(t)$ 에 따라 상하한 값이 이동된다. 실제 가용한 PB는 SP 값에 따라 다시 제약을 받는다. 예를 들어 SP=70% 라면, $e(t)$=SP-CV(t), $0 \le \text{CV} \le 100\%$ 로 부터 $e(t) \ge -30\%$ 로 제약된다.

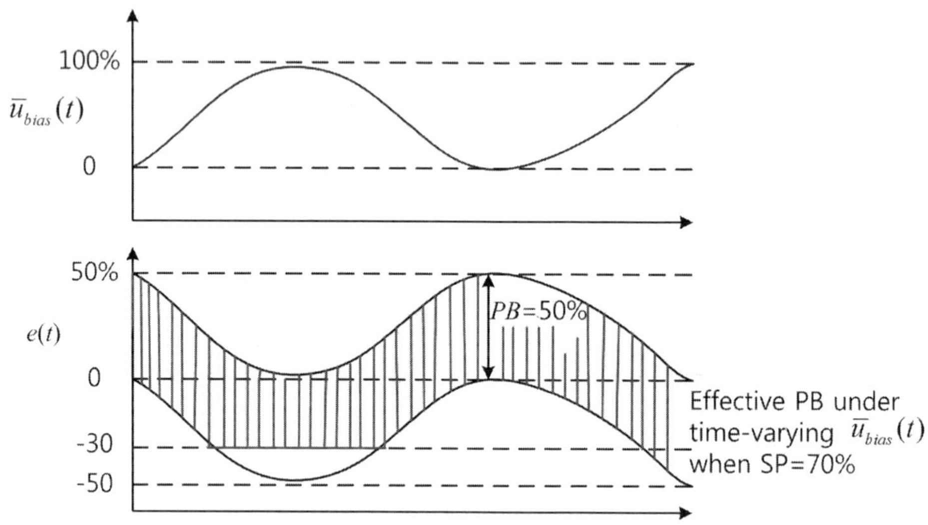

그림 5.23: 비례-적분 제어하에서 비례폭이 $\bar{u}_{bias}(t)$ 에 따라 움직인다.

적분동작의 크기를 결정하는 파라미터 T_I는 (min/repeat)의 단위를 가지며 적분시간(integral time) 혹은 reset time이라 부른다. 상업용 제어기에서는

$$R_I(\text{repeat/min}) = \frac{1}{T_I} \tag{5.13}$$

로 정의된 reset rate가 사용되기도 한다. 적분시간의 의미를 이해하기 위하여 그림 5.24과 같이 제어오차가 +1 로 지속되는 가상적인 상황을 생각한다. 비례동작은

제어오차에 비례하는 일정한 크기의 제어신호를 발생시키지만 적분동작은 시간에 따라 선형적으로 제어신호를 증가시킨다. 이때, 적분동작은 T_I(min) 후, K_c가 되어 비례동작과 같은 크기가 되며, $2T_I$(min) 후에는 $2K_c$가 되어 비례동작의 2배가 된다. 즉, 매 T_I 마다 비례동작과 같은 제어신호를 반복적으로 증가시킨다. 이러한 이유로 적분시간의 단위를 (min/repeat)로 표현한다.

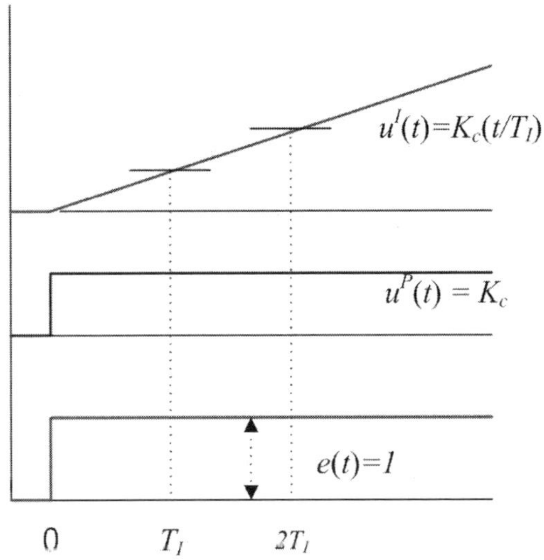

그림 5.24: 적분시간의 물리적 의미. 제어오차가 일정하게 지속되는 경우, 적분동작은 매 T_I(min) 마다 비례제어동작에 해당하는 제어동작을 누증시킨다.

Reset rate는 적분시간의 역수이므로 제어오차가 일정할 때, 매 1분 마다 비례제어동작의 몇 배에 해당되는 제어동작을 생성시키는가의 의미를 갖는다.

- **PI 제어는 제어동작도 빠르고 '일정한 설정값'에 대해서는 잔류오차도 남기지 않는다. 그러나 시간에 따라 변하는 설정값이나 외란에 대한 제어오차는 없앨 수 없다.**
- **PI 제어기는 '시변 $\bar{u}_{bias}(t)$'와 '비례 제어'를 결합한 제어기로 볼 수 있으며, u_{bias}가 reset되는 과정에서 CV의 비례폭은 지속적으로 이동한다.**

5.3.2.4 비례-미분 (PD, Proportional Derivative) 제어

비례-미분제어기의 동작은

$$u(t) = u_{bais}(t) + K_c \left[e(t) + T_D \frac{d}{dt} e(t) \right] \tag{5.14}$$

로 표현되며, 전달함수는 다음과 같다.

$$u(s) = K_c \left[1 + T_D s \right] e(s) \tag{5.15}$$

비례동작은 제어기출력의 결정에 현시점의 제어오차 만을, 적분동작은 과거부터 발생된 제어오차의 누적치를 이용한다. 이에 반하여 미분동작은 식 5.14와 같이 공정의 응답이 미래에 어떻게 나타날 것인가를 예측하여 이것을 제어기출력의 계산에 활용한다. 제어오차 미분치가 큰 양수가 되면 제어오차가 빠르게 증가할 것이라는 것을, 음수이면 감소할 것이라는 것을 나타낸다. 따라서 미분동작은 제어오차의 변화를 예견하여 그 영향을 예방하는 동작을 가하겠다는 의미를 갖는다. 이와 같은 이유로 미분동작을 흔히 preact동작이라고 부른다.

그림 5.25에서 부하에 계단변화가 발생한 경우, PD 제어기가 어떻게 동작하는지를 보였다. 비례동작이 제어오차에 비례한 제어신호를 출력하는 동안 미분동작은 제어오차의 기울기 ($-d\mathrm{CV}/dt$) 에 비례한 신호를 출력한다. 이와 같은 미분동작이 도입되면 제어계의 응답은 빨라지며 개선되는 효과를 얻을 수 있다. 그러나 지속되는 제어오차에 대한 대응능력이 없으므로 잔류오차는 피할 수 없다.

식 5.14에서 T_D 는 미분시간(derivative time) 혹은 흔히 preact time이라 부르며 min의 단위를 가진다. T_D 의 물리적 의미를 설명하기 위해 그림 5.26와 같이 제어오차가 기울기 1로 직선적으로 증가하는 가상적 상황을 설정하자. $e(t)$ 가 직선적으로 증가하므로 미분제어신호는 $K_c T_D$ 를 가진다. 한편 비례제어신호는 $K_c t$ 가 되므로 비례동작은 $t = T_D$ 시점에서 미분동작의 제어신호와 같은 크기의 값에 도달된다. 다시 말하면 미분동작은 비례동작보다 T_D 만큼 앞서서 동작을 한다(preact)는 것이다.

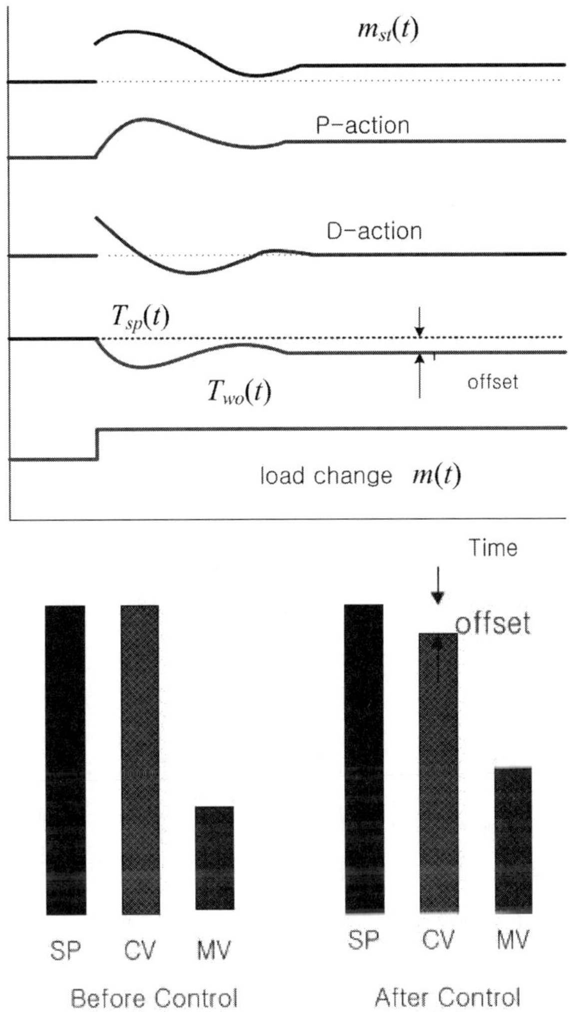

그림 5.25: PD 제어기에 의한 가열탱크의 제어. 동작이 매우 빠르나 잔류오차가 발생한다.

미분동작은 위에서 언급한 장점을 가지는 반면 단점이 있다. 그것은 측정잡음에 민감하다는 것이다. 잡음이란 크기는 작지만 빠르게 변하는 신호이므로, 이 신호의 미분은 빠른 속도로 부호가 변화하는 큰 값을 갖는다. 따라서 CV에 이러한 잡음이 포함될 때 미분동작은 MV에 빠르고 급한 변화를 유발시킨다. 이와 같은 이유로

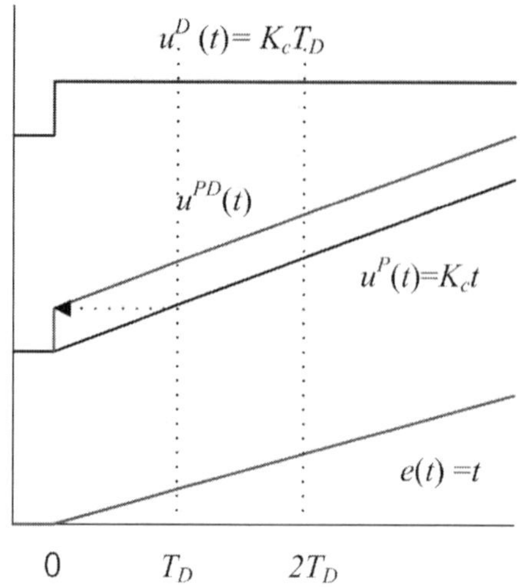

그림 5.26: 미분시간의 물리적 의미. 제어오차가 일정한 속도로 증가하는 경우, 미분동작은 초기에 비례동작보다 T_D(min) 앞 선 제어동작을 출력한다.

공정잡음이 많이 발생하는 유량, 수위, 압력 제어에서는 미분동작이 사용되지 않으며, 응답지연이 심하고 깨끗한 신호로 측정이 가능한 온도제어에서 미분동작이 많이 사용된다. 그러나 실제 공정에 PD 제어만을 사용하는 경우는 흔치 않으며 PID 제어가 사용된다.

- **D 동작은 제어오차의 예측치에 근거하는 동작이다.**
- **D 동작은 높은 주파수의 잡음에 민감하게 반응하는 문제가 있다.**

5.3.2.5 비례-적분-미분(PID) 제어

비례-적분-미분 제어기의 동작은

$$u(t) = u_{bias} + K_c \left[e(t) + \frac{1}{T_I} \int_0^t e(\tau) d\tau + T_D \frac{d}{dt} e(t) \right] \tag{5.16}$$

로 표현되며, 전달함수는 다음과 같다.

$$u(s) = K_c \left[1 + \frac{1}{T_I s} + T_D s\right] e(s) \tag{5.17}$$

PID 제어기는 P, I, D, 세 가지 제어동작의 장점을 모두 누리기 위하여 설계된 것이다. 앞에서 살펴 본 바와 같이 각 제어동작은 장점이 있는 반면, 단점도 있다. 이 중 장점만이 드러나게 하기 위해서는 제어기의 파라미터 K_c, T_I, T_D를 대상공정의 특성에 따라 잘 결정하는 것이 필요하다. 이 과정을 제어기 조율(tuning)이라 부르며 다음의 두 장에 걸쳐 소개할 주제이다.

- **PID 제어에서 각 동작의 장점이 드러나기 위해서는 대상 공정에 따라 제어기 파라미터들이 적절한 값을 가져야 한다.**

현대의 PID 제어기는 사실상 모두 디지탈 컴퓨터 내에 구현된다. 디지탈 컴퓨터 내에서는 적분, 미분이 수치적 근사식으로 구현된다. 먼저 h를 샘플링 주기라 하면 제어동작은 $t = kh,\ k = 0,\ 1,\ 2, \cdots$ 에서 일어난다. 제어시점을 이산시간 인텍스 k로 표현하면, 디지탈 PID 제어기의 기본식은 다음과 같다.

$$u(k) = u_{bias} + K_c \left[e(k) + \frac{h}{T_I}\sum_{j=0}^{k} e(j) + \frac{T_D}{h}(e(k) - e(k-1))\right] \tag{5.18}$$

적분을 위한 합산을 매 시점 마다 다시 수행하는 것은 번거운 일이므로, 적분항은 다음과 같이 계산한다.

$$I(k) = \frac{h}{T_I}\sum_{j=0}^{k} e(j), \quad I(k) = I(k-1) + \frac{h}{T_I}e(k), \quad I(0) = 0 \tag{5.19}$$

위의 식을 위치형 (position form) 디지탈 PID 식이라 부른다. 이 식은 흔히 속도형 (velocity form) PID 식으로 변형되어 사용되기도 한다. k 시점에서의 식 (5.18) 에서 $k-1$ 시점에서의 식 (5.18)을 빼면, 다음과 같은 속도형 디지탈 PID 제어기 식이 얻어진다.

$$\begin{aligned} u(k) &= u(k-1) + K_c \left[(e(k) - e(k-1)) + \frac{h}{T_I} e(k) + \frac{T_D}{h} (e(k) - 2e(k-1) + e(k-2)) \right] \\ u(0) &= u_{bias} \end{aligned} \tag{5.20}$$

5.3.3 공정변수에 따른 제어기 선택

표 5-1에 공정변수 별로 실제 어떠한 제어기들이 사용되는 가를 보였다. 미분동작은 공정변수값에 잡음이 섞여 필터로 분리하기 어려운 경우에는 사용하지 않는다. 유량, 액위, 압력과 같은 공정변수들은 높은 주파수 성분을 많이 함유하기 때문에 이들의 제어에는 미분동작을 사용하지 않는다. 그러나 온도는 큰 열질량 (Mc_p) 때문에 빠르게 변하지 않아 잡음신호를 필터링하는 것이 용이하며 미분동작이 제어에 사용된다. 한편 액위공정은 액위를 일정하게 유지하는 것 보다는 입력유량의 변동을 흡수하는 buffer 탱크 구실을 하는 경우가 많으며 이 경우는 PI 제어를 사용할 이유가 없어 P 제어만을 사용한다. 그러나 액위를 정확히 유지해야 하는 보일러 드럼 같은 경우는 PI 제어기를 사용한다.

표 5-1. 공정변수에 따른 제어기의 선택

공정변수	제어기	비고
유량	PI	빠른 동특성, 측정 잡음, 잡음 필터링 어려움
액위	P or PI	적분공정, 공정 잡음, 잡음 필터링 어려움
배관 압력	PI	빠른 동특성, 측정 잡음, 잡음 필터링 어려움
탱크 압력	PI	보통 동특성, 측정 잡음, 잡음 필터링 용이함
온도	PID	느린 통특성, 측정 잡음, 잡음 필터링 용이함

5.3.4 PID 제어기의 주파수 응답

그림 5.27-5.29에 PI, PD 및 PID 제어기의 Bode 선도를 예시하였다. PI 제어기 경우 낮은 주파수에서는 적분동작이 지배하므로 -90° 의 위상지연을 보이다 높은 주파수에서 비례동작이 지배하며 위상각이 0° 까지 상승한다. PD 제어기는 높은 주파수 신호에서 D 동작이 지배하며 제어기 이득이 한없이 커지는 것을 볼 수 있다. 이와 더불어 위상각은 +90° 증가를 한다. 높은 주파수에서 이득이 증가하는 것은 공정신호에 섞인 잡음성분을 강하게 증폭한다는 것을 뜻한다. 한편 PID 제어기는 이 둘이 조합된 성질을 보인다.

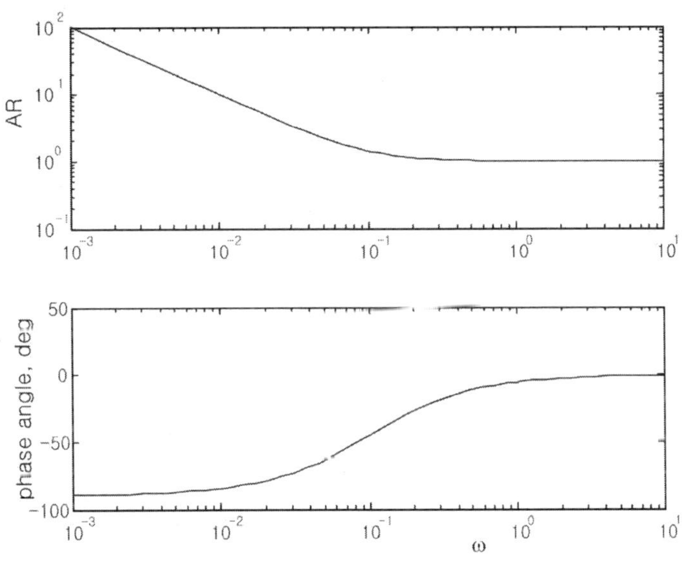

그림 5.27: PI 제어기 $1+\frac{1}{10s}=\frac{10s+1}{10s}$ 의 Bode 선도.

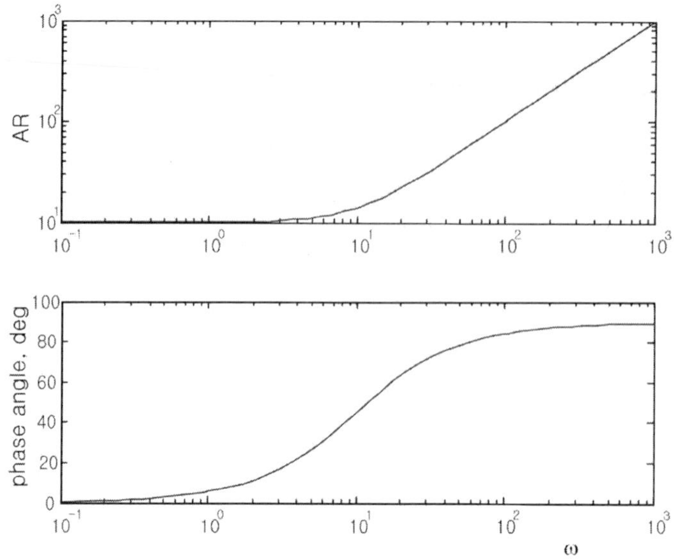

그림 5.28: PD 제어기 $1+10s$의 Bode 선도.

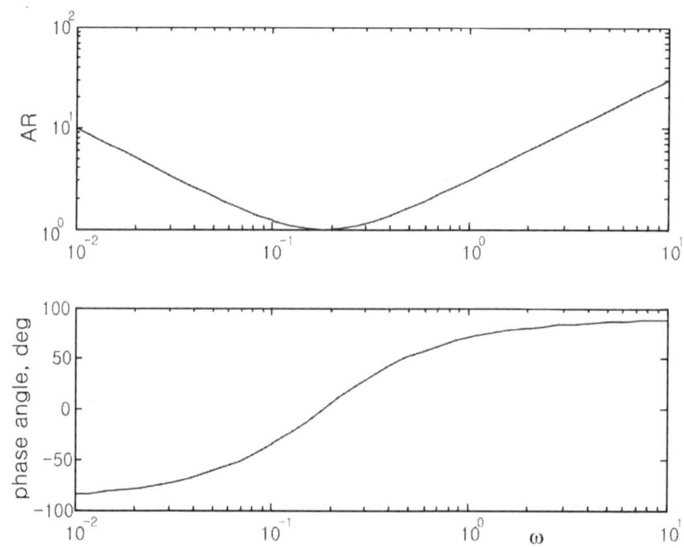

그림 5.29: PID 제어기 $1+\frac{1}{10s}+3s=\frac{30s^2+10s+1}{10s}$의 Bode 선도.

5.4 실용형 PID 제어기에서의 변형과 보완 기능

앞 절에서 소개한 PID 식은 이상형 중 하나이다. 이 식에서 미분 동작은 $T_D s$ 로 표현되어 있다. 순수 미분기능은 실현이 불가능할 뿐 아니라 잡음에 지나치게 민감하기 때문에 실제 제어기에서는 변형된 미분동작이 사용된다. 이것은 실용화된 제어기가 가지는 변형의 한 예이며, 이외에도 여러 변형과 부가기능들이 보완되어 있다. 이 절에서는 상업용 PID 제어기에 구현된 여러 변형과 부가기능을 소개한다.

5.4.1 이상형 PID 식

앞 절의 PID 식은 이상형의 한 종류로 비간섭형 PID 식이라 부른다.

$$u(s) = K_c\left[1 + \frac{1}{T_I s} + T_D s\right] e(s) \tag{5.21}$$

이상형에는 다음과 같은 간섭형 PID 식도 있다.

$$u(s) = \bar{K}_c\left[1 + \frac{1}{\bar{T}_I s}\right][1 + \bar{T}_D s]\, e(s) \tag{5.22}$$

식 (5.22)을 전개해 보면 두 PID 식은 결국 같은 꼴이며 제어기 상수들은 다음의 관계를 갖고 있음을 알 수 있다.

$$K_c = \bar{K}_c\left(1 + \frac{\bar{T}_D}{\bar{T}_I}\right), \quad T_I = \bar{T}_I + \bar{T}_D, \quad T_D = \frac{\bar{T}_D \bar{T}_I}{\bar{T}_D + \bar{T}_I} \tag{5.23}$$

PID 제어에서 적분과 미분동작의 장점이 모두 드러나기 위해서는 $T_I > T_D$ 가 만족되어야 하는데, 간섭형 PID 제어기는 $\bar{T}_I$ 와 $\bar{T}_D$ 가 어떤 값을 갖더라도 항상 $T_I \geq 4T_D$ 을 만족시키게 된다.[2] 이런 이유로 간섭형 PID 제어식이 상업용 제어기에서 종종 사용된다.

---

[2] 이것은 다음의 관계로 부터 쉽게 확인된다.

$$\frac{T_I}{T_D} = \frac{\bar{T}_I}{\bar{T}_D} + \frac{\bar{T}_D}{\bar{T}_I} + 2 \quad \rightarrow \quad y = x + \frac{1}{x} + 2 \;\geq 4$$

이제 이 이상형에 가해지는 실제 PID 제어기의 변형을 살펴보자.

5.4.2 미분동작의 변형

고주파 증폭의 억제

순수 미분동작은 물리적으로 실현 불가능할 뿐 아니라, 고주파 신호(주로 잡음성분)를 주파수에 비례하는 이득으로 증폭하는 문제가 있다. 이 문제를 해결하기 위하여 미분동작은 다음과 같이 1차 필터된 형태가 사용된다.

$$\frac{T_D s}{(T_D/N)s+1} \quad \text{여기서} \quad N = 3 \sim 10 \tag{5.24}$$

이렇게 변형된 미분동작의 고주파 이득은 그림 5.30에서와 같이 $\lim_{\omega\to\infty}\left|\frac{T_D s}{(T_D/N)s+1}\right|_{s=j\omega} = N$의 관계에 의하여 N으로 제한된다.

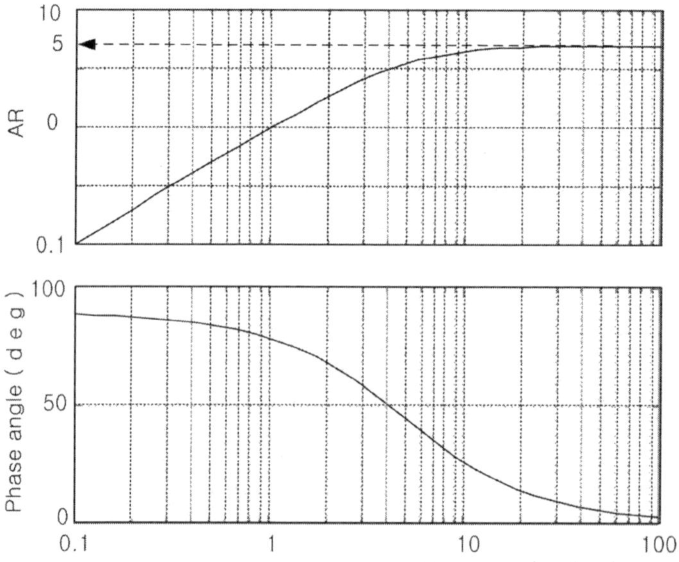

그림 5.30: $\frac{s}{(1/5)s+1}$의 주파수 응답 특성; $\omega = 5$에서 두 점근선이 만난다.

Derivative kick의 제거

이상형에서의 미분동작은 다음과 같다.

$$T_D \frac{d}{dt}(r(t) - y(t)) = T_D \left(\frac{dr(t)}{dt} - \frac{dy(t)}{dt} \right) \tag{5.25}$$

연속공정에서 설정값은 보통 일정한 값에 고정되며 따라서 대부분의 시간에서 $dr(t)/dt = 0$ 이다. 뿐만 아니라 간혹 설정값에 변화를 줄 때 $dr(t)/dt$가 순간적으로 큰 값이 되어 MV에 충격을 가한다. 이 현상을 derivative kick이라 부른다. 이 현상을 제거하기 위하여 실용형 PID 제어기에서는 $-dy(t)/dt$만을 미분동작에 고려한다. 필터가 고려되고 derivative kick이 제거된 미분동작은 다음 식으로 주어진다.

$$-\left[\frac{T_D s}{(T_D/N)s + 1} y(s) \right] \tag{5.26}$$

종종 설정값 변화가 없는, 조정만을 목적으로 하는 PID 제어기에서 비례동작에 의한 proportional kick도 제거한 형태가 사용되기도 한다. 이런 변형들을 구별하기 위하여 다음과 같이 제어오차가 직접 작용되는 동작과 그렇지 않은 동작을 구분하여 PID, PI-D, I-PD의 이름이 사용된다.

$$\begin{aligned}
&\text{PID 제어기}: && u(s) = K_c \left\{ 1 + \frac{1}{T_I s} + \frac{T_D s}{(T_D/N)s + 1} \right\} e(s) \\
&\text{PI-D 제어기}: && u(s) = K_c \left\{ \left(1 + \frac{1}{T_I s} \right) e(s) - \frac{T_D s}{(T_D/N)s + 1} y(s) \right\} \\
&\text{I-PD 제어기}: && u(s) = K_c \left\{ \frac{1}{T_I s} e(s) - \left(1 + \frac{T_D s}{(T_D/N)s + 1} \right) y(s) \right\}
\end{aligned} \tag{5.27}$$

변형되지 않은 PID 제어기는 조정(regulatory) 제어와 추적(tracking) 제어에서 상당히 다른 성능을 보이는 경우가 있는데 반하여, PI-D 및 I-PD 제어기는 두 경우에서의 제어성능 차이가 크게 나지 않는다. 조정제어와 추적제어에서의 성능을 더 비슷하게 조정할 수 있도록 비례동작에서 설정값의 기여를 0~1 사이에서 조절할 수 있도록 설계된 다음과 같은 PI-D 제어기도 사용된다.

$$u(s) = K_c\left\{(\gamma r(s) - y(s)) + \frac{1}{T_I s}e(s) - \frac{T_D s}{(T_D/N)s+1}y(s)\right\},\ 0 \le \gamma \le 1 \quad (5.28)$$

이렇게 변형된 PID 제어기의 블럭선도를 그림 5.31에 보였다. 제어오차 만으로 동작되던 1-자유도(one-degree-of-freedom) 이상형 PID 제어기가, 실용형에서는 2-자유도(two-degrees-of-freedom) 제어기로 변형되었다. 사실 외란과 설정값 변화에 대해 모두 좋은 응답을 얻기 위해서는 2-자유도 제어기가 필요한데 PI-D 나 I-PD 제어기가 이러한 요구에 따라 변형된 것이라 할 수 있다.

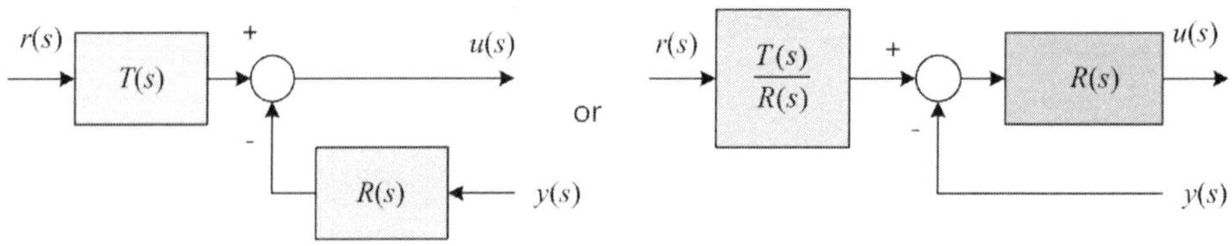

그림 5.31: 실용형 I-PD 제어기의 블럭선도. 2-자유도 구조를 가지고 있다. 여기서 $T(s) = K_c/T_I s,\ R(s) = K_c[1 + 1/T_I s + (T_D s/((T_D/N)s+1))]$ 이다.

- **실제 PID 제어기는 D-동작에 필터링과 설정값 제거가 행해져 있다.**
- **설정값 변화에 의한 kick 현상이 제거된 PID 제어기를 PI-D, I-PD 제어기라 부른다.**
- **잔류오차 제거를 위해서는 적분동작에 반드시 제어오차가 작용되어야 한다.**

5.4.3 Anti-reset windup

Reset windup 문제

적분동작은 잔류오차를 제거하는 필수적인 제어동작이지만 잘못 사용하면 reset windup라는 문제가 야기될 수 있다.

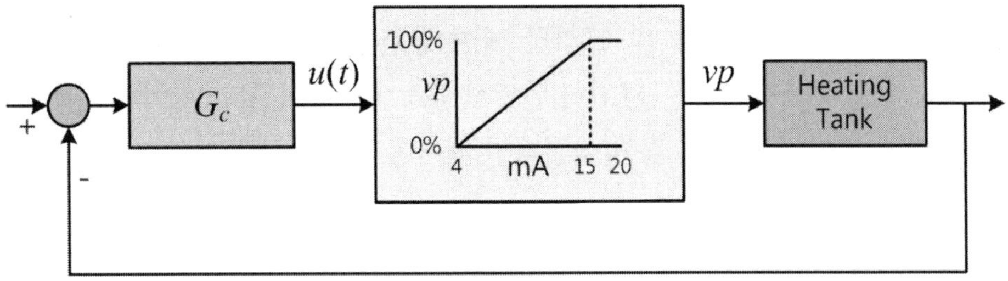

그림 5.32: 밸브 포화가 미리 일어나는 경우의 온수탱크 제어계.

Reset windup이란 제어오차가 지속되며 오차의 적분값이 계속 쌓여, 제어기 출력이 공정입력의 한계값을 넘어서는 현상을 말한다. 일단 reset windup이 발생되면 제어기 출력이 공정입력에 더 이상 반영될 수 없는 제어불능(포화) 상태가 되며, 제어오차의 부호가 반전되어 제어기 출력이 공정입력 한계 내로 다시 들어 올 때까지 제어불능 상태는 지속된다.

이 현상을 가열탱크를 이용하여 설명하자. 편의상 제어기 출력이 $u(t)$ =15 mA일 때에 $vp = 1$이 되도록 스팀 밸브의 보정이 어긋나 있다고 가정한다. 이 제어계의 상황을 그림 5.32에 보였다.

이제 그림 5.33과 같이 정상상태에서 온수 사용량 $m_w(t)$가 갑자기 큰 값으로 증가한다고 하자. $T_{wo}(t)$는 감소하고 큰 양의 제어오차가 발생한다. 제어오차가 지속되므로 적분동작에 의해 $u(t)$는 계속 증가할 것이며 $u(t)$가 15mA에 이를 때에 밸브는 최대로 열려 스팀공급량이 최고에 이른다. 여기서, $m_w(t)$의 변화가 너무 커 최대 스팀공급량에서도 $T_{wo}(t)$가 설정값으로 회복될 수 없다고 하자. 따라서 $u(t)$는 지속되는 제어오차의 적분으로 공정에 그 값이 반영될 수 없음에도 불구하고 최대값인 20mA까지 상승한다. 이렇게 밸브 포화가 일어난 시점 이후 계속 증가하여 쌓인 제어오차 적분치를 reset windup이라고 부른다.

이제 $m_w(t)$가 평상 수준으로 복귀되었다고 가정하자. 온수 요구량이 급격히 줄었으나, 스팀 밸브는 여전히 완전히 열린 상태이므로 $T_{wo}(t)$는 설정값을 지나치며 빠르게 상승한다. $T_{wo}(t)$ 가 설정값을 넘는 순간 제어오차는 음으로 바뀌며 적분값은 감소하기 시작한다. 그러나 이미 쌓인 reset windup 때문에 $u(t)$ 가 15mA에 이를 때까지 밸브는 완전히 열린상태를 유지하며, 15mA 이하로 내려갈 때에 비로소 스팀양이 줄어 들며 실질적인 제어동작이 공정에 가해진다.

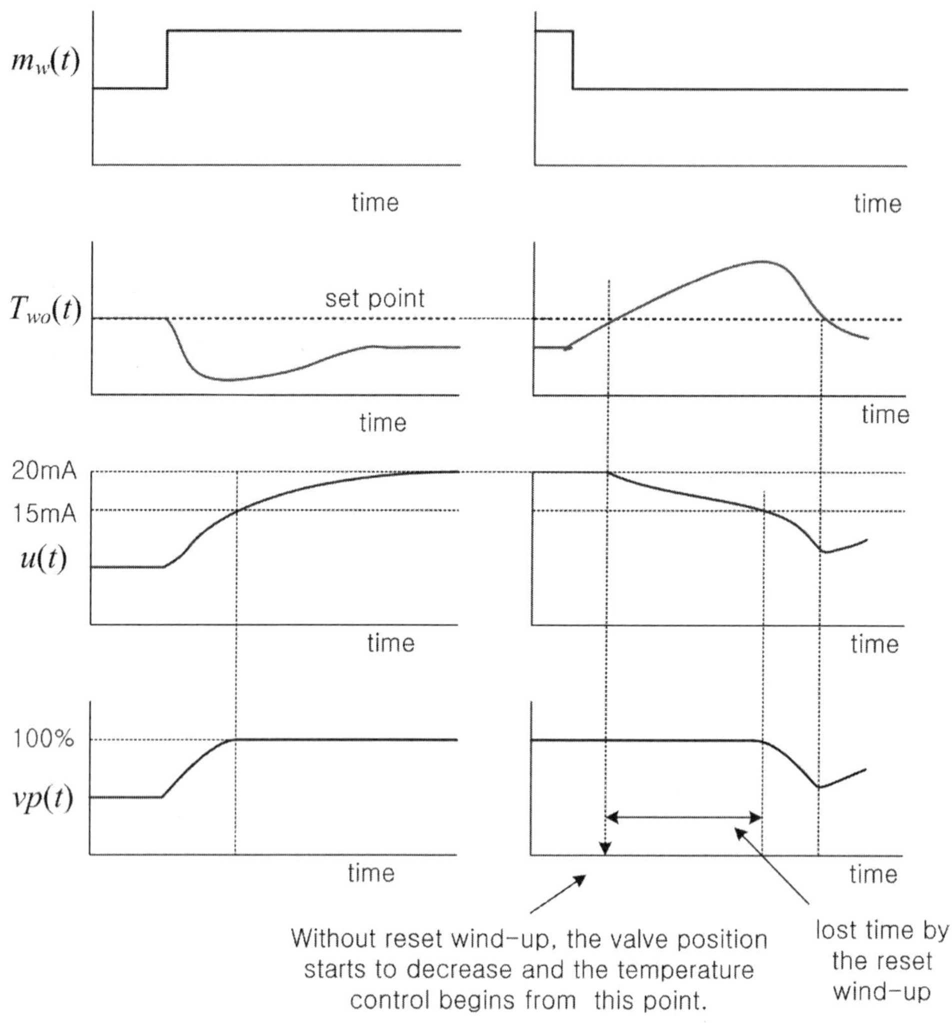

그림 5.33: 밸브 포화에 의한 reset windup 문제.

이 예에서 일단 reset windup 이 발생하면 이 값이 제거될 때까지 공정은 제어불능

상태에 놓이는 것을, 이에 따라 온수온도에는 심한 overshoot이 나타나는 것을 볼 수 있다.

사실 위 예의 reset windup 문제는 제어밸브가 정확히 보정 되었다면 일어나지 않을 것이었다. 그러나 reset windup은 사전에 예방할 수 없는 경우들이 많다. 예를 들어 제어기를 수동으로 전환하면 제어오차가 해소되지 않으므로 reset 이 windup되며, 후에 자동으로 전환할 때에 큰 제어기 출력이 공정에 가해진다. 이 외에도 다단(cascade), 우선(override) 제어 등에서도 reset windup이 발생하게 되며 이를 방지하는 능동적 조치가 반드시 필요하다.

Anti-reset windup

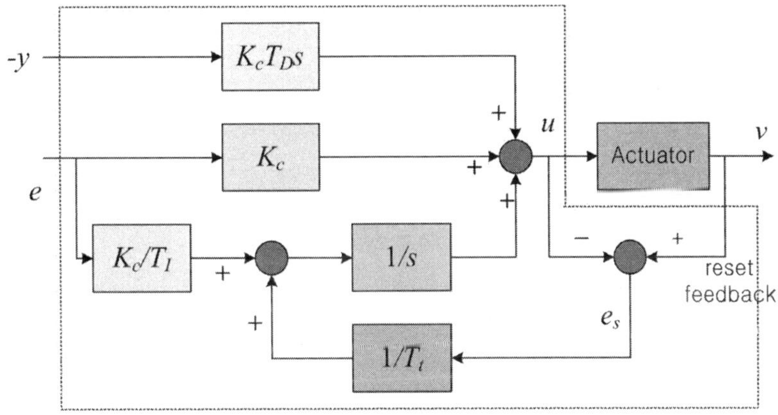

그림 5.34: Anti-reset windup 기능이 보완된 PID 제어기.

Reset windup 문제를 방지하는 기능을 anti-reset windup이라 한다. 그림 5.34는 anti-reset windup 기능을 가진 PID 제어기의 블럭선도이다. Anti-reset windup 은 공정입력 $v(t)$가 제어기 출력 $u(t)$를 잘 추종하고 있는 가를 감시하며, $v(t) \approx u(t)$가 만족되도록 $u(t)$를 조정하는 기능을 한다. Anti-reset windup 기능을 가진 제어기는 $v(t)$를 입력하는 'reset 피드백' 경로가 있으며, $e_s(t) = v(t) - u(t)$을 계산하여 적분기로 입력한다. $v(t) < u(t)$ 일 때 $e_s(t) = v(t) - u(t) < 0$가 되므로 $u(t)$

를 감소시켜 $u(t) \to v(t)$에 이르도록 하고, 반대로 $v(t) > u(t)$ 일 때에는 $e_s(t) > 0$ 이 피드백 되며 $u(t)$를 증가시켜 $u(t) \to v(t)$가 만족되도록 한다. 결국 anti-reset windup은 제어오차가 지속되더라도 공정의 입력이 제어기 출력을 추종할 수 있는 지점까지만 $u(t)$를 증가 혹은 감소시킨다.

그림 5.34의 anti-reset windup 알고리즘은 다음의 식으로 표현된다.

$$u(t)=u_{bias}+\frac{1}{T_t}\int_0^t (v(\tau)-u(\tau))d\tau+K_c\left[e(t)+\frac{1}{T_I}\int_0^t e(\tau)d\tau-T_D\frac{dy(t)}{dt}\right] \tag{5.29}$$

T_t를 추적시정수(tracking time constant)라 부르며, 보통 $T_t = T_I$로 설정한다.

- **PID 제어기에는 적분동작의 reset windup을 방지하기 위한 anti-reset windup 기능이 제공된다.**

Bumpless transfer와 output tracking

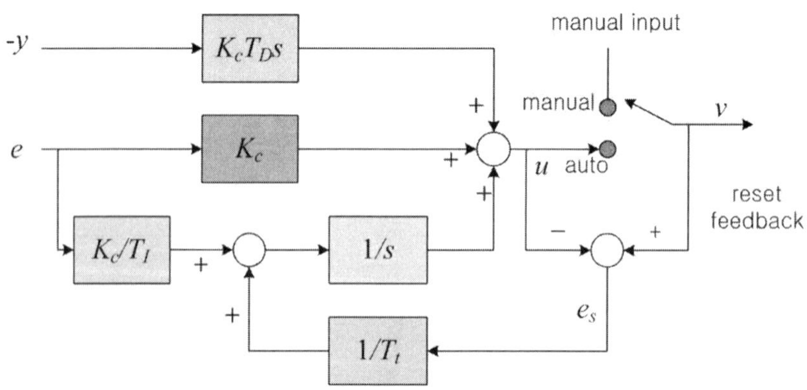

그림 5.35: 자동에서 수동으로의 bumpless transfer를 위한 output tracking 구성.

제어기는 운전 중 자동에서 수동으로 혹은 수동에서 자동으로 모드 전환이 필요한 경우들이 있다. 수동조작 후 자동으로 전환하는 경우, 자동출력(PID 제어기 출력)은 수동의 값을 이어 받아야 하며, 반대의 경우는 자동출력값을 수동출력이 인계

받아야 한다. 만약 수동출력과 자동출력이 전혀 다른 값을 갖는다면 전환시점에서 제어기 출력이 크게 변하는 일이 발생한다. 이 현상을 bump라 하며 bump가 없는 전환을 bumpless transfer라 부른다. Bumpless transfer는 anti-reset windup과 동일한 기능을 이용한다. 그림 5.35에 PID 출력이 수동출력을 추종하는 bumpless transfer 부분을 보였다. Reset 피드백은 $u(t)$가 $v(t)$을 추종하도록 하는 것이므로, output tracking이라 부르기도 한다.

5.4.4 비선형 이득

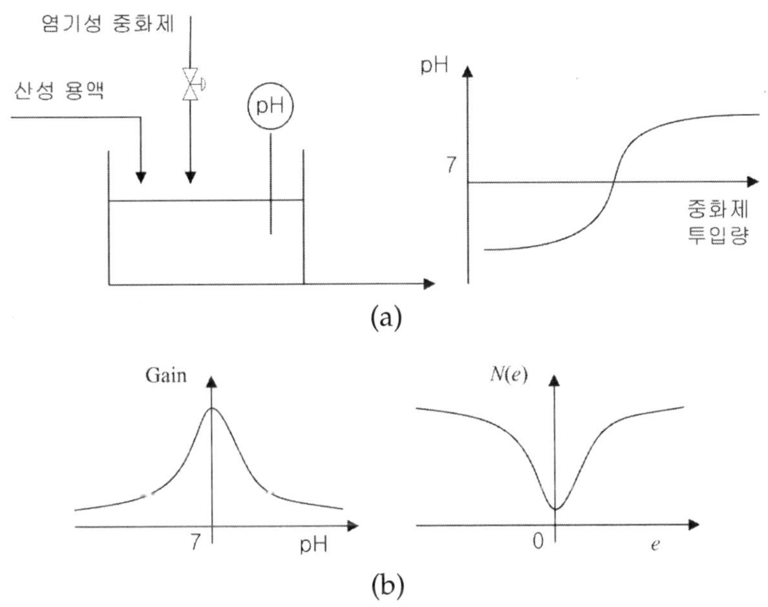

그림 5.36: (a) 중화공정의 비선형성과 (b) 선형화를 위한 비선형 제어기 이득.

공정의 비선형성이 심한 경우, 이를 보상하여 선형화시키기 위한 비선형 이득 기능이 상업용 PID 제어기에 제공된다. 비선형 이득 $N(e)$가 제공된 PI 제어기 식은 다음과 같으며

$$u(t) = u_{bias} + N(e)\frac{100}{PB}\left(e(t) + \frac{1}{T_I}\int_0^t e(\tau)d\tau\right) \tag{5.30}$$

$N(e)$는 프로그램이 가능하도록 제공된다.

비선형 이득을 적용하는 예로 그림 5.36(a)에 산성용액 중화공정과 중화제 투입량에 따른 pH 변화의 관계를 보였다. 그림 5.36(b)에 이 계의 정상상태 이득과 이를 상쇄하기 위한 $N(e)$를 예시하였다. 제시된 비선형 제어기 이득으로 '공정이득$\times N(e) \approx$ 일정'이 만족될 것이다.

5.5 회분모드 제어기

연속공정에서와는 달리 회분공정에서는 공정변수들이 넓은 범위에서 변화하는 일이 많다. 이런 일은 연속공정의 시운전(start-up) 때에도 나타난다. PID 제어기가 이런 상황에서 사용되면 적분동작으로 인하여 심한 overshoot이 발생할 수 있다. 왜 이러한 일이 발생하는 가를 설명하기 위하여 가열탱크의 초기승온 문제를 생각하여 보자.

초기에 온수의 온도는 제어기의 CV 비례폭을 벗어난, 설정값보다 낮은 값을 가지며, 초기승온 때 부터 제어기를 작동한다고 가정한다. 그림 5.37에 P 제어기와 PI 제어기를 이용하여 초기승온을 행한 결과를 각각 보였다. 이 그림을 이해하기 위해서는 다음의 두 가지 사실을 생각하여야 한다. 첫째, 제어기의 출력은 CV가 비례폭을 벗어나면 포화되며, 둘째, PI 제어기의 비례폭은 식 (5.12)와 같이 시간에 따라 변하는 $\bar{u}_{bias}(t)$를 따라 이동한다는 것이다.

이 그림에는 $u_{bias} = 50\%$로 설정되어, 초기 비례폭이 $-PB/2 \le e(t) \le PB/2$로 주어져있다.

두 상황 모두 초기온도가 비례폭을 벗어나 스팀 밸브는 초기부터 최대로 열린다. P 제어에서는 비례폭이 이동하지 않으며 최대 가열상태는 온도가 비례폭 내에 진입할 때까지 지속된다. 일단 비례폭 내로 온도가 진입하면 제어가 시작되며 밸브가 닫히기 시작한다. 그러나 적분동작이 없으므로 잔류오차를 남긴 채 안정된다. 이에 반하여 PI 제어에서는, 초기에 제어오차가 지속되는 동안 $\bar{u}_{bias}(t)$가 100%까지 증가하여 비례폭이 윗쪽으로 이동된다. 이에 따라 최대 가열상태는 온도가 설정값에 도달할 때 까지 지속되며, 설정값을 넘어서야 비로소 제어동작이

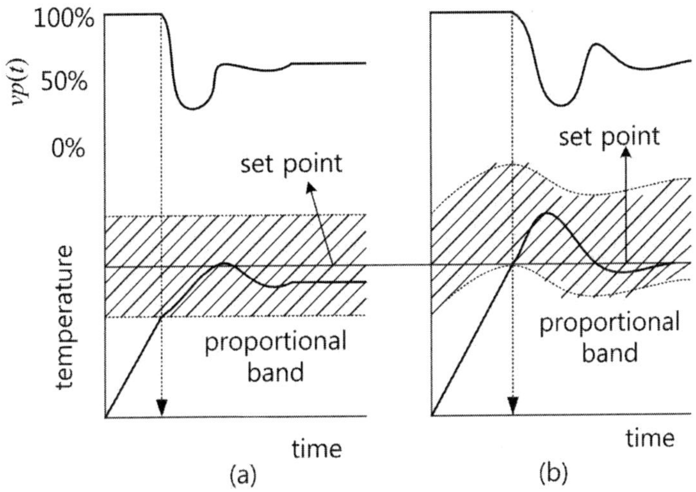

그림 5.37: P 제어 (a) 및 PI 제어 (b) 에 의한 초기승온. 제어오차가 지속되며, 적분동작이 비례폭을 최고 위치로 밀어 올린다.

시작된다. 따라서 상당한 overshoot을 피할 수 없다. 미분동작을 추가하면 이러한 문제가 어느 정도 완화되지만 근본적으로 해결되는 것은 아니다.

심한 overshoot을 피하고 잔류오차 없이 온도를 설정값에 도달시키기 위해서는, 그림 5.38과 같이 초기에 P 제어만을 사용하여 비례폭의 상승을 막고, 설정값보다 낮은 온도에서 부터 제어가 시작될 수 있어야 한다. 이때 u_{bias} 는 $0 - 50\%$ 범위에서 설정하여 비례폭이 설정값 이하의 범위를 충분히 포함하도록 하는 것도 바람직하다. 일단 온도가 비례폭 내에 진입하면, 적당한 시점에서 PID 동작을 기동시켜 잔류오차가 나타나지 않도록 한다. 초기의 P제어 대신 on-off 제어가 사용되기도 하며, 이러한 제어방법을 이중모드(dual-mode) 제어 혹은 회분모드 (batch-mode) 제어라 부른다.

회분모드 제어기는 설정값이 일정한 값으로 주어져 물의 초기온도와 큰 차이가 나는 경우에 유용하다. 만약 설정값이 그림 5.39과 같이 시변함수로 주어지면 초기시간의 과도한 제어오차에 의한 문제가 해소된다. 단, 이 경우 PID 형의 제어기로는 상승구간에서 제어오차가 발생하며 이를 피할 수 없다. 이 문제를

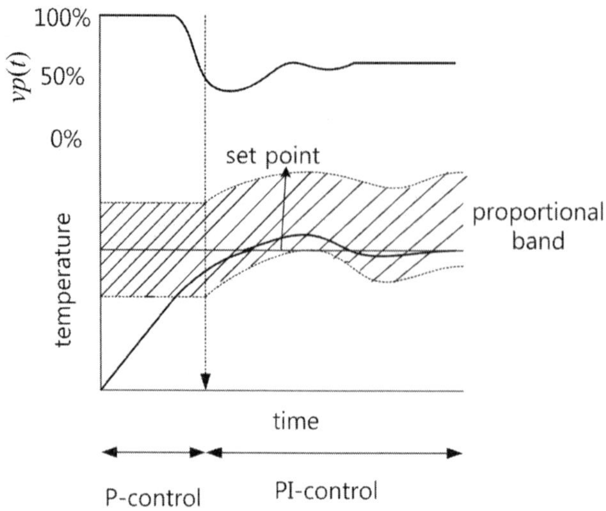

그림 5.38: P 제어와 PI 제어를 조합한 회분모드 제어.

해소하기 위하여 이중적분기를 가진 PI^{2}D형의 제어기를 사용하든지, 상승구간을 실제 시점보다 적절히 앞으로 이동시켜 적용하는 방법을 생각할 수 있다. 더 정교한 제어를 원한다면 반복학습 제어(iterative learning control) 이라 부르는 회분단위 피드백 제어 기법이 유용하다.

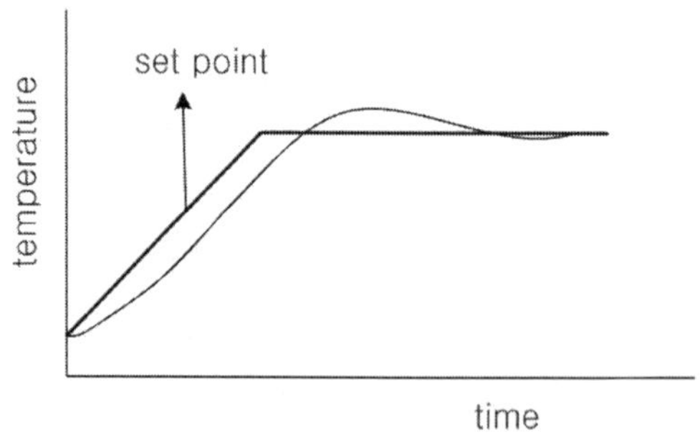

그림 5.39: 설정값을 시변함수로 주는 경우는 그림 5.37의 문제점을 피할 수 있다. 그러나 PID 제어기는 상승구간에서 잔류오차를 남긴다.

- **회분모드 제어기를 이해하기 위해서는 적분동작에 의해 $\bar{u}_{bias}(t)$ 가 시간에 따라 이동하는 원리를 이해해야 한다.**

5.6 On-off 제어기, Relay 제어기

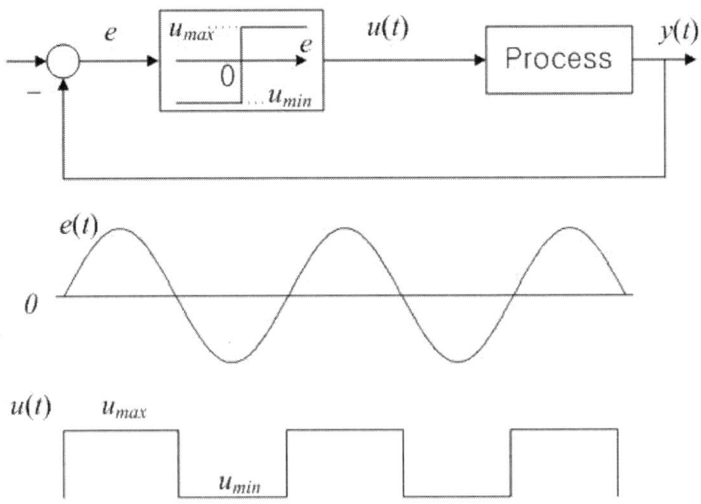

그림 5.40: Relay 제어의 구성과 응답.

On-off 제어기는 저렴한 비용으로 구성이 가능하기 때문에 정밀한 제어를 필요로 하지 않는 가전제품, 냉난방기 등에 사용된다. On-off 제어기는 제어기 출력이 on 혹은 off 로만 구성된다. 온도제어기의 경우 측정온도가 설정값 보다 낮은 경우 (히터)-on, 반대의 경우는 (히터)-off로 출력한다. On-off 제어기는 매우 작은 제어오차에도 큰 MV를 출력하므로 K_c 가 무한대인 P 제어기라 할 수 있다.

On-off 제어기를 일반화한 제어기가 relay 제어기이며 이 제어기는 on/off 대신u_{max}/u_{min} 두 위치의 값을 출력한다. 그림 5.40에 relay 제어기의 동작을 보였다. Relay 제어는 그림과 같이 입출력 신호에 진동이 지속되며 진동의 진폭은 u_{max}, u_{min} 값으로 조절할 수 있다. 이 진동은 7장에서 PID 제어기 조율에 유용하게 이용되기도 한다.

$y(t)$ 에 잡음이 혼재하는 경우, relay 제어는 u_{max}, u_{min} 값을 반복 출력하는 chattering을 일으킨다. 이를 완화시키기 위하여 보통 relay 출력을 hysteresis (자기이력)로 구성한다. 그림 5.41에 hysteresis 동작과 함께, hysteresis 제어출력과 relay 제어 출력을 비교하였다. Relay 제어는 제어오차가 0을 중심으로 부호가 바뀔 때마다 제어출력이 변하지만, hysteresis 제어는 제어오차가 e_l 과 e_u 의 사이에 있는 동안은 제어출력이 변화되지 않아 chattering이 완화된다.

vskip 5mm

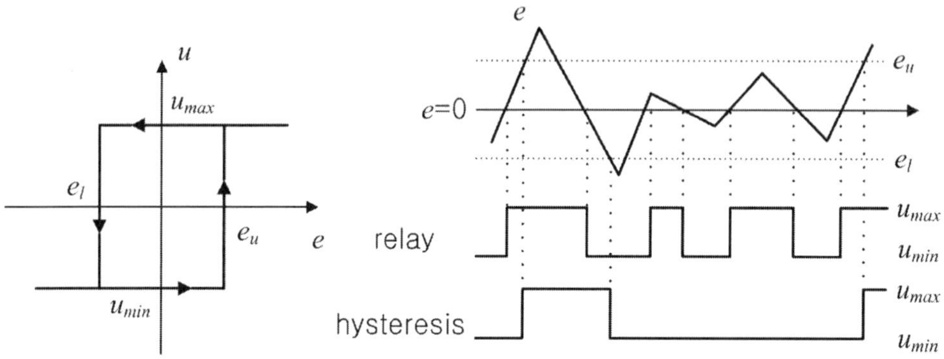

그림 5.41: Hysteresis 동작 ; relay 응답과 hysteresis 응답의 차이.

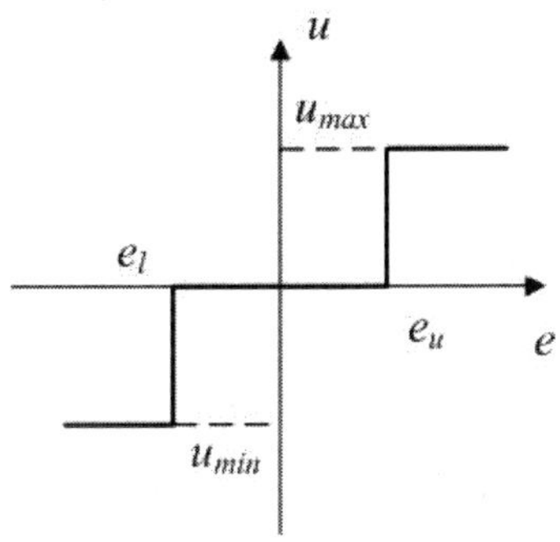

그림 5.42: Chattering 방지를 위해 dead-band도 효과적이지만 $\{u_{min}, 0, u_{max}\}$의 3 위치 출력이 필요하다.

5장의 부록

부록 5-1: 식 (5.6)의 유도

'ΔP_P=일정', 그리고 $G_f = 1$ 인 유체(물)를 가정하자. 여기서 ΔP_P는 마찰손실에 의한 동압(dynamic pressure)만을 나타내며 액체기둥에 의한 정압(static pressure)이 고려 되어서는 안된다.

배관과 제어밸브 각각의 유량과 압력강하의 관계는 다음과 같다.

$$\Delta P_L = \frac{1}{C_L^2} q^2, \quad \Delta P_v = \frac{1}{C_v^2 f(vp)^2} q^2 \tag{A5.1}$$

$\Delta P_P = \Delta P_L + \Delta P_v$로 부터 다음의 식을 얻는다.

$$\Delta P_P = \left[\frac{1}{C_L^2} + \frac{1}{C_v^2 f(vp)^2} \right] q^2 = \frac{1}{C_E(vp)^2} q^2 \quad \rightarrow \quad q = C_E(vp)\sqrt{\Delta P_P} \tag{A5.2}$$

여기서

$$\frac{1}{C_E(vp)^2} = \frac{1}{C_L^2} + \frac{1}{C_v^2 f(vp)^2} \quad \rightarrow \quad C_E(vp)^2 = \frac{C_L^2 C_v^2 f(vp)^2}{C_L^2 + C_v^2 f(vp)^2} \tag{A5.3}$$

그리고

$$\Delta P_v = \frac{C_E(vp)^2}{C_v^2 f(vp)^2} \Delta P_P \tag{A5.4}$$

위의 관계를 제어밸브 양단의 최소, 최대압력의 비로 재정리하자.

$$\frac{\Delta P_{v,min}}{\Delta P_{v,max}} = \frac{\Delta P_v(vp=1)}{\Delta P_P} = \frac{C_E^2(vp=1)}{C_v^2} = \frac{C_L^2}{C_L^2 + C_v^2} \tag{A5.5}$$

위의 식에서 C_L^2을 $\Delta P_{v,min}/\Delta P_{v,max}$의 함수로 정리하고, 식 (A5.3)에 대입하여 C_E^2을 C_v^2와 $\Delta P_{v,min}/\Delta P_{v,max}$의 함수로 정리한 후, 식 (A5.2)에 대입하면 최종적으로

다음 식이 얻어진다.

$$\frac{q}{q_{max}} = \frac{1}{\sqrt{1+(\Delta P_{v,min}/\Delta P_{v,max})(1/f(vp)^2-1)}} \quad (A5.6)$$

부록 5-2: 펌프 RPM 조절을 이용한 유량제어

유도모터의 RPM은 인버터를 이용하여 조절할 수 있다. 인버터는 4-20mA의 신호입력에 비례하여 주파수가 변하는 모사교류전원(simulated AC power)을 출력하는 장치이다. 여기서 모사교류출력이라 함은 그림 A5.1에 보인 것과 같이 사인파가 아닌 2 위치 혹은 3 위치 직류전압의 지속시간을 조절하여 사인파를 모사한 것을 말한다. 완전한 사인파 출력이 아니기 때문에 이 신호를 이용하여 모터를 구동하는 경우, 손실이 존재한다. 보통 인버터 자체의 효율이 90-95%, 모터의 동력으로 전달되는 역율이 90%로, 총괄효율은 80-85% 정도이다.

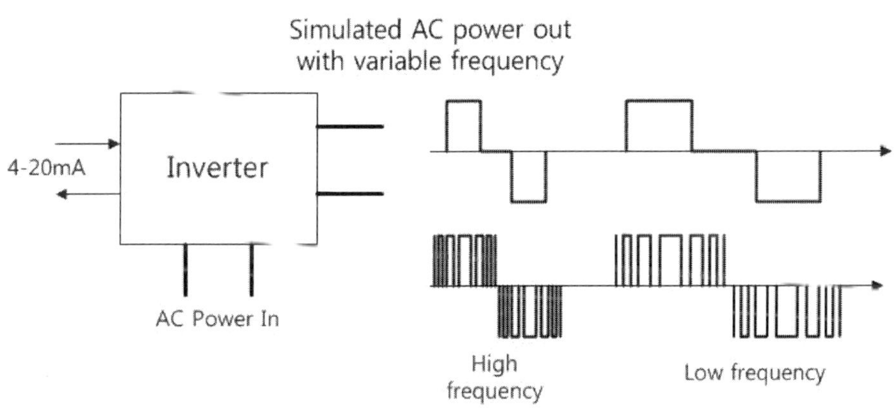

그림 A5.1: 인버터의 동작원리.

그림 A5.2에 펌프 RPM 조절에 의해 유량이 조절되는 상황을 보였다. 밸브 throttling 손실이 없이 펌프의 수력학적 에너지가 모두 배관에서의 압력손실만을 보상하는데 사용된다.

유량제어를 위한 인버터 사용은 아직 보편화 되어 있지 않다. 그것은 인버터

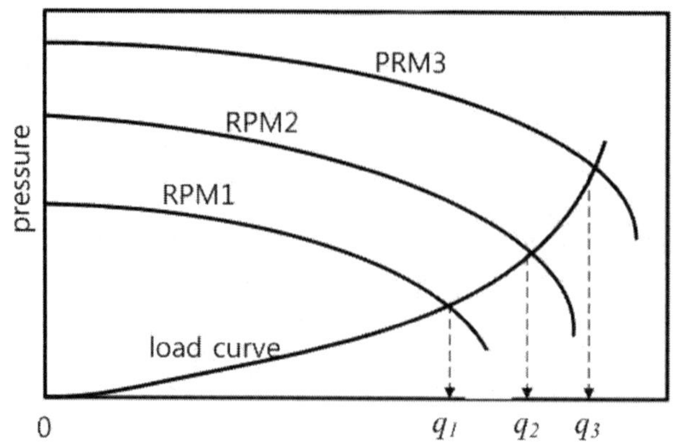

그림 A5.2: 펌프 RPM에 의한 유량조절 ; RPM1 < RPM2 < RPM3.

자체의 효율, 폭발과 부식의 위험이 있는 공장 환경, 그리고 펌프가 회전하지 않을 때 유체흐름을 방지하기 위한 밸브 추가설치 등의 문제점들이 있기 때문이다. 그러나 throttling 에너지 손실 절약에 대한 요구가 커지면 충분히 고려할 가치가 있다.

연습 문제

1. 열전대를 이용하여 두 지점의 온도차를 정확히 읽을 수 있는 방법을 제안하여라.

2. 열전대는 출력전압이 낮아 전송기에서 100배 이상의 전압증폭을 한다. 전기회로 대신 다수의 열전대를 이용하여 열전대 출력전압을 증폭하는 방법을 제안하여라.

3. 차압계를 이용하여 밀도를 알고 있는 섞이지 않는 두 액체의 경계면 위치를 측정하는 방법을 제안하여라.

4. 부식이 심해 차압계를 직접 접촉시킬 수 없는 용액의 액위를 차압계를 이용하여 측정하는 방법을 제안하여라.

5. 입력범위가 0-5,000(kPa) 이고 정밀도가 ±0.1% 인 압력 전송기로 500(kPa) 부근의 압력을 측정한다면 상대오차가 몇 %가 되는가? 50(kPa)의 압력을 측정하는 경우는 어떻게 되겠는가?

6. 제어밸브와 열교환기가 직렬로 연결된 공정에서, 100(gal/min)의 설계유량 하에서 열교환기에 12(psi)의 압력손실이 나타났다. 유량에 관계없이 일정한 토출압력을 유지하는 펌프가 유체 이송에 사용된다고 할 때에

   a) 설계유량에서 제어밸브에 전체 압력강하의 25% 가 나타나기 위한 펌프의 토출압력을 구하라.

   b) 밸브위치 $vp = 1.0$ 에서 최대유량 20(gal/min)을 흘릴 수 있는 EQ% 밸브의 사이즈 C_v 를 결정하여라.

   c) vp 와 설치유량의 관계를 식으로 표현하여라.

7. $C_v = 10$, $R = 50$ 인 등비율 밸브의 양단에 30(kPa)의 압력차가 형성된 상태에서 물이 흐른다면 $vp = 1$ 에서 얼마의 유량이 흐르겠는가? $vp = 0.5$ 일 때는 어떻겠는가?

8. 그림 P5.1은 ATC형 공압 구동기의 모형이다. A, $V(t)$, k, C는 각각 격막의 면적, 구동기 내부 부피, 스프링 상수 및 밸브 packing에 의한 damper 상수를 나타낸다. 공기는 이상기체 법칙을 만족하며, 마찰력은 속도에 비례한다고 가정한다. 또한 구동기로 전달되거나 구동기로 부터 배출되는 공기 부피유량는 압력차에 비례하며 이때 비례상수는 a라 가정한다.

   $p_2 = p_1$ 인 정상상태에서 $p_1(t)$가 변화할 때 밸브 위치 $y(t)$의 응답을 나타내는 미분방정식을 수립하고, 두 변수 사이의 전달함수를 구하여라.

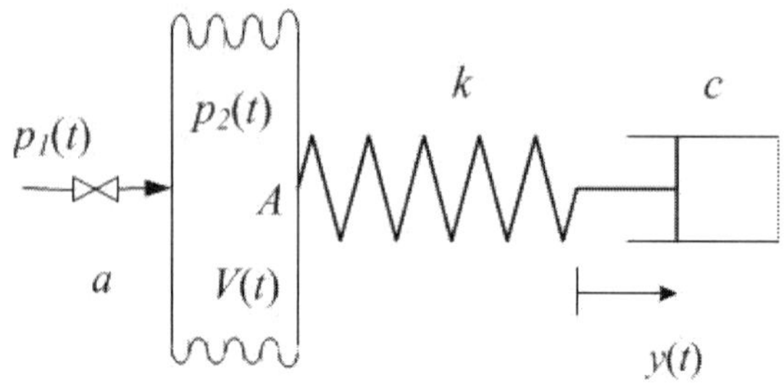

그림 P5.1: 공압식 밸브 공압 구동기의 모형.

9. 다음의 각 경우에 사용되는 제어밸브에 대해 ATC, ATO 중 어떤 형의 구동기가 적합한지 선택하여라. 또 이 때 올바른 제어기의 동작방향을 direct와 reverse 중에서 선택하여라.

   a) 스팀 보일러의 feedwater 유량 조절용 밸브
   b) 화학 반응기의 냉각수 유량 조절용 밸브
   c) 화학 반응기의 가열용 스팀유량 조절용 밸브
   d) 화학 반응기의 원료유량 조절용 밸브
   e) 증류탑 재비기 스팀유량 조절용 밸브
   f) 증류탑 상부 압력을 제어를 위한 탑상 응축기의 냉각수 유량 조절용 밸브

10. PB=80%, SP=70%, $u_{bias} = 20\%$로 설정된 P-제어기에서 CV의 실제 비례폭 범위와 MV의 동작범위를 계산하여라.

11. 위의 문제에서 u_{bias}가 0%, 40%, 100%인 경우에 대해서 계산을 수행하여라.

12. SP=$r(t)$=50%, $u_{bias} = 50\%$, PB=20%, $T_I = 10$(min)으로 설정된 PI-제어기에 CV가 $y(t) = t(\%/\text{min})$로 증가하며 입력되고 있다.

    a) 시간에 따른 제어기의 출력을 구하여라.

    b) 시간에 따른 CV의 실제 비례폭을 구하여라.

13. SP=$r(t)$=50%, $u_{bias} = 0\%$, PB=30%, $T_I = 10$(min), $T_D = 2$(min)으로 설정된 PID-제어기에 CV가 $y(t) = 100 - t(\%/\text{min})$로 감소하며 입력되고 있다.

    a) 시간에 따른 제어기의 출력을 구하여라.

    b) 시간에 따른 CV의 실제 비례폭을 구하여라.

14. 그림 5.34의 anti-reset windup 기능이 부가된 제어기는 v와 e를 입력변수로 u을 출력변수로 하는 구조를 가진다. 이들 사이의 관계를 나타내는 전달함수를 구하고 그 성격을 해석하여라.

15. $G(s) = 10/(s+1)(2s+1)$ 인 공정의 설정값이 $r(t) = 0.1t$ 의 ramp 함수로 주어져 있다. PID 제어기를 이용하여 제어하는 경우, 잔류오차를 계산하여라. PI^2D (I^2=이중적분기)로 제어하는 경우의 잔류오차를 계산하여라. $r(t) = 0.2t$ 인 경우에 대해 동일한 계산을 수행하여라.

제6장

피드백 루프의 해석과 안정성

제어기는 공정의 동특성에 따라 다양한 형태로 설계될 수 있으나, 6, 7 장에서는 제어기의 형태를 PID로 국한하고 이의 조율(tuning) 법만을 다룬다. PID 제어기의 조율은 일반적인 제어기의 설계에서와 마찬가지로 피드백 루프의 특성에 대한 이해를 기반으로 한다. 이를 위하여 이번 장에서는 먼저 피드백 루프의 해석, 특히 안정성에 관련된 내용을 다룬다.

6.1 피드백 루프 해석

6.1.1 피드백 루프 전달함수

1 장의 그림 1.13을 통하여 피드백 제어루프는 각 요소를 블록으로 표현하고 이를 조합한 블록선도로 나타낼 수 있음을 알았다. 블록선도는 피드백 제어루프를 표현하고 해석하는 데에 매우 유용하다. 특히 피드백 루프 내의 모든 공정들이 전달함수로 표현되는 경우에는 간단한 과정을 통하여 닫힌 루프 (closed loop) 전달함수를 유도할 수 있다.

그림 1.4의 가열탱크 제어루프를 다시 생각하자. 그림 1.4는 그림 6.1과 같은 블록선도로 표현할 수 있다. 이 공정에는 온수 사용량을 주요 외란으로 가정한다. 직렬로 연결된 선형공정들의 통합 전달함수는 각 전달함수의 곱으로 나타낼 수

있으므로,

$$G_s(s)G_d(s)m_w(s) = G_s(s)G_h(s)G_v(s)G_I(s)d(s) \tag{6.1}$$

로 정의되는 변수 $d(s)$를 고려하여 이것을 외란으로 정의하면 그림 6.1은 그림 6.2로 단순화된다.

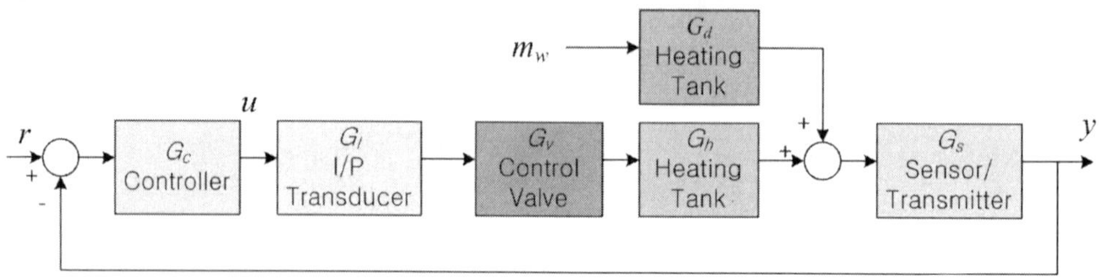

그림 6.1: 가열탱크 제어루프의 블록선도 표현.

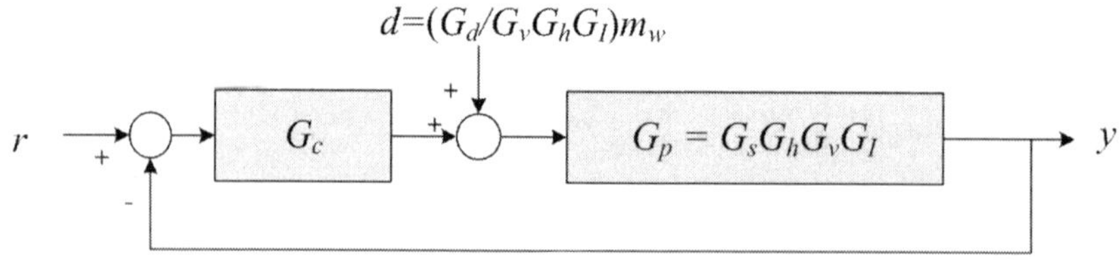

그림 6.2: 단순화된 가열탱크 제어루프의 블록선도 표현.

외란은 사실 예측 불가능한 것으로 임의의 형태를 가질 수 있으므로, 식 (6.1)로 정의된 새로운 외란변수 d에 의해 제어루프는 그림 6.2와 같은 표준형으로 변환될 수 있다.

그림 6.2의 제어루프에서 우리가 관심을 갖는 것은 설정값과 외란의 변화에 대하여 출력 y (혹은 제어오차 e)가 어떻게 응답하느냐 하는 것이다. 이것을 위해 다음의

루프해석을 수행하면

$$y = G_pd + G_cG_pe, \quad e = r - y \quad \rightarrow \quad y = G_pd + G_cG_p(r - y) \tag{6.2}$$

닫힌 루프의 전달함수는 아래와 같이 쉽게 얻어진다.

$$y(s) = \frac{G_p(s)}{1 + G_p(s)G_c(s)}d(s) + \frac{G_c(s)G_p(s)}{1 + G_p(s)G_c(s)}r(s) \tag{6.3}$$

그림 6.2 형태의 음성 피드백 루프에서 외부에서 가해지는 입력신호 x와 루프 내의 임의의 신호 z 사이의 전달함수는 다음과 같다.[1]

$$\frac{z(s)}{x(s)} = \frac{x\text{와 } z \text{ 사이의 forward 경로 위의 전달함수의 곱}}{1 + \text{닫힌 루프 내의 전달함수의 곱(루프 전달함수)}} \tag{6.4}$$

이 법칙을 적용하여 d 및 r과 e 사이의 전달함수를 구하면

$$e(s) = -\frac{G_p(s)}{1 + G_p(s)G_c(s)}d(s) + \frac{1}{1 + G_p(s)G_c(s)}r(s) \tag{6.5}$$

와 같다. 여기서 d와 e 사이의 전달함수에 - 부호가 곱해진 것은 음성 피드백으로 신호의 부호가 바뀌기 때문이다.

양성 피드백 루프도 식 (6.4)의 관계를 만족하지만 분모항이 1-(루프 전달함수)로 다르다.[2]

6.1.2 닫힌 루프 특성방정식과 안정성

닫힌 루프의 안정성은 닫힌 루프 전달함수의 극의 위치로부터 판단할 수 있다. 전달함수는 일반적으로 다항식의 비로 표현되므로

$$G_p(s) = \frac{n_p(s)}{d_p(s)}, \quad G_c(s) = \frac{n_c(s)}{d_c(s)} \tag{6.6}$$

[1]복잡하게 얽힌 피드백 루프에서 어떤 외부 입력신호와 루프 내 신호 사이의 전달함수를 구하는 일반적인 방법으로 Mason의 법칙이 있으며, 부록에 소개하였다.

[2]닫힌 루프 내의 모든 전달함수의 곱을 열린 루프 전달함수(open loop transfer function) 혹은 열린 루프 이득(open loop gain)이라 부른다.

로 정의하면, 식 (6.3)은 다음과 같이 정리된다.

$$y(s) = \frac{n_p(s)d_c(s)}{d_p(s)d_c(s)+n_p(s)n_c(s)}d(s) + \frac{n_p(s)n_c(s)}{d_p(s)d_c(s)+n_p(s)n_c(s)}r(s) \tag{6.7}$$

따라서, 닫힌 루프 특성방정식(closed loop characteristic equation)은

$$d_p(s)d_c(s)+n_p(s)n_c(s) = 0 \tag{6.8}$$

이며, 이 방정식의 근, 즉, 닫힌 루프 극(closed loop poles)의 위치로부터 응답모드 및 안정성 여부를 판단할 수 있다.

$G_{ol}(s) = G_p(s)G_c(s)$로 정의할 때, 식 (6.8)의 특성방정식은

$$0 = 1 + G_{ol}(s) \tag{6.9}$$

와 동일하며 닫힌 루프 특성방정식을 흔히 식 (6.9)로 표현한다.

2.7절 전달함수의 안정성에서 이미 설명하였던 것과 같이, 모든 닫힌 루프 극이 복소수 좌측 열린 반평면에 존재하면, 닫힌 루프는 안정하며, 한 개의 극이라도 복소수 우측 닫힌 반평면에 존재하면 닫힌 루프는 불안정하다.[3]

이제 간단한 예를 통하여 응답과 안정성을 분석하여 보자.

예제 6-1: 1차 공정의 비례 및 비례-적분 제어

그림 6.2의 피드백 제어계에서 $G_p(s) = K/(\tau s+1)$이라 하자. 설정값 및 외란의

[3]이것은 입출력 안정성(input-output stability)의 관점이며, 입출력 안정성은 모든 한정된 크기의 입력(bounded input)에 대해 한정된 크기의 출력(bounded output)이 나타날 때 안정한 것으로 정의한다. 허수축 위에 근이 존재하는 경우, 예를 들어 $s = \pm j\omega_1$에 극이 존재하면 $u(t) = \sin\omega_1 t \leftrightarrow u(s) = \frac{\omega_1}{s^2+\omega_1^2}$인 bounded 입력에 대해 $t\sin\omega_1 t \leftrightarrow \frac{2s\omega}{(s^2+\omega_1^2)^2}$ 형태의 unbounded 출력이 나타나므로 불안정으로 판정된다.

변화에 대한 출력응답은 다음과 같다.

$$y(s) = \frac{G_c(s)K/(\tau s+1)}{1+G_c(s)K/(\tau s+1)} r(s) + \frac{K/(\tau s+1)}{1+G_c(s)K/(\tau s+1)} d(s) \tag{6.10}$$

1. 비례제어 $G_c(s) = K_c$

- **안정성**

특성 방정식 : $0 = 1 + K_cK/(\tau s+1) = \tau s + (1+K_cK)$

닫힌 루프 극 : $s = -(1+K_cK)/\tau$

$K_cK > -1$ 이면 항상 안정하다. PID 제어기의 동작방향(direct/reverse)은 항상 $K_cK > 0$ 이 만족되도록 결정되어야 하므로 1차 공정의 비례제어 루프의 안정성은 K_c 값과 상관없이 보장된다.

위에서 $-1 < K_cK < 0$ 인 음의 이득 영역에서도 제어계가 안정한 이유를 살펴 보자. 공정 전달함수 $K/(\tau s+1)$은 안정과 불안정의 경계상태인 $1/\tau s$ 에 음성 피드백이 걸린 공정으로 분해할 수 있으며, 비례제어기가 걸린 제어루프를 그림 6.3과 같이 표현할 수 있다. 1차 공정 내에 이미 이득 1의 음성 피드백이 걸려 있으므로 $KK_c = -1$ 의 양성 피드백이 걸릴 때 까지는 안정성이 유지될 수 있다.

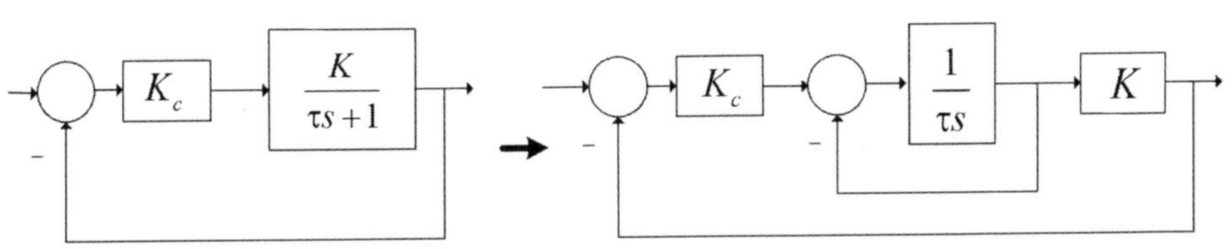

그림 6.3: 1차 공정을 적분공정의 피드백으로 분해하여 표현한 닫힌 루프.

- **계단응답**

$G_c(s) = K_c$를 대입하면 식 (6.10)을 다음과 같이 정리된다.

$$y(s) = \frac{K_cK/(1+K_cK)}{(\tau/(1+K_cK))s+1}r(s) + \frac{K/(1+K_cK)}{(\tau/(1+K_cK))s+1}d(s) \tag{6.11}$$

따라서 닫힌 루프 전달함수는 다시 1차계가 된다. 이때 닫힌 루프의 시정수는 $\tau_{cl} = \tau/(1+K_cK) \leq \tau$이므로 동특성이 개선(응답이 빨라짐)된 것을 볼 수 있다. 한편 설정값과 외란에 대한 정상상태 이득은 1과 0이 이상적이지만 각각 $K_cK/(1+K_cK)$, $K/(1+K_cK)$이 되어 잔류오차가 발생된다. 잔류오차는 다음과 같이 정의된다.

$$\text{잔류오차} = \lim_{t\to\infty} e(t), \quad \text{여기서 } e(t)\text{는 제어오차} \tag{6.12}$$

최종값 정리를 이용하면 s 영역에서

$$\text{잔류오차} = \lim_{t\to\infty} e(t) = \lim_{s\to 0} se(s) \tag{6.13}$$

로 계산된다. 잔류오차의 크기는 식 (6.12)를 이용하여 간단히 구할 수 있다. 먼저 제어오차의 설정값 및 외란에 대한 전달함수는 다음과 같다.

$$e(s) = \frac{1}{1+K_cK/(\tau s+1)}r(s) - \frac{K/(\tau s+1)}{1+K_cK/(\tau s+1)}d(s) \tag{6.14}$$

단위계단입력에 대한 잔류오차는 다음과 같다.

$$\begin{aligned} r\text{에 대한 잔류오차} &= \lim_{s\to 0} s\left[\frac{e(s)}{r(s)}\right]\frac{1}{s} = \frac{1}{1+K_cK} \\ d\text{에 대한 잔류오차} &= \lim_{s\to 0} s\left[\frac{e(s)}{d(s)}\right]\frac{1}{s} = -\frac{K}{1+K_cK} \end{aligned}$$

그림 6.4에 K_c 변화에 따른 출력의 계단응답을 예시하였다.

2. 비례-적분 제어: $G_c(s) = K_c\left(1+\frac{1}{T_Is}\right)$

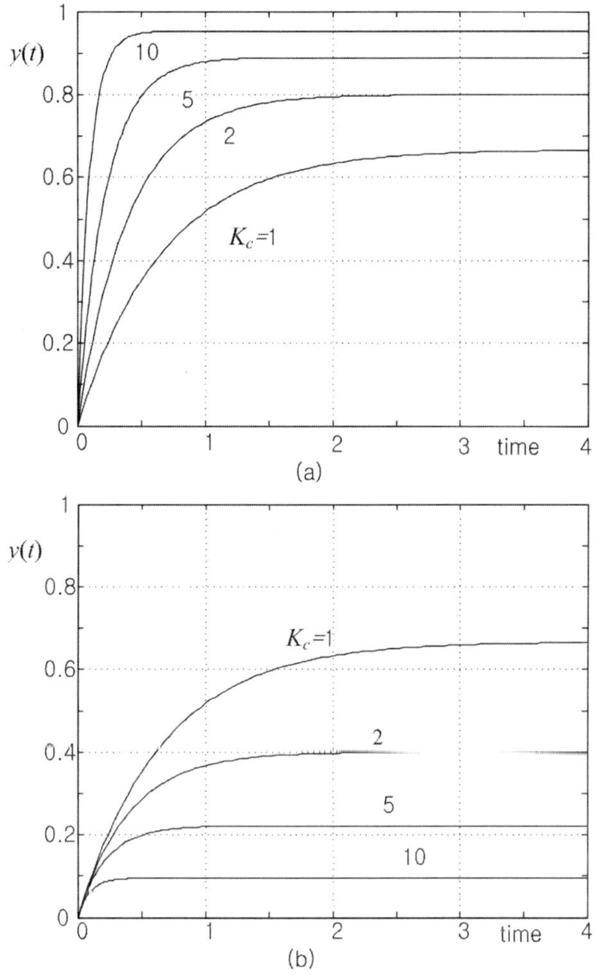

그림 6.4: 1차 공정 비례제어 단위계단응답. (a) 설정값 변화 (b) 외란 변화 ($G_p(s) = 2/(2s+1)$).

- **안정성**

특성 방정식 : $0 = 1 + K_c\left(1+\frac{1}{T_I s}\right)\frac{K}{\tau s+1} = \tau T_I s^2 + (1+K_c K)T_I s + K_c K$

특성방정식이 2차식이므로 근의 공식을 이용하면 $KK_c > 0$이고 $T_I > 0$이면 항상 안정함을 알 수 있다. 이 조건은 제어기의 동작방향을 옳게 설정할 때에 항상 만족되는 것이다.

- **계단응답**

닫힌 루프 전달함수를 정리하면 영을 갖는 2차 전달함수가 얻어진다.

$$y(s) = \frac{1 + T_I s}{(s/\omega_n)^2 + 2\zeta(s/\omega_n) + 1} r(s) + \frac{(T_I/K_c)s}{(s/\omega_n)^2 + 2\zeta(s/\omega_n) + 1} d(s) \quad (6.15)$$

여기서

$$\omega_n = \sqrt{\frac{K_c K}{\tau T_I}}, \quad \zeta = \frac{1}{2}\sqrt{\frac{T_I}{\tau}} \frac{1 + K_c K}{\sqrt{K_c K}}$$

이다. 그림 6.5에 $T_I = 1$인 경우, K_c의 변화에 따른 응답을 예시하였다. 영의 응답에 대한 영향은 3장에서 소개하였다.

설정값과 외란에 대한 정상상태 이득은 해당 전달함수에 $s = 0$을 대입하여 얻을 수 있으며, 각각 1, 0이 얻어진다. 따라서 계단입력에 대해 잔류오차가 발생치 않는다. 이것은 적분동작에 의한 결과이다.

사실, 공정의 특성과 상관없이 제어기의 적분동작은 설정값 및 외란의 계단변화에 대해서 항상 잔류오차를 제거할 수 있다. 이 성질은 다음과 같이 쉽게 보일 수 있다. 적분동작이 있는 제어기는 다음과 같이 표현할 수 있다.

$$G_c(s) = \frac{\bar{G}_c(s)}{s} \quad (6.16)$$

그림 6.2의 제어루프에 대한 전달함수를 식 (6.5)에 대입하여 정리하면

$$e(s) = -\frac{sG_p(s)}{s + G_p(s)\bar{G}_c(s)} d(s) + \frac{s}{s + G_p(s)\bar{G}_c(s)} r(s) \quad (6.17)$$

최종값의 정리를 적용하면 (전달함수의 s에 0을 대입) $d(s)$와 $r(s)$의 계단입력 모두에 대하여 제어 잔류오차가 모두 0이 된다. 여기서 주의할 사항은 적분동작이 계단입력에 대한 잔류오차만을 없앨 수 있으며, 다른 형태의

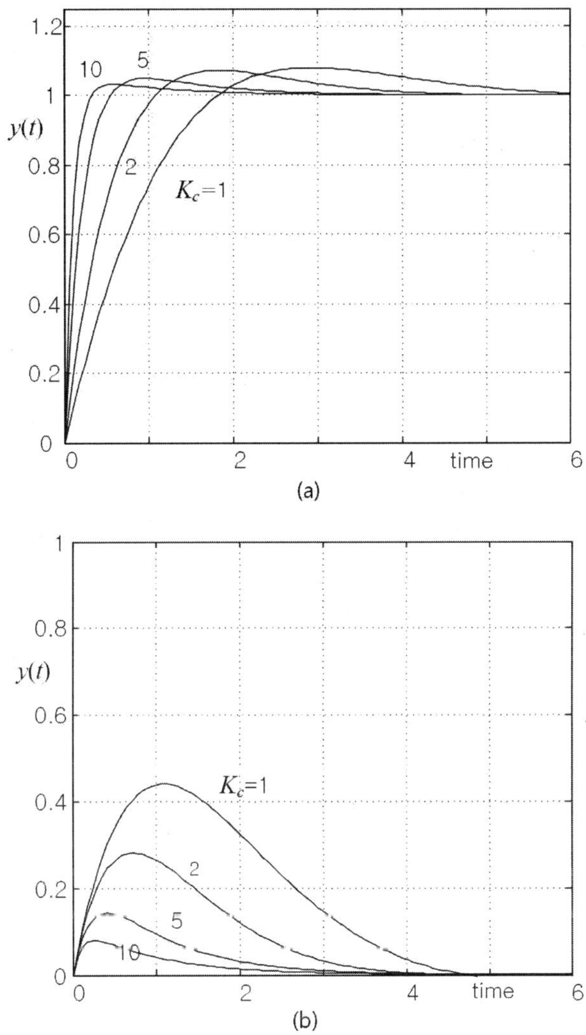

그림 6.5: 1차 공정 PI 제어 단위계단응답 (a) 설정값 변화 (b) 외란 변화 ($G_p(s) = 2/(2s+1)$, $T_I = 1$).

입력에서는 잔류오차가 나타난다는 것이다.

예제 6-2: 1차 적분공정의 비례 및 비례-적분제어

1차 적분공정은 $G_p(s) = 1/\tau s$ 의 전달함수를 갖는다. 닫힌 루프 해석은 1차 공정과 동일하게 수행되므로 여기서는 중요한 몇가지 결과만을 기술한다.

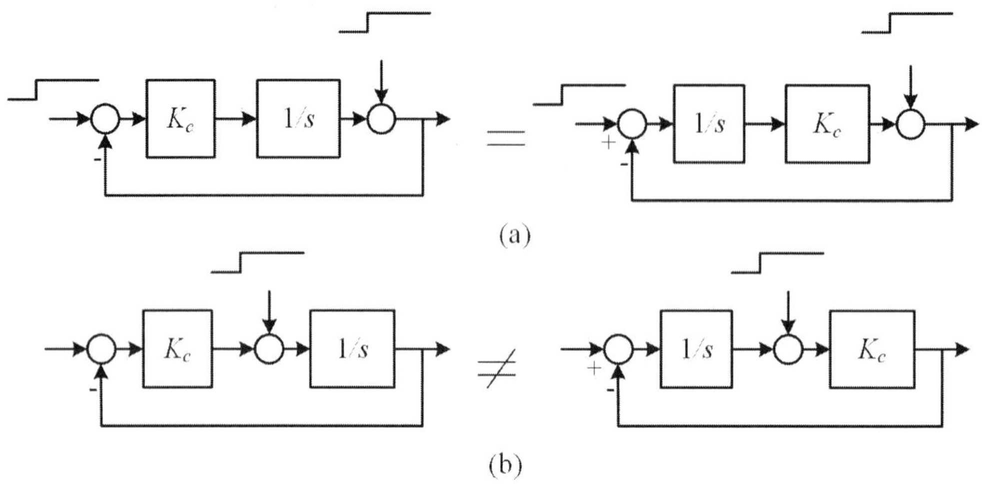

그림 6.6: (a) 적분공정의 P 제어는 설정값 변화 및 출력측 외란에 대해서는 잔류오차가 발생하지 않으나 (b) 입력측 외란에 대해서는 잔류오차가 발생된다.

1. 비례제어

$K_c/\tau > 0$ 인 동안은 K_c 값에 상관없이 항상 안정하다. 한편, 공정자체가 적분기이므로 비례제어만으로도 외부신호의 계단변화에 대해 잔류오차가 나타나지 않을 가능성이 있다. 그러나 실제로 잔류오차가 나타나지 않는 것은 설정값과 출력 외란의 계단변화에 대해서이며, 입력 외란의 계단변화에 대해서는 잔류오차가 나타난다. 그것은 입력 외란은 적분이 되어 선형적으로 증가하여 출력측에 나타나기 때문이다.

2. 비례-적분제어

제어기의 동작방향이 바르게 설정되면, 제어기 파라미터 값에 상관없이 안정성이 보장된다. 한편 잔류오차는 설정값, 입력/출력 외란 모두에 대해 나타나지 않는다.

예제 6-3: 3차 공정의 비례제어

$G_p(s) = 1/(s+1)^3$ 인 공정을 가정하자. $G_c(s) = K_c$ 인 비례제어를 적용하면, 다음 식을 얻는다.

$$y(s) = \frac{K_c}{s^3 + 3s^2 + 3s + 1 + K_c} r(s) + \frac{1}{s^3 + 3s^2 + 3s + 1 + K_c} d(s) \tag{6.18}$$

최종값 정리로부터 설정값, 외란 계단변화에 대해 잔류오차가 나타나는 것을 알 수 있다. 이것은 비례제어에 의한 당연한 결과이다. 특성방정식은 $0 = s^3 + 3s^2 + 3s + 1 + K_c$ 로 극을 K_c 의 함수로 표현하는 것이 용이하지 않으며, K_c 의 값에 따라 불안정한 극이 나타날 가능성도 있다. 그림 6.7에 K_c 값의 변화에 따른 계단응답을 보였다. $K_c > 8$ 에서 응답이 불안정해지는 것을 볼 수 있다.

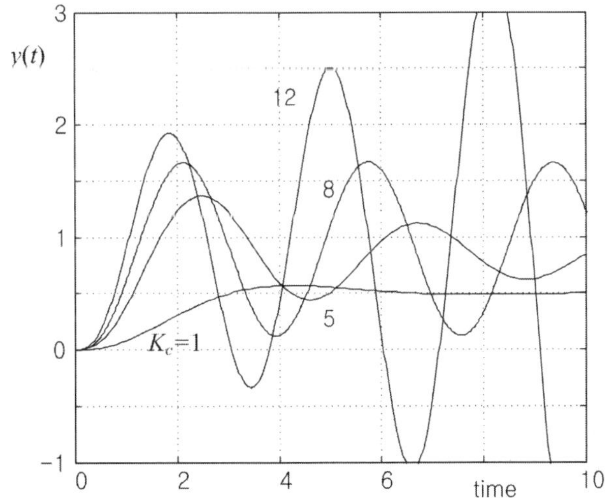

그림 6.7: 3차 공정의 비례제어 응답 ($G_p(s) = 1/(s+1)^3$).

예제 6-4: FOPDT 공정의 비례제어

공정 $G_p(s) = e^{-0.2s}/(s+1)$를 $G_c(s) = K_c$로 제어하는 문제를 생각하자.

$$y(s) = \frac{K_c e^{-0.2s}}{s+1+K_c e^{-0.2s}} r(s) + \frac{e^{-0.2s}}{s+1+K_c e^{-0.2s}} d(s) \tag{6.19}$$

로부터, 닫힌 루프의 정상상태 이득이 각각 $K_c/(1+K_c)$, $1/(1+K_c)$로 설정값, 외란의 계단변화에 대해 모두 잔류오차가 나타난다. 특성방정식은 $0 = s+1+K_c e^{-0.2s}$으로, 예제 6-3과 마찬가지로 극을 K_c의 함수로 구하는 것이 용이하지 않으며, K_c의 값에 따라 불안정한 극이 나타날 가능성도 있다. 그림 6.8에 K_c 값의 변화에 따른 계단응답을 보였다. $K_c > 8.508$에서 응답이 불안정해지는 것을 볼 수 있다.

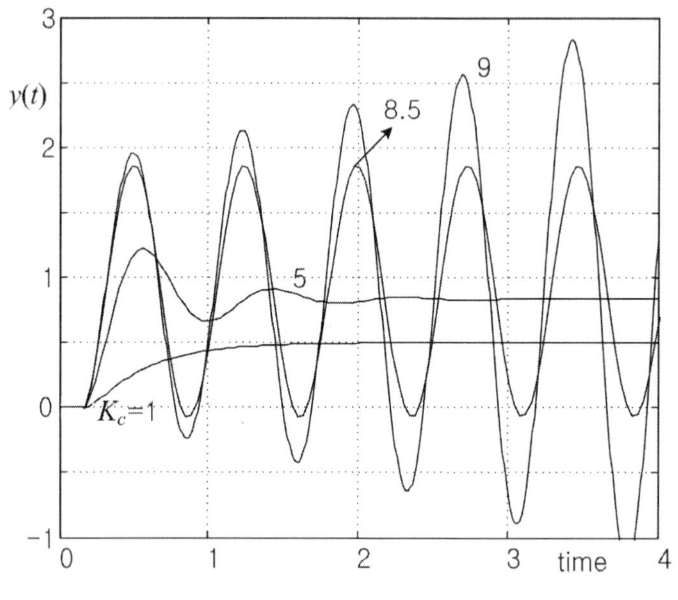

그림 6.8: FOPDT 공정의 비례제어 설정값 단위 계단응답 ($G_p(s) = e^{-0.2s}/(s+1)$)

예제 6-3과 6-4를 통하여 고차계에서는 극의 위치를 직접 구하는 것이 용이하지 않으며, 안정성을 판별하기 위한 새로운 방법들이 필요함을 알 수 있다.

6.2 안정성 판별법

피드백 루프의 안정성은 제어기의 설계 및 조율에서 매우 중요한 개념이다. 불안정한 제어루프는 당연히 쓸모가 없지만 지나치게 안정한 제어루프도 가치가 없다. 그것은 설정값/외란의 변화에 대해 매우 느린 응답을 보이기 때문이다. 따라서 잘 설계된 제어기는 적절한 안정성을 갖는 것이다. 여기서 적절한 안정성이란 불안정이 시작되는 지점을 기준으로 얼마만큼 안정화 되어 있느냐로 표현하는 것이 일반적이다. 이러한 이유로 제어루프 불안정이 시작되는 지점의 제어기 이득을 한계이득 (ultimate gain)이라 부르며 제어계 조율에서 매우 중요한 정보이다.

제어공학에서 안정성은 그 중요성으로 인하여 이에 관련된 많은 이론과 방법들이 제시되어 있다. 그 중 선형공정에서의 가장 기본적인 개념은 전달함수 극의 위치로 판별을 하는 것이다. 이와는 다른 방법으로 주파수응답 특성을 이용하는 방법이 있으며 이들은 특별히 닫힌 루프 안정성 판별에 이용된다. 이제 안정성 판별을 위한 기본적인 몇가지 방법을 소개한다.

6.2.1 Routh Array 방법

앞 절의 예제를 통해 특성방정식은 보통 다항식으로 나타나며, 공정 전달함수에 시간지연이 존재하는 경우는 exponential 항이 함께 나타날 수도 있음을 보았다.

다항식 특성방정식은 3차 이상이 되면 해석적으로 근을 얻기가 어렵거나 불가능해 진다. 이 경우 안정성 판별에 사용할 수 있는 방법이 Routh (혹은 Routh -Hurwitz) array 판별법이다. 이 방법은 다항식의 근을 직접 찾는 대신, 계수들을 이용하여 전체 근 중 몇 개가 복소수 우측 반평면에 존재하는지를 알려준다.

최고차항 계수가 양수인 다음의 다항식에 대해

$$a_0 s^n + a_1 s^{n-1} + \cdots + a_{n-1} s + a_n = 0, \quad a_0 > 0 \tag{6.20}$$

Routh array 는 다음과 같이 구성된다. 먼저 a_i를 두 줄로 다음 식과 같이 정렬시킨 후, b_i, c_i $\cdots$ 를 차례로 계산하여 정렬시킨다.

$$\begin{array}{cccc} a_0 & a_2 & a_4 & \cdots \\ a_1 & a_3 & a_5 & \cdots \\ \hline b_0 & b_1 & b_2 & \cdots \\ \hline c_0 & c_1 & \cdots & \\ \hline d_0 & \cdots & & \end{array}$$

이때 b_i는 a_1을 축으로

$$b_0 = \frac{a_1a_2 - a_0a_3}{a_1}, \quad b_1 = \frac{a_1a_4 - a_0a_5}{a_1}, \cdots$$

와 같이 계산되며, c_i도 b_0을 축으로 같은 방법으로 계산된다.

$$c_0 = \frac{b_0a_3 - b_1a_1}{b_0}, \quad c_1 = \frac{b_0a_5 - a_1b_2}{b_0}, \cdots$$

이 과정을 반복하면 각 행(row) 요소의 수는 계속 줄어 array 구성은 결국 끝이 난다. 근의 위치는 array 첫번째 열(column)의 요소 $a_0, a_1, b_0, c_0, \cdots$ 들로 판별되며 다음의 관계가 만족된다.

1. 모든 요소가 양이면 모든 근이 복소수 왼쪽 열린 반평면에 존재한다.
2. 복소수 오른쪽 열린 반평면에 존재하는 근의 수는 요소의 부호가 바뀌는 횟수와 같다.
3. Array 구성 과정에서 첫번째 열의 요소가 0이 되면 허수축 위에 근이 존재함을 의미하며 array 구성은 더 이상 진행될 수 없다.

위의 관계를 이용하여 공정의 안정성에 대한 다음의 판별법이 유도된다.

Routh-Hurwitz 안정성 판별법

다항식으로 특성방정식이 표현되는 동특성 공정의 (입출력) 안정성이 만족될 필요충분조건은 특성다항식으로 구성한 Routh array 첫번째 열의 모든 요소가 양이 되는 것이다.

복소수 왼쪽 열린 반평면에서만 근을 가지는 다항식을 Hurwitz 다항식이라 부른다.

예제 6-5: 특성방정식 $a_0 s^2 + a_1 s + a_2 = 0,\ \ a_0 > 0$이 안정한 근 만을 가질 조건은 ?

$$\begin{array}{cc} a_0 & a_2 \\ a_1 & \\ \hline b_0 = a_2 & \end{array}$$

따라서 다항식의 모든 계수가 양이면 안정한 근만을 갖는다. 예제 6-1의 비례-적분제어 루프의 특성방정식은 2차식이었으며, 위의 결과를 적용하면 K, K_c, T_I 가 모두 양이면 닫힌 루프가 안정하다는 것을 알 수 있다.

예제 6-6: 예제 6-3의 특성방정식 $s^3 + 3s^2 + 3s + 1 + K_c = 0$이 안정한 근 만을 가질 조건은?

$$\begin{array}{cc} 1 & 3 \\ 3 & 1+K_c \\ \hline \frac{9-(1+K_c)}{3} = \frac{8-K_c}{3} & \\ \hline 1+K_c & \end{array}$$

따라서, $(8-K_c)/3 > 0,\ \ 1+K_c > 0$로부터 $-1 < K_c < 8$을 만족하면 안정한 근 만을 갖는다.

K_c가 음수일 때도 안정하다는 것은 어느 정도의 양성 피드백이 걸려도 불안정해지지 않음을 의미하며, 이것은 대상 공정 자체에 내부적으로 어느 정도 음성 피드백이 걸려있기 때문이다.

한편, K_c는 8까지 증가할 수 있으며 이 값을 넘으면 불안정해 진다. K_c가 커진다는 것은 같은 크기의 제어오차에 대하여 더 공격적인 제어동작을 출력함을 의미하며 이 동작이 어느 한계를 넘으면 제어계가 불안정해 진다는 것이다. $K_c = 8$에서 제어루프가 안정과 불안정의 경계에 이르게 되는데, 이 상태를 경계안정(marginally stable) 상태라 하고 , 이때 제어기의 비례이득, 즉 $K_c = 8$을 한계이득(ultimate gain)이라 부르며 K_{cu}로 표기하기로 한다.

Routh array 방법은 나름대로 편리한 점이 있으나, 뒤에서 소개될 한계 감도법, Bode 안정성 판별법, 근궤적법 등에 비해 유용성이 떨어진다.

6.2.2 한계 감도법-주파수 응답법

Routh array 판별법은 다루기가 쉬우며 안정성을 만족시키는 계수들의 상관관계를 구할 수 있는 이점이 있는 반면 다음의 한계를 지닌다.

첫째, 특성방정식이 다항식일 때에만 적용이 가능하다. 시간지연을 갖는 공정의 제어루프는 특성방정식이 시간지연항을 포함하므로 적용이 원칙적으로 불가능하다. 시간지연항을 Padé 근사[4]하면 근사적으로 Routh array 적용이 가능하다.

둘째, 안정성이 만족되기 위한 계수의 범위는 얻을 수 있으나 경계안정상태에서 공정의 특성에 관한 추가적인 정보는 제시되지 않는다.

한계감도법은 이러한 단점을 보완시킬 수 있는 방법으로 시간지연항을 갖는 특성방정식에 대해서도 적용이 가능하며, 제어기의 한계이득뿐 아니라 경계안정 상태에서의 응답도 제시하여 준다.

한계 감도법

예제 6-3, 6-4에서와 같이 일반적으로 제어기의 이득을 증가시키면 닫힌 루프의 응답은 그림 6.9와 같이 점점 심한 진동을 보이게 되며, 결국 진동을 동반하는 불안정상태로 들어간다. 경계안정상태에서는 진동이 지속된다. 제어루프가

[4]Padé 1차 근사는 $e^{-ds} = \frac{e^{-ds/2}}{e^{ds/2}} \approx \frac{1-ds/2}{1+ds/2}$와 같다. 부록에 더 상세한 내용을 소개하였다.

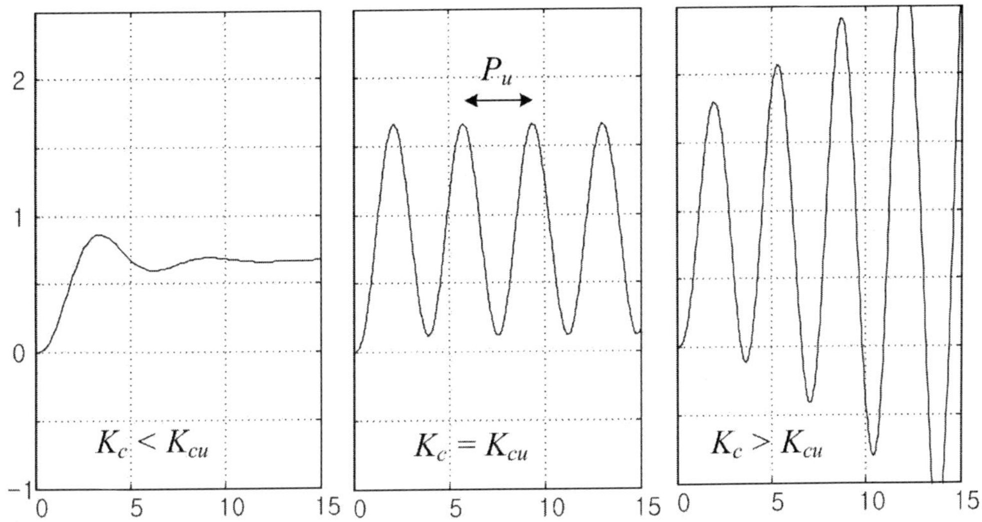

그림 6.9: 제어기 이득변화에 따른 제어루프의 응답.

경계안정상태에 있다는 것은 특성방정식의 나머지 극들이 복소수 왼쪽 반평면에 존재하는 동안 근의 일부가 순수한 허수축까지 이동하였다는 것을 의미한다. 이것은 곧 $s = j\omega$ 가 특성방정식의 근이 됨을 의미하며 다음의 관계를 이용하여 한계이득(ultimate gain)과 함께 허수근의 값도 구하게 된다.

$$0 = \text{특성방정식}(s, K_c)|_{s=j\omega} \Rightarrow \begin{cases} \text{실수부}(j\omega, K_c) = 0 \\ \text{허수부}(j\omega, K_c) = 0 \end{cases} \Rightarrow \begin{cases} K_c = K_{cu} \\ \omega = \omega_u \end{cases} \quad (6.21)$$

특성방정식이 $s = \pm j\omega_u$ 의 근을 갖는다는 것은 닫힌 루프의 전달함수가 $1/(s^2 + \omega_u^2)$ 의 인자를 갖고 있어 $a \sin \omega_u t + b \cos \omega_u t$ 의 응답이 나타난다는 것을 의미한다. 이 근을 제외한 나머지 근은 모두 안정한 것들이므로 시간이 지나면 감쇠되어 버리고 이 진동응답만이 끝까지 남게 된다. 결국 식 (6.21) 의 근 ω_u 가 경계안정상태의 진동주파수(rad/time)를 나타내며 이 값을 한계주파수(ultimate frequency)라 부른다. 한계감도법의 일반적 해석이라 할 수 있는 주파수응답 해석에서는 한계주파수를 안정과 불안정의 경계특성을 나타낸다는 의미에서 crossover 주파수,

ω_{co}, 라 부른다. 한편

$$P_u = \frac{2\pi}{\omega_u} \tag{6.22}$$

로부터 진동주기를 구할 수 있으며 이 주기를 한계주기(ultimate period)라 부른다. 그림 6.9에 한계주기를 나타내었다.

예제 6-7: 특성방정식 $0 = s^3 + 3s^2 + 3s + 1 + K_c$ 의 한계이득과 한계주파수는 얼마인가?

$$0 = s^3 + 3s^2 + 3s + 1 + K_c|_{s=j\omega} = (1 + K_c - 3\omega^2) + j(3\omega - \omega^3)$$
$$\rightarrow \quad 1 + K_c - 3\omega^2 = 0, \;\; \omega(3 - \omega^2) = 0 \;\; \rightarrow \;\; \omega_u = \pm\sqrt{3}, \; 0 \quad K_{cu} = 8, \; -1$$

예제 6-8: $G_p = e^{-0.2s}/(s+1)$, $G_c(s) = K_c$ 인 제어루프의 한계이득과 한계주파수는 각각 얼마인가?

$$0 = s + 1 + K_c e^{-0.2s}|_{s=j\omega} = (1 + K_c \cos 0.2\omega) + j(\omega - K_c \sin 0.2\omega)$$
$$\rightarrow \quad \omega_u = 8.443 \quad K_{cu} = 8.5084$$

6.2.3 주파수 응답에 의한 해석, Bode 안정성 판별법

앞에서 한계감도법은 제어기 이득이 증가하다 보면 결국 불안정성이 유발될 것이라는 생각을 바탕으로 구상된 것이다. 이 안정성 판별을 주파수 응답이라는 전혀 다른 관점에서 행할 수 있다.

주파수 응답에 의한 안정성을 설명하기 위해서는 먼저 다음의 몇 가지 사실을 이해하여야 한다.

- 일반적인 신호는 많은 주파수를 가진 싸인파 신호의 합으로 분해할 수 있다.[5]

[5]어떤 신호 $f(t)$ 의 Fourier변환, 즉, $F(j\omega) = \int_0^\infty f(t)e^{-j\omega t}dt$ 가 $f(t)$ 에 포함된 싸인파 성분 $e^{j\omega t} = \cos\omega t + j\sin\omega t$ 의 계수(가중치)를 나타낸다. $F(j\omega)$는 $f(t)$ 의 Laplace 변환 $F(s)$ 에 $s = j\omega$

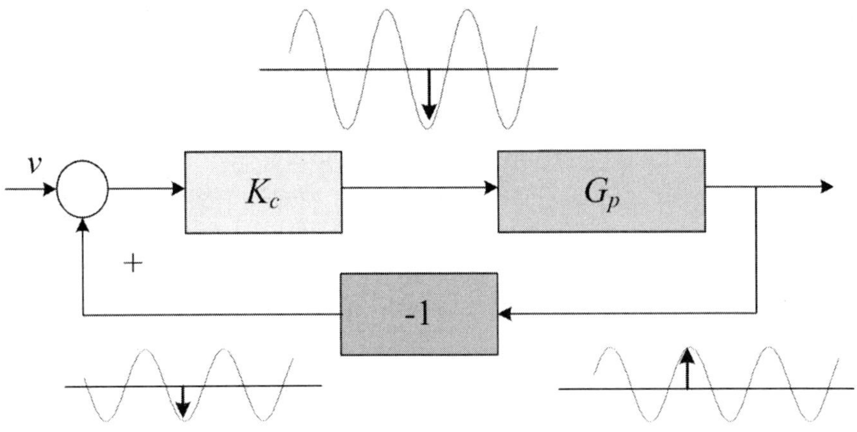

그림 6.10: 제어루프 각 지점에서의 싸인파 응답. 화살표는 같은 시점에서의 신호를 의미한다.

- $A\sin\omega t$ 의 신호가 $G_p(s)$ 를 통과할 때에 진폭은 AR= $|G_p(j\omega))|$ 만큼 증폭 (혹은 감쇠) 되며, 이때 $\angle G_p(j\omega)$ 의 위상지연(혹은 선행)이 나타난다.

위의 사실을 바탕으로 그림 6.10의 피드백 루프를 생각하자. 이해를 쉽게 하기 위하여 음성 피드백에서 신호의 부호가 바뀌는 부분을 -1의 이득을 갖는 블록으로 독립시켰다.

루프의 외부에서 임의의 신호가 가해질 때, 이 신호의 여러 주파수 성분은 그림의 피드백 경로를 따라 루프를 돈다. 이때 이들 주파수 성분은 K_c, $G_p(s)$, -1 블록을 통과하며 진폭도 변하고 동시에 위상지연도 발생한다. 특히 $G_p(s)$ 를 통과하며 $\angle G_p(j\omega)$ 의 위상지연을, -1 블록을 통과하며 180° 의 위상지연(신호의 부호가 바뀜)을 겪게 된다.[6] 이때 $\angle G_p(j\omega) = -180^\circ$ 가 되는 주파수 성분은 루프를 한 바퀴 돌고 나면 360° 의 위상지연을 겪게 되고, 결국 그림과 같이 원래의 신호와

를 대입하여 얻어진다.

[6] 180° 의 위상지연은 싸인파 1/2 주기에 해당된다. 1/2 주기가 지연된 싸인파는 원래의 신호와 부호가 뒤바뀐 신호이다.

동일한 위상을 갖는다. (K_c 블록에서는 위상지연이 나타나지 않는다.) 즉, 동기(synchronization)가 일어난다. 이때 동기가 이루어진 주파수 성분은 루프 내를 돌며 싸인파를 유지할 수 있지만, 동기가 이루어지지 않은 주파수 성분은 루프 내를 돌며 위상 어긋남에 의해 신호가 파괴되며 소멸된다.

이제 동기가 이루어진 주파수 성분이 루프 내 블록 전체를 통과한 후 진폭이 원래의 것보다 작아지면 싸인파는 점차 진폭이 줄어들며 감쇠될 것이고, 진폭이 커지면 계속 진폭이 증가하며 발산할 것이며, 진폭이 같아지면 일정한 진폭을 나타내며 진동이 지속될 것이다.

위의 논리를 수식으로 표현하면 다음과 같다. 먼저 동기가 이루어질 조건은

$$\angle G_p(j\omega) = -180^\circ \tag{6.23}$$

이다. 이 식으로부터 진동이 파괴되지 않는 주파수를 구할 수 있다. 이 주파수가 바로 crossover 주파수이다. 한편 이 주파수 신호의 진동이 계속 지속되기 위해서는 각 블록의 진폭비의 곱이 1이 되어야 하므로

$$K_c|G(j\omega)| = 1 \tag{6.24}$$

로부터 진동을 지속시키는 경계안정상태의 K_c, 즉, 한계이득 K_{cu}를 계산할 수 있다.

식 (6.23), (6.24)은 사실 식 (6.21)과 일치한다. 그림 6.10에서 닫힌 루프의 특성방정식은 $1+K_cG_p(s)=0$ 이므로 $-1=K_cG_p(s)|_{j\omega}$를 극좌표로 표현한 것이 곧, 식 (6.23), (6.24)이다.

예제 6-9: 예제 6-3의 3차 공정의 비례제어 문제를 다시 생각하자. 수식으로 한계이득과 crossover 주파수를 구하는 것은 예제 6-7과 일치한다. 이것을 Bode 선도로 표현하자.

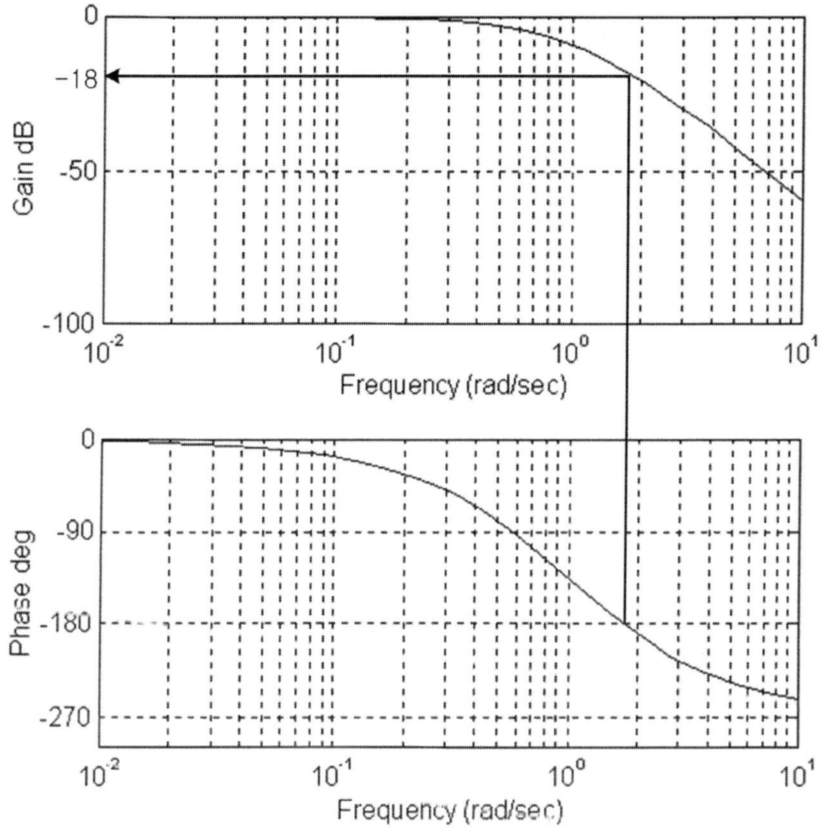

그림 6.11: Bode 선도로부터 한계주파수와 제어기 한계이득을 구할 수 있다.

그림 6.11은 K_c를 제외한 $G_p(s) = 1/(s+1)^3$ 만의 Bode 선도이다. 제어기 K_c는 위상각에는 아무런 영향을 주지 않으므로 crossover 주파수는 $G_p(s)$에 의해서만 결정된다. 그림으로부터 $-180°$의 위상지연을 주는 crossover 주파수 ω_{co}는 약 1.7 (rad/sec)이고 이 주파수에서의 $G_p(s)$의 이득은 약 -18dB, 즉, 0.125임을 읽을 수 있다[7]. 따라서 한계이득은 식 (6.24)으로부터 $K_{cu} = 8$로 계산된다.

[7] dB(decibel)은 dB=20log$_{10}$로 정의되며, $-18 = 20\log_{10}|G_p(j\omega)|$로부터 $|G_p(j\omega)|$가 계산된다.

주파수 응답 해석을 통해 알 수 있는 것 중 하나는, $G_p(s)$가 1차 혹은 2차 전달함수인 경우에는 위상각이 최대 -90°, -180°에 점근하므로 P-제어가 사용되는 닫힌 루프에서는 crossover 주파수가 존재하지 않는다는 것이다. 따라서 한계이득도 존재하지 않게 되며 이것은 결국 모든 K_c에서 제어루프가 안정하다는 것을 의미한다. 이것은 예제 6-1의 결과와 일치한다.

6장의 부록

부록 6-1: Mason의 법칙

복잡한 블록선도에서 외부에서 입력되는 임의의 신호 $X(s)$와 블록선도 내의 신호 $Y(s)$ 사이의 전달함수는 다음과 같이 표현된다.

$$\frac{Y(s)}{X(s)} = \frac{\sum_i G_i \Delta_i}{\Delta} \tag{A6.1}$$

여기서 G_i = $X(s)$로부터 $Y(s)$에 이르는 i 번째 forward 경로 위의 전달함수의 곱

Δ = $1 - \sum$개별적 루프 전달함수 $+ \sum$서로 닿지 않는 (nontouching) 두 루프 전달함수의 곱 $- \sum$서로 닿지 않는 세 루프 전달함수의 곱 $+ \cdots$

Δ_i = i 번째 forward 경로와 닿지 않은 Δ

예제 A6-1: 그림 A6.1에서 $X(s)$와 $Y(s)$ 사이의 전달함수를 구하여 보자.

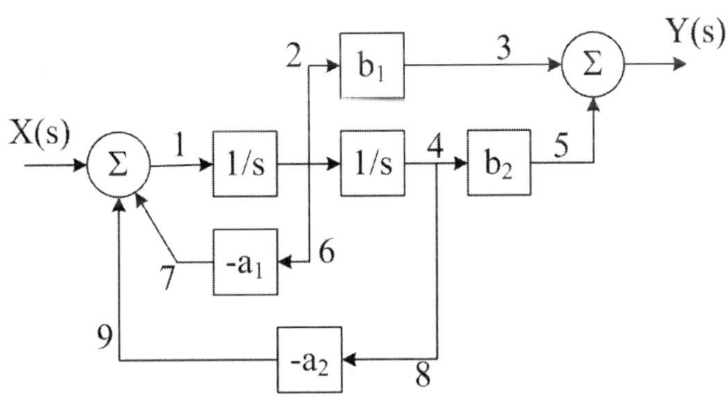

그림 A6.1: 예제 A-1의 블록선도

$\Delta = 1 + a_1/s + a_2/s^2$

Forward 경로 $i = 1: \;\; 1-2-3 \Rightarrow G_1 = b_1/s$

$i = 2: \;\; 1-4-5 \Rightarrow G_2 = b_2/s^2$

$$\Delta_1 = 1, \quad \Delta_2 = 1$$
$$\frac{Y(s)}{X(s)} = \frac{b_1/s + b_2/s^2}{1 + a_1/s + a_2/s^2} = \frac{b_1 s + b_2}{s^2 + a_1 s + a_2}$$

예제 A6-2: 그림 A6.2에서 $X(s)$와 $Y(s)$ 사이의 전달함수를 구하여 보자.

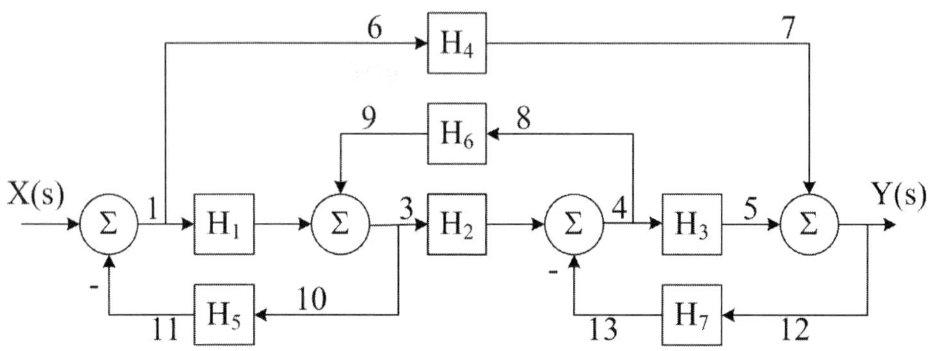

그림 A6.2: 예제 A-2의 블록선도.

$$\Delta = 1 - \underbrace{(-H_1H_5 - H_3H_7 + H_2H_6 + H_4H_7H_6H_5)}_{\text{개별적 루프 전달함수}} + \underbrace{(H_1H_5H_3H_7)}_{\text{두 루프 .. 곱}}$$

Forward 경로

$$i = 1: \ 1-3-4-5 \ \Rightarrow \ G_1 = H_3H_2H_1$$

$$i = 2: \ 1-6-7 \quad \Rightarrow \ G_2 = H_4$$

$$\Delta_1 = 1, \quad \Delta_2 = 1 - H_2H_6$$
$$\frac{Y(s)}{X(s)} = \frac{H_3H_2H_1 + H_4(1 - H_2H_6)}{1 + H_1H_5 + H_3H_7 - H_2H_6 - H_4H_7H_6H_5 + H_1H_5H_3H_7}$$

부록 6-2: Padé 근사

Padé근사는 다음 식과 같이 일반적인 비선형 함수 $f(x)$를 $x=0$에서 $m+n$차까지의 도함수가 일치하는 (m,n) 차수의 분수함수 $r(x)$로 근사한 것이다.

$$
\begin{aligned}
& f(x) \approx r(x) \triangleq \frac{b_0 + b_1 x + \cdots + b_m x^m}{1 + a_1 x + \cdots + a_n x^n} \quad \text{여기서} \\
& f(0) = r(0) \\
& f'(0) = r'(0) \\
& \vdots \\
& f^{(m+n)}(0) = r^{(m+n)}(0)
\end{aligned}
\tag{A6.2}
$$

이렇게 구해진 e^{-ds}의 Padé 근사식은 다음과 같다.

표 A1. e^{-ds}의 Padé 근사식의 예.

$m\backslash n$	1	2	3
1	$\frac{1-\frac{1}{2}ds}{1+\frac{1}{2}ds}$	$\frac{1-\frac{1}{3}ds}{1+\frac{2}{3}ds+\frac{1}{6}d^2s^2}$	$\frac{1-\frac{1}{4}ds}{1+\frac{3}{4}ds+\frac{1}{4}d^2s^2+\frac{1}{24}d^3s^3}$
2	$\frac{1-\frac{2}{3}ds+\frac{1}{6}d^2s^2}{1+\frac{1}{3}ds}$	$\frac{1-\frac{1}{2}ds+\frac{1}{12}d^2s^2}{1+\frac{1}{2}ds+\frac{1}{12}d^2s^2}$	$\frac{1-\frac{2}{5}ds+\frac{1}{20}d^2s^2}{1+\frac{3}{5}ds+\frac{3}{20}d^2s^2+\frac{1}{60}d^3s^3}$
3	$\frac{1-\frac{3}{4}ds+\frac{1}{4}d^2s^2-\frac{1}{24}d^3s^3}{1+\frac{1}{4}ds}$	$\frac{1-\frac{3}{5}ds+\frac{3}{20}d^2s^2-\frac{1}{60}d^3s^3}{1+\frac{2}{5}ds+\frac{1}{20}d^2s^2}$	$\frac{1-\frac{1}{2}ds+\frac{1}{10}d^2s^2-\frac{1}{120}d^3s^3}{1+\frac{1}{2}ds+\frac{1}{10}d^2s^2+\frac{1}{120}d^3s^3}$

부록 6-3: 근궤적 (Root Locus)

근궤적은 닫힌 루프의 극이 제어기 파라미터 값의 증가에 따라 어떻게 이동하는가를 도형으로 나타내는 것으로 닫힌 루프의 거동을 이해하는 데에 유용하다. 여기서는 근궤적을 그리는 방법을 간략하게 소개한다.

열린 루프 전달함수가 $G_{OL}(s) = K_c G_p(s) = K_c \frac{N(s)}{D(s)}$ 라 할 때, 닫힌 루프 특성방정식 (CLCE)은 다음과 같다.

$$0 = 1 + K_c \frac{N(s)}{D(s)} = D(s) + K_c N(s) \tag{A6.3}$$

근궤적은 K_c가 0에서 $+\infty$ 까지 증가하는 동안 닫힌 루프의 극의 위치를 선도로 나타내는 것이다. 위의 식으로 부터 먼저 다음의 법칙을 쉽게 도출할 수 있다.

> **법칙 1 - 근궤적의 출발과 종료**: 닫힌 루프의 극은 열린 루프 전달함수의 극에서 출발하여 ($K_c = 0$) 열린 루프 전달함수의 영까지 이동한다 ($K_c \to \infty$).

이 법칙은 $K_c = 0$일 때와 $K_c \to \infty$일 때, 식 (A6.3)이 각각 $D(s) = 0$ 및 $N(s) = 0$에 해당되는 것으로 부터 쉽게 도출된다.

위의 법칙은 근궤적의 수가 $D(s) = 0$, 즉 열린 루프 전달함수 극의 수와 일치하며, 열린 루프 전달함수의 극과 영의 수가 같아야 한다는 것을 암시한다. 일반적으로 $D(s)$의 차수는 $N(s)$의 차수보다 높다. 이때 $N(s) = 0$을 만족시키는 영을 유한 영(finite zeros)이라 부르며, 전달함수는 극의 갯수와의 차이에 해당하는 수의 영을 추가로 가져야 한다. 이 영은 모두 무한대 위치에 존재하며 무한 영(zeros at infinity)이라 부른다. 예를 들어 $D(s)$가 3차, $N(s)$가 1차이면 2개의 무한 영이 존재한다. 무한 영의 위치는 $\lim_{s\to\infty} G(s)$의 성질로부터 얻어지며 다음의 법칙으로 주어진다.

> **법칙 2 - 무한 영의 위치**: 열린 루프 전달함수는 유한 영 외에 $k = \deg D(s) - \deg N(s)$ 만큼의 무한 영을 가진다. 무한 영은 $(\sum_i p_i - \sum_j z_j)/k$에서 출발하며 실수 축과 $(-180° + 360° n)/k$, $n = 0, 1, 2, \cdots$의 각도를 이루는 직선의 무한대 위치에 존재한다. 여기서, p_i, z_i는 각각 열린 루프 전달함수의 극과 영이다.

복소평면상의 실선은 열린 루프 전달함수의 실수 극 (real poles) 및 실수 영(real

zeros) 으로 분할되는 여러 개의 선분 및 반직선을 갖는다. 이들 중 일부는 근궤적에 포함되며, 이에 대한 법칙은 $-1 = K_c(N(s)/D(s))$ 에 대해 각도가 만족하여야 하는 관계 $\angle(-1) = -180^\circ + 360^\circ n = \angle N(s) - \angle D(s)$ 로부터 얻을 수 있다. 그 결과는 다음과 같다.

> **법칙 3 - 열린 루프 전달함수의 실수 영과 실수 극으로 분할된 선분과 반직선의 근궤적 포함 여부**: 열린 루프 전달함수의 실수 영과 실수 극으로 분할된 어떤 선분 (혹은 반직선) 의 우측에 존재하는 영과 극 수의 합이 홀수이면 그 선분 (혹은 반직선)은 극궤적에 포함된다.

이러한 법칙 외에도 break-away point, break-in point, angle of departure, angle of arrival 등 여러 법칙들이 더 존재하지만 일단 위의 법칙만으로도 많은 근궤적의 대략을 스케치 할 수 있다.

예제 A6-3: $G(s) = \frac{1}{(s+1)^3}$ 을 P 제어할 때 CLCE의 근궤적을 그려 보자. 이 예제는 예제 6-3을 근궤적으로 재해석하는 것이다.

$D(s) = (s+1)^3$, $N(s) = 1$. 따라서 세개의 궤적이 $s = -1$ 에서 시작되며 모두 무한 영을 향해 이동한다. 무한 영의 위치는 $-1 + 0j$ 를 중심으로 실선과 60°, 180°, 300° 를 이루는 직선의 무한대 위치에 존재한다. 이 결과를 그림 A6.3에 보였다.

K_c 가 증가함에 따라 닫힌 루프 극이 불안정한 영역으로 계속 이동하며 $K_c = 8$ 에서 이들 중 두 개가 허수축 위, 즉 경계안정 상태에 놓이게 된다.

예제 A6-4: $G(s) = \frac{s+1}{s(s+2)^2(s+3)}$ 을 P 제어할 때, K_c 증가에 따른 CLCE의 근궤적을 그리면 그림 A6.4와 같다.

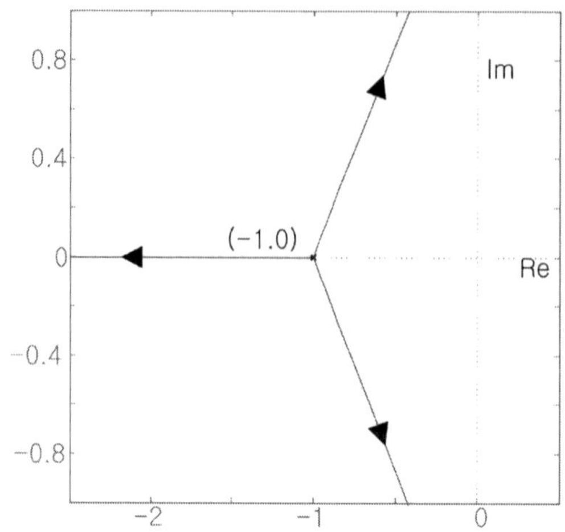

그림 A6.3: $G(s) = \frac{1}{(s+1)^3}$ 을 P-제어할 때 K_c 의 증가에 따른 닫힌 루프 극의 궤적.

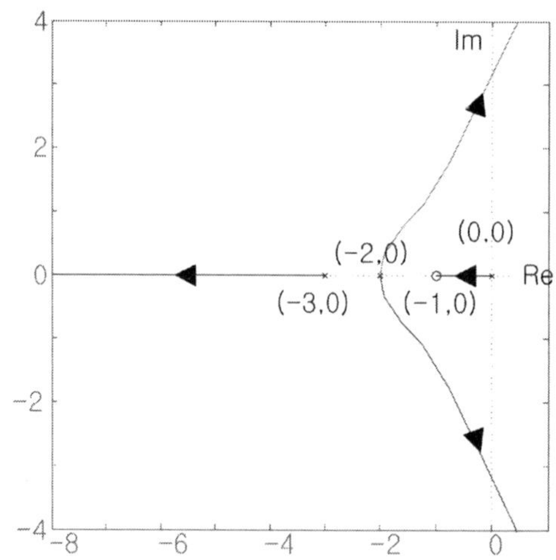

그림 A6.4: $G(s) = \frac{s+1}{s(s+2)^2(s+3)}$ 을 P 제어할 때 K_c 의 증가에 따른 닫힌 루프 극의 궤적.

연습 문제

1. 그림 P6.1의 블록선도들에서 $y(s)/x(s)$와 $z(s)/x(s)$를 각각 구하여라.

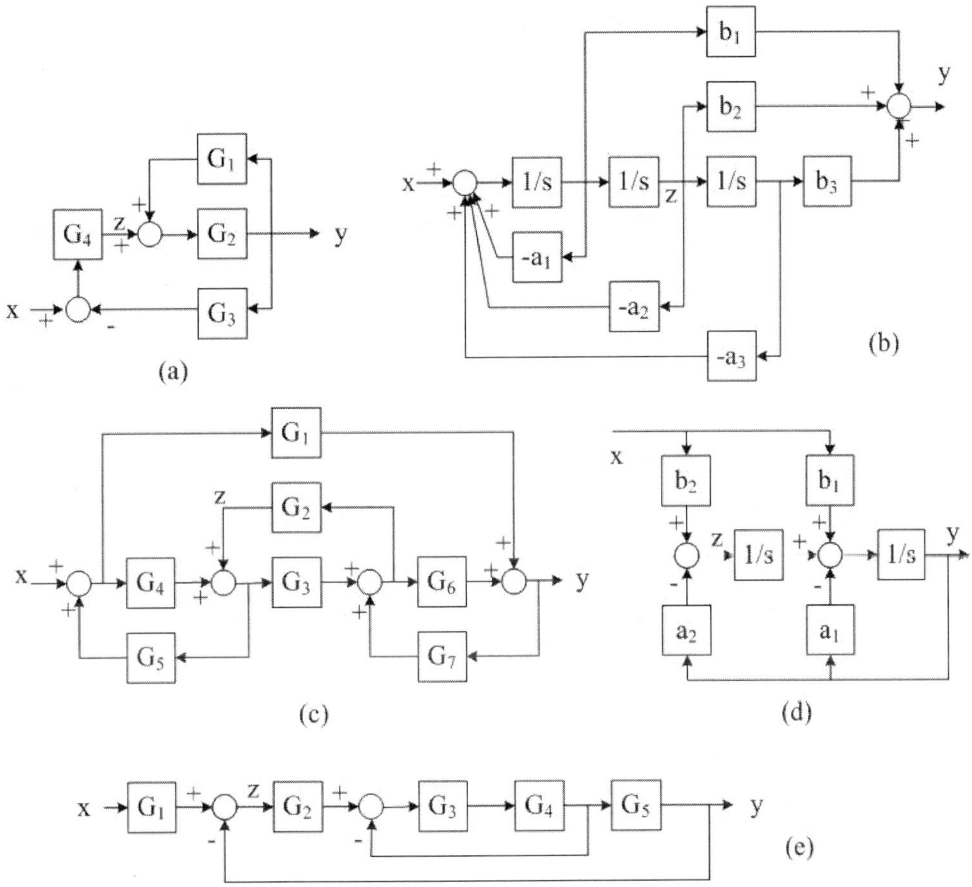

그림 P6.1: 문제 1의 블록선도들.

2. 열린루프 전달함수가 $G_{ol}(s) = \frac{K_c}{(s+1)(0.5s+1)^2}$ 일 때, 닫힌 루프의 극이 모두 -0.5보다 작아지는 K_c의 범위를 Routh array 방법을 이용하여 구하여라.

3. 다음의 열린루프 전달함수에 대하여 (1) Routh array, (2) 한계 감도법, (3) Bode 안정성 판별 (4) 근궤적을 이용하여 닫힌 루프 안정성을 논하여라. (d)의 Routh array, 근궤적 해석은 Padè(2,2) 근사를 이용하여라.

   (a) $G_{ol}(s) = \dfrac{K_c(0.25s+1)}{(s+1)^2(0.5s+1)^2}$

   (b) $G_{ol}(s) = \dfrac{K_c(-0.25s+1)}{(s+1)^2(0.5s+1)^2}$

   (c) $G_{ol}(s) = 2\left(1+\dfrac{1}{T_I s}\right)\frac{(-0.25s+1)}{(s+1)^2(0.5s+1)}$

   (d) $G_{ol}(s) = 2\left(1+\dfrac{1}{T_I s}\right)\frac{e^{-0.2s}}{(s+1)^2}$

4. 다음의 공정을 생각하자.

$$G(s) = \frac{2e^{-2s}}{6s+1}$$

   a) 이 공정의 Bode 선도를 그려라. (점근선을 먼저 그린 후 실제 선도를 스케치할 것) 이 선도로부터 한계 이득과 한계 주파수를 읽어라. 이번에는 이 두 값을 계산으로 구한 후 비교하여라.

   b) $T_I =$시정수, T_D=지연시간으로 설정한 PID 제어기가 설치된 열린루프 공정의 Bode 선도를 그리고 한계 이득과 한계 주파수를 결정하여라.

   c) 1차 Padé 근사로 지연시간을 근사한 후 위의 PID 제어기를 설치한 닫힌루프 극의 이동을 나타내는 근궤적을 그려라.

5. $G(s) = 10/(2s+1)^3$ 인 공정을 I-P 제어하고자 할 때에 닫힌 루프 안정성이 보장되는 K_c, T_I 의 범위를 나타내는 식을 Routh array 방법을 이용하여 구하여라.

제7장

PID 제어기의 조율과 제어기 설계

실제 공정에서 PID 제어기의 조율은 그리 간단하지 않다. 이것은 지속되는 외란, 다른 제어 루프와의 상호간섭 등이 원인이 되기도 하지만 공정자체의 동특성이 문제가 되는 경우도 많다. 화학공정은 동특성이 느린 경우가 많아 시행착오로 조율을 행하는 일에 많은 인내가 요구된다. 이러한 수고를 덜기 위해서는 사전에 적절한 조율값을 결정하는 것이 중요하다. 본 장에서는 앞에서 배운 여러 내용을 토대로 실용적으로 도움이 되는 PID 제어기조율법들을 소개한다.

PID 제어기의 조율방법은 크게 두 가지로 나뉘어 진다. 첫째는 닫힌 루프의 안정성 이론에 근거하여 적절한 안정성 여유를 주는 제어기 파라미터를 찾는 방법이다. 이 방법은 1942년 Ziegler와 Nichols가 제시한 연속진동법(혹은 Ziegler-Nichols 조율법)으로 대표된다. 또 다른 방법은 공정의 근사적 선형 모델식을 결정한 후 이 모델에 근거하여 제어기 조율값을 설계하는 소위 모델근거 조율법(model-based tuning)이다. 이 방법에서 사용되는 모델은 FOPDT 모델이 주류를 이루고 있지만 SOPDT 모델에 근거한 방법들도 사용된다. 본 장에서는 이들 중 실용성이 높은 방법들을 소개한다.

7.1 경계안정상태의 특성에 근거한 제어기 조율

7.1.1 이득여유(gain margin)와 위상여유(phase margin)의 개념

6장의 한계감도법을 통하여 우리는 -180° 위상지연이 일어나는 crossover 주파수(혹은 한계 주파수)에서 루프 전달함수의 이득이 1이 될 때에 진동응답이 지속되는 경계안정상태가 나타남을 배웠다. 이득여유(gain margin, GM)와 위상여유(phase margin, PM)는 제어계의 루프 전달함수가 이 경계안정상태에서 얼마나 더 안정한 영역으로 이동되어 있는가를 나타내는 지표이다. 이 개념을 구체적으로 설명하기 위하여 예제 6-3을 그림 7.1을 통해 다시 생각하자.

루프 전달함수는 다음과 같다.

$$G_{ol}(s) = K_c G_p(s) \tag{7.1}$$

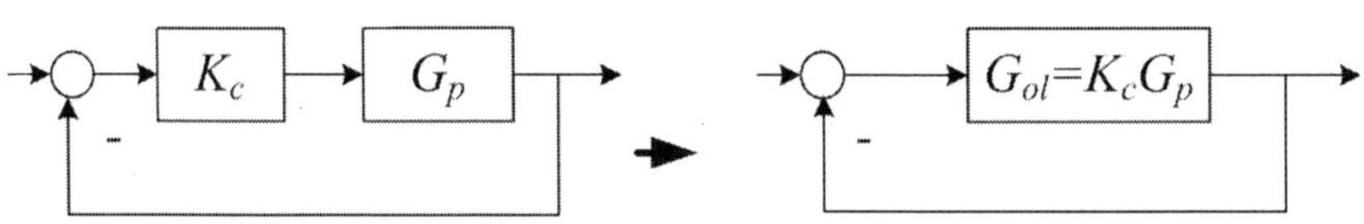

그림 7.1: 루프 전달함수에 의한 피드백 루프의 표현.

그림 7.2은 두 경우의 K_c 값에 대해 그린 Bode 선도이다. $K_c = 8$일 때에 $\omega_{co} \approx 1.7$이며 $|K_c G_p(j\omega_{co})| = 1$이다. 이제 K_c를 8 보다 작은 값으로 낮추면 닫힌 루프는 안정상태로 이동된다. 이때, 어느 정도로 안정화가 되었는지를 이득여유와 위상여유의 개념으로 표현하자. 먼저 이득여유는 그림과 같이 경계안정상태에 이르기까지 얼마나 제어기 이득을 더 증가시킬 수 있는 가로 정의한다. 구체적으로는, 현재의 루프 전달함수에 대해 아래와 같이 정의한다.

$$GM = 1/|G_{ol}(j\omega_{co})| \tag{7.2}$$

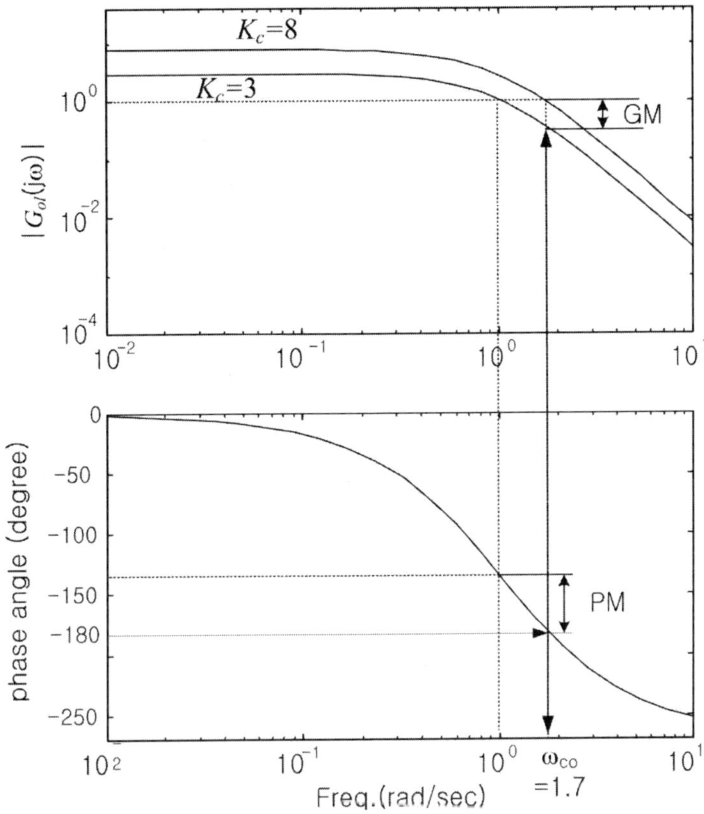

그림 7.2: Bode 선도에서 이득여유와 위상여유의 정의.

위상여유는 루프 전달함수의 이득이 1이 되는 주파수를[1] 찾은 후, 이 주파수에서의 위상각과 $-180°$의 차이로 정의한다.

그림에서 $K_c = 3$일 때의 이득여유(GM)는 8/3이며, crossover 주파수는 약 1(rad/min), 이때의 위상각은 $-133°$ 정도이므로 위상여유(PM)은 약 47°를 가진다.

이득여유와 위상여유가 커질수록 제어루프는 더 안정화되지만 응답이 지나치게

[1]이 주파수를 gain crossover 주파수라 부르기도 하며, 루프 전달함수의 phase angle이 $-180°$인 주파수는 phase crossover 주파수로 부르기도 한다.

느려져 바람직하지 않다. 반대로 이득여유와 위상여유가 너무 작아지면 응답은 빨라지나 진동이 심해지고, 강인성(robustness)이 나빠져 공정모델에 오차가 있는 경우 자칫 불안정해질 염려가 있다. 일반적으로 이득여유는 $2 \sim 4$, 위상여유는 $30 \sim 50^\circ$ 정도로 제어기를 조율하는 것이 바람직하다. 그러나 이 값은 일반적 지침이며 공정이 요구하는 제어응답 특성에 맞게 재조정할 필요가 있다.

안정성 여유 개념에 근거한 주파수응답 해석은 제어계 성능평가에 유용하다. 다음에 두 가지 예를 보였다.

- 비최소위상 공정은 (3.6.3절 footnote 참조) 최소위상 공정과 (예, $Ke^{-ds}/d(s)$ 대 $K/d(s)$, $K(1-s/z)/d(s)$ 대 $K(1+s/z)/d(s)$) 동일한 AR을 갖지만 위상지연은 더 크다. 따라서 crossover 주파수가 작아지고 이득여유와 위상여유가 모두 작아진다. Crossover 주파수가 작아진다는 것은 제어계의 응답이 느려짐을, 안정성 여유가 작아진다는 것은 한계이득이 작아짐을 의미한다. 결국 제어계 성능이 최소위상 공정 경우에 비하여 떨어질 수 밖에 없다.
- 미분동작은 위상인도(phase lead)를 제공하므로 열린 루프 전달함수의 위상지연을 감소시킨다. 이것은 crossover 주파수를 증가시켜 제어계의 응답을 빠르게 한다. 동시에 적절한 T_D 값은 안정성 여유를 증가시켜 한계이득도 증가시킨다.

PID 제어기만으로 원하는 이득여유와 위상여유를 얻지 못할 때에는 제어기 후반에 보상기(compensator)를 설치하기도 한다. 가장 많이 사용되는 보상기가 다음과 같은 lead-lag 보상기이다.

$$G_{ll}(s) = K\frac{\tau_{ld}s+1}{\tau_{lg}s+1} \tag{7.3}$$

Lead-lag 보상기의 분자항은 위상인도를 분모항은 위상지연을 일으킨다. 그림 7.3에 (τ_{ld}, τ_{lg})에 따른 Bode 선도와 단위계단응답을 보였다. $\tau_{ld} > \tau_{lg}$ 일 때에는 위상인도와 함께 초기에 큰 신호가 출력되며, $\tau_{ld} < \tau_{lg}$ 일 때에는 위상지연과 함께

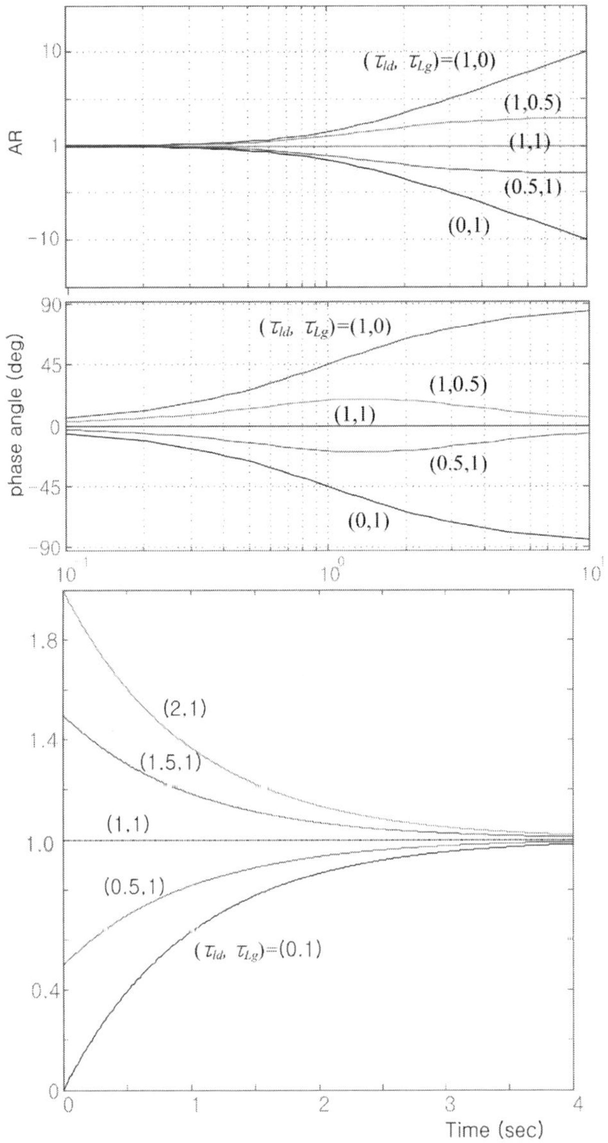

그림 7.3: Lead-lag 보상기 $\frac{\tau_{ld}s+1}{\tau_{lg}s+1}$ 의 Bode 선도와 단위계단응답

계단신호가 지연되는 응답을 보인다.

예제 7-1: $G_p(s) = 1/(s+1)^3$ 인 공정에 PI 제어기 $G_c(s) = K_c(1+1/2s)$ 가 설치된

제어루프의 K_c 에 따른 이득여유와 위상여유를 계산하자.

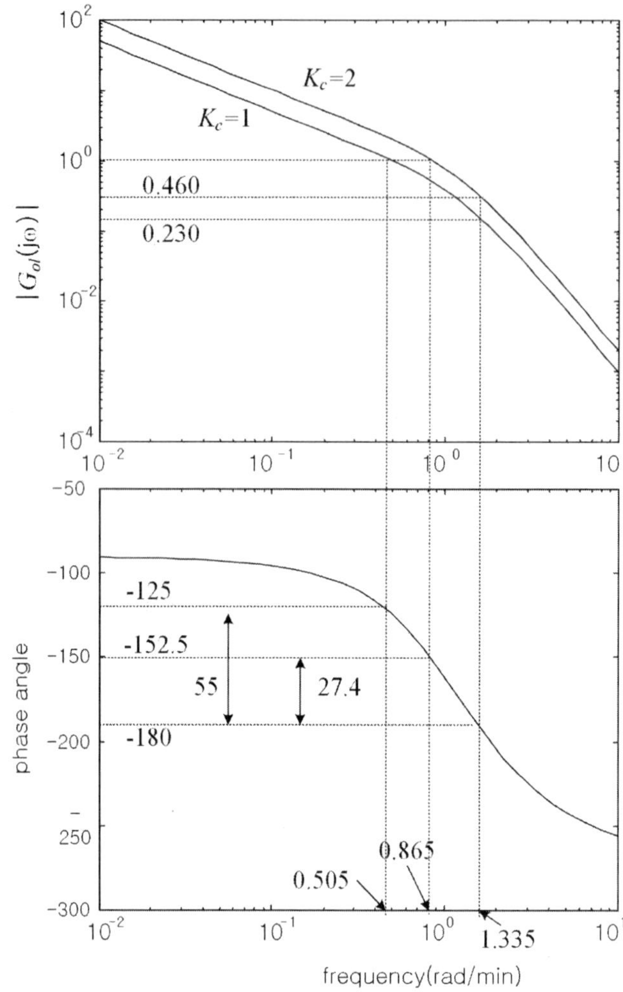

그림 7.4: $K_c = 1, K_c = 2$ 일 때 $G_{ol}(s) = \frac{2s+1}{2s(s+1)^3}$ 의 Bode 선도.

루프 전달함수는 다음과 같다.

$$G_{ol}(s) = G_c(s)G_p(s) = K_c\left(\frac{2s+1}{2s(s+1)^3}\right)$$

그림 7.4에 $K_c = 1, 2$의 Bode 선도를 보였다. ω_{co}는 K_c 값에 상관없이 1.335(rad/time) 임을 알 수 있다. $K_c = 1$의 경우, GM=1/0.230 $\approx$ 4.35, PM=55°, $K_c = 2$의 경우, GM=1/0.460 $\approx$ 2.18, PM= 27.4° 임을 읽을 수 있다.

PM과 GM의 정확한 값은 계산을 통해 구할 수도 있다. 먼저 경계안정상태를 판단하기 위하여 $K_c = 1$일 때의 crossover 주파수 ω_{co}와 한계이득 K_u를 구하여 보자.

$$
\begin{aligned}
-180^\circ &= \angle\left(\frac{2s+1}{2s(s+1)^3}\right)\Bigg|_{s=j\omega} \quad \rightarrow \quad \omega_{co} = 1.335, \\
|G_{ol}(j\omega)_{s=j\omega_{co}}| &= \left|\left(\frac{2s+1}{2s(s+1)^3}\right)_{s=j\omega_{co}}\right| = 0.230 \quad \rightarrow \quad K_{cu} = 1/0.230 \approx 4.35
\end{aligned}
$$

따라서 이득여유는 4.35이다. 위상여유는 아래 식으로부터 $-125-(-180) = 55^\circ$ 임을 알 수 있다.

$$
1 = K_c\left|\left(\frac{2s+1}{2s(s+1)^3}\right)_{s=j\omega}\right| \quad \rightarrow \quad \omega^* = 0.505, \quad \rightarrow \quad \angle\left(\frac{2s+1}{2s(s+1)^3}\right)\Bigg|_{s=j\omega^*} = -125^\circ
$$

$K_c - 2$일 때의 이득여유는 $K_u/2 = 2.18$로 직접 구해지며, 위상여유는 $K_c = 1$에서 구한 방법을 적용하여 $-152.6-(-180) = 27.4^\circ$를 얻는다.

7.1.2 연속진동에 근거한 Ziegler-Nichols 조율법

이 방법은 경계안정상태로부터 적절한 안정성 여유를 부여하는 앞의 개념을 실험적으로 적용한 것으로 1942년 Ziegler와 Nichols에 의해 제안된 것이다. 우선 수행방법은 다음과 같다.

1. 제어루프가 구성된 상태에서 공정을 정상상태에 안정시킨다.
2. 그림 7.5와 같이 PID 제어기의 I, D 동작을 off 시키고, P 동작만을 on 시킨다.
3. 공정출력을 관찰하며 K_c를 작은 값에서 시작하여 서서히 증가시킨다. 공정출력이 지나치게 안정되어 움직이지 않을 때에는 설정값을 조금 올렸다 낮추어 공정에 자극을 가한다.

4. K_c가 증가함에 따라 초기에는 제어루프 외부로부터의 자극 (예, 설정값 변화)에 대해 공정출력이 감쇠진동을 보인다. K_c를 계속 증가시키면 그림 6.9과 같이 진동이 지속되는 시점이 나타나며, 이때의 K_c 값이 한계이득, 진동주기 P_u가 한계주기가 된다.

5. 이 값을 이용하여 표 7.1을 참조하여 PID 제어기 파라미터를 결정한다.

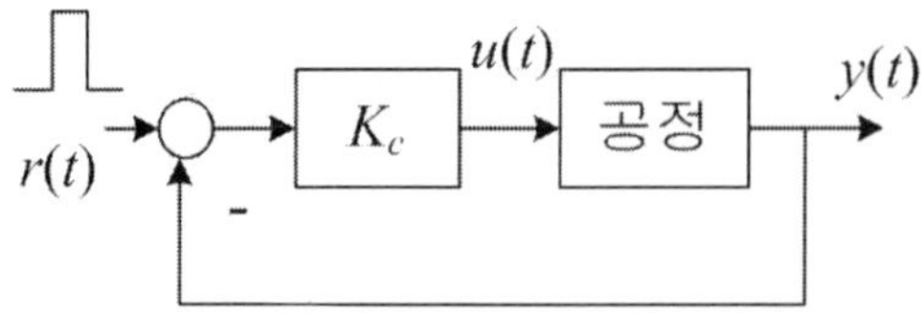

그림 7.5: Ziegler-Nichols 조율 방법.

표 7-1. Ziegler-Nichols 제어기 조율.

제어기	K_c	T_I	T_D
P	$0.5K_{cu}$		
PI	$0.45K_{cu}$	$P_u/1.2$	
PID	$0.6K_{cu}$	$P_u/2$	$P_u/8$

표 7-1의 P-조율값은 이득여유를 2로 설정한 값이다. 이 조율값은 설정값의 계단변화에 대해 1/4-감쇠비(quarter decay ratio, 1/4-DR) 응답이 나타나도록 제시된 것이다. PI와 PID 조율값도 설정값 계단변화에 대한 응답에서 1/4-감쇠비가 성취되는 것을 가장 중요한 목표로 두고 많은 모사실험을 통해 제시된 값이다.

표 7-1의 Ziegler-Nichols 조율로부터 기억해야 할 중요한 제어기 조율지침은 다음과 같다.

- 과소감쇠 2차 공정의 경우 1/4-감쇠비가 50% overshoot에 해당되었던 것을 생각하면, 1/4-감쇠비는 지나친 진동을 갖는 응답으로 생각할 수 있다. 이 경우는 T_I, T_D는 그대로 두고 K_c만 낮추어 원하는 응답을 얻도록 조정한다.

- $T_I = 0.5P_u \sim P_u$로 설정되며 $T_D = 0.25T_I$로 미분시간이 적분시간 보다 충분히 작게 설정된다.

- PID는 PI와 비교하여, K_c도 더 크며 적분동작도 더 크게 설정된다.

PID 제어기는 미분동작의 위상인도로 (그림 5.28, 5.29 참조) 열린 루프 전달함수의 위상지연을 감소시키기 때문에 PI 제어기에 비하여 더 높은 crossover 주파수를 가지며 더 큰 이득여유를 확보할 수 있다. 이 결과로 전체적인 응답이 더 빨라지며 비례, 적분 동작을 더 강하게 가할 수 있게 된다.

7.1.3 Relay 피드백을 이용한 한계이득과 한계주기의 결정

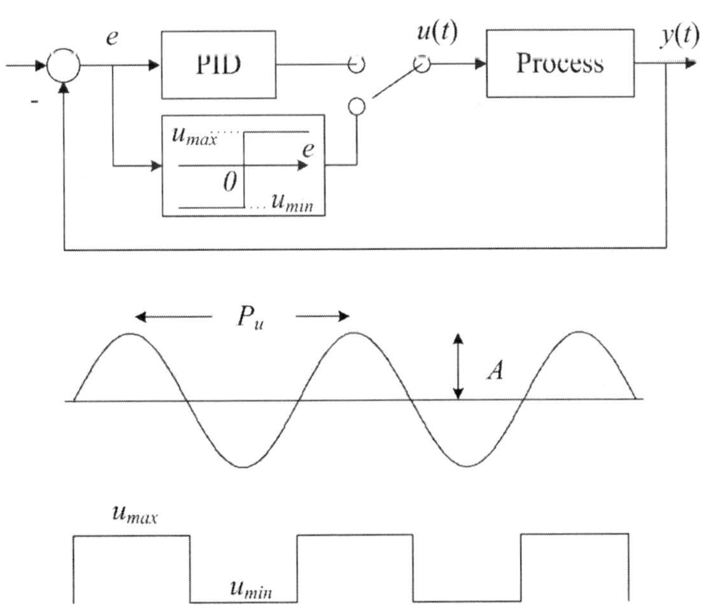

그림 7.6: Relay 제어의 구성과 응답.

한계이득과 한계주기를 실험적으로 결정하는 보다 간편한 방법은 relay 피드백을 이용하는 것이다. 이 방법은 1986년 스웨덴의 Åström과 Hagglund에 의해 제시된 것으로, 그림 7.6과 같이 P-제어기 대신 relay 제어기를 통해 얻어진 응답을 이용한다.

Relay 제어의 응답은 그림 7.6과 같이 나타나며, 이때 공정의 한계주기 P_u는 진동주기와 일치한다. 한계이득 K_{cu}은 다음의 식을 통해 계산된다.

$$K_{cu} = \frac{2(u_{max} - u_{min})}{\pi A} \tag{7.4}$$

이렇게 K_{cu}와 P_u가 얻어지면 표 7-1을 이용하여 제어기 조율을 수행할 수 있다.

Relay 제어를 이용하면 연속진동이 쉽게 얻어지기 때문에 많은 시간과 시행착오가 요구되는 Ziegler-Nichols 방법을 대체할 수 있다. 이런 이유로 relay 피드백은 자동동조(autotuning) 제어기에서 많이 채택하고 있다.

7.1.4 PID 제어 응답, 제어기 파라미터의 영향

PID 제어의 성능을 예시하기 위하여 $G_p(s) = \frac{1}{(s+1)^4}$ 공정을 대상으로 Ziegler-Nichols 조율에 의한 P, PI, PID 제어기의 설정값 응답을 그림 7.7에 보였다.

P 제어는 잔류오차가 나타나지만 PI, PID 제어는 잔류오차가 나타나지 않는다. PI 제어는 다른 두 방법에 비하여 가장 긴 주기의 진동을 보인다. 이것은 I-모드의 느린 동작 때문이다. D-모드가 결합되면서 PID 제어가 빠르며 적절한 제어응답을 보인다. 한편 Ziegler-Nichols 조율이 기본적으로 1/4-감쇠비 응답을 주도록 제시된 것이지만 실제 모든 응답이 이 조건을 그대로 만족시키지는 않는 것을 볼 수 있다. 실제 응답은 대상공정에 따라 감쇠비가 다르게 나타날 수 있다. 그러나 전체적으로 초기에 심한 overshoot이 생기는 공통된 특징을 갖는다.

그림 7.8은 PID 제어기의 Ziegler-Nichols 조율 결과를 기준으로 하여 P, I, D 상수에 변화를 가했을 때에 나타나는 응답을 보인 것이다. 먼저 K_c를 $0.6K_{cu}$에서 $0.45K_{cu}$로 낮춘 결과 상승시간이 느려지는 반면 overshoot이 현저히 감소한다. 다음으로 T_I를 $P_u/2$에서 $P_u/4$로 줄인 결과, 적분동작이 강해지며 진동이

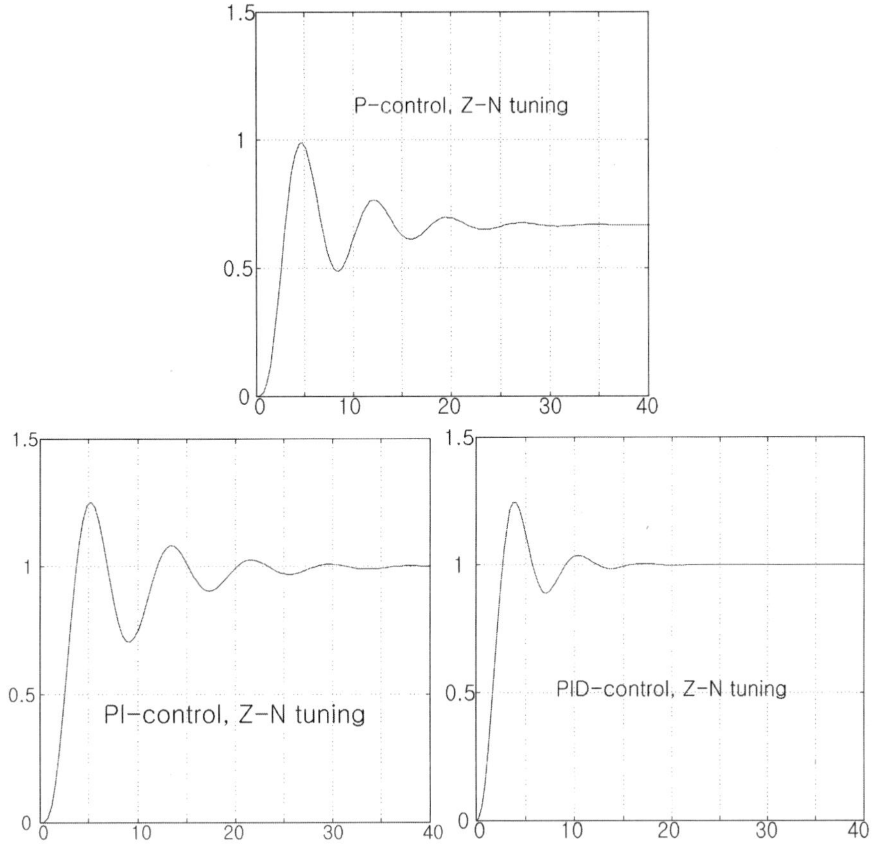

그림 7.7: Ziegler-Nichols 조율에 의한 PID 제어의 설정값 응답, $\left(G_p(s) = \frac{1}{(s+1)^4}\right)$.

더욱 심해진다. 마지막으로 T_D를 $P_u/8$에서 $P_u/4$로 2배 증가시킨 결과, preact가 지나치게 나타나 진동이 다소 왜곡되고 undershoot가 심해지는 것을 볼 수 있다. 이러한 제어기 상수들의 제어응답에 영향을 잘 이해하면 공정의 제어응답을 원하는 방향으로 조율해 나갈 수 있다.

PID 제어기의 외란 응답: 흔히 제어기의 성능을 그림 7.7과 7.8의 설정값 변화에 대한 응답으로 판단하지만, 피드백 제어기는 외란에 대해, 즉 조정 제어에서 좋은 성능을 보이도록 설계하는 것이 바른 접근이다. 이것은 추적 제어는 그림 5.31와

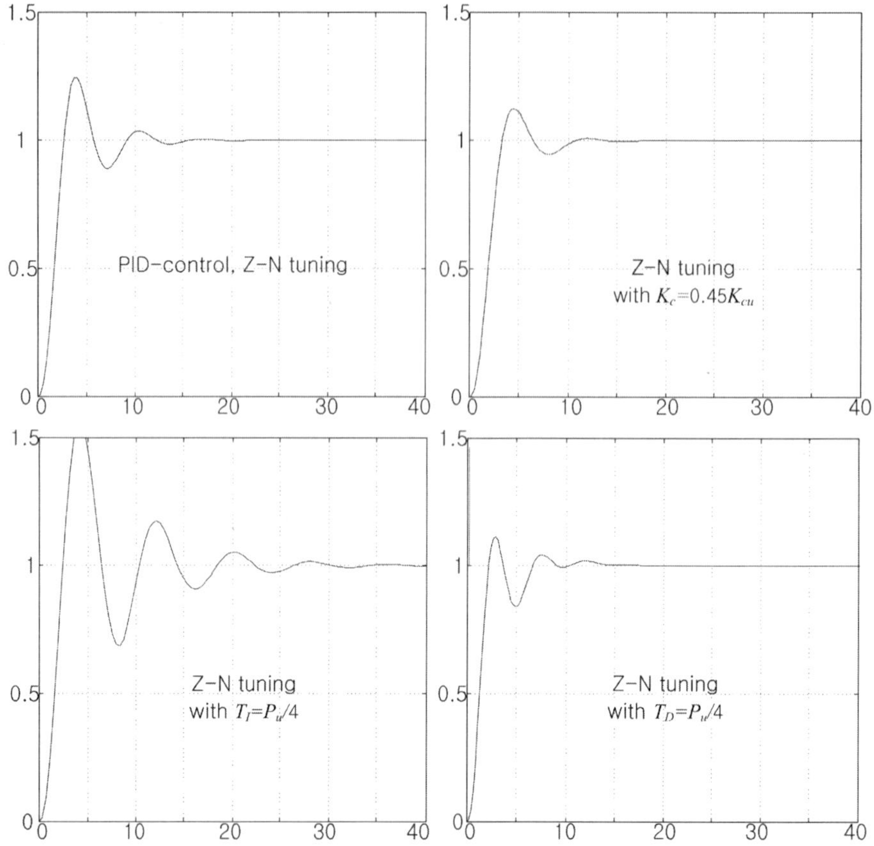

그림 7.8: PID 제어의 P, I, D 조율값의 설정값 응답에 대한 영향, $\left(G_p(s) = \frac{1}{(s+1)^4}\right)$.

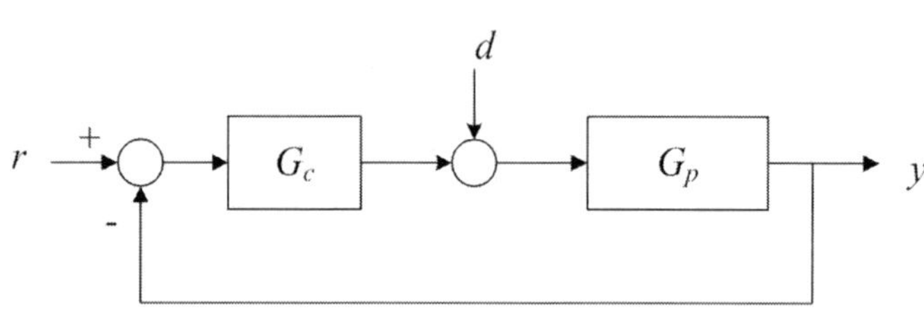

그림 7.9: 입력부 외란을 고려한 표준 피드백 루프.

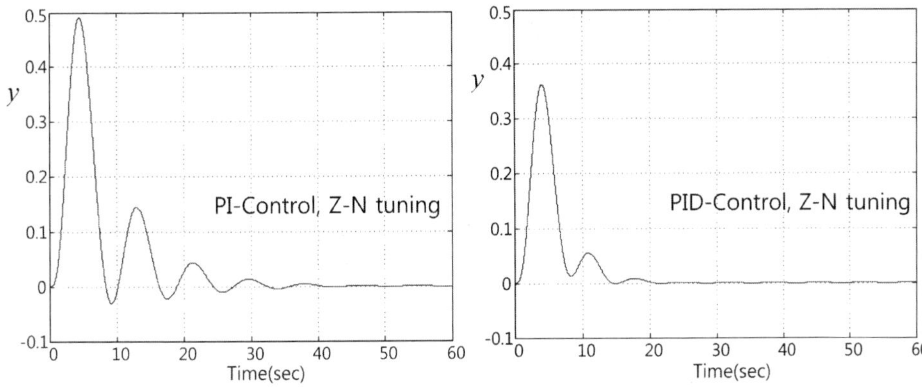

그림 7.10: PI 및 PID 제어기의 외란에 대한 계단응답, $\left(G_p(s) = \frac{1}{(s+1)^4}\right)$.

같은 2-자유도 제어구조에서 feedforward 보상기 $T(s)$의 설계를 통해 독립적으로 개선될 수 있기 때문이다.

외란은 공정의 입력과 출력에 가해지는 두가지로 구분할 수 있으나, 여기서는 그림 7.9과 같이 입력외란 만을 고려하기로 한다. 그림 7.10은 외란에 계단변화가 가해졌을 때의 PI 및 PID 제어기의 응답이다. PID가 더 나은 성능을 보이기는 하지만 두 경우 모두 심한 진동을 보인다.

7.2 모델근거 조율법

Ziegler-Nichols 조율법은 열린 루프 공정의 한계이득 K_{cu}와 한계주기 P_u 만을 이용할 뿐 공정모델 전체를 요구하지 않는다. 한계주파수에서의 정보는 피드백 제어계의 안정성 관점에서 가장 결정적인 것이지만, 피드백 제어계의 성능이 안정성의 관점으로만 결정되는 것은 아니다. 공정모델을 이용하여 제어기를 조율하는 경우, 더 폭 넓은 공정정보를 활용하는 것이므로 향상된 제어성능을 얻을 수 있으며, 제어기 설계에 공정모델을 활용하는 이러한 접근법을 총칭하여 모델근거 접근법 (model-based approach)라 부른다. 여기서는 FOPDT와 SOPDT 모델을 이용하여 PID 제어기를 조율하는 대표적인 방법들을 소개한다.

7.2.1 FOPDT 모델에 근거한 1/4 감쇠비 조율법

이 조율방법은 FOPDT 모델의 한계이득과 한계주파수를 구하여 여기에 1/4 감쇠비 관점에 근거한 Ziegler-Nichols 조율을 적용한 것이다. 조율식은 표 7-2와 같다. indexFOPDT

표 7-2. FOPDT 모델에 근거한 1/4 감쇠비 조율($0.1 < d/\tau < 1.0$의 경우에 적용됨).

Controller	K_c	T_I	T_D
P	$(\tau/K_p d)$	$--$	$--$
PI	$0.9(\tau/K_p d)$	$3.33d$	$--$
PID	$1.2(\tau/K_p d)$	$2.0d$	$0.5d$

표 7-2의 제어기 조율에서 K_c가 d/τ의 함수인 것을 볼 수 있다. d/τ는 대상공정의 피드백 제어가 얼마나 어려운 가를 나타내는 지표라 할 수 있다. 지연시간이 길다는 것은 공정에 제어신호를 가했을 때에 오랜 시간 동안 공정이 응답하지 않는다는 뜻이다. 이런 공정에 대해 실시간 출력을 이용하여 제어신호를 계산한다는 것은 조심스러운 일이며 제어성능도 제약을 받을 수 밖에 없다. 표 7-2의 조율식에도 이러한 경향이 나타나 있으며 K_c가 d/τ와 반비례관계로 주어진다.

표 7-2의 조율방법은 $0.1 < d/\tau < 1.0$의 범위에서 사용할 수 있으며 이 범위를 벗어나는 공정에는 적용하지 않는 것이 좋다. $d/\tau < 0.1$이라는 것은 공정이 사실상 지연시간이 무시되는 1차 공정의 특성을 갖는다는 것을 의미하며 예제 6.1에서와 같이 닫힌 루프가 제어기 파라미터의 상당한 변화에 대해서도 안정하며 K_c를 크게 할수록 피드백 루프의 응답이 개선되는 경우에 해당된다. 한편, $d/\tau > 1.0$에서는 사실상 PID 제어가 성능의 한계를 보이게 된다. 이 경우는 지연시간보상 제어(dead time compensator 혹은 Smith predictor)를 도입할 필요가 있다.

7.2.2 FOPDT 모델에 근거한 제어오차 적분 최소화 조율법

앞의 1/4 감쇠비는 '좋은 제어성능'을 표현하기에 적절치 않은 면이 있다. 좋은 제어성능을 표현하는 좀 더 합리적인 방법은 의미있는 최적화 목적함수를 도입하고 이를 최소화하는 제어기 조율값을 찾는 것이다. '제어오차 적분값 최소화에 근거한 조율'은 이러한 개념을 이용한 것으로 일종의 최적제어라 할 수 있다.

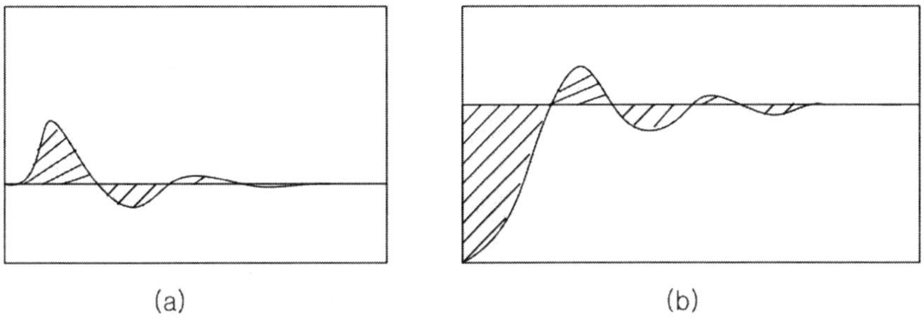

그림 7.11: IAE의 의미 (a) 외란변화, (b) 설정값 변화.

PID제어기의 조율에서 사용되는 최소화 목적함수로는 보통 다음의 세가지를 생각한다.

$$\text{IAE (Integral of Absolute Error)} = \int_0^\infty |e(t)|dt$$

$$\text{ISE (Integral of Squared Error)} = \int_0^\infty e^2(t)dt \tag{7.5}$$

$$\text{ITAE (Integral of Time-multiplied Absolute Error)} = \int_0^\infty t|e(t)|dt$$

먼저 IAE는 제어오차 절대값의 합이므로 그림 7.11의 빗금친 부분의 면적을 의미한다. ISE는 제어오차 자승의 합이므로 IAE와 비교할 때 큰 오차는 더욱 크게 작은 오차는 더욱 작게 반영된다. 따라서 ISE 조율에 의한 PID 제어계는 큰 오차는 잘 억제시키는 반면, 작은 오차는 간과하는 경향이 있어 설정값을 중심으로 작은 진동이 지속되는 응답이 나타나게 된다. 한편 ITAE는 시간이 가중치로 곱해져 시간이 지난 후에 나타나는 제어오차는 ITAE에 큰 값으로 반영된다. 따라서 제어초기의 제어오차는 허용하지만 시간이 지난 후의 제어오차는 강하게 억제하여 빠르게 설정값에 안정화시키는 효과를 준다. 제어오차 적분값 최소화 방법은 목적함수를 명확히 설정하고 이것을 최소화하는 제어기 파라미터를 결정하는 것이므로 이에 따른 제어성능이 어떠할 지를 사전에 예측할 수 있다.

제어오차는 많은 요소들의 영향을 받는다. 첫째는 공정의 동특성, 둘째는 제어기의 조율값, 셋째는 제어루프에 유입되는 신호의 종류(설정값 혹은 외란), 그리고 마지막으로는 유입되는 신호형태(계단함수 혹은 다른 형태의 신호)가 그것이다. 표 7-3은 FOPDT 공정을 대상으로 그림 7.9의 블럭선도에 보인 위치로 설정값 및 외란이 계단함수 형태로 가해지는 경우의 조율 계산방법을 보인 것이다.

표 7-3은 설정값 변화에 대한 조율법과 외란 (load) 변화에 대한 조율법의 두 부분으로 나누어져 있다. 설정값에 계단변화가 가해지면 순간적으로 큰 제어오차가 발생되는 반면, 외란의 계단 변화는 공정을 통해 제어오차로 나타나므로 부드러운 제어오차를 유발한다. 따라서 설정값 대응 제어기 파라미터는 외란 대응 경우에 비하여 상대적으로 느슨한 값을 갖는다. 표 7-3의 조율법도 $0.1 < d/\tau < 1$ 인 경우에만 적용된다. 상업용 제어기는 PI-D 혹은 I-PD 형태이므로, 표 7-3 에서 중요한 것은 외란변화 조율이다.

표 7-4에 $G_p(s) = e^{-s}/(3s+1)$ 공정에 대하여 여러 경우의 PID 파라미터 계산값을 예시하였으며, 다음과 같은 유용한 조율지침들을 도출할 수 있다.

- T_I는 $0.5\tau \sim \tau$로 결정된다. 외란대응의 경우, PID의 T_I가 PI 경우 보다 더 작은 값으로 (더 강한 적분동작으로) 주어진다. 이것은 미분동작의 위상인도가 적분의 위상지연을 상쇄시킬 수 있기 때문이다. 마찬가지로 PID의 K_c가 PI 보다 더 큰 값으로 주어진다.

- T_D는 1/4-감쇠비 조율의 $0.5d$ 부근의 값으로 주어지며, 외란대응의 경우는 $1/4T_I$ 부근으로 주어진다.

- 설정값대응 조율은 외란대응 조율에 비하여 비례, 적분동작이 모두 더 작게

표 7.3: 제어오차 적분값 최소화에 근거한 조율($0.1 < d/\tau < 1$ 인 경우에 적용)

목적함수	계단변화	제어기	제어동작	A	B
IAE	Load	PI	P	0.984	-0.986
			I	0.608	-0.707
		PID	P	1.435	-0.921
			I	0.878	-0.749
			D	0.482	1.137
	Set Point	PI	P	0.758	-0.861
			I	1.02^b	-0.323^b
		PID	P	1.086	-0.869
			I	0.740^b	-0.130^b
			D	0.348	0.914
ISE	Load	PI	P	1.305	-0.959
			I	0.492	-0.739
		PID	P	1.495	-0.945
			I	1.101	-0.771
			D	0.56	1.006
ITAE	Load	PI	P	0.859	-0.977
			I	0.674	-0.680
		PID	P	1.357	-0.947
			I	0.842	-0.738
			D	0.381	0.995
	Set Point	PI	P	0.586	-0.916
			I	1.03^b	-0.165^b
		PID	P	0.965	-0.855
			I	0.796^b	-0.147^b
			D	0.308	0.929

$Y = A(d/\tau)^B$ where $Y = KK_c$ for P-mode, τ/T_I for I-mode, and T_D/τ for D-mode.

[b] For set-point change, the design relation for I-mode is $\tau/T_I = A + B(d/\tau)$.

표 7-4. $G_p(s) = e^{-s}/(3s+1)$ 공정의 제어오차 적분값 최소화에 근거한 조율값

조율법	제어기	K_c	T_I	T_D
1/4-DR	PID	3.6	2	0.5
IAE Load	PI	2.907	2.269	
	PID	3.947	1.500	0.415
ITAE Load	PI	2.513	2.109	
	PID	3.841	1.584	0.383
IAE Set point	PI	1.952	3.288	
	PID	2.821	4.306	0.3825
ITAE Set point	PI	1.603	3.077	
	PID	2.469	4.016	0.333

설정된다. 이것은 설정값 계단변화에서 발생하는 제어오차가 외란 변화 때보다 크기 때문이다.

그림 7.12에 IAE 및 ITAE로 조율된 PI 제어의 성능을 보였으며, 그림 7.13에는 PID 제어의 성능을 1/4 감쇠비 조율 PID 제어와 비교하였다. 두 경우 모두 1/4 감쇠비 조율과 그림 7.7에 예시한 Ziegler-Nichols 조율에 비하여 우수한 제어 성능을 보인다. 최적화 조율응답에서는 이미 예견한대로 ITAE 조율이 가장 큰 overshoot을 나타낸 반면 응답이 빠르게 감쇠된다. 이에 반하여 ISE 조율은 가장 작은 overshoot을 보인 반면 진동이 오래 지속되고, IAE는 두 조율의 중간 특성을 보인다. 일반적으로 IAE 조율이 가장 선호된다.

그림 7.14은 설정값 및 외란대응 IAE 조율한 두 경우의 PID 제어기를 외란과 설정값에 각각 단위 계단 변화가 있는 상황에 적용한 결과를 보였다. 먼저 설정값대응 조율을 외란변화에 적용하면 (a) 제어응답이 매우 느려지며, 반대로 외란대응 조율을 설정값 변화에 적용하면 (b) 지나치게 공격적인 제어로 큰 overshoot과 심한 진동이 나타나는 것을 볼 수 있다.

그림 7.9 혹은 그림 7.11를 참조하여 보면, 설정값에 계단변화가 있을 때에 제어오차는 초기에 큰 값으로 나타나며, 이에 반해 입력외란에 계단변화가 있을 때에 제어오차는 초기에 0으로 시작하여 부드럽게 변화한다. 따라서, 설정값대응 제어기 조율은 제어동작이 작게 나타나도록, 반대로 외란대응 조율은 제어동작이

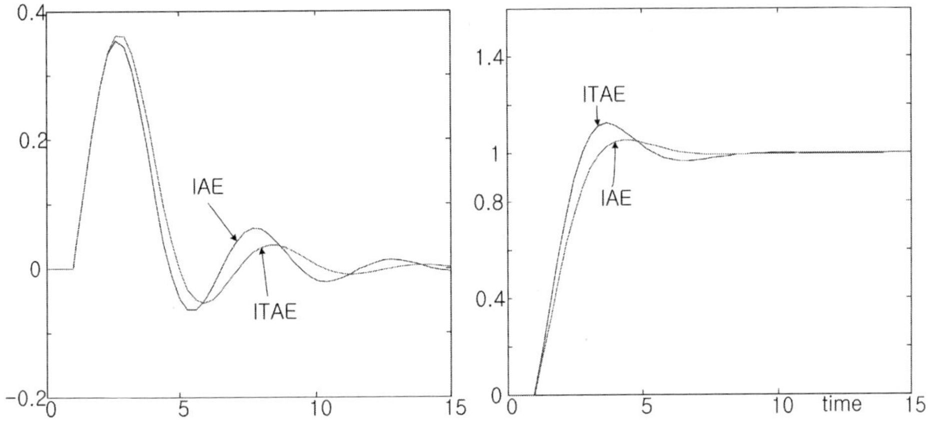

그림 7.12: IAE, ITAE 조율 PI 제어의 (a) 외란 (b) 설정값 응답 비교 ($G_p(s) = \frac{e^{-s}}{3s+1}$).

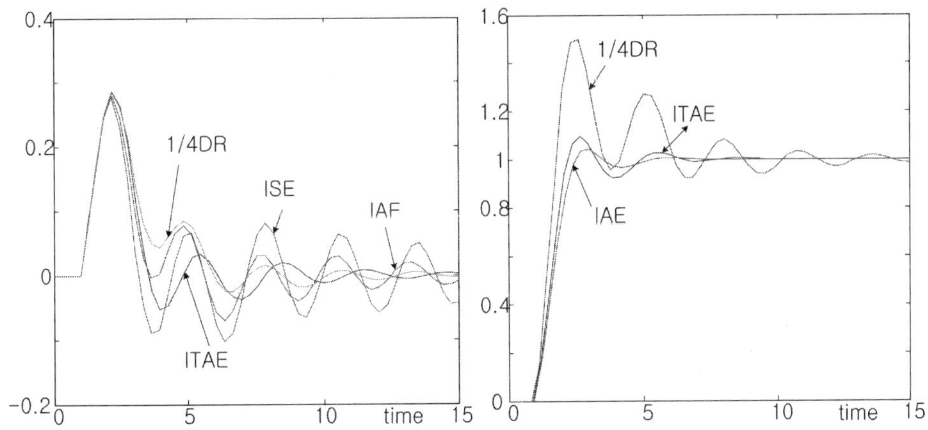

그림 7.13: 1/4-감쇠비, IAE, ISE, ITAE 조율 PID 제어의 (a) 외란 (b) 설정값 응답 비교 ($G_p(s) = \frac{e^{-s}}{3s+1}$).

적극적으로 크게 나타나도록 주어진다. 이러한 제어기를 반대의 상황에 적용하였기 때문에 위와 같은 결과가 얻어진 것이다.

그렇다면 설정값과 외란 변화가 동시에 있는 상황에서 제어기에 두 종류의 조율값을 모두 설치할 방법이 없으니 어떻게 대응을 하여야 할까? 만약 설정값 변화의 초기시간에 큰 제어오차가 발생하는 것을 방지시킨다면 외란대응 조율만으로도 설정값과 외란 변화 상황에 모두 유사한 제어성능으로 대응할 수 있지 않을까?

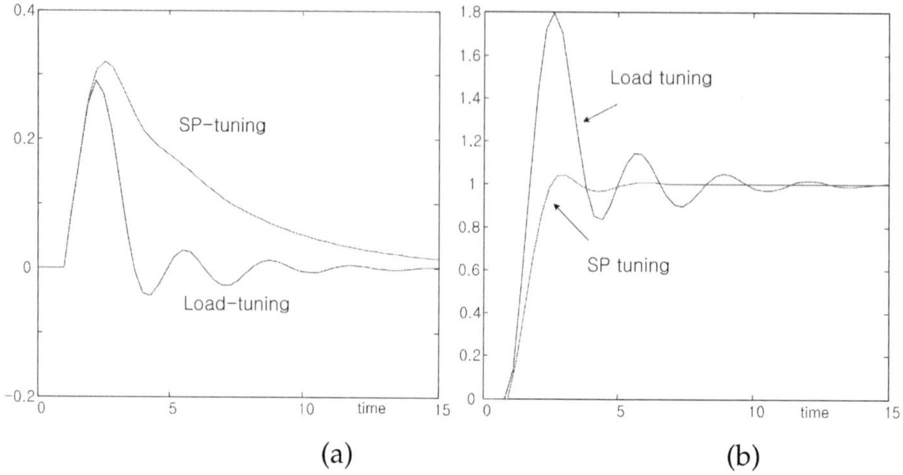

그림 7.14: 설정값과 외란 대응 IAE 조율 PID 제어기를 (a) 외란변화에 적용한 결과 (b) 설정값 변화에 적용한 결과 ($G_p(s) = \frac{e^{-s}}{3s+1}$).

그림 7.15에 외란대응 IAE 및 ITAE 조율한 I-PD 제어의 성능을 보였다. 설정값 및 외란 변화 두 상황에서 모두 일관된 좋은 성능이 얻어진다. 이것은 외란대응 조율이 큰 제어기 이득을 주는데, I-PD 제어는 설정치의 변화를 P와 D제어에 반영하지 않아 큰 제어기 출력값의 발생을 구조적으로 방지하고 있기 때문이다. 이 결과들로부터 외란대응 조율의 중요성을 다시 확인할 수 있다. D-모드를 사용하지 않는 경우, 외란대응 조율과 I-P 제어기를 선택하면 그림 7.15와 유사한 결과를 얻을 수 있다.

PID 제어기의 조율에 많은 방법들이 제시되어 있지만, I-P 또는 I-PD 제어기와 외란대응 제어오차 적분 최소화 조율이 가장 추천할 만한 선택으로 사료된다.

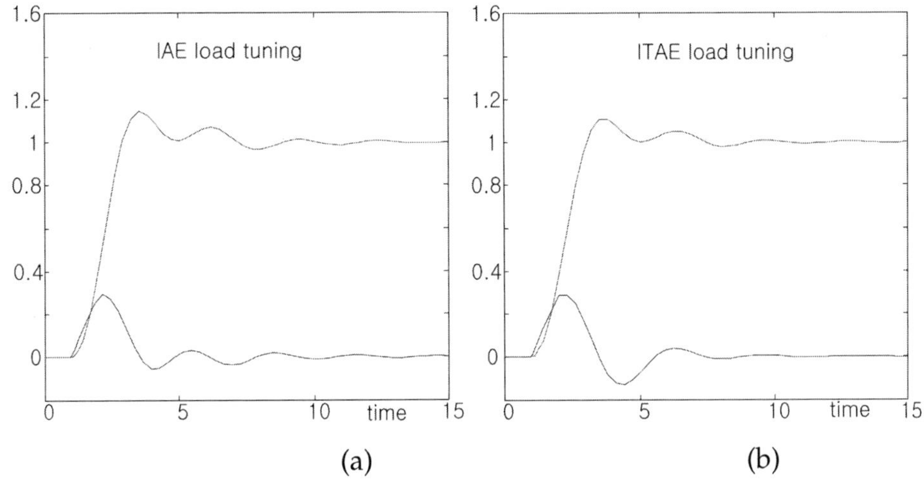

그림 7.15: 외란 대응으로 조율한 I-PD 제어 (a) IAE (b) ITAE ($G_p(s) = \frac{e^{-s}}{3s+1}$).

7.2.3 SOPDT 모델에 근거한 조율법

SOPDT 모델은 FOPDT 모델 보다 실제 공정의 동특성을 더 정확히 표현할 수 있으므로, 이에 근거한 PID 조율도 더 우수한 제어성능을 제공할 것이다. 표 7-7 에도 IMC를 이용한 SOPDT 모델에 대한 PID 조율이 제시되어 있으나, 여기서는 Panda 등[2] 의 연구에 근거하여 표 7-7의 IMC 방법 보다 우수한 성능을 보이는 두 가지 조율방법을 소개한다. 이들 두 방법도 IMC 설계에 의해 유도된 것들이다. IMC의 원리는 7.4 장에, 각 조율방법의 유도과정은 생략하고 여기서는 결과만을 제시한다.

SOPDT 모델은 과도감쇠와 과소감쇠 경우로 나누어 다음과 같이 표현한다.

$$G(s) = \frac{Ke^{-ds}}{(\tau_1 s+1)(\tau_2 s+1)}, \quad G(s) = \frac{Ke^{-ds}}{(s/\omega_n)^2 + 2\zeta(s/\omega) + 1} \tag{7.6}$$

[2]Panda, R. C., Yu, C-C, Huang, H-P, ISA trans., 43, 283-295, 2004.

첫번째는 Lee 등[3]에 의해 제시된 것으로 IMC-Lee 방법이라 부르기로 하며, 두번째는 Huang 등[4]에 의해 제시된 것으로 CS-Huang 방법으로 부르기로 하자. 표 7-5에 이 두 종류 PID 조율법을 보였다.

표 7-5. SOPDT모델에 근거한 IMC-Lee와 CS-Huang PID 조율법.

PID 조율법	K_c	T_I	T_D
IMC-Lee 과도감쇠	$\dfrac{\tau_I}{K(2\lambda+d)}$	$(\tau_1+\tau_2) - \dfrac{2\lambda^2-d^2}{2(2\lambda+d)}$	$\tau_I-(\tau_1+\tau_2) + \dfrac{(\tau_1+\tau_2)-\frac{d^3}{6(2\lambda+d)}}{\tau_I}$
과소감쇠	$\dfrac{\tau_I}{K(2\lambda+d)}$	$2(\zeta/\omega_n) - \dfrac{2\lambda^2-d^2}{2(2\lambda+d)}$	$\tau_I-2(\zeta/\omega_n) + \dfrac{(\tau_1+\tau_2)-\frac{d^3}{6(2\lambda+d)}}{\tau_I}$
CS-Huang 과도감쇠	$\dfrac{\tau_1+\tau_2}{2Kd}$	$\tau_1+\tau_2$	$\dfrac{\tau_1\tau_2}{\tau_1+\tau_2}$
과소감쇠	$\dfrac{\zeta/\omega_n}{Kd}$	$2\zeta/\omega_n$	$1/(2\zeta\omega_n)$

* $\lambda = \max(0.25d, 0.2/\omega_n)$ 혹은 $\max(0.25d, 0.2(\tau_1+\tau_2))$

두 방법 모두 만족스러운 제어성능을 제공하지만, 특별히 d/τ가 큰 경우에 (1 이상) IMC-Lee 조율이 더 우수한 제어성능을 보인다.

[3] Lee, Y., Park, S., Lee. M., Brosilow, C., AIChE J., 44,106-115, 1998.

[4] Huang, H. P., Lee, M. W., Chen, C. L., J. Chin. Inst. Chem. Eng., 31, 225-236, 2000.

7.3 직접합성법 (Direct Synthesis Method)

제어기는 제어루프가 원하는 동특성을 갖도록 직접 설계될 수 있다. 그림 7.9의 제어루프에서 설정값에 대한 출력의 동특성이 $G_{cl}(s)$로 나타나기를 원한다면

$$\left.\frac{y(s)}{r(s)}\right|_{desired} = G_{cl}(s) = \frac{G_p(s)G_c(s)}{1+G_p(s)G_c(s)} \tag{7.7}$$

로부터 다음과 같이 제어기 식을 얻을 수 있다.

$$G_c(s) = \frac{1}{G_p(s)}\left[\frac{G_{cl}(s)}{1-G_{cl}(s)}\right] \tag{7.8}$$

여기서 고려하여야 할 중요한 사항은 설계된 제어기가 '안정하며,' '실현가능' 하여야 한다는 것이다.

제어기가 안정하기 위해서는 $G_c(s)$가 복소수 우측 반평면에 극을 갖지 말아야 하며, 실현가능하기 위해서는 (i) $G_c(s)$가 시간선행(time-lead) 요소를 갖거나 (ii) 순수한 미분기를 가져서는 안된다[5]

식 (7.8)에서 $G_p(s)$가 제어기의 분모에 나타남을 볼 수 있다. 공정이 양의 영을 갖는다면 제어기는 불안정한 극을 가지며, 지연시간을 갖는다면 제어기는 순수 선행시간을 갖게 되어 구현할 수 없는 형태가 된다. 이러한 문제점을 해소하기 위해서는 $G_{cl}(s)$를 적절히 선정하여 $G_p(s)$의 양의 영이나 시간지연을 상쇄시켜야 한다. 이를 반영한 제어기 설계과정은 다음과 같다.

단계 1: $G_p(s)$를 양의 영이나 시간지연항 부분과 그렇지 않은 두 부분으로 나눈다.

$$G_p(s) = G_p^+(s)G_p^-(s) \tag{7.9}$$

여기서 $G_p^+(s)$는 정상상태 이득 1을 갖도록 설정한다. 예를 들어 $G_p(s) = \frac{3e^{-s}(1-3s)}{(s+1)(4s+1)}$인 경우, $G_p^+(s) = e^{-s}(1-3s)$이 된다.

[5] $G_c(s)$가 순수한 미분기를 갖는다는 것은 G_c 분자의 차수가 분모의 차수보다 크다는 것을 말한다.

단계 2: $G_{cl}(s)$이 $G_p^+(s)$를 포함하며 원하는 동특성을 갖도록 설정한다. 대표적으로는 아래와 같이 설정된다.

$$\begin{aligned} G_{cl}(s) &= G_p^+(s)G_{cl}^*(s) \\ &= \begin{cases} G_p^+(s)\frac{1}{(\tau_{cl}s+1)^r} & r\text{은 양의 정수} \\ G_p^+(s)\frac{1}{((s/\omega_n)^2+2\zeta(s/\omega_n)+1)(\alpha s+1)^m} & m\text{은 0 혹은 양의 정수} \end{cases} \end{aligned} \tag{7.10}$$

단계 3: 식 (7.10)을 식 (7.8)에 대입하면 제어기식은 다음과 같이 얻어진다.

$$G_c(s) = \frac{1}{G_p^-(s)}\left[\frac{G_{cl}^*(s)}{1-G_{cl}(s)}\right] \tag{7.11}$$

식 (7.10)에서 r, m은 $G_c(s)$가 미분기가 되는 것을 방지하는 최소 정수값이다. α는 임의의 작은 값을 주는 것으로 충분하다.

다음과 같은 1차 전달함수로 $G_{cl}(s)$를 설정하여 제어기를 설계하여 보자.

$$G_{cl}(s) = \frac{1}{\tau_{cl}s+1} \tag{7.12}$$

식 (7.12)을 식 (7.8)에 대입하면

$$G_c(s) = \frac{1}{G_p(s)}\frac{1}{\tau_{cl}s} \tag{7.13}$$

가 되어 $G_c(s)$가 자연스럽게 적분모드를 갖게 된다. 이것은 $G_{cl}(s)$의 정상상태 이득을 1로 주어 잔류오차가 나타나지 않도록 요구하였기 때문에 얻어진 결과이다.

이제 몇 가지 공정에 대하여 제어기식을 구하여 보자.

동특성이 없는 공정:

$$G_p(s) = K \quad \rightarrow \quad G_c(s) = \frac{1}{K\tau_{cl}}\frac{1}{s} \tag{7.14}$$

동특성이 무시되는 공정은 적분제어기를 사용하면, 1차 공정의 제어응답을 얻는다.

1차 공정:

$$G_p(s) = \frac{K}{\tau s+1} \quad \rightarrow \quad G_c(s) = \frac{\tau s+1}{K}\frac{1}{\tau_{cl}s} = \frac{\tau}{K\tau_{cl}}\left(1+\frac{1}{\tau s}\right) \tag{7.15}$$

따라서

$$K_c = \frac{\tau}{K\tau_{cl}} \quad T_I = \tau \tag{7.16}$$

인 PI 제어기가 얻어진다. 이 결과로부터 두 가지를 기억해 둘 필요가 있다.

첫째, 1차 공정에 PI 제어기를 사용할 때 적분시간은 공정의 시정수와 일치시키는 것이 좋은 선택이라는 것이다. 1차 공정은 위상각이 -90° 까지 나타나므로 한계감도법도 FOPDT 모델에 근거한 조율법도 사용할 수가 없다. 이것은 1차 공정이 단순한 공정이어서 제어기 파라미터를 어떻게 선정해도 안정성이 보장되기 때문이다 (예제 6-1 참조). 그러나 막상 제어기 조율을 위한 지침이 없다는 것은 당혹스러운 일이며, 그런 의미에서 식 (7.16)는 유용하다. 실제로 K_c가 너무 크면 제어동작이 측정잡음에 민감해져 바람직하지 않다.

둘째, 실제 공정과 공정모델 사이에 차이가 있으면 모델에 근거하여 설계된 제어루프는 식 (7.12)을 벗어난 응답을 보인다.

2차 공정:

$$\begin{aligned} G_p(s) &= \frac{K}{(\tau_1 s+1)(\tau_2 s+1)} \quad \rightarrow \\ G_c(s) &= \frac{(\tau_1 s+1)(\tau_2 s+1)}{K}\frac{1}{\tau_{cl}s} = \frac{(\tau_1+\tau_2)}{K\tau_{cl}}\left(1+\frac{1}{(\tau_1+\tau_2)s}+\frac{\tau_1\tau_2}{\tau_1+\tau_2}s\right) \end{aligned} \tag{7.17}$$

따라서 아래와 같이 PID 제어기가 얻어진다.

$$K_c = \frac{1}{K}\frac{\tau_1+\tau_2}{\tau_{cl}}, \quad T_I = \tau_1+\tau_2, \quad \frac{1}{T_D} = \frac{1}{\tau_1}+\frac{1}{\tau_2} \tag{7.18}$$

식 (7.18) 의 제어기 조율지침에서 주목할 것은 적분시간은 인수분해된 1차 공정 각 시정수의 합, 미분시간의 역수는 각 시정수 역수의 합으로 나타난다는 것이다. 일반적으로 과도감쇠 2차 공정의 시정수는 긴 시정수와 짧은 시정수로 나뉘어진다. $\tau_1 > \tau_2$ 라 할 때 식(7.18) 의 관계를 다음과 같이 기억하는 것도 유용하다.

$$T_I \approx \tau_1 = \text{긴 시정수}, \quad T_D \approx \tau_2 = \text{짧은 시정수} \tag{7.19}$$

2차 공정도 한계감도법이 적용되지 않는 공정이므로 식 (7.19) 은 유용한 조율지침이다. τ_2 가 충분히 짧다면 $e^{-\tau_2 s} \approx 1/\tau_2 s + 1$ 로부터 식 (7.19) 은 FOPDT 의 조율지침으로도 이용할 수 있다.

FOPDT 공정: 아래와 같은 FOPDT 공정에 대해서는

$$G_p(s) = \frac{Ke^{-ds}}{\tau s + 1} \tag{7.20}$$

$G_p^+(s) = e^{-ds}$ 이므로 $G_{cl}^*(s) = 1/(\tau_{cl}s + 1)$ 로 선택하는 경우, $G_{cl}(s)$ 이 다음과 같이 된다.

$$G_{cl}(s) = \frac{e^{-ds}}{\tau_{cl}s + 1} \tag{7.21}$$

식 (7.11) 로부터 제어기는 다음 식으로 주어진다.

$$G_c(s) = \frac{\tau s + 1}{K} \frac{1}{\tau_{cl}s + 1 - e^{-ds}} \tag{7.22}$$

이 제어기는 PID와는 다른 독특한 모양을 가지고 있으며, 지연시간보상 제어기 (dead time compensator 혹은 Smith predictor) 라 부른다.

식 (7.22) 를 PID 형태로 근사하기 위하여 $e^{-ds} \approx 1 - ds$ 의 근사를 도입하면

$$G_c = \frac{\tau s + 1}{K} \frac{1}{(\tau_{cl} + d)s} \quad \rightarrow \quad K_c = \frac{\tau}{K(\tau_{cl} + d)}, \quad T_I = \tau \tag{7.23}$$

와 같이 PI 제어기로 근사된다. 적분시간은 시정수와 같은 값으로 주어지고, 지연

시간의 영향으로 K_c는 $\tau_{cl} \to 0$에서도 τ/Kd로 제한된다. 이 결과는 지연시간을 Taylor series로 근사하여 얻은 것이긴 하지만 지연시간이 있는 경우는 제어기 이득을 어느 한계 이상 증가시켜서는 안된다는 의미를 내포하고 있다.

양의 영을 갖는 공정:

$$G_p(s) = \frac{K(1-s/z)}{(\tau_1 s+1)(\tau_2 s+1)} \tag{7.24}$$

공정이 양의 영을 가지므로 먼저 $G_p(s)$를 $G_p^+(s) = 1-s/z$와 $G_p^-(s) = \frac{K}{(\tau_1 s+1)(\tau_2 s+1)}$로 분해한다. 이로부터 $G_{cl}(s)$를 다음과 같이 설정하자.

$$G_{cl}(s) = \frac{1-s/z}{\tau_{cl}s+1} \tag{7.25}$$

참고로 그림 7.16에 식 (7.25)의 계단응답을 보였다. 순간적으로 역응답이 발생하는 바람직하지 않은 응답이지만 양의 영을 갖는 공정에 대해서는 사실 이 정도가 기대할 수 있는 최선의 응답이다. 이제 제어기 식을 식 (7.11)로부터 구하면 다음과 같다.

$$\begin{aligned} G_c(s) &= \frac{(\tau_1 s+1)(\tau_2 s+1)}{K}\frac{1}{(\tau_{cl}+1/z)s} \\ &= \frac{(\tau_1+\tau_2)}{K(\tau_{cl}+1/z)}\left(1+\frac{1}{(\tau_1+\tau_2)s}+\frac{\tau_1\tau_2}{\tau_1+\tau_2}s\right) \end{aligned} \tag{7.26}$$

따라서

$$K_c = \frac{(\tau_1+\tau_2)}{K(\tau_{cl}+1/z)}, \quad T_I = \tau_1+\tau_2, \quad \frac{1}{T_D} = \frac{1}{\tau_1}+\frac{1}{\tau_2} \tag{7.27}$$

로 PID 제어기 형태를 얻는다. 적분시간, 미분시간의 결정은 2차 공정과 같으나 영의 영향으로 제어기 비례이득이 더 작은 값으로 설정되어야 함을 알 수 있다.

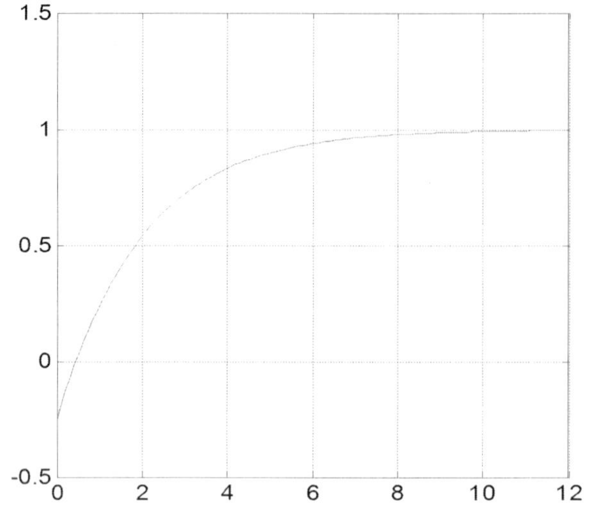

그림 7.16: $G_{cl}(s) = \frac{1-s/2}{2s+1}$ 의 계단응답.

7.4 Internal Model Control

7.4.1 기본 개념

Internal model control (IMC)는 기존의 피드백 제어계를 새로운 시각에서 해석하고 설계하는 개념이다. 기존의 피드백 제어계는 그림 7.17(a)와 같이 표현되나, IMC는 그림 7.17(b)로 제어계를 표현한다. 여기서, $G_m(s)$는 실제 공정 $G_p(s)$의 모델로 모델오차가 없는 경우는 $G_m(s) = G_p(s)$가 된다. 그림 7.17(b)는 그림 7.17(c)와 동등하며, 다시 그림 7.17(d)와 동등하다. 결국, IMC는 일반적인 피드백 제어기와 다음의 관계를 갖는다.

$$G_c(s) = \frac{G_i(s)}{1 - G_i(s)G_m(s)} \tag{7.28}$$

이것으로부터 IMC는 새로운 제어개념은 아니며 기존의 제어계를 다른 관점에서 해석하고 설계할 수 있도록 해 주는 새로운 틀이라는 것을 알 수 있다.

IMC의 기본개념은 다음과 같다. $G_m(s)$는 공정의 출력을 예측하며, 공정의 출력과 예측값의 차이인 $y - y_m$이 제어기 $G_i(s)$로 피드백되어 제어오차를 줄이는 제어동작을 결정한다. 제어계의 설계에서 극복하여야 하는 불확실성은 외란 d와 공정모델의 오차이다. 만약 이 두 불확실성이 모두 없다면 $G_i(s)$로 전달되는 피드백 신호는 0이며 피드백 제어가 사실상 불필요하게 된다. 다시 말하면 제어를 위해 피드백되는 신호는 불확실성에 의한 출력예측오차로 충분하며, 제어기는 이러한 불확실성에 대응하기 위한 것으로 해석할 수 있다는 것이다.

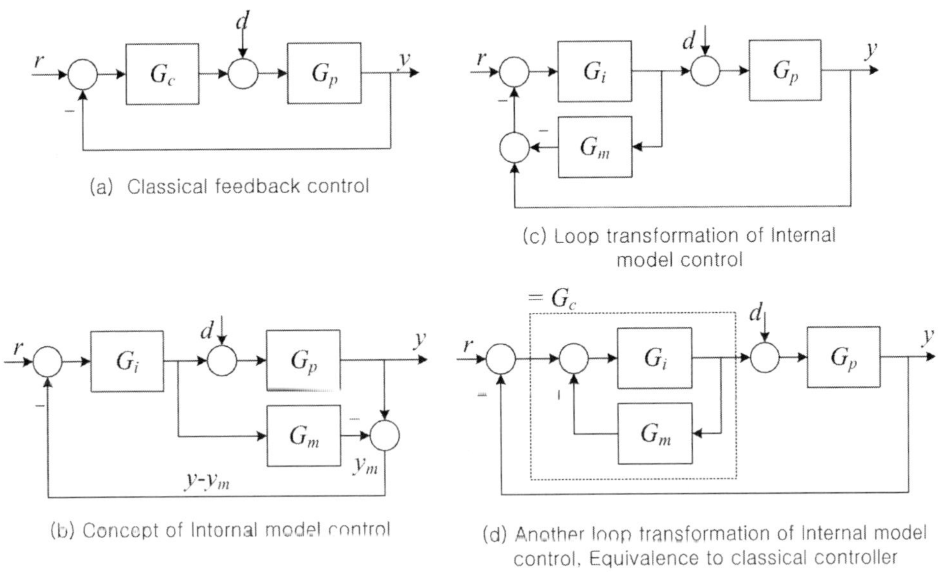

그림 7.17: IMC 제어기의 구성.

이제, 그림 7.17(b)의 닫힌 루프 전달함수를 구하기 위하여 6장 부록의 Mason의 법칙을 적용한다. 그 결과는 다음과 같다.

$$y(s) = \frac{G_p(s)G_i(s)}{1+G_i(s)(G_p(s)-G_m(s))}r(s) + \frac{G_P(s)(1-G_m(s)G_i(s))}{1+G_i(s)(G_p(s)-G_m(s))}d(s) \quad (7.29)$$

만약 공정의 모델을 정확히 알 수 있어 $G_m(s) = G_p(s)$가 만족된다면,

$$y(s) = G_p(s)G_i(s)r(s) + G_P(s)(1 - G_p(s)G_i(s))d(s) \tag{7.30}$$

가 성립된다. 이때,

$$G_i(s) = \frac{1}{G_p(s)} \tag{7.31}$$

로 설계를 하면

$$y(s) = 1 \times r(s) + 0 \times d(s) \tag{7.32}$$

가 되어 완벽한 제어가 가능해 진다. 실제로는 $G_i(s) = 1/G_p(s)$로 제어기를 설계하는 것은 직접합성법에서 언급하였던 것과 같은 다음의 이유로 가능하지 않다.

- $1/G_p(s)$는 분자의 차수가 분모의 차수 보다 더 큰 전달함수로 구현이 불가능하다.
- $G_p(s)$가 불안정한 영이나 시간지연을 갖는 경우, $1/G_p(s)$는 불안정한 극이나 시간선행 요소를 갖게 되어 실현이 불가능하다.

위의 문제점들은 '완전제어'를 만족시키는 과정에 나타난 것이다. 이를 완화하여 식 (7.30)의 $G_p(s)G_i(s)$가 적절한 형태를 취하도록 하면 이 문제가 해결될 수 있다. 이러한 개념을 바탕으로 한 제어기 설계과정은 앞 절의 직접합성법과 유사하며 다음과 같다.

1 단계 : $G_m(s)$를 양의 영이나 시간지연항 부분 $G_m^+(s)$와 나머지 부분 $G_m^-(s)$으로 분해한다.

$$G_m(s) = G_m^+(s)G_m^-(s) \tag{7.33}$$

여기서 $G_m^+(s)$는 정상상태 이득이 1을 갖도록 설정한다.

2 단계 : 제어기를

$$G_i(s) = \frac{1}{G_m^-(s)} F(s) \tag{7.34}$$

로 설정한다. 이 제어기에 의한 닫힌 루프 전달함수는 $G_p(s) = G_m(s)$ 일 때에, 다음과 같다.

$$y(s) = G_p^+(s)F(s)r(s) + G_P(s)(1 - G_p^+(s)F(s))d(s) \tag{7.35}$$

따라서, $G_m^+(s) = 1$ 이라면 설정값와 출력사이의 전달함수는 $F(s)$ 가 된다. IMC 설계에서는 $F(s)$ 흔히 다음과 같이 설정하며, robust 필터라 부른다.

$$F(s) = \frac{1}{(\tau_{cl}s + 1)^r} \tag{7.36}$$

식 (7.10) 에 제시한 다른 전달함수로 $F(s)$ 를 설정하는 것도 물론 가능하다.

7.4.2 응용 1: PID 제어기의 IMC 조율

IMC 설계는 새로운 관점에서 제어계를 해석하고 있지만, 사실상 직접합성법과 동일한 것이다. IMC에 의해 설계된 제어기가 반드시 PID 제어 형태를 갖는 것은 아니다. 그러나 직접합성법에서와 마찬가지로 몇몇 제한된 공정에 대해서는 $r = 1$ 로 robust 필터를 설정하고, $G_i(s)$ 를 합성한 후, 식 (7.28) 에 의해 해당되는 제어기 $G_c(s)$ 를 구하면 PID 제어기와 일치되는 형태를 얻는다. 표 7-7에 이렇게 구해진 제어기의 조율값을 몇몇 공정모델에 대해 보였다.

그림 7.18에 $G_p(s) = 1/(s+1)^4$ 를 FOPDT와 SOPDT로 각각 근사하여 수행한 IMC-PID 제어성능을 비교하였다. FOPDT가 SOPDT 보다 덜 정교한 근사임에도 불구하고 얼핏 제어성능이 더 우수한 것처럼 보인다. 그러나 사실 이 PID 조율이 $G_{cl}^*(s) = F(s) = \frac{1}{\tau_{cl}s+1}$ 에 근거한 것임을 고려하면 SOPDT 조율의 응답이 원하는 계단응답 $G_{cl}^*(s)$ 에 더 근접한, 우수한 결과임을 알 수 있다.

표 7-6. IMC에 의한 PID 제어기 조율방법

Model	K_cK	T_I	T_D
$\frac{K}{\tau s+1}$	$\frac{\tau}{\tau_{cl}}$	τ	-
$\frac{K}{(\tau_1 s+1)(\tau_2 s+1)}$	$\frac{\tau_1+\tau_2}{\tau_{cl}}$	$\tau_1+\tau_2$	$\frac{\tau_1\tau_2}{\tau_1+\tau_2}$
$\frac{K}{(s/\omega_n)^2+2\zeta(s/\omega_n)+1}$	$\frac{2\zeta}{\omega_n\tau_{cl}}$	$\frac{2\zeta}{\omega_n}$	$\frac{1}{2\zeta\omega_n}$
$\frac{K(1-\beta s)}{(s/\omega_n)^2+2\zeta(s/\omega_n)+1},\ \beta>0$	$\frac{2\zeta}{\omega_n(\beta+\tau_{cl})}$	$\frac{2\zeta}{\omega_n}$	$\frac{1}{2\zeta\omega_n}$
$\frac{K}{s}$	$\frac{1}{\tau_{cl}}$	-	-
$\frac{K}{s(\tau s+1)}$	$\frac{1}{\tau_{cl}}$	-	τ
$\frac{Ke^{-ds}}{\tau s+1}$ $^{(a)}$	$\frac{0.5d+\tau}{0.5d+\tau_{cl}}$	$0.5d+\tau$	$\frac{0.5d\tau}{0.5d+\tau}$
$\frac{Ke^{-ds}}{\tau^2s^2+2\zeta\tau s+1}$ $^{(b)}$	$\frac{2\zeta\tau}{d+\tau_{cl}}$	$2\zeta\tau$	$\frac{\tau}{2\zeta}$

(a): $e^{-ds}\approx\frac{1-0.5ds}{1+0.5ds}$로 근사, (b): $e^{-ds}\approx 1-ds$로 근사

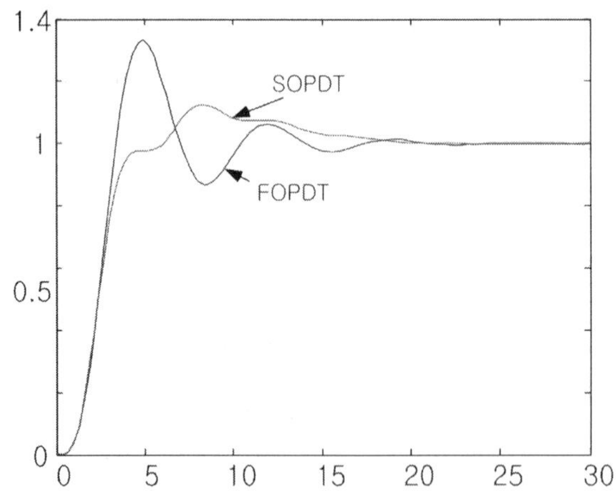

그림 7.18: $G_p(s)=1/(s+1)^4$를 FOPDT와 SOPDT로 각각 근사하여 수행한 IMC-PID 제어성능의 비교. $\tau_{cl}=1/3$.

7.4.3 응용 2: 시간지연 보상 제어기

흔히 Smith predictor로 불리우는 시간지연 보상 제어기는 시간지연 대 시정수의 비 d/τ가 클 때 사용된다. 이 제어기는 IMC를 이용하여 쉽게 설계된다.

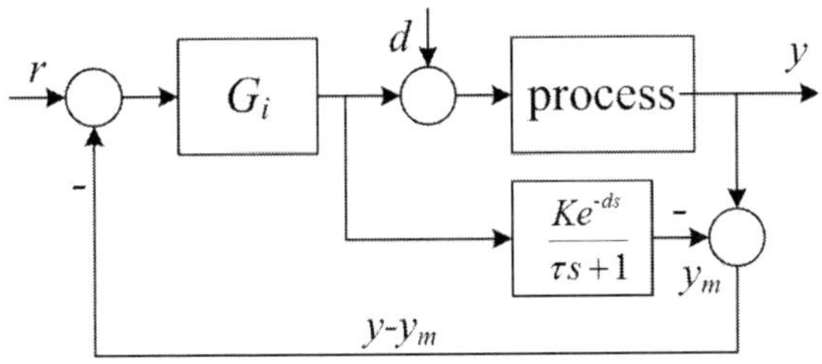

그림 7.19: IMC를 이용한 시간지연 보상 제어기.

공정이 FOPDT 모델로 근사된다면, 그림 7.19과 같이 $G_m(s) = Ke^{-ds}/(\tau s+1)$로 설정하고 $G_i(s)$는 식 (7.34)에 따라 $G_i(s) = F(s)/G_m^-(s) = (\tau s+1)/K(\tau_{cl}s+1)$로

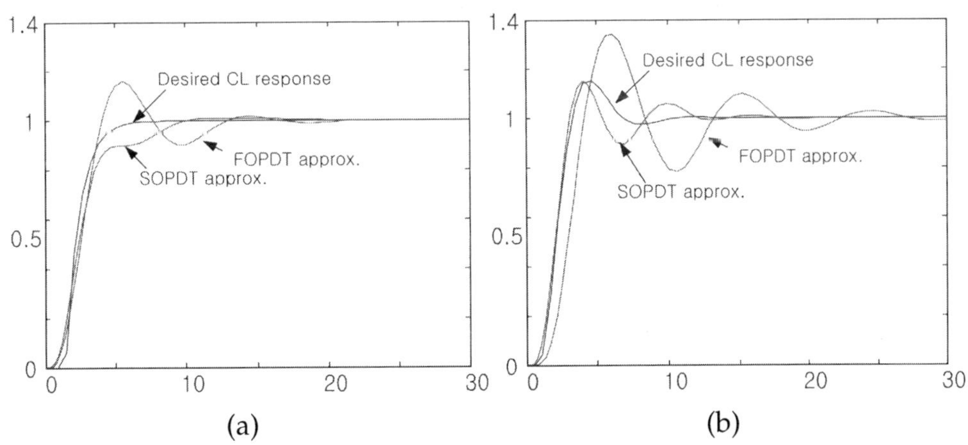

그림 7.20: $G_p(s) = 1/(s+1)^4$를 FOPDT와 SOPDT로 각각 근사하여 IMC 제어를 수행한 결과. (a) $G_{cl} = e^{-ds}/(s+1)^r$ (b) $G_{cl}(s) = e^{-ds}/(2.125^2s^2+3.18s+1)$ (overshoot =0.1)

설계한다. 식 (7.28)에 의해 최종적인 제어기의 식은 다음과 같이 주어진다.

$$G_c(s) = \frac{\tau s + 1}{K(\tau_{cl} s + 1 - e^{-ds})} \tag{7.37}$$

이 식은 식 (7.22)와 동일한 것이다. 이렇게 설계된 제어계의 설정값과 출력 사이의 전달함수는 $G_p(s) = G_m(s)$ 인 경우, 식 (7.35)에 의하여 다음과 같이 주어진다.

$$G_p^+(s)F(s) = \frac{e^{-ds}}{\tau_{cl} s + 1} \tag{7.38}$$

여기서 τ_{cl} 은 어떤 값으로든 설정이 가능하다. 만약 FOPDT 공정을 직접 피드백 제어하였다면 큰 값의 위상지연으로 인하여 한계이득이 제약을 받게 되고 닫힌루프 전달함수의 시정수도 어느 값 이하로는 작아질 수 없었을 것이다.

그림 7.20는 $G_p(s) = 1/(s+1)^4$ 를 FOPDT와 SOPDT로 각각 근사하여 Smith predictor를 IMC로 구현하여 제어한 결과이다. 그림 7.20(a)는 $G_{cl} = e^{-ds}/(s+1)^r$ 로 그림 7.20(b)는 $G_{cl}(s) = e^{-ds}/(2.125^2 s^2 + 3.18s + 1)$ 로 설계한 경우이다. 제어성능이 IMC-PID 경우 보다 우수하며, 특히 SOPDT 모델이 $G_p(s)$ 를 더 정확히 근사하기 때문에 의도한 닫힌 루프 응답을 더 정확히 재현하는 것을 볼 수 있다.

7.4.4 응용 3: 비선형 제어기

공정의 비선형성이 심한 경우, 혹은 공정이 넓은 운전영역에 걸쳐 운전되는 경우에는 공정의 비선형을 반영한 제어기가 필요하다. 그러나 비선형 제어기의 설계는 매우 어려운 문제이다. IMC는 이러한 상황에서 비선형 제어기를 쉽게 구현할 수 있는 유용한 틀을 제공한다. 그림 7.21이 그 비선형 제어기의 구조를 보인 것이다. 공정의 비선형 동특성 모델을 $G_m(s)$ 에 대입한 후 적절한 $G_i(s)$ 를 설계하는 것으로 제어기 설계가 이루어질 수 있다.

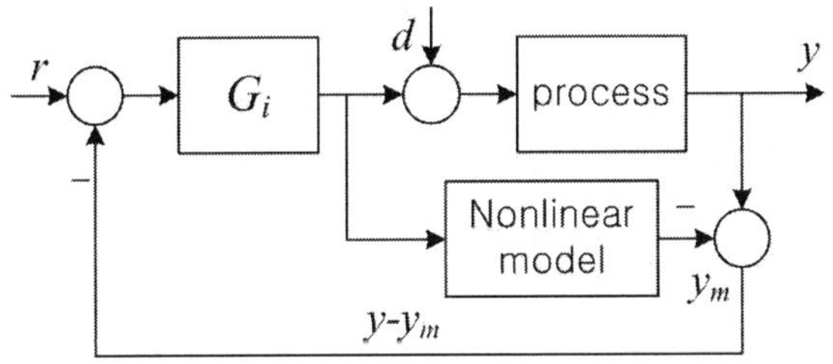

그림 7.21: IMC를 이용한 비선형 제어기.

7장의 부록

부록 7-1: 상태공간 모델을 이용한 제어기 설계

상태공간 모델을 이용하여 제어기를 설계하는 방법은 매우 다양하다. 여기서는 우선 PID 제어기가 상태공간에서 어떻게 표현되는가를 살펴보고, 극배치로 상태 피드백 이득을 구하는 표준적인 방법을 소개한다.

먼저 SISO 공정의 상태공간 모델이 다음과 같다고 하자.

$$\begin{aligned} \dot{x} &= Ax + Bu \\ y &= Cx \end{aligned} \tag{A7.1}$$

PI 제어기의 상태공간 표현

복잡성을 피하기 위하여 PI 제어기만을 고려한다. PID 제어기의 경우도 동일한 방법으로 전개할 수 있다. PI 제어기의 식은 다음과 같다.

$$u(t) = u_{bias} + K_c\left[e(t) + \frac{1}{T_I}\int_0^t e(\tau)d\tau\right] \tag{A7.2}$$

u_{bias} 와 설정값 $r(t)$ 는 미리 알 수 있는 값들이므로 먼저 이들에 의한 항을 다음과 같이 하나의 변수 $v(t)$ 로 정의하여,

$$v(t) = u_{bias} + K_c\left[r(t) + \frac{1}{T_I}\int_0^t r(\tau)d\tau\right] \tag{A7.3}$$

PI 제어기의 식을 다음과 같이 표현하자.

$$u(t) = v(t) - K_cC\left[x(t) + \frac{1}{T_I}\int_0^t x(\tau)d\tau\right] \tag{A7.4}$$

x의 적분항을 새로운 상태 w로 정의하면 닫힌 루프 식은 다음과 같이 정리된다.

$$w(t) = \int_0^t x(\tau)d\tau \rightarrow \dot{w}(t) = x(t) \tag{A7.5}$$

공정 : $\dot{x}(t) = Ax(t) + Bu(t)$

제어기 : $u(t) = v(t) - k_1x(t) - k_2w(t)$ 여기서 $k_1 = K_cC,\ k_2 = K_cC/T_I$

$$\dot{w}(t) = x(t) \tag{A7.6}$$

이 식을 정리하면 아래와 같은 표준적인 상태 피드백 문제가 된다.

$$\begin{bmatrix} \dot{x} \\ \dot{w} \end{bmatrix} = \begin{bmatrix} A & 0 \\ I & 0 \end{bmatrix}\begin{bmatrix} x \\ w \end{bmatrix} + \begin{bmatrix} B \\ 0 \end{bmatrix}u(t)$$
$$u(t) = v(t) - [\ k_1\ k_2\ ]\begin{bmatrix} x \\ w \end{bmatrix} \Rightarrow$$

$$\begin{aligned} \dot{z}(t) &= \bar{A}z(t) + \bar{B}u(t) \\ u(t) &= v(t) - \bar{K}z(t) \end{aligned}, \quad \text{여기서 } z = \begin{bmatrix} x \\ w \end{bmatrix} \tag{A7.7}$$

극배치에 의한 상태 피드백 이득, Ackermann 식

식 (7.43)에서 제어기 식을 공정에 대입하면 다음과 같다.

$$\dot{z}(t) = (\bar{A} - \bar{B}\bar{K})z(t) + \bar{B}v(t) = \bar{A}_{cl}z(t) + \bar{B}v(t) \tag{A7.8}$$

여기서 $\bar{A}_{cl} = \bar{A} - \bar{B}\bar{K}$은 닫힌 루프계의 시스템 행렬이며 이 행렬의 고유특성이 닫힌 루프계의 동특성을 결정한다. 이제

$$0 = P(s) = s^n + a_1s^{n-1} + \cdots + a_n \tag{A7.9}$$

을 원하는 닫힌 루프 특성방정식이라 할 때에 이것을 만족시키는 제어기 이득 $\bar{K}$ 다음의 Ackermann 식으로 찾을 수 있다.

Ackermann's Formula :

$$\bar{K} = [0\ 0\ \cdots\ 1\ ]W_c^{-1}P(\bar{A}) \quad \text{여기서} \quad W_c = [B\ AB\ \cdots\ A^{n-1}B] \tag{A7.10}$$

위에서 W_c를 가제어성 행렬 (controllability matrix)라 부른다. $P(s)$는 제어목적에 따라 설정되는 것이지만, 전형적으로는 과소감쇠 2차 공정의 응답 혹은 1차 공정의 응답을 나타내는 것이 사용된다.

$$\begin{aligned} P(s) &= (s^2+2\zeta\omega_n s+\omega_n^2)(s+\alpha)^m \quad \text{혹은} \\ &= (s+1/\tau_{cl})(s+\alpha)^r \end{aligned} \tag{A7.11}$$

여기서 m, r은 0 혹은 양의 정수, α는 임의의 큰 양수이다.

연습 문제

1. 다음의 FOPDT 모델에 대하여

$$G(s) = \frac{Ke^{-ds}}{\tau s + 1}$$

시간지연항 e^{-ds}을 $\approx 1 - ds$와 $\approx \frac{1-0.5ds}{1+0.5ds}$의 근사한 두 가지 경우에 대해 IMC 방법에 의하여 제어기를 설계하여라.

2. 다음의 공정을 생각하자.

$$G(s) = \frac{2e^{-s}}{s(5s+1)}$$

a) Bode 선도를 스케치 하여라.

b) 한계감도법을 이용하여 한계이득 K_{cu}와 한계주기 P_u를 결정하여라.

c) $K_c = 0.25K_{cu}$에 대해 이득여유와 위상여유를 구하여라.

d) 위에서 설계한 P 제어기가 설치된 닫힌 루프 전달함수를 구하고 설정값 단위계단변화에 대한 잔류오차를 계산하여라.

3. 순수 지연공정 $G(s) = e^{-2s}$를 적분제어기 $G_c(s) = K_c/s$로 제어하고자 한다.

a) 한계이득과 한계감도를 결정하여라.

b) 이득여유를 최소한 2.5, 이와 함께 위상여유 45° 이상을 보장하는 K_c의 최대값을 결정하여라.

4. 다음의 두 공정 각각에 대하여

$$G_1(s) = \frac{2}{(2s+1)^3}, \quad G_2(s) = \frac{2e^{-s}}{(2s+1)^2}$$

a) P-제어를 수행한다는 가정 하에 Routh array 법을 이용하여 한계이득을 구하여라. 시간지연항은 Padé 1차 근사를 적용하여라.

b) (a)와 동일한 가정 하에 한계감도법으로 한계이득과 한계주기를 구하여라.

c) Ziegler-Nichols 조율법으로 PI 제어기 파라미터를 결정하고 이득여유와 위상여유를 구하여라.

d) IMC 법을 이용하여 제어기를 설계하여라.

5. 다음 그림은 $G(s) = 2/(s+1)^4$ 의 단위계단응답이다.

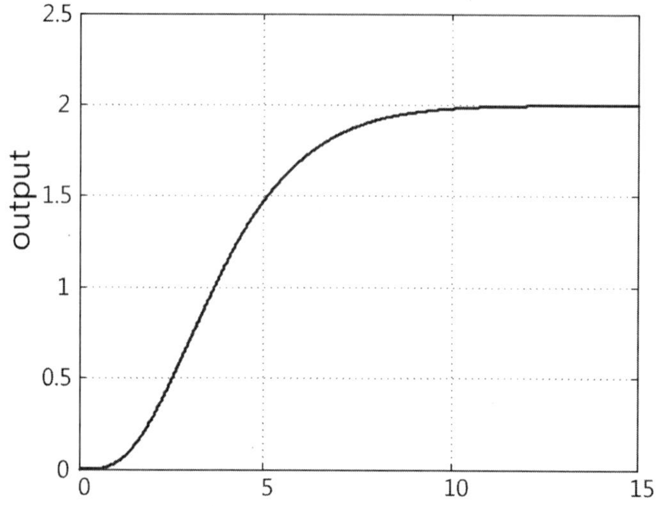

a) FOPDT 모델을 결정하여라.

b) IAE 설정값 조율법에 의해 PI 제어기 파라미터를 결정하여라. (7.2.2 절 참조)

c) 위의 PI 제어기의 K_c (비례이득)을 0에서 무한대로 증가시킬 때에 닫힌 루프 근궤적을 공정모델을 $2/(s+1)^4$ 로 한 경우와 지연시간을 Padé(1,1)로 근사한 FOPDT 모델로 한 경우에 대해 각각 그리시오.

6. 이차공정 $G(s) = 2/(5s+1)(s+1)$ 이 $G_m(s) = 2/5s+1$ 와 같이 오차를 가지고 모델링 되었다고 하자.

a) 닫힌 루프 전달함수가 $G_{cl} = 1/2s+1$ 이 되도록 $G_m(s)$ 에 대한 PI 제어기 파라미터를 결정하여라.

b) 이 제어기를 실제공정 $G(s)$ 에 적용하고 실제 닫힌 루프 전달함수를 구하여라. 설정값 단위계단변화에 대한 공정 출력 응답을 스케치하여라.

7. 다음의 전달함수로 표현되는 공정의 제어기를 IMC 방법으로 설계하기 원한다.

$$G(s) = \frac{4e^{-s}}{(s+1)(4s+1)}$$

그런데 공정이 다음과 같이 오차를 가지며 모델링 되었다.

$$G_{nom}(s) = \frac{3e^{-s}}{(s+1)(3s+1)}$$

a) 닫힌 루프 전달함수가 $G^{+}(s)(1/\lambda s+1)^{r}$ 로 주어질 때에, 적절한 r 값을 제시한 후 $G_{nom}(s)$ 에 근거하여 설계된 제어기식을 제시하여라.

b) 이 제어기를 $G(s)$ 에 연결하였을 때에, 설정값과 입력 외란의 공정출력에 대한 영향을 나타내는 전달함수를 각각 구하여라.

8. 직접합성법을 이용하여 $G_p(s) = K/(\tau_1 s+1)(\tau_2 s+1)$ 인 공정이 $G_{cl}(s) = 1/((s/\omega_n)^2 + 2\zeta(s/\omega_n)+1)$ 를 만족하도록 제어기를 설계하여라.

동일한 공정에 대하여 $F(s) = 1/((s/\omega_n)^2 + 2\zeta(s/\omega_n)+1)$ 로 설정하여 IMC 방법으로 제어기를 설계하여라.

9. 직접합성법을 이용하여 $G_p(s) = K(1-s/z)/(\tau_1 s+1)(\tau_2 s+1)$ 인 공정이 $G_{cl}(s) = K(1-s/z)/(\tau_{cl}s+1)^2$ 를 이루도록 제어기를 설계하여라.

동일한 공정에 대하여 $F(s) = 1/(\tau_{cl}s+1)^2$ 로 설정하여 IMC 방법으로 제어기를 설계하여라.

제8장

다중 루프 제어 1: 피드포워드 (feedforward) 제어

8장부터 10장까지는 제어성능 향상과 더불어 안전 등 공정의 특별한 요구사항을 동시에 만족시키기 위하여 산업에서 많이 사용되는 다중루프 제어기법을 소개한다.

8.1 피드포워드 제어란 무엇인가?

피드포워드 제어는 제어성능을 크게 향상 시킬 수 있는 방법이다. 이름 그대로 피드포워드 제어는 피제어 변수를 피드백 시키지 않는다. 대신 외란을 측정하여 피제어 변수에 미칠 영향을 계산한 후 이를 상쇄 시키기 위한 조작변수 값을 구하여 공정에 적용한다. 피드포워드 제어에 대한 이해를 돕기 위하여 가열탱크의 온도 제어 문제를 다시 생각하자. 여기서 온수유량의 변화를 주요 외란으로 가정한다.

이제까지 우리는 이 문제를 피드백 제어로만 접근하였다. 물론 잘 설계된 피드백 제어기도 좋은 성능을 나타내지만, 제어오차가 감지된 후에야 작동을 하고 또 시행착오(적분제어모드)로 제어오차를 제거해 나가는 피드백 제어의 속성상 어느 정도의 과도응답은 피할 수가 없다.

만약 외란이 측정 가능하다면, 논리적으로는 피드포워드 동작을 통하여 완전한 제어를 수행할 수 있다. 그림 8.1에 피드포워드 보상의 원리를 보였다. 피드포워드 블록에서 온수유량의 변화를 상쇄시킬 스팀량 값이 계산된다. 만약 이 조작변수 값이 정확하다면 탱크의 온도는 전혀 영향을 받지 않을 수 있다. 이 피드포워드 신호값을 계산하기 위해서는 온수유량과 스팀유량이 온수온도와 어떻게 관계하는지를 표현하는 수식 모델이 필요하다. 피드포워드 블록의 설계를 구체적으로 예시하기 위하여 먼저 정상상태에서의 에너지 수지를 세워보자.

$$\lambda_{st} m_{st} = m_w c_p (T_{wo} - T_{wi}) \tag{8.1}$$

이 관계로부터 m_w 값에 상관없이 T_{wo}를 T_{sp}에 유지시키기 위한 m_{st} 값은 다음과 같이 계산된다.

$$m_{st} = \frac{m_w c_p (T_{sp} - T_{wi})}{\lambda_{st}} \tag{8.2}$$

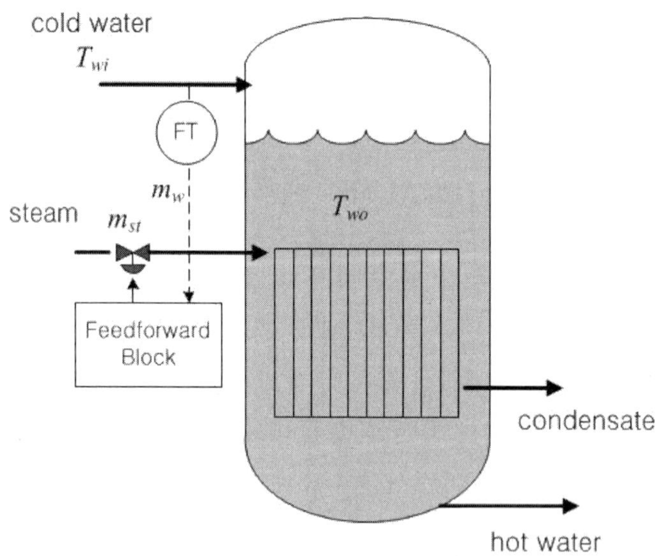

그림 8.1: 피드포워드 제어의 개념.

위에서 알 수 있는 것과 같이 피드포워드 제어는 외란이 측정 가능하고 관련 입출력 변수 사이의 수식모델이 주어질 때에만 설계가 가능하다.

실제로는 수식모델이 완전할 수 없고 측정되지 않는 다른 외란들이 여전히 공정에 영향을 미치기 때문에 피드포워드 보상이 완전할 수는 없으며, 어느 정도의 제어오차는 불가피하다. 따라서 피드포워드 제어가 단독으로 사용되는 일은 거의 없으며 그림 8.2와 같이 피드백 제어와 항상 함께 사용된다. 이 제어루프에서 피드포워드 제어가 제어신호의 대부분을 제공하며 피드백 제어는 나머지 오차를 제거하기 위한 추가적 제어신호를 발생시킨다. 이러한 이유로 이 제어구성을 흔히 피드포워드-피드백 제어라 부른다.

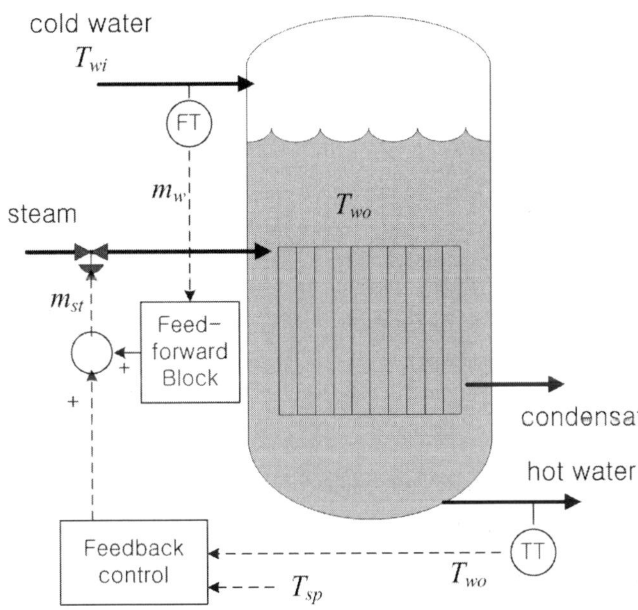

그림 8.2: 피드포워드-피드백 제어계.

그림 8.3에 이 제어계를 블록선도로 표현하였다.

그림 8.4에 피드포워드-피드백 제어의 또 다른 예로 보일러 드럼 액위 제어계 구성을 보였다. 산업용 보일러에서 드럼의 액위는 엄격하게 제어되어야 한다. 그것은

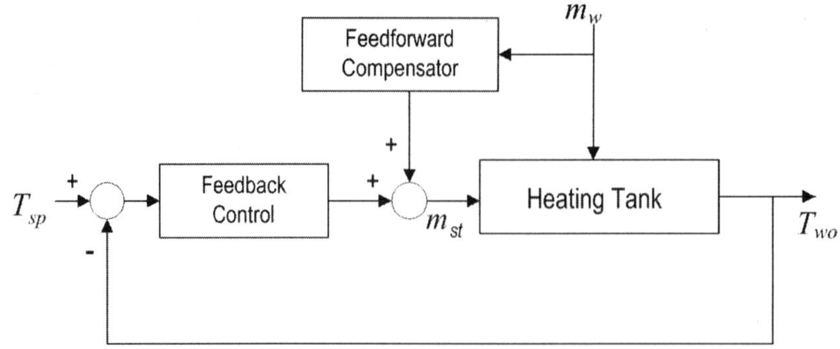

그림 8.3: 피드포워드-피드백 제어계의 블록선도.

액위가 높아지는 경우 물방울이 스팀과 함께 방출되며 터빈 날개에 (발전용의 경우) 손상을 줄 수 있고, 액위가 낮아지면 드럼 벽이 고온에 노출되어 손상을 입을 수 있기 때문이다.

그림 8.4(a)에 피드백 제어 구성도를 보였다. 이 제어계에는 먼저 공급수 유량제어기 FC1이 설치되어 있으며 액위제어기 LC1이 FC1에 설정값을 출력함으로써 유량을 조절한다. 3장에서 소개한 것과 같이 보일러 드럼 액위는 역응답이 나타나는 대표적인 공정으로 피드백 제어는 성능에 한계를 갖는다. 그림 8.4(b)에는 순수한 피드포워드 제어계를 보였다. 피드포워드 제어는 배출된 스팀양과 동일한 공급수 유량을 FC1의 설정값으로 제공하도록 구성하였다. FT1, FT2 의 측정값은 오차가 있으므로 피드포워드 제어만으로는 결국 액위가 설정값을 벗어나게 된다. 이것을 해결하기 위해 피드백 제어기 LC1을 그림 8.4(c)와 같이 결합하여 피드포워드-피드백 제어계를 구성한다. LC1이 적분제어 기능을 가지고 있다면 LC1은 제어 잔류오차를 제거한다. 이렇게 FT1, FT2, LT1 세개의 공정변수를 측정하여 피드포워드-피드백 제어계를 구성한 것을 보일러 제어에서는 삼요소 제어(three elements control)라 부른다.

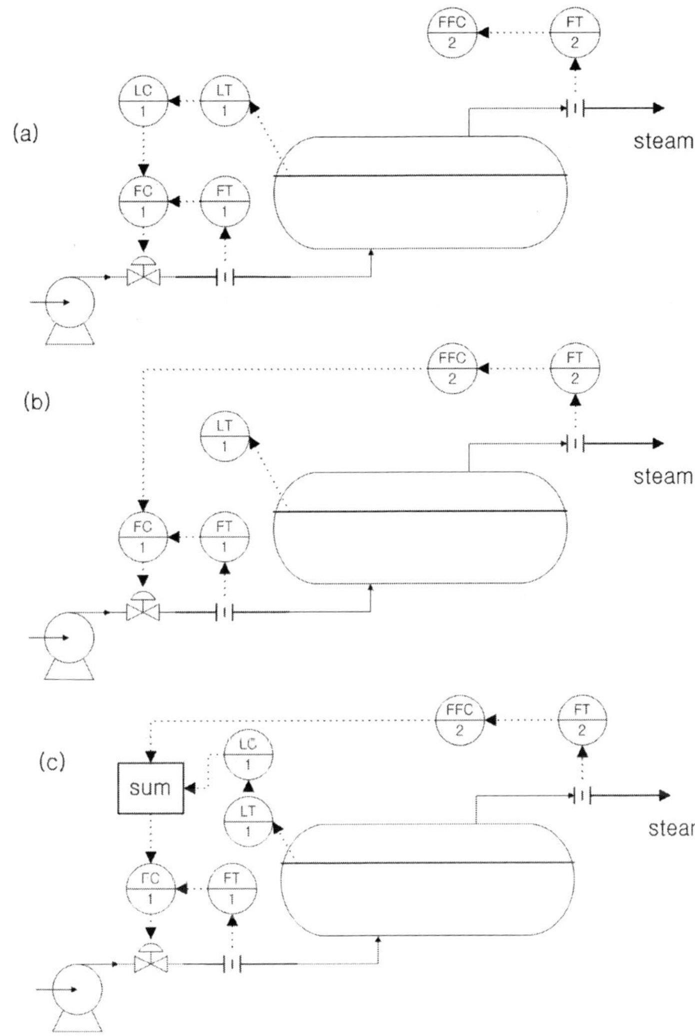

그림 8.4: 보일러 드럼 액위제어를 위한 (a) 피드백 제어 (b) 피드포워드 제어 (c) 피드포워드-피드백 제어 루프.

8.2 피드포워드 보상기의 설계

피드포워드 보상기를 설계하기 위해서는 공정의 입력 및 측정외란과 공정출력 사이의 모델을 알아야 한다. 이 모델은 실험으로 결정할 수도 있고 수지식을 통해 얻을 수도 있다. 먼저 수지식을 이용하여 보상기를 설계할 수 있는 예를 살펴보기로 하자.

8.2.1 수지식을 이용한 정적 보상기의 설계

물리모델을 이용하여 보상기를 설계할 때, 동특성 수지식을 고려할 수도 있으나 복잡해지므로 정상상태 수지식만을 고려한 정적 보상기를 설계한 후, 동적보상은 별도로 수행하는 것이 바람직하다. 정적 보상기 설계를 설명하기 위하여 온수탱크를 다시 생각하자.

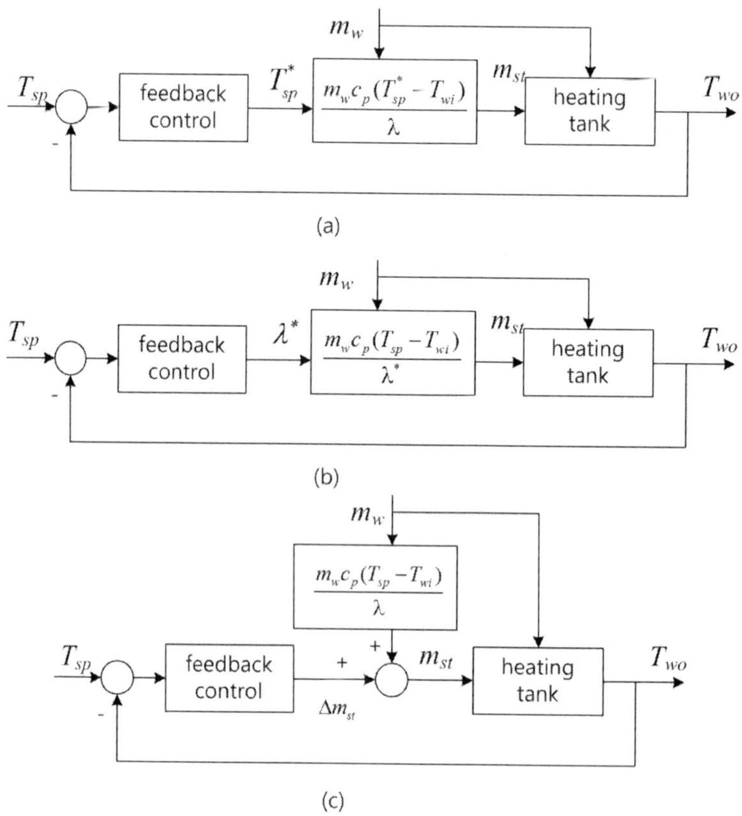

그림 8.5: 온수탱크에 피드포워드-피드백 제어계를 구성하는 서로 다른 방법들.

식 (8.2)에 유도한 바와 같이 정적 피드포워드 보상기는 다음 식으로 주어진다.

$$m_{st} = FFC(m_w) = \frac{m_w c_p (T_{sp} - T_{wi})}{\lambda} \tag{8.3}$$

그러나 이 보상기에 피드백 제어를 결합하는 것은 여러 방법이 있다. 첫번째로 생각할 수 있는 것은 그림 8.5(a)와 같이 보상기 내의 T_{sp} 값을 T_{sp}^*로 표현하고 제어오차가 없어질 때까지 조절하는 것이다. 수식의 형태를 볼 때에 T_{wi} 혹은 c_p를 조절하는 것도 동일한 효과를 얻을 수 있다. 또 다른 방법은 그림 8.5(b)와 같이 보상기 내의 λ 값을 λ^*로 표현하고 피드백 제어기가 조작하는 것이다. λ는 보상기 식의 분모에 있기 때문에 T_{sp} 값을 조작하는 것과는 다른 특성을 가질 것이다. 마지막으로 생각할 수 있는 방법은 그림 8.5(c) 또는 그림 8.2와 같이 피드백 신호를 피드포워드 신호에 더하는 것이다.

이들 구성 중 가장 좋은 선택은 무엇인가? 이것을 결정하는 가장 중요한 관점은 '선형성'이다. 즉, 피드백 제어기가 보는 공정 중 선형성이 가장 좋은 것을 선택하는 것이다. 그림 8.5(a)에서 T_{sp}^* 와 T_{wo}의 관계는

$$T_{wo} = T_{sp}^* \tag{8.4}$$

인 반면, 그림 8.5(b)의 λ^*와 T_{wo}의 관계는, $T_{wo} = T_{wi} + (\lambda/m_w c_p) m_{st}$(공정)과 $m_{st} = m_w c_p (T_{sp} - T_{wi})/\lambda^*$(피드포워드 제어기)로 부터

$$T_{wo} = T_{wi} + (T_{sp} - T_{wi}) \frac{\lambda}{\lambda^*} \tag{8.5}$$

를 얻는다. 또한, 그림 8.5(c)는 그림 8.5(a)와 유사한 선형 관계이므로 선형성의 관점에서 그림 8.5(a),(c)가 모두 좋은 선택이며, 그림 8.5(b)는 바람직 하지 않다.

8.2.2 피드포워드 동적 보상기 설계

동적보상의 필요

정확한 정특성 모델로 정적 피드포워드 보상을 했음에도 불구하고 동특성의 차이로 만족스러운 제어성능을 얻을 수 없는 경우가 흔히 있다. 이를 이해하기 위해,

동일한 시점에서 공정입력과 외란이 계단함수로 변하였을 때에 공정입력의 변화가 외란보다 공정출력에 더 빠르게 영향을 주는 그림 8.6의 경우를 생각하자. 정적 피드포워드 보상을 하는 경우는 동적응답의 불균형, 즉, 응답 시차가 존재하는 문제 때문에 그림 8.6(b)와 같은 제어오차가 발생할 것이다.

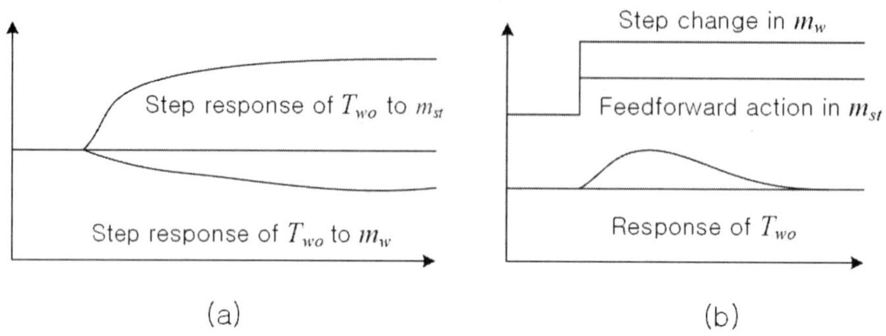

그림 8.6: (a) 공정입력이 외란보다 더 빠르게 공정출력에 영향을 주는 경우, (b) 정상상태 보상만을 한 피드포워드 제어는 큰 과도응답 오차를 보인다.

이 문제를 개선하기 위해서는 동특성을 늦추거나 빠르게 조절하여 시차를 조절하는 동적 보상기가 추가된다. 동적 보상기는 간단하게는 식 (7.3)의 lead-lag 보상기를 사용할 수도 있으며, 공정의 전달함수 모델을 이용하여 엄밀하게 설계하는 방법도 있다.

Lead-lag 보상기를 이용한 설계

Lead-lag 보상기는 그림 7.3에서와 같이 τ_{ld}와 τ_{lg} 값을 조절하여 출력신호를 늦추거나 앞 당기는 효과를 얻는다.

그림 8.5를 개선하기 위하여 lead-lag 보상기를 부가한 설계를 그림 8.7에 보였다. m_{st}가 공정에 가해지는 것을 지연시켜야 하므로 $\tau_{lg} > \tau_{ld}$가 되도록 lead-lag 보상기를 조절하였다.

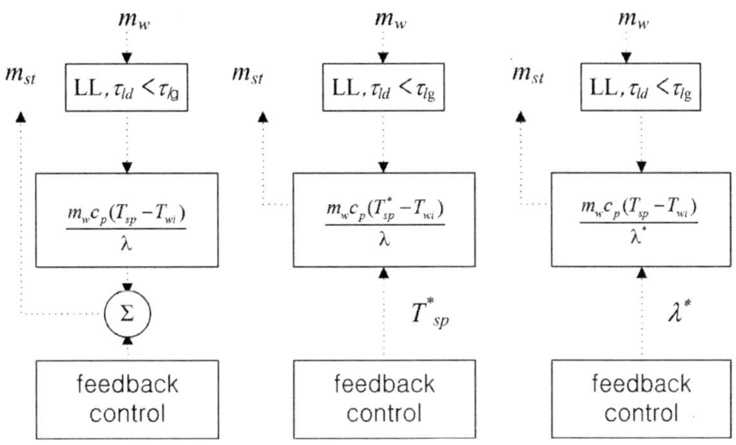

그림 8.7: Lead-lag 보상기를 부가한 피드포워드-피드백 제어.

전달함수 모델을 이용한 설계

외란 및 조작변수와 피제어 변수 사이의 전달함수를 모두 알고 있다면 더 완벽한 피드포워드 동적보상이 가능하다.

공정이 다음과 같은 전달함수 모델로 표현된다고 하자. 전달함수는 정상상태 값이 제거된 변이변수들 사이의 관계임을 상기하자.

$$y(s) = G(s)u(s) + G_D(s)d(s) \tag{8.6}$$

피드포워드 보상기의 역할은 d의 변화가 y에 미치지 못하도록 u를 결정하는 것이므로 $y(s) = 0$로 부터 다음과 같이 설계된다.

$$u(s) = -\frac{G_D(s)}{G(s)}d(s) = G_{ff}(s)d(s) \tag{8.7}$$

블록선도로 피드포워드-피드백 제어계를 표현한 것이 그림 8.8과 같다.

식 (8.7)의 $G_{ff}(s)$가 항상 구현 가능한 것이 아니다. 다음의 경우에는 실현이

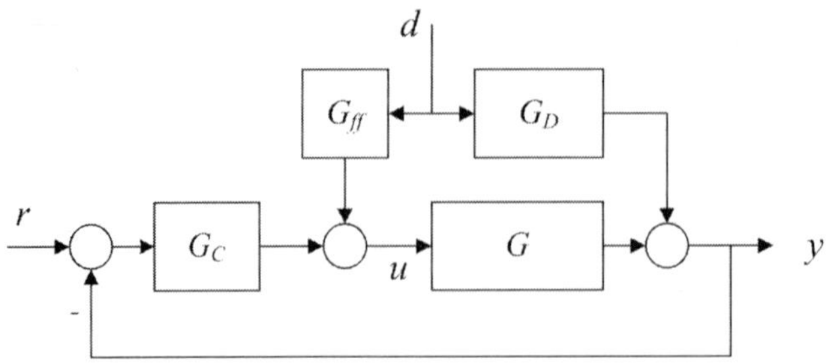

그림 8.8: 선형공정 피드포워드-피드백 제어계의 블록선도.

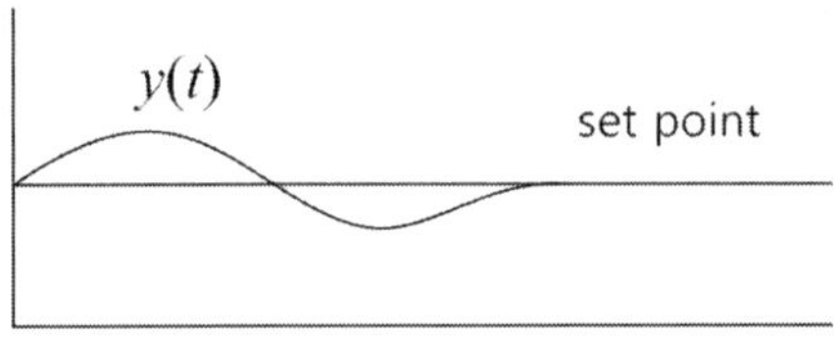

그림 8.9: 잘 조율된 피드포워드 보상기에 의한 피드포워드-피드백 제어의 계단변화 외란에 대한 응답.

불가능하다.

1. $G(s)$가 $G_D(s)$에 비하여 긴 시간지연을 갖는 경우. 다음의 예와 같이 보상기가 선행시간을 갖게 된다.

$$G(s) = \frac{2e^{-3s}}{5s+1}, \quad G_D(s) = \frac{3e^{-s}}{7s+1} \quad \rightarrow \quad G_{ff}(s) = -\frac{1.5e^{2s}(5s+1)}{7s+1}$$

2. $G(s)$가 $G_D(s)$ 보다 더 큰 극초과수를 (pole excess = 분모의 차수 - 분자의 차수) 갖는 경우. 다음의 예와 같이 보상기가 순수한 미분기능을 갖는다.

$$G(s) = \frac{1}{s^2+3s+1}, \quad G_D(s) = \frac{2}{2s+1} \quad \rightarrow \quad G_{ff}(s) = -\frac{2(s^2+3s+1)}{2s+1}$$

3. $G(s)$가 복소수 우측반평면에 존재하는 영을 갖는 경우. 다음과 같이 불안정한 보상기가 얻어진다.

$$G(s) = \frac{s-1}{s^2+3s+1}, \quad G_D(s) = \frac{2}{2s+1} \quad \rightarrow \quad G_{ff}(s) = -\frac{2(s^2+3s+1)}{(s-1)(2s+1)}$$

위의 세 경우는 완전한 피드포워드 제어가 불가능하다. 완전한 보상이 가능한 경우도 사실 $G_{ff}(s)$를 그대로 구현하기 보다는 lead-lag 보상기로 근사하여 적용하는 경우가 많다.

잘 조율된 lead-lag 보상기는 외란의 계단변화에 대해 그림 8.9와 같이 대칭적 응답을 보인다. 일단 대칭 응답이 얻어지면, $\tau_{lg} - \tau_{ld}$을 그대로 유지하며 과도응답이 더 짧아지도록 τ_{lg}와 τ_{ld}를 추가로 조절한다.

연습 문제

1. 그림 3.27, 8.4의 보일러 수위공정을 생각하자.

   a) 3.6 절에서 보일러 수위가 공급수 및 스팀 사용량의 변화에 대해 모두 역응답을 갖는 적분공정임을 설명하였다. 공급수유량(q)과 수위(h), 스팀 사용량(q_{st})과 수위, 그리고 가열량(Q)과 수위 사이의 정성적 관계를 나타내는 전달함수의 형태를 제시하여라.

   b) 위에서 제시한 전달함수로 공정을 표현한 후, 그림 8.4(c)의 피드포워드-피드백 제어 루프와 함께 가열량으로 보일러 내 스팀압력을 제어하는 피드백제어 루프를 포함하는 블록선도를 그려 보아라.

2. 그림 8.8의 그림을 참조하여 다음의 각 경우에 대해 G_{ff}를 계산하고 이를 적절한 lead-lag 형태로 근사하여라.

   (a) $G(s) = \dfrac{2e^{-3s}}{5s+1}, \quad G_D(s) = \dfrac{e^{-2s}}{(3s+1)^2}$

   (b) $G(s) = \dfrac{e^{-3s}}{(5s+1)^2}, \quad G_D(s) = \dfrac{5e^{-3s}}{3s+1}$

   (c) $G(s) = \dfrac{2e^{-3s}}{5s+1}, \quad G_D(s) = \dfrac{2e^{-4s}}{(3s+1)^2}$

3. 그림 P8.1은 고온의 공정흐름을 목표온도 $T_{h,sp}$로 냉각하기 위한 열교환기이다.

   a) 피드백 제어루프를 이 공정도 위에 그려 보아라.

   b) 공정흐름의 온도(T_{hI}), 유량(m_h), 그리고 냉각수의 온도(T_{cw})의 측정값이 주어지는 상황에서 정적 피드포워드 보상기를 설계하여라.

   c) Lead-lag 보상기를 포함한 피드포워드-피드백 제어루프를 완성하고 K_{ll}, τ_{lg}, τ_{ld} 값을 어떻게 설정할지를 논하여라.

4. 그림 P8.2은 액상 혼합기를 보인 것이다. 두 유체가 적절히 혼합되기 위해서는 평균접촉시간을 일정하게 유지시키는 것이 가장 중요한 운전전략이

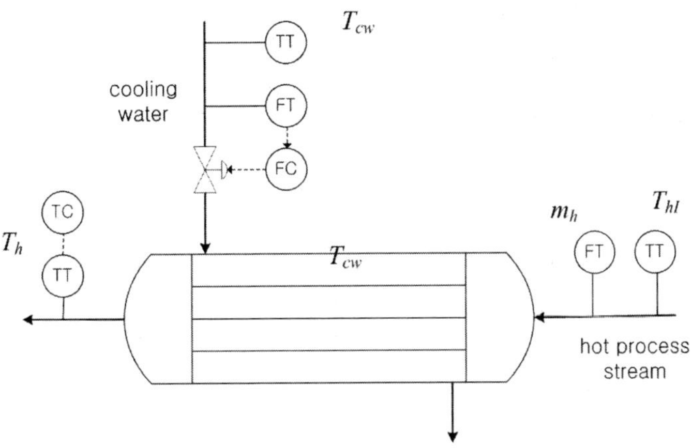

그림 P8.1: 공정흐름 냉각을 위한 열교환기

다. 첨가제의 공급유량이 외란으로 작용하며 (급하게 변하지는 않는다고 가정하자) 이에 비례하여 stock 유량은 조절될 수 있다고 가정하자.

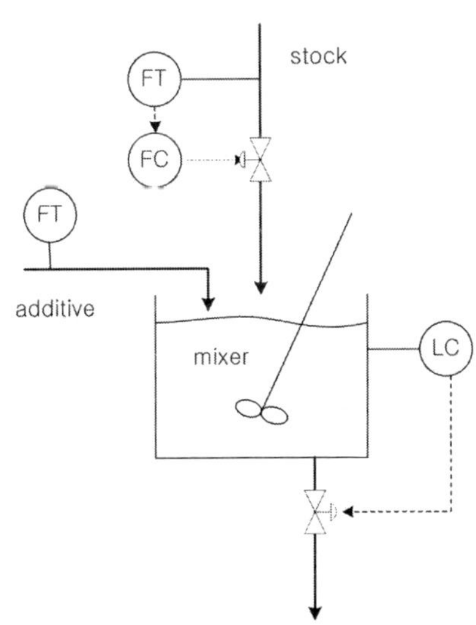

그림 P8.2: 유체 혼합기

a) 10.1 절의 비제어 방법을 참조하여 비제어 루프를 구성하여라.

b) Stock 유량에 따라 혼합기 액위를 조절하여 체류시간을 일정하게 유지시키기 위한 피드포워드 제어 루프를 구성하여라.

5. 그림 P8.3는 이성분 증류탑의 기본 제어루프를 보인 것이다. 탑상과 탑하부의 액위제어, 그리고 압력제어 루프는 빠르게 안정된다는 가정 하에, 원료 유량 변화에 대응하기 위한 피드포워드-피드백 제어 루프와 함께 피드포워드 보상기를 제시하여라.

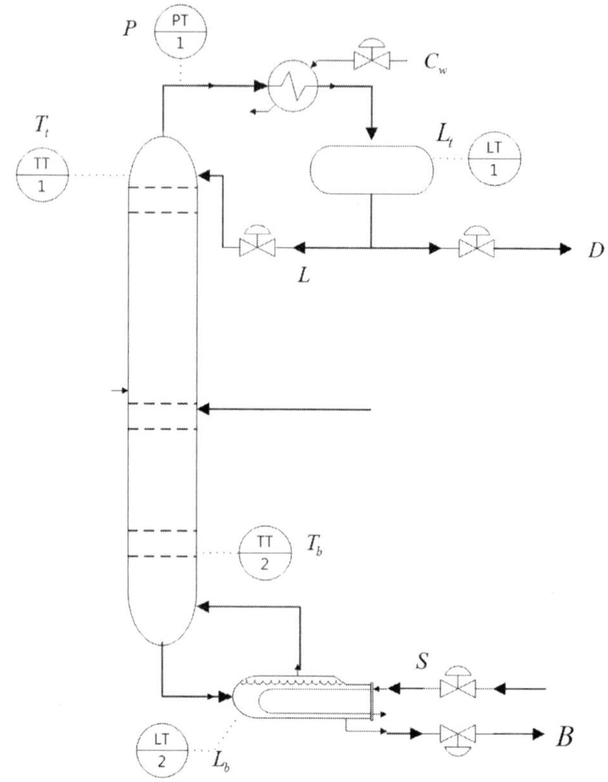

그림 P8.3: 증류공정

6. 그림 P8.4에서 외란의 영향을 완전하게 제거할 수 있는 G_{ff}를 설계하여라. 이어서 이득여유 2를 줄 수 있는 비례제어기를 설계하여라. 이제 G와 G_D의

이득이 각각 2와 30으로 부터 1.5와 20으로 변화하였다고 가정하자. 제어기 G_c를 사용하지 않은 경우, d와 y 사이의 전달함수를 결정하여라. 또한 G_c가 비례제어기로 사용된 경우 d와 y 사이의 전달함수를 결정하여라.

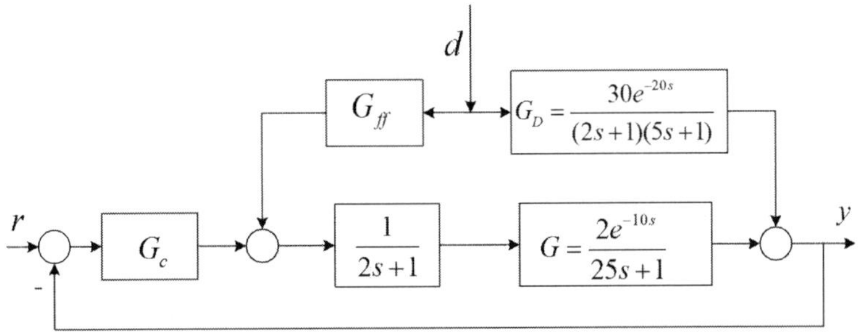

그림 P8.4: 문제 6의 블록선도

제9장

다중 루프 제어 2: 다단(cascade) 제어

다단제어계란 하나 혹은 그 이상의 종속(slave) 제어루프가 주(master) 제어루프 내에 포함되며, 주 제어기의 제어출력(MV)이 첫번째 종속 제어기의 설정값으로, 또 첫번째 종속 제어기의 제어출력이 두번째 종속 제어기의 설정값이 되는 구성을 말한다. 다단제어에서 종속제어기는 remote 모드가 선택되어 있어야 한다. (그림 5.16 참조) 그림 8.4(a)에서 이미 다단제어가 소개되었다. 이 그림에서 액위제어기는 (LC1) 출력을 FC1의 설정값으로 보내고 있으며, FC1은 이 설정값을 만족시키도록 작동한다. 물론, LC1은 FC1을 거치지 않고 공급수 밸브로 직접 조작할 수도 있다. 다단제어가 항상 적용될 수 있는 것은 아니다. 그러나 적용할 수 있는 경우, 여러 이점이 있어 산업계에서 많이 이용되고 있다.

9.1 왜 다단제어인가?

다단제어를 설명하기 위한 예로, 그림 9.1과 같이 온수탱크 피드백 제어를 다단제어로 변형한 구성을 생각하자. 그림 1.4의 단순한 피드백제어와는 달리 유량제어계가 부가되었으며 온도제어기는 FC1의 설정값을 출력한다. FC1은 스팀유량이 이 설정값을 만족시키도록 제어밸브를 조작한다. 따라서 1.4의 단순한 피드백 제어계에서 제어기 출력은 '밸브위치'의 의미를 가지고 있었지만 다단제어계에서는 '스팀유량'의 의미를 갖는다.

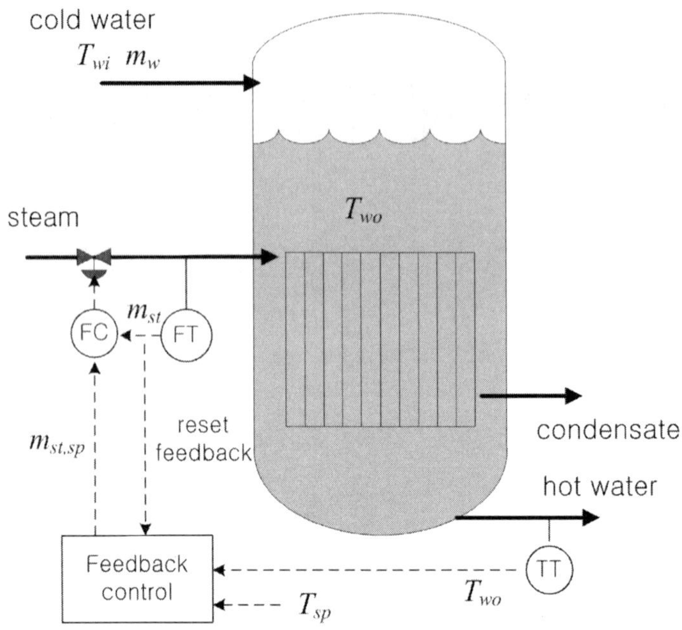

그림 9.1: 온수탱크 온도의 다단제어계.

무슨 이점을 누리기 위하여 복잡한 제어계를 도입하는가? 그것을 설명하기 위하여 다단제어계를 그림 9.2의 블록선도로 나타내었다. 이 그림에서 스팀 공급압력 P_{st}가 외란으로 작용한다고 하자. 실제 공정에서 스팀, 냉각수, 공기 등 유틸리티는 header 배관에 연결된 여러 공정에서 임의로 필요량을 사용하므로 공급압력이 수시로 변화한다. FC은 P_{st}의 변화에도 불구하고 스팀유량이 $m_{st,sp}$에 유지되도록 제어하는 구실을 한다. 따라서 T_{wo}는 P_{st}의 변화에도 불구하고 큰 영향을 받지 않는다. 만약 다단제어를 하지 않는다면 P_{st}의 변화는 T_{wo}의 변화를 일으킬 것이고 TC가 이것을 제어하게 된다.

다단제어의 장점은 다음의 네 가지로 요약된다.

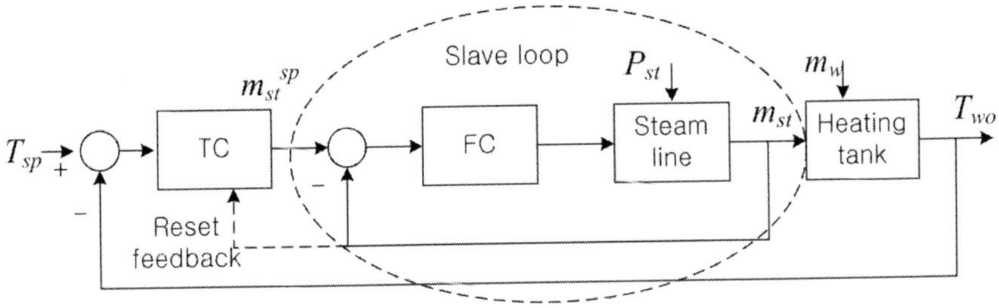

그림 9.2: 온수탱크 다단제어의 블록선도.

1. 외란이 (P_{st}) 주피제어변수 (T_{wo})에 영향을 미치기 전에 발생지점 부근에서 그 영향을 미리 억제시킨다.

   이것이 다단제어를 수행하는 가장 큰 이유이다. 그러나 이 장점을 누리기 위해서는 몇 가지 조건이 만족되어야 한다. 먼저 외란의 영향을 받는, 제어가 가능한 중간변수가 존재하여야 한다. m_{st}가 이러한 변수이다. 다음으로 종속공정의 (스팀배관) 동특성이 주공정의 (온수탱크) 동특성 보다 상당히 빨라야 한다. 이것은 종속공정이 주공정에 비하여 외란에 훨씬 민감하게 반응하여야 함을 말한다. 그렇지 않다면 종속공정에 가해지는 외란의 영향을 주공정도 상당히 받게 될 것이며, 다단제어가 별 도움이 되지 못한다. 종속공정의 시정수가 주공정 시정수의 1/3 이하일 때에만 다단제어가 효과를 갖는다는 경험적 지침이 있다. 이런 의미에서 유량의 공급압력이 외란으로 작용하는 경우, 유량제어기를 종속제어기로 구성하는 다단제어는 그 장점을 누릴 수 있는 좋은 대상이다.

2. 피드백 루프의 선형화 작용에 의해 다단제어 시 주제어기는 선형화된 공정을 제어하는 효과를 얻는다.

   이 선형화 작용은 비선형공정 $\mathcal{N}$을 주변으로 구성된 피드백 루프 그림 9.3으로 부터 쉽게 이해될 수 있다. 수학적으로 엄밀하게 옳은 것은 아니지만, 대략 다음 식으로 부터 제어기 이득 K_c가 커질 수록 비선형항 $\mathcal{N}$의

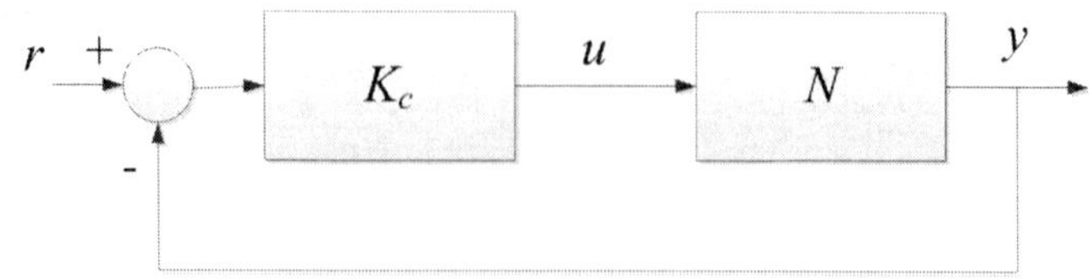

그림 9.3: 비선형공정에 대해 구성된 피드백 루프.

영향이 점점 줄어들며 선형화 효과가 나타나는 것을 알 수 있다.

$$y = \mathcal{N}(u) \;\Rightarrow\; y \approx \frac{K_c\mathcal{N}}{1+K_c\mathcal{N}}\, r \;\Rightarrow\; y \approx r, \;\; \text{as } K_c \text{ increases.} \tag{9.1}$$

그림 9.2에서 종속루프가 없다면 주제어기는 비선형 공정 $\mathcal{N}$과 직렬로 연결된 온수탱크를 제어해야 한다. 이에 반하여 다단제어에서는 (상당한 정도로) 선형화된 공정을 제어하므로 제어성능의 향상을 기대할 수 있다.

3. 주제어기는 동특성이 개선된 공정을 제어하는 효과를 얻는다.

   예제 6-1에서, 1차 공정을 P-제어한 닫힌루프 공정은 열린루프 공정보다 더 짧은 시정수를 가질 수 있음을 보았다. 이것은 동특성이 개선됨을 이야기한다. 6, 7장에 배운 것과 같이 정상적으로 설계된 닫힌루프 공정은 열린루프 공정보다 항상 빠른 동특성을 갖는다. 따라서 다단제어를 구성하는 경우, 주공정은 개선된 동특성 공정을 제어하는 것이 되므로 더 나은 제어성능을 기대할 수 있다.

4. 마지막 장점으로 주제어기의 출력이 (MV) '밸브위치'가 아닌 '스팀유량'과 같이 물리적 공정변수의 의미를 갖는다는 것이다. 이것은 운전자의 입장에서 공정상태를 이해하는데 더 유리한 환경을 제공한다.

일반적으로 종속제어기가 적분동작을 포함할 이유가 없다. 잔류오차가 없어야 하는 변수는 주피제어변수이기 때문이다. 종속제어기가 적분동작을 가지면 종속

제어루프의 동작이 느려진다. 이러한 이유로 종속제어기는 큰 이득의 비례제어기를 사용하는 일이 많다.

마지막으로 그림 9.2에서 그림 5.34의 anti-reset windup 기능에 있던 'reset 피드백' 신호가 그려져 있는 것을 볼 수 있다. 이것은 주제어기 제어출력의 output tracking을 위한 것으로 매우 중요한 구실을 한다. 이에 대한 설명은 다단제어의 예들을 살핀 후 다시 할 것이다.

9.2 추가적인 공정 예

다단제어는 실제 공정에서 많이 사용된다. 몇 가지 대표적인 예들을 소개한다.

회분 반응기

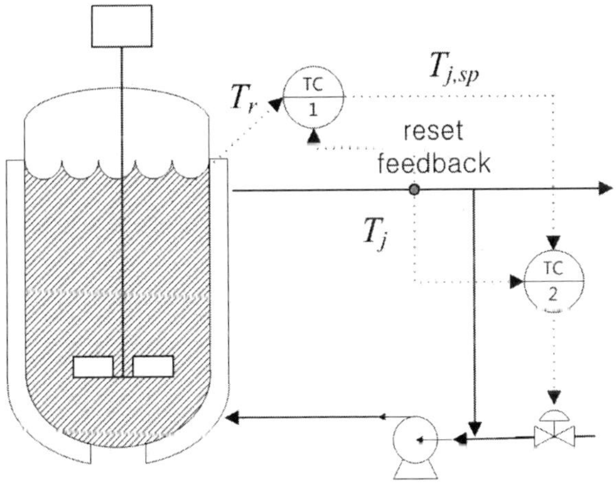

그림 9.4: 회분 반응기의 다단제어.

회분 반응기는 다단제어가 표준적으로 사용되는 대표적인 공정이다. 그림 9.4에 구성된 다단제어계를 보였다. 먼저 자켓온도 제어계가 구성되고 주제어기는 자켓온도 제어기에게 설정값을 공급한다. 종속공정은 냉각수의 공급압력, 온도의 변화에 의한 외란의 영향이 반응온도에 영향을 미치기 전에 미리 제어하는

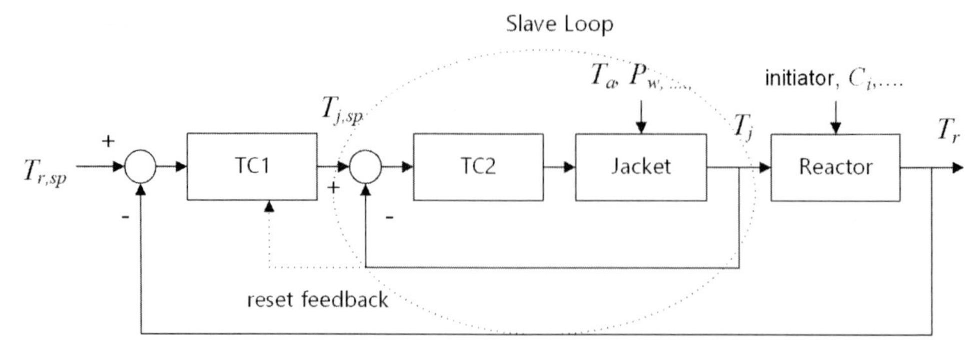

그림 9.5: 회분 반응기의 다단제어계의 블록선도.

기능을 할 것이다. 자켓의 부피는 반응기에 비하여 훨씬 작기 때문에 종속공정의 시정수는 주공정의 시정수에 비해 충분히 작다. 따라서 다단제어가 적용되어 좋은 제어성능을 보일 수 있는 조건을 만족한다. 이 그림에도 reset 피드백 신호가 그려져 있다.

촉매 재생 공정

그림 9.5는 촉매개질공정에서 촉매재생운전을 위한 3단 다단제어계 구성 예를 보인 것이다. 촉매개질 과정에서 탄소가 생성되어 촉매표면에 침적되며 이로 인해 활성저하가 일어난다. 이에 따라 주기적으로 고온의 공기를 공급하여 탄소를 연소시켜 제거하는 촉매재생운전이 요구된다. TC1은 촉매층 온도제어를 위하여 TC2 에게 열풍온도 설정값을 명령한다. TC2는 측정된 열풍온도와 설정값을 비교하여 다시 FC1에게 공기 가열용 연료유량의 설정값을 명령한다. TC2는 가열로에 공급되는 공기의 온도, 유량, 수분함량 등의 변화가 TT1에 영향을 미치기 전에 제어하는 역할을, FC는 연료의 공급압력 변화에 의한 외란의 영향을 제어하는 역할을 담당한다. 제어계에서 주공정과 제 1 종속공정, 또 제 1 종속공정과 제 2 종속공정의 시정수가 충분한 차이를 보일 것으로 예상되며 다단제어가 좋은 성능을 보일 것을 기대할 수 있다.

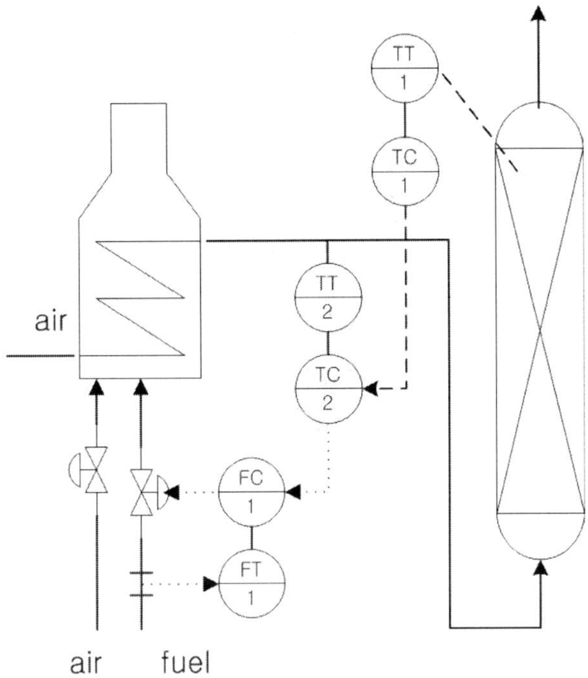

그림 9.6: 개질기 촉매 재생 공정의 다단제어계.

Positioner가 부착된 제어밸브에 의한 유량제어

이번 예는 다단제어가 부적절하게 사용된 제어계 구성으로, positioner가 부착된 제어밸브를 사용하는 유량제어계이다. 이 제어계에 왜 문제가 있는지를 이해하기 위해서 먼저 밸브 positioner의 원리를 이해하자.

밸브 positioner는 단좌형 제어밸브에서 나타나는 불균형 힘에 의한 밸브위치 오차를 극복하거나 밸브동작을 빠르게 하기 위한 목적으로 사용되는 기계식 피드백 제어장치이다. 이 장치는 FC로 부터 전달된 vp 설정값과 실제 밸브위치의 측정값을 비교하여 오차가 발생하지 않도록 구동기에 가해지는 공기압을 조절한다. 따라서 I/P를 사용하는 경우와 달리, 구동기 공기압은 제어기로부터 제공되는 전류값 (4-20mA)에 비례하지 않는다.

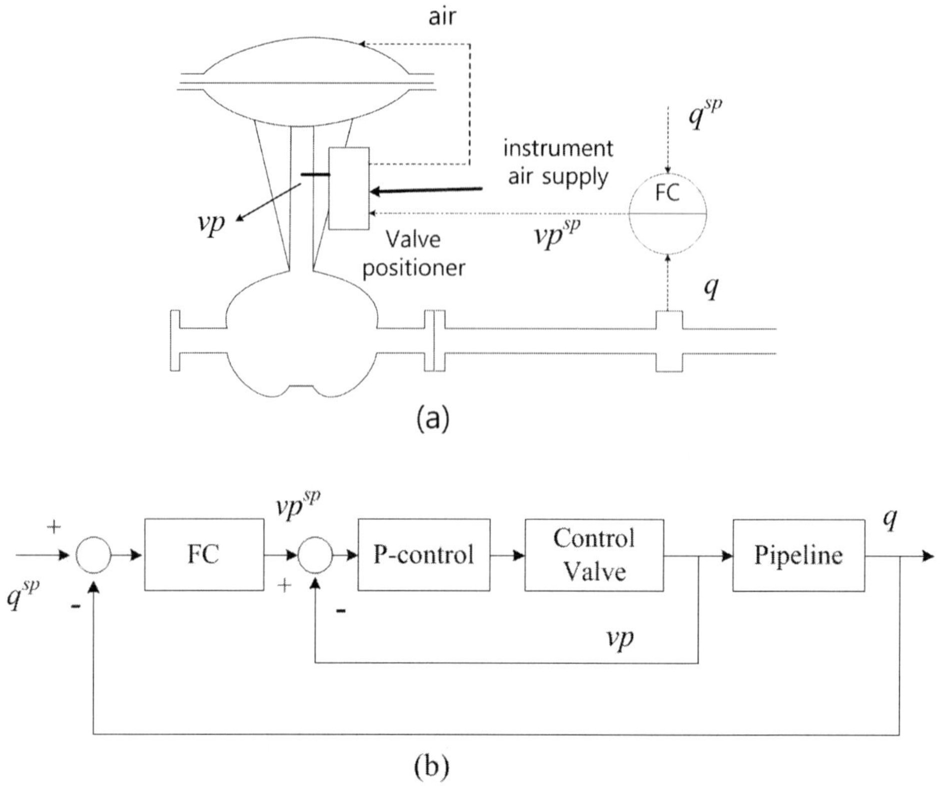

그림 9.7: Positioner가 부착된 제어밸브에 의한 유량제어계.

그림 9.7(b)에 제어루프를 블록선도로 보였다. 여기서 주공정(밸브-배관)은 종속공정(제어밸브의 구동기) 보다 더 빠른 동특성을 가진다. q는 vp의 변화에 대해 (유체의 가속에 소요되는 약간의 지연이 있지만) 거의 즉각적인 응답을 하는 반면 제어밸브의 구동기는 공기 주입에 걸리는 시간이 상대적으로 크기 때문에 느린 응답을 보인다. 따라서 이 다단제어는 다단제어의 잇점을 누릴 수 없으며 오히려 유량 제어루프를 불안정하게 만들 가능성이 있다. 이런 이유로 positioner-부착 제어밸브는 유량 제어에 사용하지 않는 것이 좋다. 동일한 원리가 배관 압력제어에도 적용된다.

9.3 Reset 피드백

앞의 다단제어 구성도들에서 종속공정의 출력변수가 종속제어기 뿐 아니라 주제어기로도 피드백 되는 'reset 피드백'이 그려진 것을 보았다. Reset 피드백은 다단제어가 정상적으로 동작하기 위해 매우 중요한 구실을 한다. 동작원리를 설명하기 위하여 그림 9.4의 회분반응기 제어계를 참조하기로 하자. 이 공정에서 온도제어를 위해서 냉각수만을 사용한다고 가정한다.

Reset 피드백이 없는 다단제어에서 다음과 같은 문제가 발생할 수 있다.

- 어떠한 이유로든 $T_r < T_{r,sp}$ 인 상황이 오랫동안 지속된다면, 양의 제어오차가 지속되며, TC1의 적분동작으로 인해 $T_{j,sp}$가 T_r 보다 커지는 일이 발생할 수 있다. 냉각수만을 공급하는 이 반응기에서 T_j는 결코 T_r 보다 커질 수 없으므로 종속제어루프에서 T_j는 설정치를 추종할 수 없는 상황이 형성되며 reset windup이 일어난다.
- 종속제어기를 조율하기 위해서는, TC2가 local 모드로 전환되어야 한다. 이 상황에서 T_r은 제어되지 않으므로 설정값으로부터 벗어나게 된다. 그리고 제어오차는 TC1 내의 적분기에 쌓이며 주제어기의 출력 $T_{j,sp}$는 증가를 (혹은 감소를) 지속하게 된다. 이제 조율이 끝나 TC2가 remote 모드로 전환되고 주제어기가 종속제어기와 연결될 때에 종속제어기의 설정값은 TC1이 출력하는 임의의 값을 갖게 되는 bump가 발생한다.

Reset 피드백은 바로 위의 두 문제를 해소시키는 기능을 제공한다. 사실 reset 피드백은 anti-reset windup을 위한 신호 피드백과 동일한 것이다. 그림 5.34에서 제어기로 전달되는 v가 reset 피드백 신호이다. Anti-reset windup의 기능은 u가 v 주변에 머물도록 하는 것이다. 그러므로, reset 피드백이 회분반응기의 다단제어계 내에서 그림 9.4와 같이 사용된다면 $T_{j,sp}$는 어떤 경우든 T_j를 크게 벗어나지 않도록 억제될 것이다. 또한 local 모드에서 종속제어기가 조율되는 동안 $T_{j,sp}$는 T_j 부근의 값에 머물러 있을 것이며, 후에 remote 모드로 부드러운 전환이 (bumpless transfer) 이루어질 수 있다.

9.4 전달함수 해석

다단제어계의 전달함수 해석은 간단하다. 그림 9.8에서 종속제어루프는 하나의 닫힌루프 전달함수로 표현될 수 있다. 이것을 $G_s(s)$ 라 하면 주제어기에 의해 제어되는 공정은 $G_2(s)G_s(s)$ 이 되며, r과 y 사이의 닫힌루프 전달함수는

$$y(s) = \frac{G_2(s)G_s(s)G_{cm}(s)}{1+G_2(s)G_s(s)G_{cm}(s)}r(s) \quad \text{여기서} \quad G_s(s) = \frac{G_1(s)G_{cs}(s)}{1+G_1(s)G_{cs}(s)} \tag{9.2}$$

이 된다. 임의의 외부신호와 내부신호 사이의 전달함수는 6장에서 소개한 Mason의 법칙을 이용하여 결정할 수 있다.

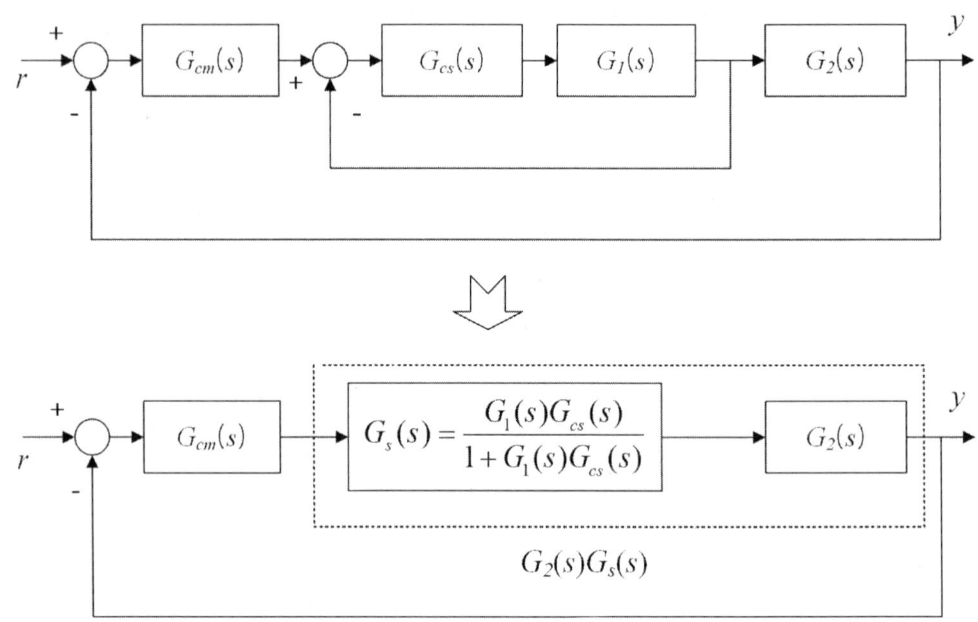

그림 9.8: 다단제어계의 전달함수 해석

9.5 조율 방법

다단제어계의 조율은 먼저 종속제어기를 조율하고 이어서 주제어기를 조율하는 두 단계로 수행된다. 이를 더 구체적으로 기술하면 다음과 같다.

1. 종속제어기를 local 모드로 전환하여 주제어기로부터 분리시킨다.
2. 적절한 방법을 이용하여 종속제어기를 조율한다.
3. 종속제어기를 remote 모드로 전환하여 주제어기에 연결한다.
4. 적절한 방법을 이용하여 주제어기를 조율한다.

연습 문제

1. 그림 P9.1은 전기히터를 이용한 in-line 액체 가열 공정이다. 교류전력이 외부 4-20mA 신호에 의해 조정되는 싸이리스터를 통해 전기히터에 가해진다. 이때 4-20mA 신호와 공급전력 사이에는 어느 정도 비선형성이 존재하며, 유입유체의 온도와 유량, 그리고 교류공급 전압 변동이 주 외란으로 작용한다.

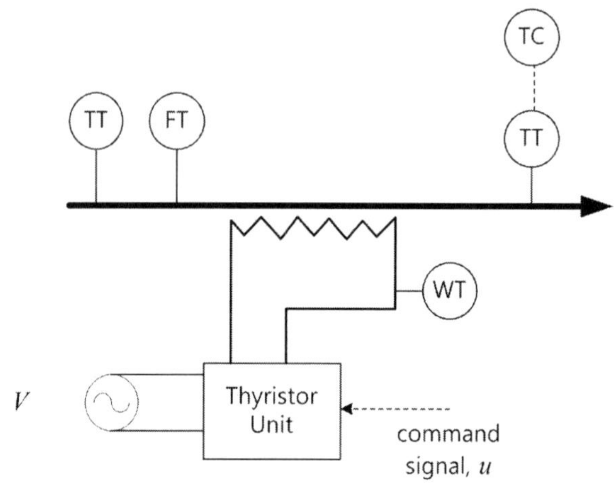

그림 P9.1: In-line 액체 가열 공정

a) 교류전압 변동을 local에서 극복하며 원하는 전력(kW)를 공급할 수 있는 전력제어루프를 포함한, 유체온도 조절을 위한 다단제어루프를 구성하여라. Reset feedback 신호도 제어루프에 나타내어라.

b) 유입유체의 온도와 유량변화를 상쇄시키는 정적 피드포워드 보상기를 설계하여라. 위의 피드백 제어루프에 lead-lag 동적보상을 포함한 피드포워드 루프를 부가하여라.

c) 블록선도로 위에서 설계한 제어루프를 표현하여라.

2. 그림 P9.2는 삼요소제어기를 포함한 스팀 발생용 보일러를 보인 것이다. 여기서는 스팀 사용량의 변화에 대응하며 스팀압력을 유지시키기 위한 가열량 제어문제를 다루고자 한다.

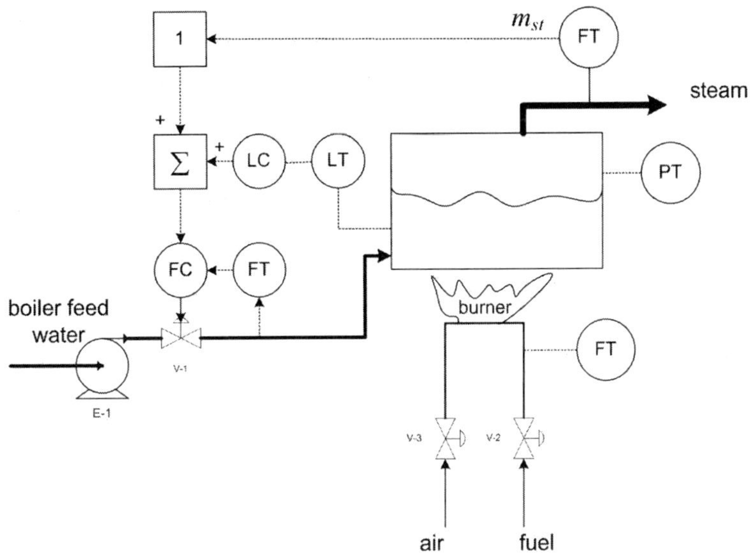

그림 P9.2: 스팀 보일러.

a) 공기와 연료용 제어밸브의 구동기 형태를 ATO, ATC 중에서 결정하여라.

b) 연료용 제어밸브를 직접 구동하며 스팀압력을 조절하는 제어루프를 그려 보아라. 이때 공기 유량은 10.1 절의 비제어를 참조하여 연료량에 비례하도록 구성하여라.

c) 압력제어기는 P, PI, PD, PID, PI-D, I-PD 중 어느 형태가 적합할지 결정하여라. 그리고 제어기의 동작방향을 direct, reverse 중 선택하여라.

d) 연료와 공기 공급압력 변화에 효과적으로 대처하기 위해 유량제어루프를 하위에 두는 다단제어계를 구성하여라.

e) 위의 다단제어계에 스팀사용량 변화를 피드포워드로 상쇄시키는 피드포워드 보상기와 제어 루프를 구성하여라. 보상기 설계를 위해 스팀의 설정온도와 보충수의 온도가 각각 200°C 및 100°C이라는 것과 다음의 정의를 사용하여라.

$$\begin{aligned} c_p &= \text{물의 비열, kJ/kg °C} \\ m_{st} &= \text{스팀 사용량, kg/min} \\ \lambda &= \text{물의 증발열, kJ/kg} \\ \Delta H_c &= \text{연료의 연소열, kJ/m}^3 \end{aligned}$$

연료와 공기 가열을 위한 현열은 무시한다.

f) 위에서 구성한 제어계를 블록선도로 그려라.

3. 그림 P9.3의 다단제어 루프를 생각하자.

   a) 내부의 종속제어루프를 안정화 시킬 수 있는 K_{c1}의 범위를 구하라.

   b) p와 u 사이, 또 d와 u 사이의 전달함수를 구하고, 종속제어루프를 이 전달함수들로 대체시킨 전체 제어루프의 블록선도를 그려라.

   c) r과 y 사이, 또한 d와 y 사이의 전달함수를 각각 구하여라.

   d) 전체 제어루프를 안정화 시키기 위한 K_{c1}, K_{c2}의 범위를 정의하는 부등식을 제시하여라.

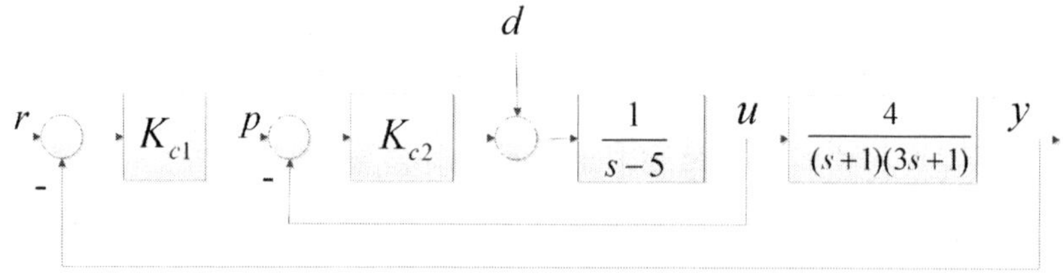

그림 P9.3: 문제 P9.3의 공정.

제10장

추가적인 다중 루프 제어기법들

10.1 비제어 (Ratio Control)

비제어는 둘 혹은 그 이상의 유체들이 일정한 유량비를 유지하며 흐르도록 하는 제어기법이다. 여러 원료의 혼합에 의해 만들어지는 각종 유류, 윤활유, 화장품, 식품 등의 제조와 연소공정의 연료/공기 비율 조절 등에서 비제어가 사용된다.

비 제어는 보통 그림 10.1(a)와 같이 구성한다. 유량 중 하나가 FC1에 의해 독립적으로 제어되며, 이때 유량 X가 측정되어 유량비 $R = Y/X$에 곱해져 나머지 유량의 제어기 FC2의 설정값으로 제공된다.

또 다른 방법으로 유량비를 직접 제어하는 그림 10.1(b)의 구성을 생각할 수 있다. 그러나 이 방법은 실제 사용되지 않는데, 그 이유는 제어기 RC1이 보는 공정이 심한 비선형 특성을 갖기 때문이다. 그림에서 RC1이 보는 공정은 vp를 입력으로 $R = Y/X$를 출력변수로 갖는다. 만약 Y이 vp에 비례한다면, 즉, $Y = a \times vp$라면, 공정은 $R = Y/X = (a/X)vp$ 로 표현되고, 공정이득은 a/X가 되어 X에 따라 변화하는 비선형성을 갖는다.

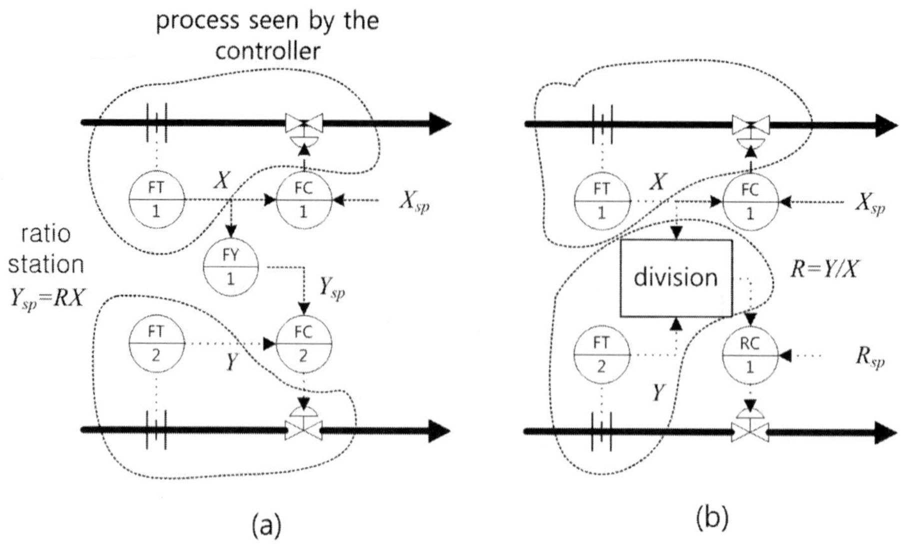

그림 10.1: 비 제어 두 가지 구성방법.

10.2 우선제어 (Override Control)

우선제어는 조작변수는 하나이지만 피제어변수가 다수인 상황에서 공정의 요구에 따라 가장 중요도가 높은 어느 한 피제어변수가 조작변수를 지배하는 구성을 말한다. 각 피제어변수에 해당되는 제어기는 조작변수를 지배하려고 서로 경쟁을 하며 미리 설정된 법칙에 따라 이를 만족하는 제어기가 조작변수를 지배한다. 우선제어는 대부분 공정의 안전을 보장하기 위하여 구성되며, 안전에 문제가 없을 때에는 정상적인 운전을 위한 공정변수가 제어되다가 안전에 문제가 생기면 정상운전을 위한 공정변수 제어를 포기하고 위험을 유발할 가능성이 있는 공정변수의 제어 모드로 전환되는 구조를 갖는다. 실제 구성 예를 세 가지 공정에 대해 살펴 보자.

완충탱크 (surge tank) 제어

그림 10.2는 완충탱크의 우선제어 구성을 보인 것이다. 완충탱크는 두 공정을 연

결하는 공정흐름의 중간에 설치되며, 앞 공정에서 배출되는 유량의 요동을 액위의 변동으로 흡수하여, 유체가 다음 공정에 일정한 유량으로 공급될 수 있도록 한다. 이 그림에서 공정흐름은 포화온도에 가까운 액체, 펌프는 원심형이라고 가정한다. 증류탑의 재비기가 이러한 상황을 보이는 전형적인 완충탱크이다.

정상적인 상황에서는 유량제어가 수행되고, 이때 액위는 평균 액위를 중심으로 상하로 변화하며 입력 유량변화의 충격을 흡수한다. 만약 입력유량의 평균값이 출력유량 보다 작은 상태가 지속되면 액위는 계속 낮아질 것이며 펌프의 NPSH (net positive suction head) 이하까지 낮아지면 펌프 내에서 유체가 증발되는 cavitation이 발생하여 유체이송이 불가능해 지고 심하면 펌프가 손상되는 사고가 발생하게 된다. 따라서 액위가 어느 한계 이하로 내려가면 유량제어를 포기하고 제어밸브를 액위제어에 사용하여 액위를 유지한다. 그림 10.2는 이 기능을 실현한 것으로 구체적으로 그 내용을 설명하면 다음과 같다.

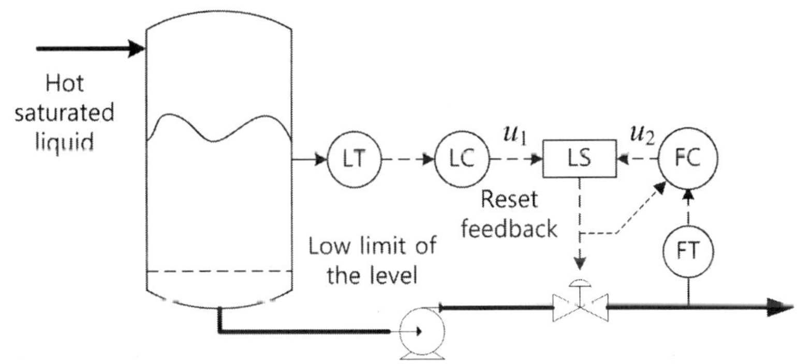

그림 10.2: 완충탱크의 우선제어계 구성.

- FC는 PI 제어기, LC는 P 제어기라고 가정한다.
- LC의 설정값은 cavitation을 일으키지 않는 최저 수위로 주어진다. 이 값은 정상수위 보다 낮은 값이다.
- LS는 'low selector'를 의미하며, 입력되는 신호 중 가장 작은 값을 출력하는 블럭이다.

- 액위가 정상적인 값을 가질 때에 LC는 설정값까지 액위를 낮추기 위해 밸브를 더 열기 위한 큰 제어신호를 출력한다. 이때 FC는 유량을 설정값에 유지시키므로 적절한 크기의 (예, 50%) 제어신호를 출력한다. 따라서 LS는 FC의 제어신호를 선택하여 FC가 수행되고, LC는 배제된다.

- 이제 입력유량이 줄어들어 액위가 계속 낮아지면 LC의 제어신호도 줄어들 것이며, 설정값 부근의 어느 액위에서 LC의 제어신호가 FC의 제어신호보다 작아질 것이다. LS는 LC의 제어신호를 선택하고 LC가 제어밸브를 지배하게 된다. 액위는 더 이상 낮아지지 않고 설정값 부근에 유지된다.

- 입력 유량이 다시 증가하여 액위가 상승하기 시작하면 FC가 다시 제어밸브를 지배하며 제어권을 갖게 된다.

- 만약 FC에 reset 피드백이 설치되지 않으면, FC가 제어권이 없는 동안 제어오차가 적분되어 제어신호가 큰 값을 갖게 되고, 액위가 정상으로 복귀되어도 FC가 제어권을 찾아 올 수 없게 된다.

고압배관

이 공정의 주목적은 고압가스를 일정한 유량으로 공급하는 것이다. 이때 어떤 이유로 배관의 저항이 증가하면, 유량을 유지하기 위한 배관의 압력이 상승한다. 이 압력이 허용값 이상으로 증가할 수 있으며, 이 경우에는 위험을 피하기 위하여 유량제어를 압력제어로 전환하여야 한다. 그림 10.3은 이러한 목적을 위하여 구성된 것으로 그 기능을 구체적으로 설명하면 다음과 같다.

- FC는 적분모드를 가지고 있으며 PC는 P 제어기라고 가정한다.

- PC의 설정값은 배관의 한계 허용압력 부근 값으로 주어진다.

- 정상 운전상태에서 PC는 자신의 설정값으로 압력을 유도하기 위하여 밸브를 더 열라는 제어신호를 출력할 것이다. 따라서 LS는 FC의 제어신호를 선택하며 FC가 제어권을 가진다.

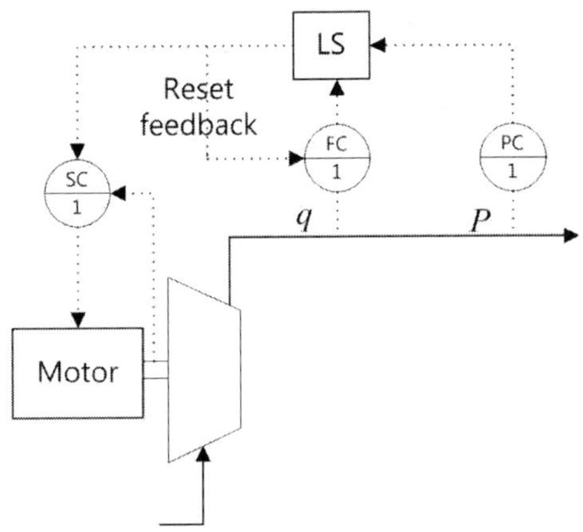

그림 10.3: 고압배관의 우선제어계 구성.

- 이제 어떤 이유로 배관저항이 증가하면 유량을 유지시키기 위한 배관압력이 상승하게 되고 PC의 제어신호는 감소한다. 이 압력이 설정값 부근의 어떤 값에 도달하면 LS가 PC의 제어신호를 선택하게 되어 PC로 제어권이 넘어가며 압력상승은 통제된다.
- 압력이 정상값으로 회복되기 시작하면 FC가 다시 제어밸브를 지배하며 제어권을 갖게 된다.
- FC에 불필요한 제어오차 적분이 일어나 제어권을 회복받지 못하는 일을 방지하기 위하여 reset 피드백이 연결되어야 한다.

10.3 선택제어 (Selective Control)

폐수처리시설에서 pH는 매우 중요한 미생물 성장조건 중 하나이다. 그러나 pH 센서는 오염환경에서 쉽게 기능저하가 일어나므로 측정값을 신뢰하기 어려운 경우가 많다. 이런 문제를 해결하기 위하여 흔히 다수의 pH 센서를 설치한 후 이 중 다른 값을 보이는 소수의 측정값을 배제하고 신뢰도 높은 측정값을 택하는 방법을 사용한다. 이와 같이 신뢰도가 가장 높은 측정값을 선택하고 이 값을 제어하는 구성을 선택제어라 부른다.

그림 10.4와 같이 온도분포가 형성되는 발열이 있는 고정층 반응기의 열점(hot spot)을 제어하려는 경우, 다수의 온도 센서를 설치하고 가장 높은 측정치를 선택하여 제어하는 것도 선택제어의 한 예이다.

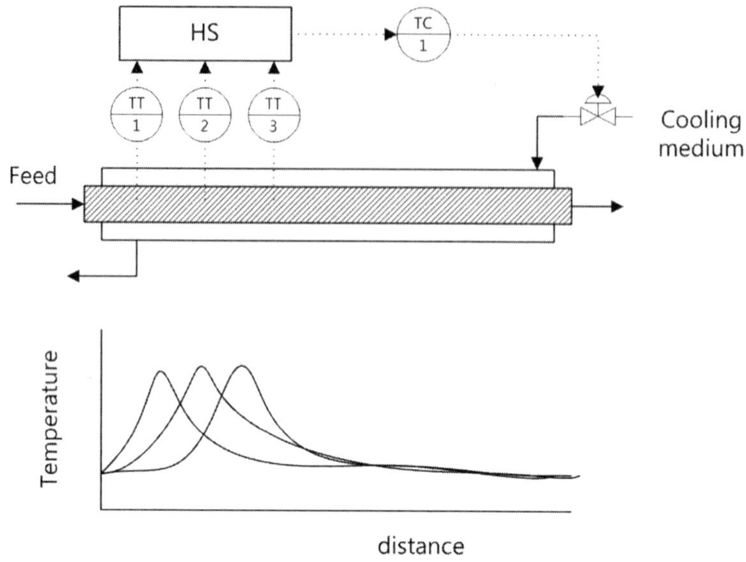

그림 10.4: 발열이 있는 촉매반응기의 열점 온도제어를 위한 선택제어계 구성.

10.4 밸브위치제어 (Valve Position Control)

밸브위치제어는 밸브에서 유체의 마찰에 의한 에너지 손실(throttling loss)을 최소화하기 위한 자기최적화(self-optimizing) 제어방법으로 제안된 것이다.

밸브위치제어의 목적은 '가능한 한 제어밸브를 많이 열면서 공정변수를 설정값에 유지시키기'라고 표현할 수 있다. 밸브위치제어는 스팀, 압축공기 등 유틸리티의 제어계 구성에 많이 응용된다. 이제 구체적인 예를 소개한다.

압축공기 header 공정

그림 10.5은 압축공기 header 공정을 보인 것이다. 각 생산공정은 이 header에 연결된 자신의 제어밸브를 조절하며 필요한 양의 압축공기를 인입한다. Header에 연결된 공정에 필요 공기량을 공급할 때, header 압력을 높이거나 아니면 가능한 한 낮추는 두가지 상반된 운전방법을 생각해 볼 수 있다. 전자의 경우, 필요한 공기를 공급받기 위해서 각 공정은 제어밸브를 조금만 열면 될 것이며, 후자의 경우는 가능한 한 밸브를 많이 열어야 요구량을 만족시킬 수 있을 것이다. 에너지 손실의 입장에서는 당연히 후자가 유리하다. 이제 이 동작이 밸브위치제어에 의해 어떻게 자동으로 수행되는지를 설명하자.

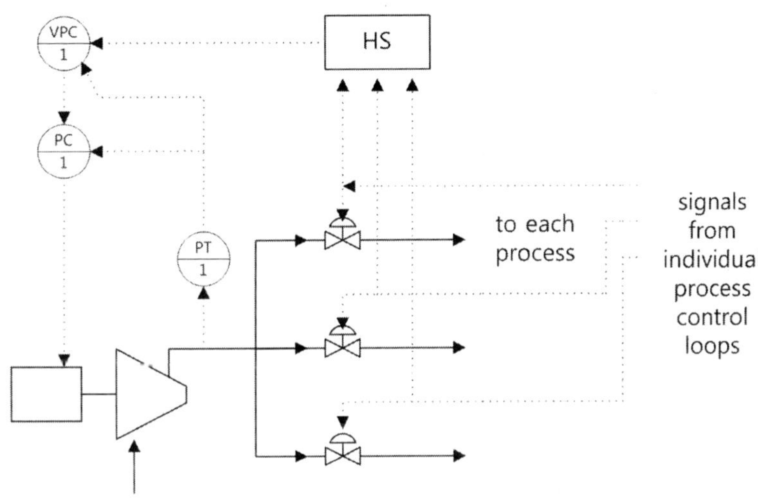

그림 10.5: 압축공기 header의 밸브위치제어.

- HS (high selector)는 각 공정이 조작하는 제어밸브 중 가장 많이 열린 밸브의 위치를 선택하여 VPC에 보내진다.
- VPC는 이 값을 보통 90-95%로 설정된 밸브위치 설정값과 비교한다.
- VPC는 HS에 의해 선택된 값이 설정값에 일치될 때 까지 header 압력을 서서히 낮춘다.

VPC에는 다음과 같은 이유로 긴 적분시간을 가진 순수한 적분제어기가 사용된다. 첫째, 밸브위치는 주공정측 제어기의 출력신호이므로 일반적인 공정변수에 비해 진동이 심하다. 여기서 제어의 목적상 의미가 있는 값은 평균 밸브위치이므로 신호를 강하게 필터링할 필요가 있다. 둘째, header 압력의 변화는 주공정에 외란으로 작용하므로 급격한 변화를 일으키는 것은 바람직하지 않다. 셋째, 최적 정상상태 운전점을 스스로 찾기 위한 것이므로 서서히 진행하는 것이 바람직하다.

가열유체를 공급하는 utility 공정

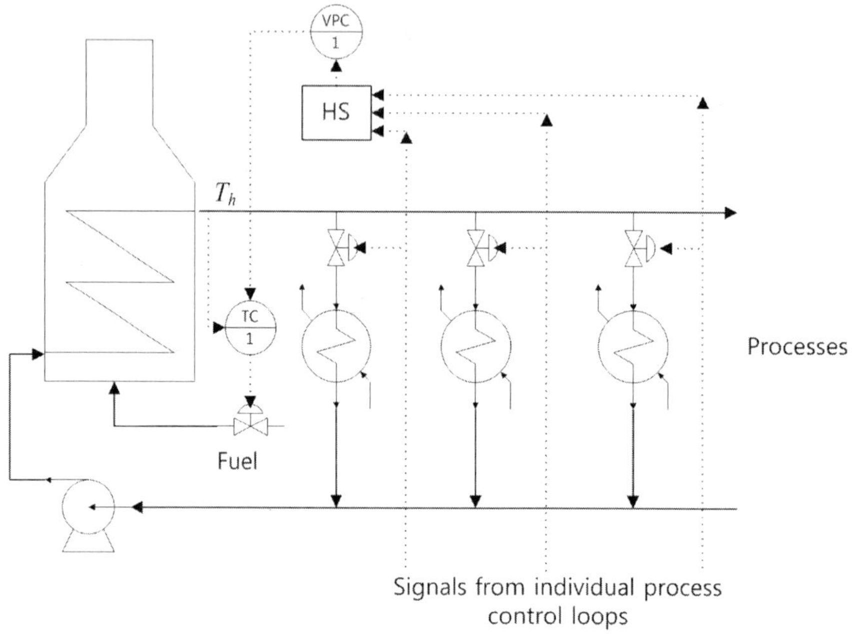

그림 10.6: 가열유체를 공급하는 utility 공정의 밸브위치제어.

이 예는 주공정에 가열유체를 (heat transfer medium) 이용하여 필요한 열에너지를 공급하는 utility 공정의 제어에 관한 것이다. 여러 주공정이 요구하는 열에너지 공급량을 만족시키기 위하여 가열유체의 온도를 매우 높여 공급하거나 가능한 한 낮추어 공급하는 방법을 생각할 수 있다. 전자의 경우, 주공정들이 필요한 에너지를 얻기 위해서는 열교환기의 제어밸브를 조금만 열어야 하며, 후자의 경우는 많이 열어야 한다. 제어밸브에서의 마찰손실과 열전달의 비가역성을 줄이기 위해서는 당연히 후자의 전략이 유리하다.

이 공정에 대한 밸브위치제어의 동작은 압축공기 header 공정과 매우 유사하다.

연속흐름 교반반응기

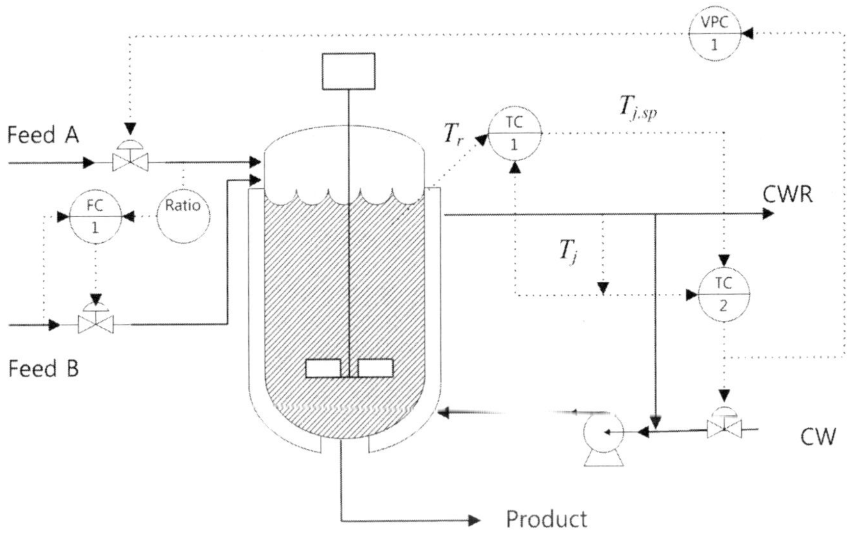

그림 10.7: 연속흐름 교반반응기에서 생산성을 최대화하기 위한 밸브위치제어.

이번 예는 $A+B \rightarrow P$의 발열반응이 수행되는 연속흐름 교반반응기의 제어에 관한 것이다. 반응속도는 매우 빠르며 시간당 P의 생산량은 제열능력에 의해 제약을 받는다고 가정한다. 생산성을 최대로 늘리는 방법은 제열능력이 감당하는 한계까지 원료공급량을 증가시키는 것이다.

그림 10.7은 이 목적을 스스로 달성하는 밸브위치제어계를 구성한 것으로 냉각수 공급용 제어밸브의 위치가 설정값에 (90-95%) 이를 때까지 두 원료의 비를 유지하며 공급량을 계속 증가시키도록 작동된다.

10.5 Range Splitting

공정 중에는 하나의 제어밸브로 제어기 출력신호의 전 영역을 구현할 수 없는 것들이 있다. 그림 10.18에 몇 가지 예를 보였다. 먼저 그림 10.18(a)는 탱크의 압력 조절을 위해서 기체를 투입할 수도, 배출할 수도 있어야 하므로 두 개의 제어밸브가 필요한 상황이다. 그림 10.18(b)는 회분반응기 자켓의 온도조절을 위해서 스팀으로 가열할 수도 냉각수 유량으로 냉각할 수도 있어야 하는 경우이다. 그림 10.18(c)에는 pH 중화를 위해 산과 염기 투입량을 모두 조절할 수 있기 위해 두 개의 제어밸브가 사용되는 예이다.

이들 공정에서 제어기는 하나의 제어신호만을 출력하며, 제어신호의 영역을 분리하여 (range splitting) 각 영역에 따라 어느 한 밸브만이 작동되도록 구성한다. 그림 10.18(d)에 (a-c) 세 공정에 대한 range splitting 방법을 보였다. 이 영역분할이 정상적으로 작동하기 위해서 제어밸브 중 하나는 ATC, 나머지 하나는 ATO 형이어야 한다. 실제 응용에서는 제어기 출력 50%를 중심으로 약간의 deadband를 설정한다. 예를 들면, V1이 제어기 출력 0-49%, V2는 51-100%에서 반응하며 49-51%에서는 두 밸브가 모두 닫히도록 한다.

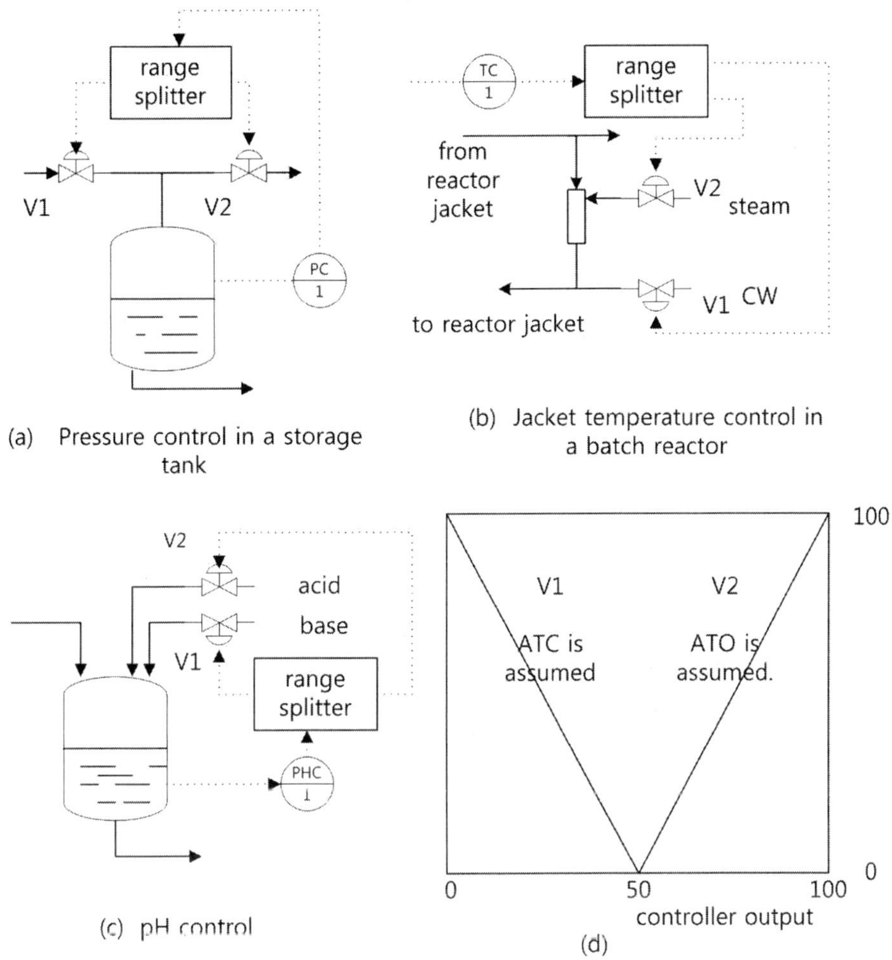

그림 10.8: 두 개의 제어밸브로 조작변수의 영역을 분리하는 공정 예와 (a,b,c), 제어기 출력신호의 range splitting 방법 (d).

10.6 다중 루프 제어의 추가 예

다중 루프제어의 몇 가지 예를 추가적으로 소개한다.

In-line 혼합공정

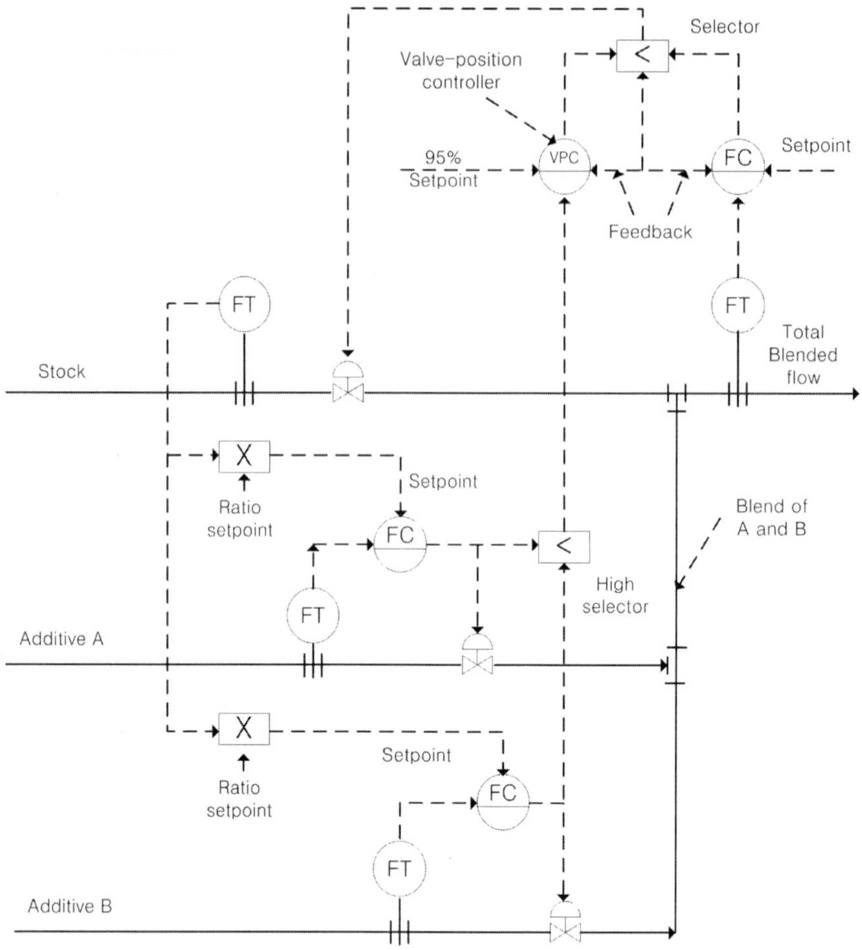

그림 10.9: 첨가물 공급량의 제약을 받는 액체 원료 in-line 혼합공정.

그림 10.9은 주원료(stock)에 A, B 두가지 첨가물이 혼합되는 in-line 혼합공정이다. 이 공정에서 첨가물의 공급량 부족이 종종 발생하여 일정한 유량으로 혼합물을 생산할 수 없는 어려움이 있다고 가정한다. 그림 10.9에 보인 다중루프 제어계는 이러한 상황에서도 가능한 한 최대 생산량을 유지하도록 구성되어 있다. 좀 더 상세히 살펴 보자.

먼저 일정한 혼합비를 유지하기 위한 비 제어계가 구성되어 있다. 다음으로 첨가물 공급밸브 중 가장 많이 열린 밸브의 열림도가 95%에 이르도록 밸브위치제어계가 (VPC) 구성되어 있다. 이것은 첨가물 공급량이 허용하는 최대유량으로 혼합물을 생산하기 위함이다. 여기에 혼합물 생산량을 조절하는 FC가 VPC와 LS (low selector)를 통하여 우선제어계를 구성하고 있다. 충분한 압력으로 첨가물이 공급되는 상황에서는, 정량으로 혼합물이 생산되도록 FC가 stock 밸브를 통제한다. 그러나 공급압력이 떨어지면 첨가물 유량조절 밸브가 계속 열리며 유량제어를 시도하므로 VPC의 제어신호도 낮아져 결국 stock 밸브의 통제권을 넘겨 받는다. VPC와 FC 모두 적분동작이 있어야 하므로 reset feedback 신호가 두 제어기에 모두 연결된다.

폐가스 가열로

그림 10.10은 가열로의 연료로 폐가스를 우선 사용하고, 공급이 부족한 경우, 연료가스로 보충하는 공정에 대한 제어계 구성이다. 가열 유체의 온도를 일정하게 유지하는 과정 중에서 이러한 연료공급 전환이 자동으로 이루어지도록 구성된 다중 루프 제어계이다.

먼저 TC와 폐가스 PC가 경쟁적으로 폐가스 유량제어권을 차지하기 위한 우선제어계가 구성되어 있다. 여기서 PC의 설정값은 작은 값으로 주어진다. 따라서 폐가스 공급압력이 충분한 경우, PC는 압력을 낮추기 위하여 큰 유량값을 출력하므로 TC의 출력 'total fuel demand'가 LS에 의해 선택되고 폐가스 유량제어기의 설정값으로 공급된다. 이때, 'make-up fuel set point'는 0이 되어 연료가스의 밸브는 열리지 않는다.

폐가스의 공급압력이 낮아지기 시작하면 어느 시점에서 결국 LS는 PC의 출력을 선택하여 더 이상이 압력이 낮아지지 않도록 압력제어를 수행한다. 이때 'make-up fuel set point'는 양의 값을 갖게 되므로 연료가스 보충이 시작된다.

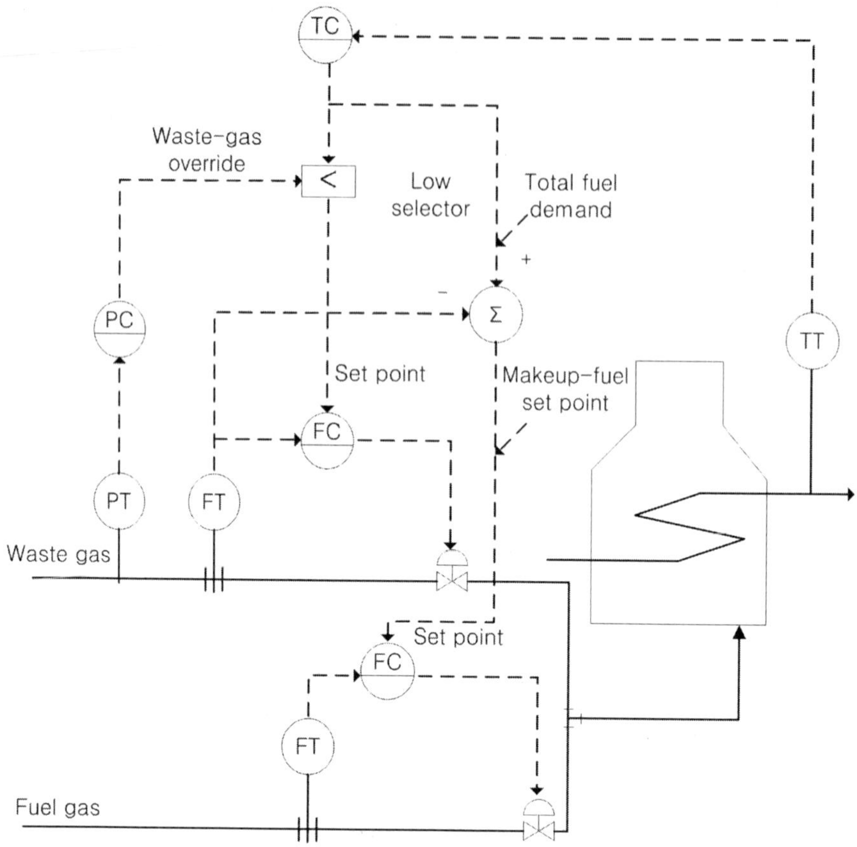

그림 10.10: 폐가스 가열로의 온도제어

10.7 증류공정의 제어계 구성

증류공정은 화학공장에서 매우 중요한 비중을 차지하는 분리공정이며 제어계의 도움 없이는 운전이 불가능하다. 증류공정도 분리 대상 물질에 따라 다양하게 구성되지만 여기서는 전형적인 이성분 분리공정을 대상으로 화학공정에서 제어계가 어떻게 구성되어 나가는 지를 소개 하고자 한다.

정상상태 운전을 위한 inventory 제어

모든 연속공정은 정상상태를 유지하며 운전되어야 한다. 정상상태는 물질 및 에너지 수지가 균형을 이루어지는 상태, 즉, 공정 내에서 물질 및 에너지의 축적량이 일정한 상태, 혹은 입력과 출력량이 동일한 상태를 말한다. 이 상태를 유지하기 위해서 입력량 = 출력량이 되도록 제어계를 구성하는 것을 생각할 수 있으나 이 방법은 옳지 않다. 그것은 존재할 수 밖에 없는 입출력량의 작은 차이가 결국 축적량을 계속 증가 혹은 감소시키기 때문이다. 이런 이유로 정상상태 유지는 반드시 축적량, 즉, inventory 제어로 이루어져야 한다.

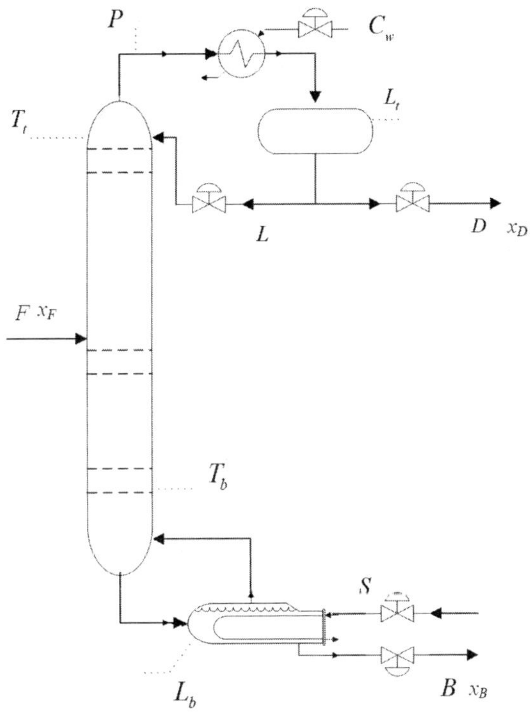

그림 10.11: 이성분 증류공정.

증류탑 내에는 액체와 증기가 공존하며, 각각의 inventory가 제어되어야 한다. 먼저 액체는 tray 와 탑상부 드럼 및 재비기에 축적되어 있다. 이 중 tray는 weir를 통해 축적량이 스스로 조절되나, 탑상부 드럼과 재비기는 액위제어를 수행하여야 한다. 그림 10.11에서 탑상부 드럼의 액위는 탑상부 생산물 유량 (D) 혹은 환류량

(L)로 조절이 가능하며, 재비기의 액위는 스팀량 (S) 혹은 탑저 생산물 유량 (B)로 조절이 가능하다. 빠른 정상상태 회복을 위해서는 D, L 중 유량이 더 큰 변수를, 또한 S, B 중 큰 유량의 변수를 택하는 것이 바람직하다. 그러나 두 변수가 모두 탑 내부 혹은 외부 유량을 결정하는 변수이어서는 안되며 $L_t - D$, $L_b - S$ 혹은 $L_t - L$, $L_b - B$ 와 같이 탑 내부와 외부 유량이 각각 사용되어야 한다. 이에 대한 이유는 다음 절에서 설명된다.

한편 증기 inventory는 압력으로 나타나며 이 값을 일정하게 제어하여야 한다. 탑 내 증기량은 응축량을 조절하여 제어한다. 응축량의 조절은 단순히 탑상 응축기에 공급되는 냉각수량을 조작하는 방법, flooding 응축기를 통해 응축면전을 조작하는 방법 등 여러 변형이 있다.

외부 물질수지와 내부 열수지

증류탑에 대해서는 단수를 높이고 또 환류비를 높이면 탑상 생산물의 순도가 높아진다는 막연한 믿음이 있다. 그러나 이 결과는 외부 물질수지가 옳게 설정되지 않은 상태에서는 성립될 수 없다.

그림 10.11에서 원료가 저비점 물질 a와 고비점 물질 b 각 50 몰로 구성되어 있다고 하자. 만약 $D = 60$ 으로 설정되면 아무리 a의 순도를 높이려 해도 D에는 b가 10 몰 이상 포함될 수 밖에 없다. 이때 $B = 40$ 이므로 b가 100% 순도로 얻어질 수 있다. 반대로 $D = 40$ 이면 D에서 a의 순도는 100% 가 가능하지만 B에 10 몰 이상의 a가 포함된다. 양단에서 모두 고순도 생산물을 얻으려면 $D = B = 50$ 으로 먼저 외부 물질수지가 설정되어야 한다.

이 관계를 식으로 표현하여 보자. 증류공정 전체의 총괄 물질수지와 a성분 물질수지는 다음과 같다.

$$
\begin{aligned}
F &= D + B \\
Fx_{a,F} &= Dx_{a,D} + Bx_{a,B}
\end{aligned}
$$

이 두 식을 정리하면 $x_{a,B}$와 $x_{a,D}$ 사이에 관한 다음의 관계를 얻는다.

$$
x_{a,D} = -\left(\frac{B}{D}\right)(x_{a,B} - x_{a,F}) + x_{a,F}
$$

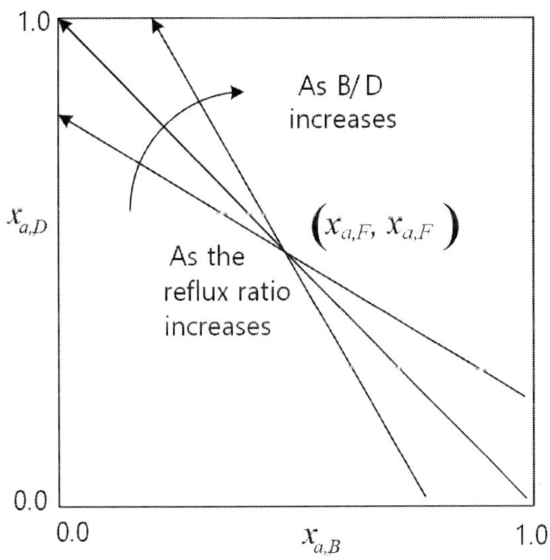

그림 10.12: 외부 물질수지와 내부 열수지에 의한 $x_{a,B}$와 $x_{a,D}$의 관계.

그림 10.12에 $x_{a,F} = 0.5$ 인 경우에 대하여 이 식의 관계를 보였다. $D = B$ 인 경우에만, 환류비를 높이면 $x_{a,D} = 1.0$, $x_{a,B} = 0 \leftrightarrow x_{b,B} = 1.0$를 향해 순도가 높아질 수 있음을 보인다.

지금까지의 간단한 분석을 바탕으로, 환류비가 큰 값이라는 ($L \gg D$) 전제하에, inventory 제어와 외부 물질수지를 위해 구성한 제어계를 그림 10.7에 보였다.

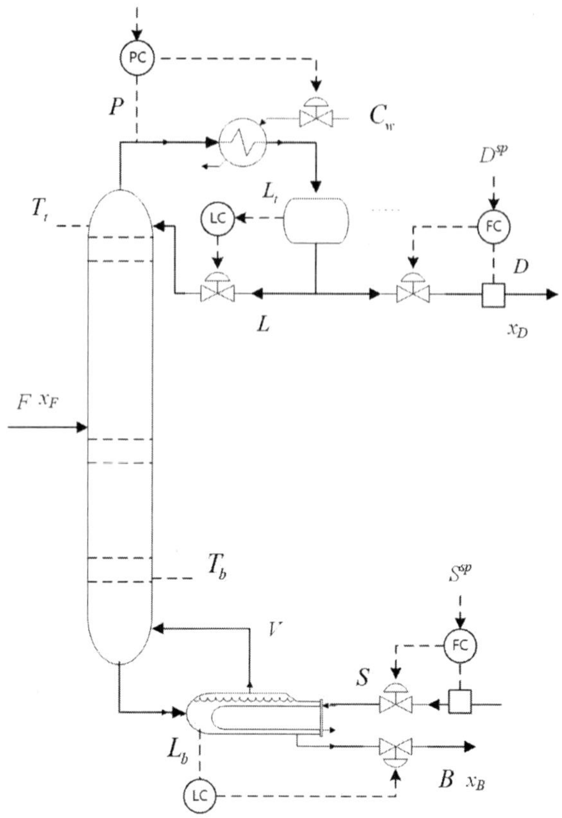

그림 10.13: 이성분 증류공정.

D가 유량제어기의 설정값에 고정되므로, B는 inventory 제어를 통해 $F - D^{sp}$ 주변에서 제어된다. 한편, 탑상부 액위제어기는 $V = L + D$를 만족하는 (포화액체 상태의 원료를 가정) 환류량 L이 흐르도록, 즉, 내부 열수지가 만족되도록 조절하는 기능을 한다.

높은 환류비를 얻기 위해서는 충분한 스팀이 공급되어야 하고, 이때 $V \gg D$, B도 성립될 것이므로 $L_t - D$, $L_b - S$, 그리고 B와 L은 유량제어로 구성하는 것도 적절하다. 다만 S로 L_t를 제어하는 경우 3.6장에서 설명한 역응답이 나타날 가능성이 있음을 유의하여야 한다.

온도제어

내부 열수지는 농도제어로 완성된다. 그러나 농도는 직접 측정이 어려워 흔히 온도제어로 대체된다. 그림 **??**의 inventory 하에서는 탑 하단의 온도를 스팀 유량으로 제어하는 온도제어계를 ($T_b - S^{sp}$) 추가하는 것이 바람직하다. $T_t - D^{sp}$ 를 생각할 수도 있지만, 온도제어기가 D^{sp} 를 낮추며 T_t 를 유지하려는 경향이 생길 수 있어 생신물의 순도는 유지될 수 있지만 회수율이 떨어질 우려가 잇다. 따라서, D^{sp} 를 일정하게 유지함으로써 외부 물질수지를 견고하게 지키는 $T_b - S^{sp}$ 이 더 바람직하다. 물론 여기에는 F, x_F 가 크게 변하지 않는다는 가정이 전제된다.

같은 이유로, $L_t - D$, $L_b - S$ 로 액체 inventory 제어를 수행하는 경우에는 $T_t - L$ 로 온도제어계를 구성하는 것이 좋다.

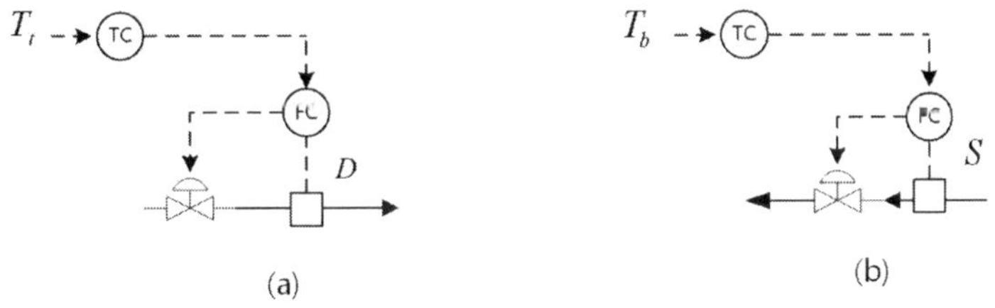

그림 10.14: 증류공정의 온도제어계 : (a) $T_t - D^{sp}$, (b) $T_b - S^{sp}$.

원료 유량, 조성 변화가 외란으로 작용하는 경우는 D^{sp} (혹은 S^{sp})를 유지하여 외부 물질수지를 지킬 수 없기 때문에 탑상부와 하부 온도를 동시에 제어하는 이점제어 (two point control)를 생각할 수 있다. 그러나 특별히 증류탑에서는 심한 간섭현상이 (11장 참조) 생기기 쉽다. 따라서, 간섭현상을 약화시키는 보상기를 함께 고려하여 설계하든지, 아니면 더 바람직하기는 모델예측제어 (MPC, model-based predictive control) 과 같은 다변수제어기를 사용하는 것이 좋다.

압력제어

증류탑의 압력제어는 증기 응축량을 조절하여 수행한다. 그림 에서 압력제어를 위해 냉각수 유량을 직접 조작하여 제열량을 조절하고 증기 응축량을 조절하는 구성을 보였지만, 실제에 있어 이 방법은 바람직하지 않다. 그것은 냉각수 유량과 제열량 사이가 비선형적이고, 냉각수 유량이 어느 한계값 이하로 작아지면 배관에 슬러리가 침적되어 오염을 일으킬 수 있기 때문이다. 이러한 문제를 보완하기 위해서 그림 과 같은 구성을 채택하는 것이 좋다.

이 구성에서 냉각수는 강하게 환류되기 때문에 관 오염 문제는 해결된다. 환류의 영향으로 열교환기 내 냉각수 온도는 비교적 일정하게 유지되며 외부에서 공급되는 냉각수가 혼입되며 환류되는 냉각수의 온도가 조절된다. 응축기에서의 제열량은 온도차에 비례하는데 이 온도차를 직접 조작하므로 PC가 보는 공정은 선형적이 된다.

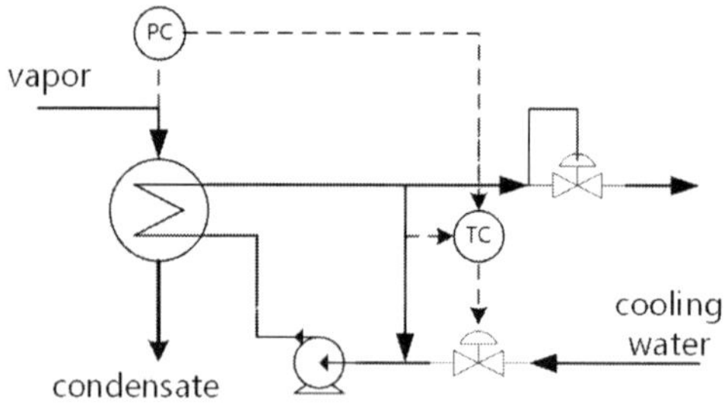

그림 10.15: 환류되는 냉각수 온도를 조절하여 증류탑 압력을 제어하는 구성.

증류탑에서의 또 다른 압력제어 방법은 flooding 응축기를 이용하는 것이다. Flooding 응축기는 응축액이 열교환 면적 일부를 침범하며 응축면적을 조절할 수 있도록 한 것이다. 열교환 면적 전체를 모두 응축에 이용하지 못한다는 점을 단점이라 할 수 있지만 응축면적과 응축량이 비례하므로 선형성이 우수하다는 이점이 있다. Flooding 응축기 사용시 고려해야 할 점 중 하나는 원료에 녹아 있던 응축기체가 시간이 지나며 응축기 상부에 축적된다는 것이다. 이 기체는 증기의 응축을 방해하므로 필요할 때 마다 제거하여야 한다.

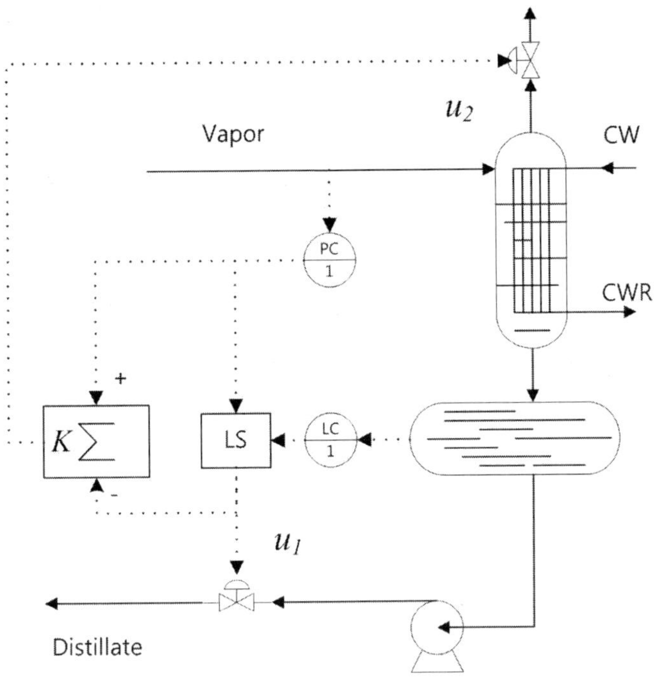

그림 10.16: 증류탑의 압력제어를 위한 가변구조제어.

그림 10.16는 flooding 응축기를 사용한 압력제어계에 불응축 기체를 자동으 제거하는 기능이 부가된 것이다. 제어계 동작에 관한 자세한 설명은 다음과 같다.

- PC와 LC는 우선제어계 내에서 환류밸브를 두고 경쟁한다. 평상시는 PC가 환류밸브를 조작하여 액위를 변화시킴으로 압력을 제어한다. 이때는 동일한 신호가 sum 블럭에 입력되어 0이 출력되고 vent 밸브는 닫힌다.

- 불응축기체가 축적되어 응축면적을 덮으면 환류밸브를 통한 압력제어가 원활히 수행되지 않는다.

- 불응축기체로 인해 압력오차가 지속되면 PC는 적분동작에 의해 환류밸브를 점점 더 열고 액위는 계속 낮아진다. 이때 액위가 어느 한계 (예, 펌프의

NPSH) 이하로 떨어지면 LC 가 PC를 override하여 환류밸브의 제어권을 갖게 되고 액위가 안전수위 이하로 내려가지 않도록 한다.

- 이 경우, sum 블럭에 PC와 LC의 출력신호가 입력되며 이 중 PC 신호가 큰 값을 가지므로 출력이 양이 된다. 이 신호가 vent 밸브를 열고 불응축가스를 배출하여 압력을 조절한다.
- PC가 환류밸브를 조작할 때와 vent 밸브를 조절할 때, 제어기가 보는 대상공정이 달라진다. 따라서 각 경우 PC의 조율값도 달라질 필요가 있다. Sum 블럭 내의 K는 PC가 vent 밸브를 조작하는 경우, PC의 P-이득을 K배로 비례이득값을 조정할 수 있도록 한 것이다.

Flooding 방지를 위한 우선제어

그림 10.17는 증류공정에 flooding 방지를 위한 우선제어계를 구성한 예이다. Flooding 상태는 증류탑 상부와 하부의 차압으로 감지하는 것을 가정하였다. 증류공정 재비기에서의 가열량은 탑내 증기유량을 결정하며 이 값을 조절하여 순도를 제어하게 된다. 차압제어기의 (DPC) 설정값은 flooding 한계상태의 90% 정도로 맞추어져 있고, 정상적인 상태에서 증류공정 내 증기의 유속은 flooding 한계값의 60-80% 정도이므로 TC의 제어출력이 LS에 의해 선택되어 증기유량밸브를 조작한다. 만일 온도제어 과정에서 증기의 유속이 flooding 한계의 90%를 넘게 되면 LS가 DPC의 출력신호를 선택함으로써 온도제어는 포기하고 차압제어를 수행한다.

탑저 생산물 현열 회수

탑저 생산물은 고온으로 배출되며 유량이 큰 경우 상당량의 현열을 포함한다. 이 열 에너지는 열교환을 통해 원료의 엔탈피를 높이는 데 사용할 수 있으며 재비기 열공급량을 절약할 수 있다.

그림 10.18는 이러한 목적을 위한 공정 및 제어계 구성이다. 온도제어계를 설치하지 않은 경우, 탑저 액위가 상승한다면 LC가 탑저유량을 증가시킬 것이며 이것은 원료온도를 상승으로 이어지고 원료의 기액분리시 액상흐름이 줄어 탑저

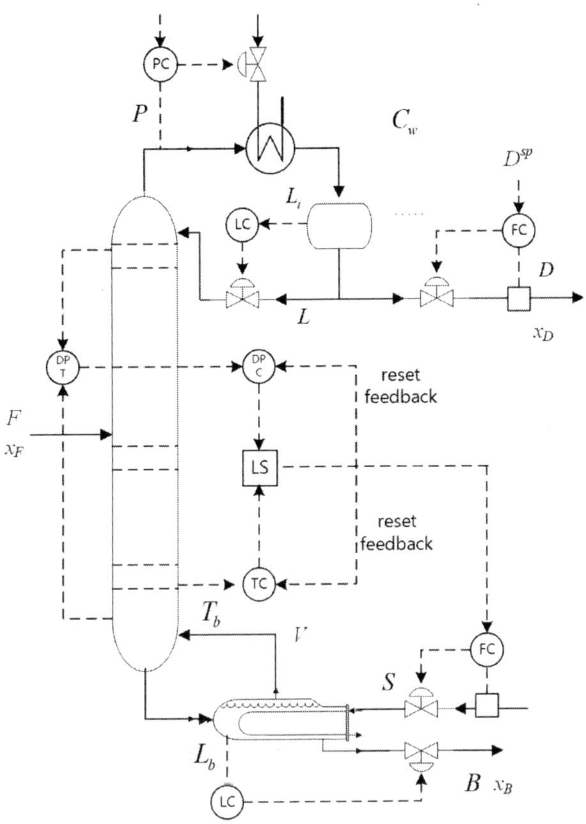

그림 10.17: Flooding 방지를 위한 우선제어계.

액위 감소가 가속된다. 액위의 빠른 하강을 막기 위해 탑저유량을 감소시키면 반대현상이 일어나 액위 상승이 가속된다. 이것은 공정에 양성 피드백이 작용하고 있음을 뜻하며 진동이 발생할 염려가 있다. 온도제어계는 음성 파드백을 제공하여 이 양성 피드백을 약화시키고 공정을 안정화 시킨다.

원료 유량 변화를 보상하는 피드포워드 제어

원료 유량이 서서히 변하며 공정 외란으로 작용하는 경우, 피드포워드 보상을 통해 효과적으로 대응할 수 있다. 증류공정에서 *D*, *B*, *L*의 내외는부 흐름의 유량이

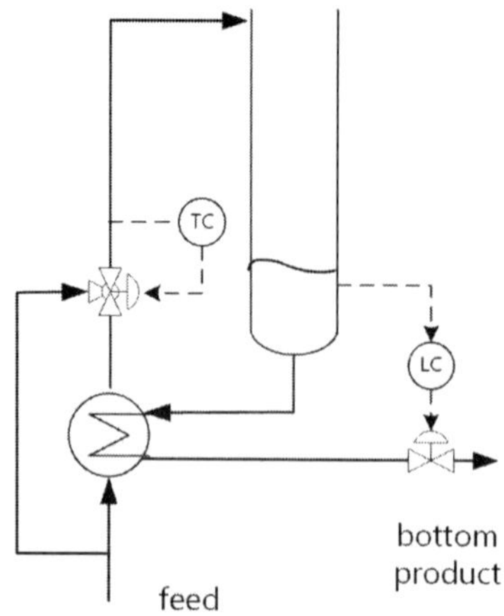

그림 10.18: 탑저 생산물 현열 회수를 위한 제계 구성.

연습 문제

1. 그림 10.7의 연속흐름 교반반응기에서, 원료물질이 A 하나인 간략화된 공정을 생각하고 제어루프를 블럭선도로 표현하여라.

2. 그림 10.16의 가변구조 제어계를 블럭선도로 표현하여라.

3. 그림 10.18(b)에서 V1과 V2의 반응기 온도에 대한 이득이 각각 다를 때에 이를 보완하기 위한 방안을 제안하여라.

제11장

다변수 공정의 제어

11.1 다변수 공정이란?

다변수 공정이란 입출력 변수가 각각 둘 이상인 공정을 뜻하며, 흔히 MIMO (multi-input multi-output) 공정이라 부른다. 사실 대부분의 화학공정이 다변수 공정이라 하여도 틀린 말은 아니다. 10장의 여러 공정도 다변수공정이지만 소위 간섭(interaction)이 문제되지 않는 경우들로, 다변수 공정제어의 관점에서 다루지 않았을 뿐이다.

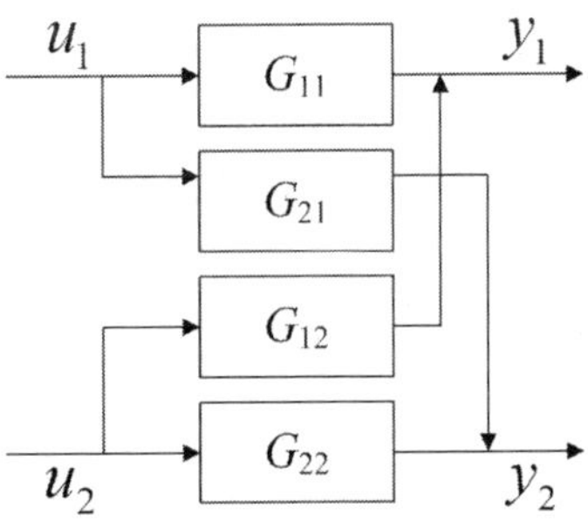

그림 11.1: 2×2 선형 다변수 공정의 블록선도.

그림 11.1은 입출력 변수가 각각 둘인 선형 다변수 공정의 블록선도이다. 입력변수 u_1 이 y_1 과 y_2 에 모두 영향을 미치며 u_2 의 경우도 마찬가지이다. G_{21} 와 G_{12} 가 간섭을 일으키는 항으로 이로 인해 단변수 공정에서 볼 수 없는 문제들이 발생한다.

11.2 간섭과 입출력 짝짓기

11.2.1 간섭항의 영향

간섭항의 영향을 이해하기 위하여 그림 11.2와 같이 두 개의 단변수 제어기로 2×2 공정을 제어하는 경우를 생각하자. 참고로 다수의 독립된 단변수 제어기로 수행하는 MIMO 공정 제어를 비집중화 제어(decentralized control)라 부른다.

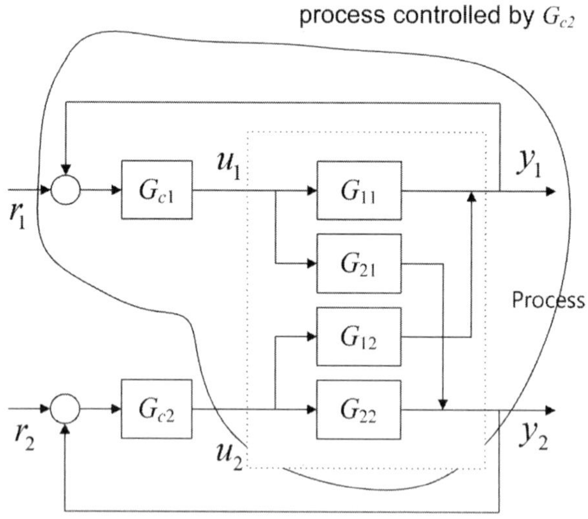

그림 11.2: 2×2 공정에 단변수 제어기를 연결한 상황. G_{c2} 가 제어하는 공정이 G_{c1} 의 연결 여부에 따라 달라진다.

G_{c1} 이 수동상태로 전환 되었을 때, 즉, 제어기 연결이 끊어졌을 때에는 G_{c2} 가 제어하는 대상 공정은 G_{22} 이다. 그러나 G_{c1} 가 자동상태로 전환되었을 때, 즉,

제어기 연결이 이루어졌을 때에는 G_{c2}가 제어하는 대상공정이 그림에서와 같이

$$\bar{G}_{22} = G_{22} - \frac{G_{21}G_{c1}G_{12}}{1+G_{c1}G_{11}} \tag{11.1}$$

로 달라진다. 간섭에 의한 항, $G_{21}G_{c1}G_{12}/(1+G_{c1}G_{11})$이 충분히 작지 않으면 G_{c1}의 개폐 여부에 따라, 혹은 G_{c1}의 조율에 따라 G_{c2}이 재설정되어야 하는 문제가 생긴다.

만약 위의 식에서 G_{12}, G_{21} 중 하나라도 0 이 되면, $\bar{G}_{22}$는 G_{22}와 동일하여 간섭의 영향이 나타나지 않는다.

식 (11.1)을 이용한 해석의 다른 예로 G_{c1}과 G_{c2}가 모두 비례 제어기일 때 간섭항이 닫힌 루프 안정성에 어떤 영향을 미치는지 다음 두 예를 통하여 살펴 보자.

예제 11.1 : 다음의 공정을 생각하고

$$\begin{bmatrix} y_1 \\ y_2 \end{bmatrix} = \begin{bmatrix} G_{11} & G_{12} \\ G_{21} & G_{22} \end{bmatrix} \begin{bmatrix} u_1 \\ u_2 \end{bmatrix} = \begin{bmatrix} \frac{2}{10s+1} & \frac{1}{s+1} \\ \frac{1}{s+1} & \frac{2}{10s+1} \end{bmatrix} \begin{bmatrix} u_1 \\ u_2 \end{bmatrix} \tag{11.2}$$

두 개의 제어기를 각각 $G_{c1} = K_{c1}$과 $G_{c2} = K_{c2}$라 하자.

이 공정의 각 전달함수는 1차 안정이므로, 독립적으로 비례제어하는 경우, 제어기의 부호가 옳은 방향으로 설정되는 한 모든 이득값에서 제어계는 안정하다. 그러나 식 (11.1)에 의하여 K_{c1}이 연결되어 있을 때, K_{c2}가 보는 공정은

$$\bar{G}_{22} = G_{22} - \frac{G_{21}G_{c1}G_{12}}{1+K_{c1}G_{11}} = \frac{2(10s+1+2K_{c1})(s+1)^2 - (10s+1)^2 K_{c1}}{(10s+1)(10s+1+2K_{c1})(s+1)^2} \tag{11.3}$$

이 되어 닫힌 루프 안정성이 크게 달라진다. 실제로 식 (11.3) 공정을 비례 제어하는 경우 안정성 영역을 판정하면 그림 11.3과 같다. K_{c1}이 작은 값일 때에 모든 양의 K_{c2} 값에서 닫힌 루프는 안정하다. 마찬가지로, K_{c2}가 작은 값일 때에 모든 양의 K_{c1} 값에서 닫힌 루프는 안정하다. 그러나 K_{c1}과 K_{c2}가 동시에 큰 값을 갖는 경우 닫힌 루프는 불안정해 진다.

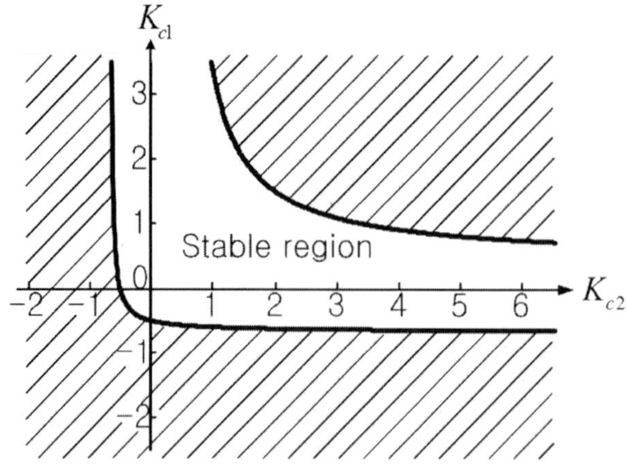

그림 11.3: 식 (11.2) 공정을 두 개의 비례 제어기로 제어하는 경우, 닫힌 루프 안정성을 보장하는 제어기 이득이 제약을 받는다.

예제 11.2 : 이번에는 G_{21} 요소의 부호가 음인 다음의 공정을 생각하자.

$$\begin{bmatrix} y_1 \\ y_2 \end{bmatrix} = \begin{bmatrix} G_{11} & G_{12} \\ G_{21} & G_{22} \end{bmatrix} \begin{bmatrix} u_1 \\ u_2 \end{bmatrix} = \begin{bmatrix} \frac{2}{10s+1} & \frac{1}{s+1} \\ -\frac{1}{s+1} & \frac{2}{10s+1} \end{bmatrix} \begin{bmatrix} u_1 \\ u_2 \end{bmatrix} \tag{11.4}$$

예제 11.1과 동일한 제어 상황을 적용하였을 때에 닫힌 루프 안정성을 보장하는 제어기 이득의 영역은 그림 11.4와 같이 확장되어, 모든 양의 K_{c1}과 K_{c2} 값에서 안정성이 보장된다. 식 (11.2)의 전달함수 행렬은 4개 요소가 모두 양의 이득을 가지나 (11.4)의 전달함수 행렬에서는 1개 요소의 이득이 음임을 주목할 필요가 있다.

식 (11.1)에서 알 수 있는 바, G_{12}와 G_{21}의 정상상태 이득이 모두 음수인 경우, 안정성을 보장하는 제어기 이득영역이 그림 11.3과 동일하다.

그림 11.3과 11.4에서 일부 음수의 제어기 이득 값에서도 닫힌 루프 안정성이

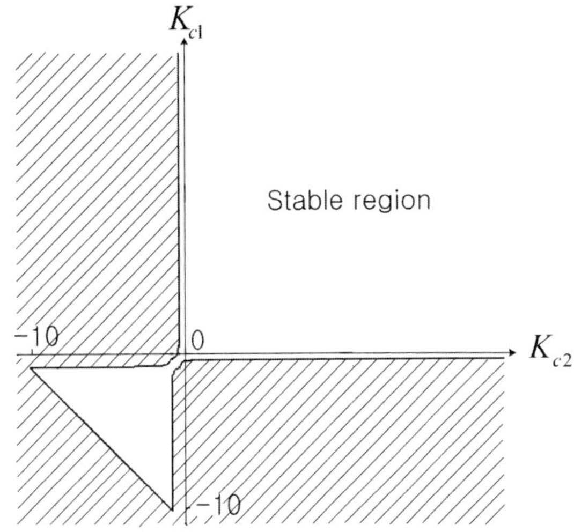

그림 11.4: 식 (11.4) 공정을 두개의 비례 제어기로 제어하는 경우, 모든 양수의 제어기 이득에 대해 닫힌 루프 안정성이 보장된다.

나타나는 이유는 예제 6-1에서 설명한 바 있다.

11.2.2 상대이득과 입출력 짝짓기 (I-O Pairing)

만약 간섭항의 영향이 작다면 그림 11.1의 공정은 두 개의 단변수 제어기를 사용하는 것으로도 충분하다. 여기서 두 가지 문제가 제기된다. 첫째는 간섭의 정도를 어떻게 정량화할 것인가, 둘째는 입력의 어느 변수와 출력의 어느 변수 사이에 제어기를 연결하는 것이 적합한가 하는 것이다. 만약 G_{11}, $G_{22} < G_{12}$, G_{21} 이라면 $u_1 - y_2$, $u_2 - y_1$ 의 짝짓기가 적절한 선택이 될 것이다.

이 두 가지 문제에 대해 적절한 답을 제시해 줄 수 있는 지표로 가장 널리 사용되는 것이 1968년 Bristol이 제안한 상대이득(relative gain) 이다.

그림 11.5는 u_1 의 계단변화에 대해 y_1 의 응답이 나타나는 두 상황을 보인 것이다. 그림 11.5(a)는 $u_2 - y_2$ 루프가 열려 있을 때의 응답이며, (b)는 $u_2 - y_2$ 루프가 적분동작을 포함하고 있는 제어기 G_{c2} 에 의해 제어되고 있을 때의 응답을 예시한

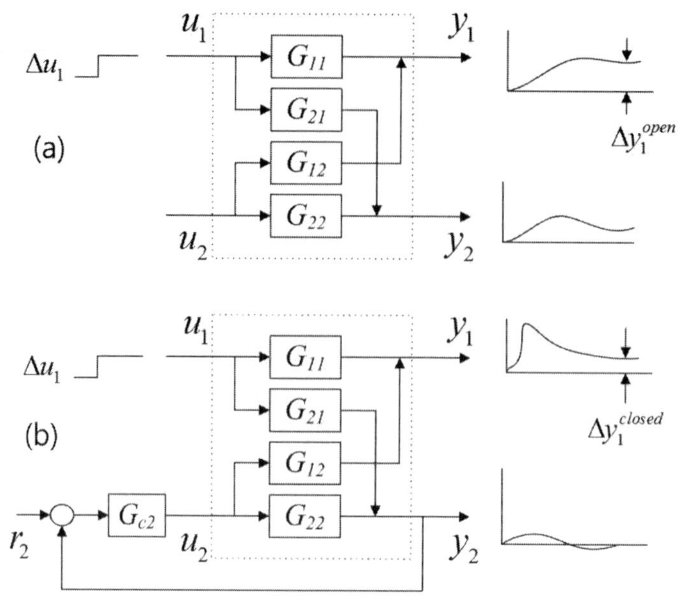

그림 11.5: u_1과 y_1 사이의 상대이득 λ_{11}은 $u_2 - y_2$ 루프가 열려 있을 때의 (a) 정상상태 이득과 적분제어로 닫혀 있을 때의 (b) 정상상태 이득의 비로 정의된다.

것이다. (b)에서 설정값 r_2에는 변화가 가해지지 않으므로 y_2의 정상상태 값은 0이다. 만약 두 상황에서 y_1의 응답이 유사하게 나타난다면 $u_1 - y_1$ 쌍에 대한 u_2 간섭의 영향은 작은 것으로 판정될 것이다. 이러한 관점에 의해 Bristol의 상대이득은 다음과 같이 정의된다.

$$
\begin{aligned}
\lambda_{11} &= \frac{\Delta y_1^{open}/\Delta u_1}{\Delta y_1^{closed}/\Delta u_1} \qquad (11.5) \\
&= \frac{\text{다른 모든 루프가 열려 있을 때, } u_1 \text{과 } y_1 \text{ 사이의 정상상태 이득}}{\text{다른 모든 루프가 적분동작을 가진 제어기로 닫혀 있을 때, } u_1 \text{과 } y_1 \text{ 사이의 정상상태 이득}}
\end{aligned}
$$

여기서 주의할 것은 상대이득은 정상상태 이득으로 정의되며 이로 인한 편의성이 있는 반면 한계도 존재한다는 것이다. 한편, 입출력 쌍 $u_i - y_j$에 대한 상대이득을 λ_{ij}라 할 때에 이들을 행렬로 모은 것을 상대이득 행렬 (RGA, relative gain array),

$\Lambda = [\lambda_{ij}]$이라 부른다.

식 (11.5)으로 부터 λ_{11} 값에 따라 다음의 해석이 가능하다.

- $\lambda_{11} = 1$: G_{12} 혹은 G_{21}가 0 임을 의미한다. 간섭이 작용하지 않으며, $u_1 - y_1$ 쌍이 다른 제어 루프의 영향을 받지 않는다는 것을 뜻한다.
- $\lambda_{11} = 0$: $G_{11} = 0$을 뜻한다. u_1는 y_1는 연결되어 있지 않으며 제어쌍이 되어서는 안된다.
- $\lambda_{11} > 1$: $u_1 - y_1$ 사이의 정상상태 이득이 다른 루프들이 닫힐 때에 감소한다.
- $\lambda_{11} < 1$: $u_1 - y_1$ 사이의 정상상태 이득이 다른 루프들이 닫힐 때에 증가한다.
- $\lambda_{11} < 0$: $u_1 - y_1$ 사이의 정상상태 이득의 부호가 다른 루프들의 개폐에 따라 바뀐다. 이것은 안정하던 $u_1 - y_1$ 제어루프가 불안정상태로 전환될 수도 있음을 의미한다.
- $\lambda_{11} \gg 1$ 혹은 $\lambda_{11} \ll 1$: 공정 내부에 심한 간섭이 작용하고 있어, $u_1 - y_1$ 제어루프가 다른 제어루프의 상황에 큰 영향을 받음을 의미한다.

다변수 공정의 정상상태 이득 행렬을 K라 할 때에, 상대이득 행렬은 다음과 같이 계산된다.

$$\Lambda = K \bigotimes K^{-T} \tag{11.6}$$

여기서 $\otimes$는 두 행렬의 동일한 위치에 있는 요소와 요소의 곱을 의미한다. $K = [K_{ij}]$라 할 때, 2×2 공정에 대하여 계산하면 다음의 결과를 얻는다.

$$\Lambda = \frac{1}{K_{11}K_{22} - K_{12}K_{21}} \begin{bmatrix} K_{11}K_{22} & -K_{12}K_{21} \\ -K_{12}K_{21} & K_{11}K_{22} \end{bmatrix} \tag{11.7}$$

한편 상대이득 행렬의 각 행 및 열의 합은 항상 1 이다. 즉, 다음의 관계가 만족된다.

$$\sum_i \lambda_{ij} = \sum_j \lambda_{ij} = 1 \tag{11.8}$$

이것은 식 (11.7)에서도 확인되며, 2×2 공정의 경우 λ_{11}을 알면 나머지 요소는 이 관계를 이용하여, $\lambda_{12} = \lambda_{21} = 1 - \lambda_{11}$, $\lambda_{22} = \lambda_{11}$로 계산된다.

상대이득은 간단하면서도 의외로 강력하여 다변수 공정의 입출력 변수 짝짓기에 쉽게 응용될 수 있다. 몇가지 공정 예를 통하여 그 응용을 소개한다.

예제 11.3 : 배관에서의 유량과 압력 제어

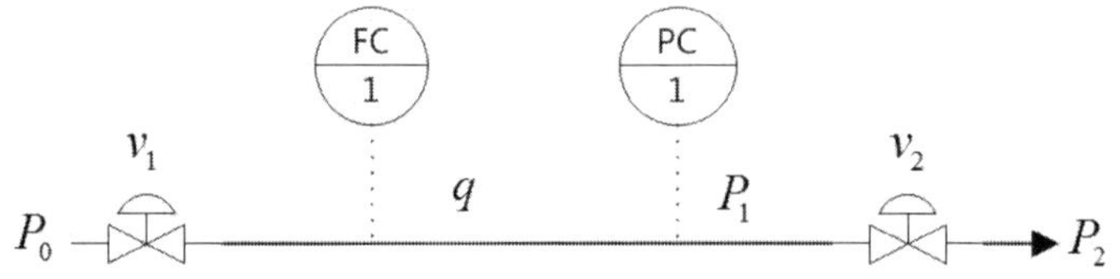

그림 11.6: 유량과 압력 제어가 동시에 필요한 배관 공정.

배관에 설치한 두 개의 제어밸브를 이용하여 배관에서 유체의 압력과 유량을 동시에 제어하는 공정이다. 공정의 입출력 변수 사이의 모델링을 위하여, 유량이 배관에서의 압력차에 비례하고 또 밸브 위치에 비례한다고 가정하자.

$$q = v_1(P_0 - P_1) = v_2(P_1 - P_2)$$

이 식을 정리하면 다음의 입출력 모델식을 얻는다.

$$q = \frac{v_1 v_2 (P_0 - P_2)}{v_1 + v_2} \qquad P_1 = \frac{v_1 P_0 + v_2 P_2}{v_1 + v_2}$$

정의에 의하여

$$\lambda_{q1} = \frac{\partial q/\partial v_1|_{v_2}}{\partial q/\partial v_1|_{P_1}}$$

$$\left.\frac{\partial q}{\partial v_1}\right|_{v_2} = \frac{v_2(P_0 - P_2)}{v_1 + v_2} - \frac{v_1 v_2(P_0 - P_2)}{(v_1 + v_2)^2} = (P_0 - P_2)\left(\frac{v_2}{v_1 + v_2}\right)^2$$

$$\left.\frac{\partial q}{\partial v_1}\right|_{P_1} = P_0 - P_1 = (P_0 - P_2)\frac{v_2}{v_1 + v_2}$$

따라서,

$$\lambda_{q1} = \frac{v_2}{v_1 + v_2} = \frac{P_0 - P_1}{P_0 - P_2}, \quad \Lambda = \begin{matrix} \\ q \\ P_1 \end{matrix} \begin{matrix} v_1 & v_2 \\ \left[\begin{matrix} \frac{P_0-P_1}{P_0-P_2} & \frac{P_1-P_2}{P_0-P_2} \\ \frac{P_1-P_2}{P_0-P_2} & \frac{P_0-P_1}{P_0-P_2} \end{matrix}\right] \end{matrix} = \begin{matrix} \\ q \\ P_1 \end{matrix} \begin{matrix} v_1 & v_2 \\ \left[\begin{matrix} \frac{v_2}{v_1+v_2} & \frac{v_1}{v_1+v_2} \\ \frac{v_1}{v_1+v_2} & \frac{v_2}{v_1+v_2} \end{matrix}\right] \end{matrix}$$

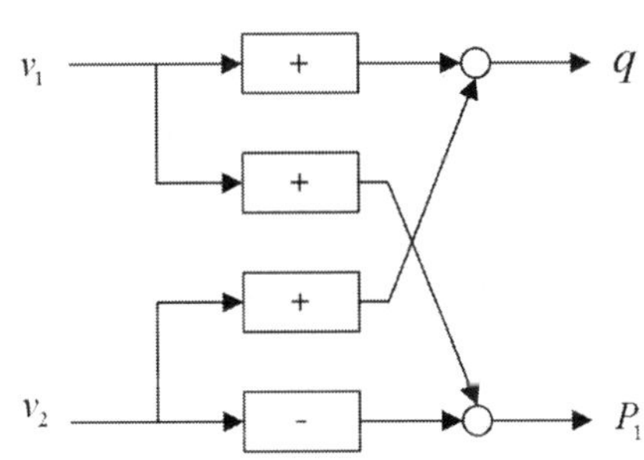

그림 11.7: 그림 11.6 공정의 정상상태 이득의 방향.

해석 :

- $P_1 \approx P_2$ 인 경우, $v_1 - q$ 와 $v_2 - P_1$ 이 바람직한 짝짓기이다. 한편, $P_1 \approx P_0$ 인 경우는 $v_2 - q$ 와 $v_1 - P_1$ 의 짝이 바람직하다. 이 결과는 큰 압력차가 나타나는 밸브를 유량제어에 사용할 때 입력제어계의 변화에 대해 유량제어계가 영향을 덜 받는다는 것이다.

- 그림 11.6 공정의 각 입출력 변수쌍의 정상상태 이득의 방향은 그림 11.7과 같다. 이것은 예제 11.2의 경우에 해당되며 (한 요소만 음의 이득), 상대 이득이 제시한 대로 제어루프를 구성하는 경우, 제어기 이득을 자유롭게 변화시켜도 안정성이 손상 받지 않는 경우이다.

예제 11.4: In-line 혼합공정

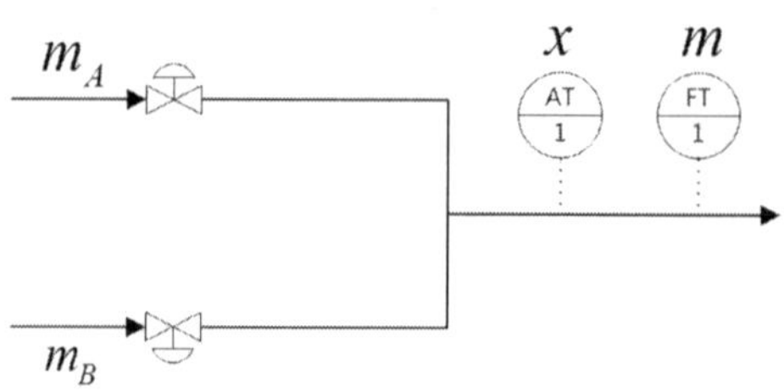

그림 11.8: In-line 혼합공정.

A, B 두 물질을 배관 내에서 혼합하는 공정이다. 혼합유체의 총유량과 성분 비를 동시에 제어하는 것이 요구된다. 물질수지식을 이용하여 정상상태 이득행렬과 상대이득행렬이 다음과 같이 계산된다.

$$m = m_A + m_B,\ x = \frac{m_A}{m_A + m_B}$$

$$K = \begin{bmatrix} \left(\frac{\partial m}{\partial m_A}\right)_{m_B} & \left(\frac{\partial m}{\partial m_B}\right)_{m_A} \\ \left(\frac{\partial x}{\partial m_A}\right)_{m_A} & \left(\frac{\partial x}{\partial m_B}\right)_{m_A} \end{bmatrix} = \begin{bmatrix} 1 & \frac{1-x}{m} \\ -\frac{x}{m} & 1 \end{bmatrix} \quad \Lambda = \begin{matrix} & m_A & m_B \\ m & x & 1-x \\ x & 1-x & x \end{matrix}$$

해 석:

- $x \approx 1$의 경우는 $m_A - m$와 $m_B - x$가 바람직한 제어쌍이며, $x \approx 0$의 경우는

$m_A - x$와 $m_B - m$이 바람직한 제어쌍이다.

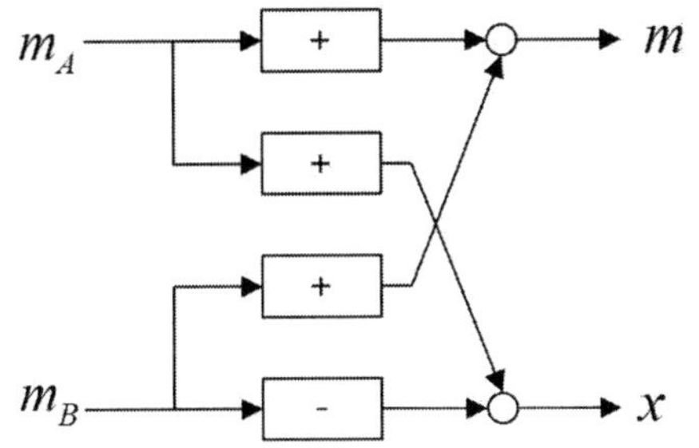

그림 11.9: In-line 혼합공정 정상상태 이득의 부호.

- 그림 11.9에 보인 정상상태 이득의 부호로 부터 예제 11.2 및 11.3과 같이, 제어기가 바르게 구성되었을 경우, 안정성을 해치지 않고 제어기 이득을 자유롭게 변화시킬 수 있다.

예제 11.5: 공통 header에 연결된 두 개의 utility 취출 배관

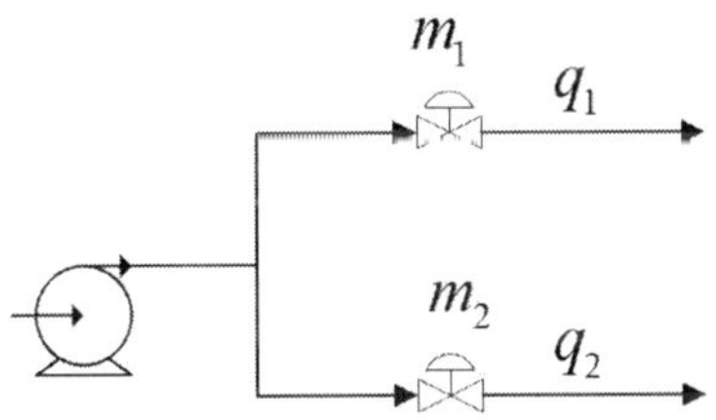

그림 11.10: 공통 header에 연결된 두 개의 utility 취출 배관.

공통 header로 부터 utility를 취출하는 두 개의 배관이 연결된 공정이다. 정상상태 이득이 다음의 관계를 갖는다고 가정할 수 있다.

$$K_{11} = K_{22} > 0, \quad K_{12} = K_{21} < 0, \quad |K_{12}| < |K_{11}|$$

이 관계로부터 상대이득이 다음과 같이 계산된다.

$$\lambda_{11} = \lambda_{22} = \frac{1}{1-(K_{12}/K_{11})^2} > 1, \quad \lambda_{12} = \lambda_{21} = 1 - \lambda_{11}$$

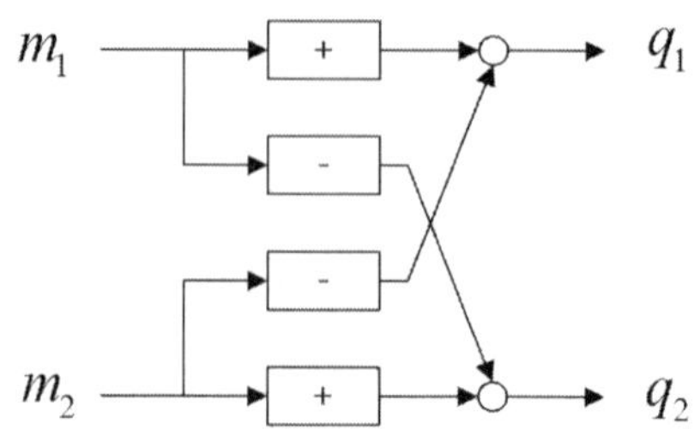

그림 11.11: 그림 11.10 공정의 정상상태 이득의 부호.

해 석 :

- 물리적으로 제어루프는 $m_1 - q_1$, $m_2 - q_2$ 사이에 각각 구성하는 것이 타당하다. 그리고 header의 공급 압력이 충분히 높을 경우, $|K_{12}/K_{11}| \ll 1$이 되어 λ_{11}이 1 부근의 값을 가질 것이다.
- 그러나 그림 11.11에 보인 것과 같이 정상상태 이득 4개 중 2개의 부호가 음수를 가짐으로써, $|K_{12}/K_{11}| \ll 1$이 만족되지 않는 경우, 안정성을 보장하는 제어기의 이득이 제한될 수 있다.

11.2.3 수지식을 이용한 비선형 공정의 연계제거 제어

먼저 공정의 수지식을 이용하여 연계제거 제어를 구성하는 예를 소개한다.

예제 11.7: In-line 혼합기

그림 11.8은 간섭이 있는 비선형 다변수 공정이다. 이 공정의 물질수지식은 다음 식과 같다.

$$m = m_A + m_B \qquad x = \frac{m_A}{m_A + m_B}$$

• 완전 연계제거: 공정출력 m, x를 완전 연계제거 시키는 가상입력 u_1, u_2를 아래와 같이 정의하자.

$$u_1 = m_A + m_B \quad u_2 = \frac{m_A}{m_A + m_B}$$

그러면 입출력 관계는 $m = u_1$, $x = m_2$가 되어 완전 연계제거가 성취되고, 이들 입출력쌍을 단변수 제어할 수 있게 된다. 각각의 제어기가 가상신호 u_1, u_2를 출력하면, 다음의 관계를 이용하여 m_1, m_2를 계산해 공정에 적용한다.

$$m_A = u_1 u_2 \quad m_B = u_1(1 - u_2)$$

이렇게 구성된 제어루프를 그림 11.12에 보였다.

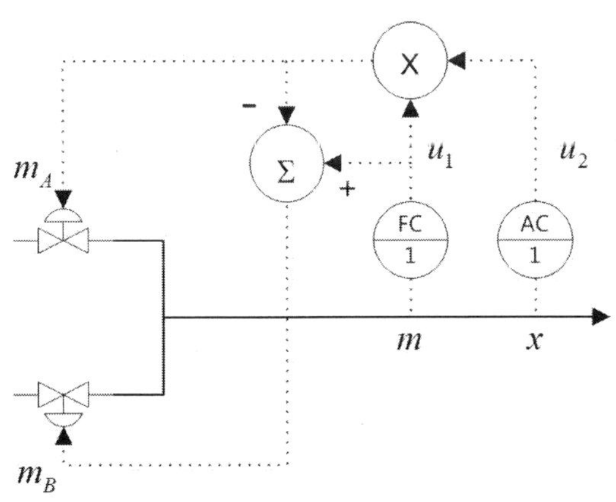

그림 11.12: In-line 혼합공정에 구성된 완전 연계제거 제어계.

• 부분 연계제거: 이번에는

$$u_1 = m_A + m_B \quad u_2 = m_A$$

와 같이 u_1, u_2를 정의하자. 그러면 공정의 입출력 관계는 아래와 같이 되어 u_2가 m에 영향을 주지않는 부분 연계제거가 이루어진다.

$$m = u_1 \quad x = u_2/u_1$$

u_1, u_2로 부터 m_1, m_2의 계산은 다음 관계를 이용한다.

$$m_A = u_2 \quad m_B = u_1 - u_2$$

구성된 제어루프를 그림 11.13에 보였다.

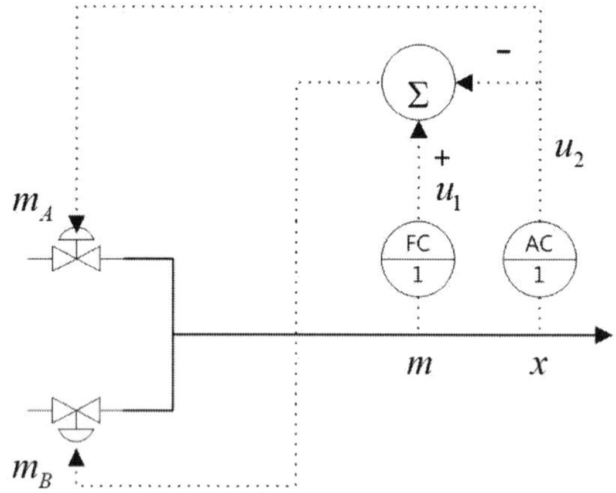

그림 11.13: In-line 혼합공정에 구성된 부분 연계제거 제어계.

11.2.4 선형 MIMO 공정의 연계제거기 설계

그림 11.14은 연계제거기기가 설치된 2×2 선형 MIMO 공정의 블록선도이다. 완전 연계제거를 위한 D_{12}, D_{21} 는

$$\begin{aligned} y_1 &= (G_{11}+G_{12}D_{12})m_1+(G_{12}+G_{11}D_{21})m_2 \\ y_2 &= (G_{21}+G_{22}D_{12})m_1+(G_{22}+G_{21}D_{21})m_2 \end{aligned} \tag{11.9}$$

로 부터 $G_{12}+G_{11}D_{21}=0$, $G_{21}+G_{22}D_{12}=0$를 만족시키도록 결정된다. 결과는 식 11.10과 같다.

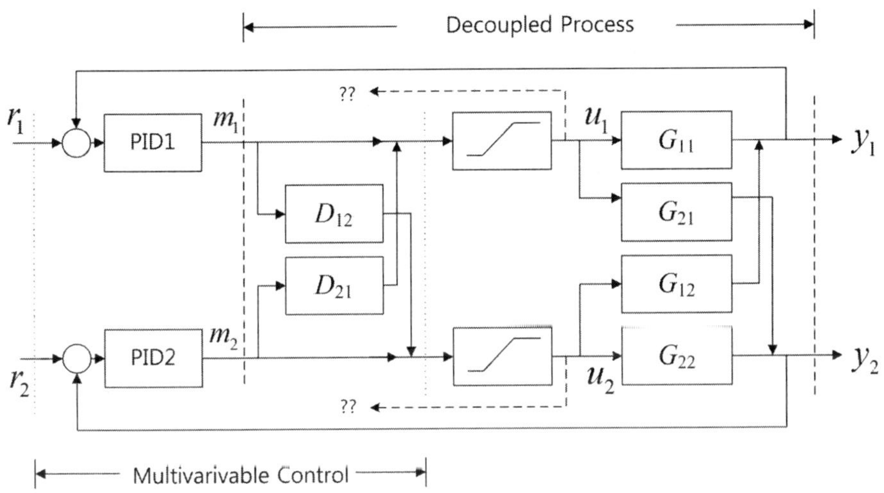

그림 11.14: 2×2 선형공정의 연계제거 제어계 구성 예.

$$D_{21}=-\frac{G_{12}}{G_{11}} \quad D_{12}=-\frac{G_{21}}{G_{22}} \tag{11.10}$$

연계제거된 가상공정의 전달함수는 다음과 같다.

$$y_1=\left(G_{11}-\frac{G_{12}G_{21}}{G_{22}}\right)m_1 \quad y_2=\left(G_{22}-\frac{G_{21}G_{12}}{G_{11}}\right)m_2 \tag{11.11}$$

8장의 피드포워드 동적 보상기 설계에서 기술한 것과 동일한 이유로, 식 (11.10)의 D_{12}, D_{21} 도 항상 구현 가능한 것은 아니다.

전달함수 모델은 실제 공정의 근사적 표현이며, 또한 동적 보상기가 식 (11.10) 그대로 설계될 수 없는 경우가 많으므로, 보상기는 오차를 가질 수 밖에 없다. 이 때, 문제가 되는 것은 연계제거가 모델오차에 민감하다는 것이며, 이 민감성은 간섭이 심한 공정일수록 더 심해진다는 것이다. 이를 확인하기 위하여 먼저 보상기가 다음과 같이 상대오차 δ를 가지는 경우를 가정하자.

$$D_{21} = (1+\delta)\left(-\frac{G_{12}}{G_{11}}\right) \quad D_{12} = (1+\delta)\left(-\frac{G_{21}}{G_{22}}\right) \tag{11.12}$$

그림 11.15에 상대오차 δ와 그림 11.14과 같이 연계제거된 공정의 상대이득 $\lambda_{11,d}$와의 관계를 보였다. δ가 커짐에 따라 연계 제거 공정의 상대이득이 1을 크게 벗어나며, 그 정도는 원래 공정의 간섭효과가 클 수록 더 심하게 나타난다. 예를 들어 $\lambda_{11} = 2$인 공정의 경우, $\delta = 45\%$ 부근에서 $\lambda_{11,d} \to \pm\infty$가 된다.

그림 11.16에는

$$D_{21} = 0 \quad D_{12} = (1+\delta)\left(-\frac{G_{21}}{G_{22}}\right) \tag{11.13}$$

로 부분 연계제거를 수행한 경우에 대하여, 모델오차와 연계제거 공정의 $\lambda_{11,d}$의 관계를 보였다.

모델오차에 대한 민감도가 완전 연계제거의 경우에 비하여 많이 완화된 것을 볼 수 있다. 위의 분석으로 부터 모델오차가 의심되는 경우는, 부분 연계제거가 완전 연계제거 보다 바람직한 선택임을 알 수 있다.

그림 11.14의 설계를 2×2 이상의 다변수 공정으로 확장하는 것은 쉽지 않은 작업이다. 이러한 문제점을 극복하는 방법은 PID 제어의 틀을 벗어나 다변수 제어기를 직접 설계하여 사용하는 것이며, 특별히 화학공정에서는 이미 모델예측제어 (MPC, model-based predictive control)가 광범위하게 응용되고 있다.

모델예측제어는 입출력 공정변수에 주어질 수 있는 제약조건도 만족시키며 주어진

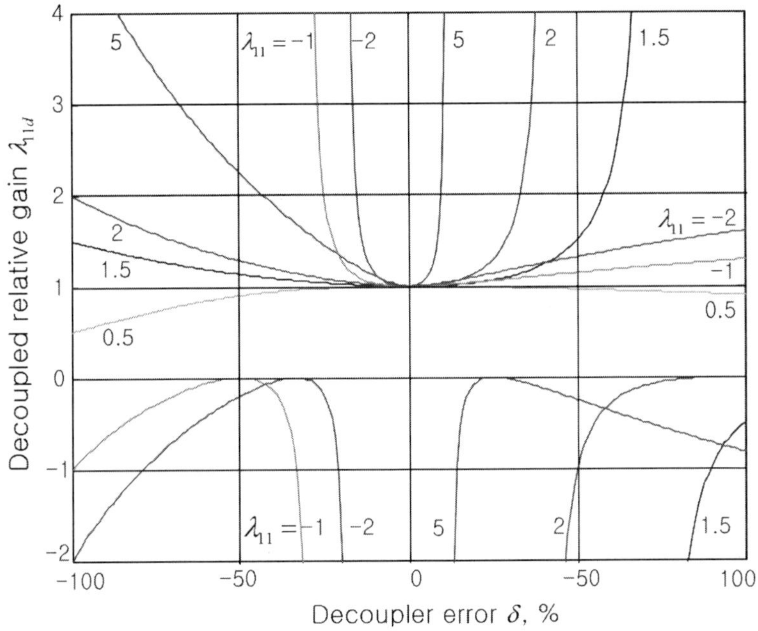

그림 11.15: 2×2 선형공정을 완전 연계제거시킨 공정 상대이득의 모델오차에 대한 민감도.

비용함수를 최소화하는 다변수 제어의 틀로서 응용 대상이 화학공정에 국한되지 않고 산업 전 분야의 공정으로 확대되고 있다. 공정변수에 주어질 수 있는 제약조건을 만족시키는 것은 실제 공정에서 매우 중요한 사항인데, 단변수 PID 제어기는 입력변수 제약조건을 anti-reset windup으로 처리하지만, 다변수 공정이 되면 그림 11.14에 ?? 로 표현한 것 같이 입력변수 제약조건 처리가 어려운 문제가 된다. 모델예측제어는 제약조건이 고려된 최적화(constrained optimization)를 제어신호 계산에 도입함으로써 이 문제를 해결한다.

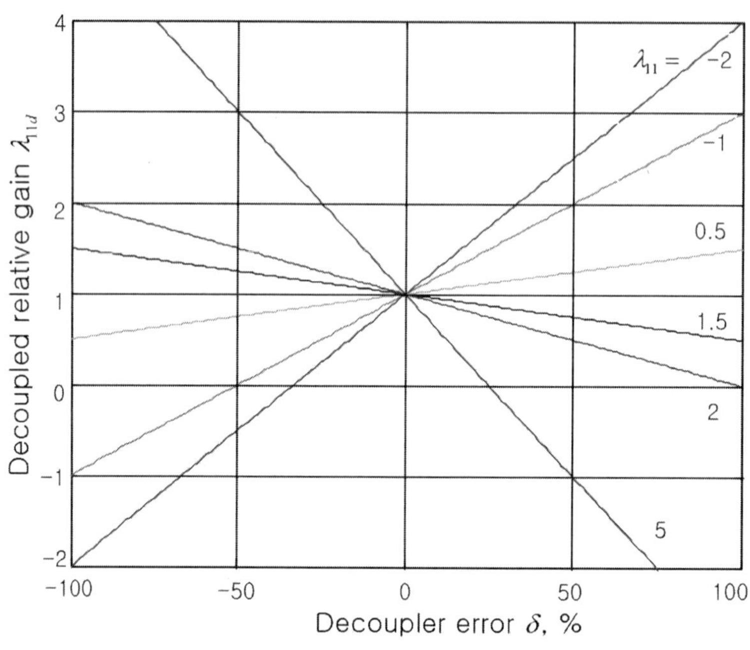

그림 11.16: 2×2 선형공정의 부분 연계제거시킨 공정 상대이득의 모델오차에 대한 민감도.

찾아보기

【ㅅ】

【ㅇ】

부 록

연습문제 풀이

1장 연습문제 풀이

1. a)

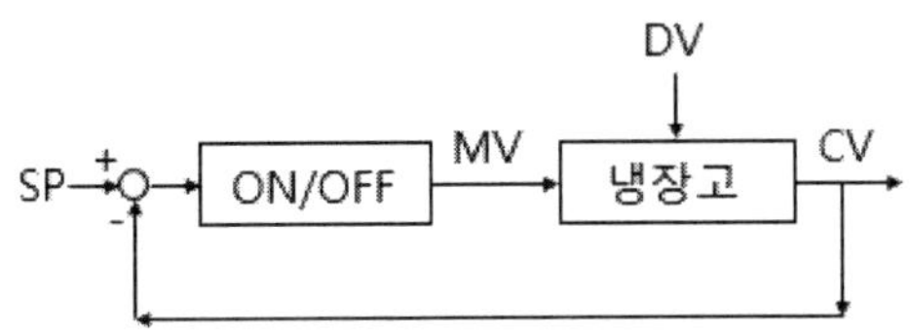

계 : 냉장고

제어기 : ON/OFF 제어기

MV : 압축기 전류

CV : 냉장고 온도

DV : 냉장고 문 개폐 시 공기 온도의 영향 등

SP : 냉장고 내부 설정 온도

b)

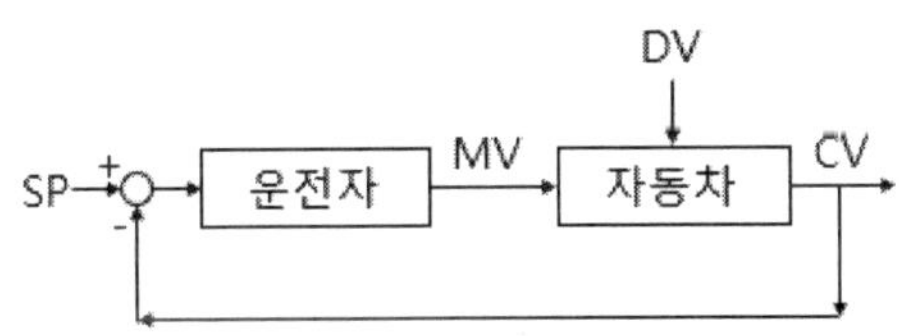

계 : 자동치

제어기 : 운전자

MV : 가/감속 페달, 핸들

CV : 자동차 2차원 위치, 속도

DV : 노면 상태, Traffic 상황, 바람 등

SP : 목표 지점의 위치

c)

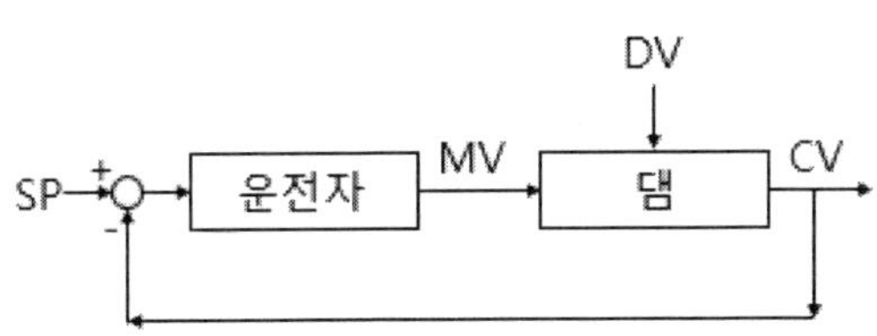

계 : 댐

제어기 : 운전자

MV : 수문의 열림 정도

CV : 댐의 수위

DV : 물의 유입량 등

SP : 목표 수위

d)

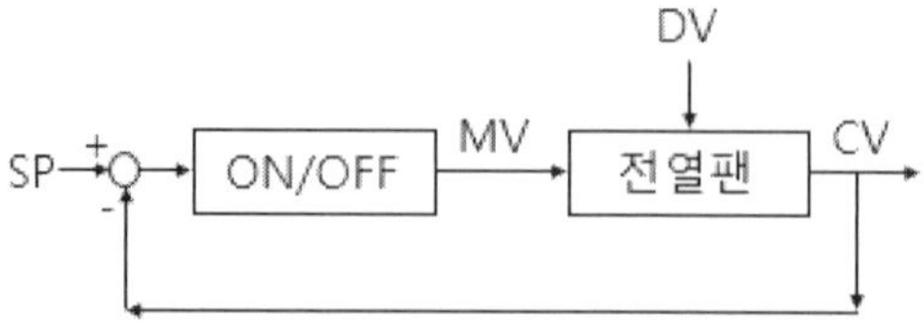

계 : 전열팬

제어기 : ON/OFF 제어기

MV : AC 전원 전류

CV : 온도

DV : 조리 음식 재료 등

SP : 목표 팬 온도

2. a)

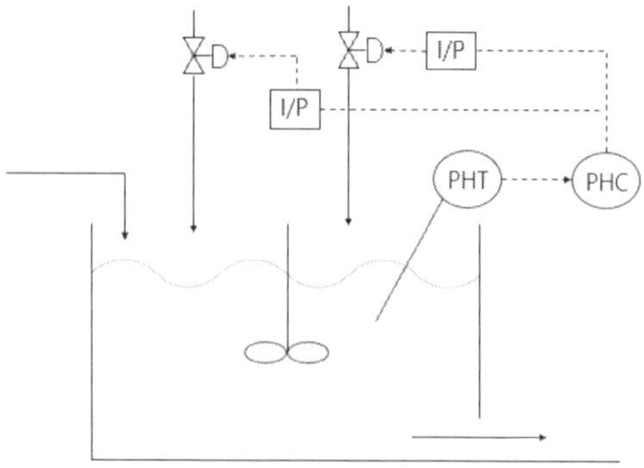

b)

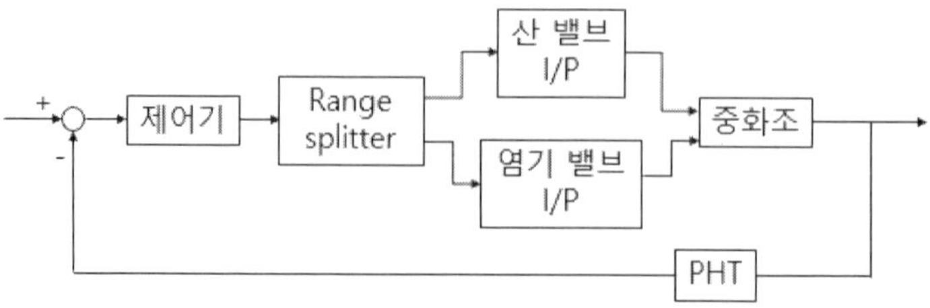

*Range splitter는 필수사항 아님

3.

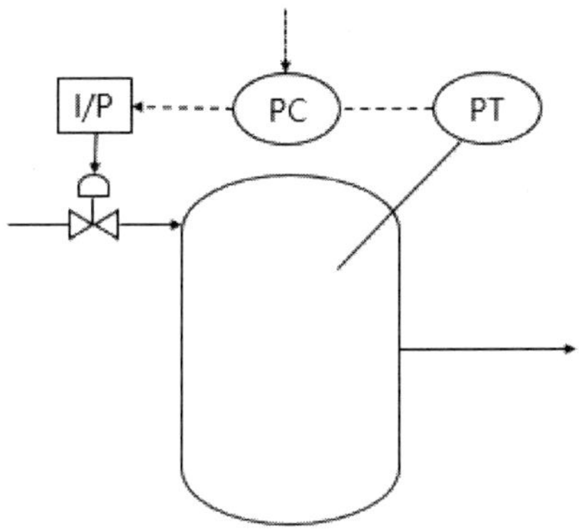

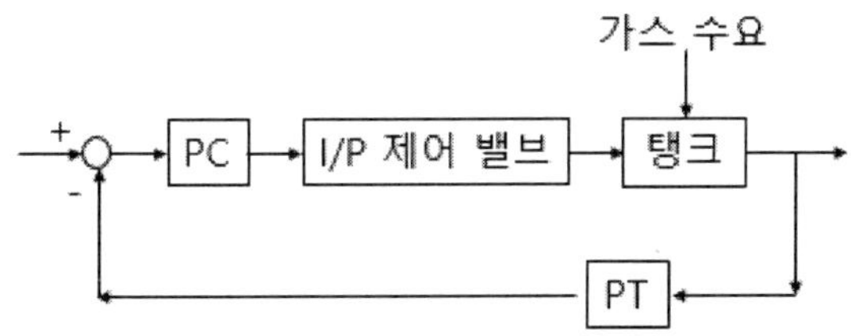

4.

가정 ① C_P 일정

② T_J(자켓 온도) 분포 없음, 조절 가능

에너지 수지 : $$C_P \frac{dT}{dt} = \underbrace{Vk_0 e^{-E/RT} C_A^{ss}}_{=Q_R(T)} - \underbrace{\{UA(T-T_J) + FC_p(T-T_0)\}}_{=Q_C(T)}$$

정상상태에서는 $\frac{dT}{dt} = 0 \rightarrow Q_R(T) = Q_C(T)$

어떤 정상상태 온도 T^{ss} 에서 반응기 온도가 약간 Perturb 되었다 하자.

만약 $(Case1)\begin{cases} T > T^{ss} & Q_R(T) < Q_C(T) \rightarrow T \text{감소} \\ T < T^{ss} & Q_R(T) > Q_C(T) \rightarrow T \text{증가} \end{cases}$

T 가 T^{ss} 로 복귀됨. “안정한 경우”

$(Case1)\begin{cases} T > T^{ss} & Q_R(T) < Q_C(T) \rightarrow T \text{감소} \\ T < T^{ss} & Q_R(T) > Q_C(T) \rightarrow T \text{증가} \end{cases}$

T 가 계속 상승 or 하강하여 T^{ss} 로 복귀 안됨. “불안정한 경우”

위 관계를 T vs Q graph 에서 해석 하자

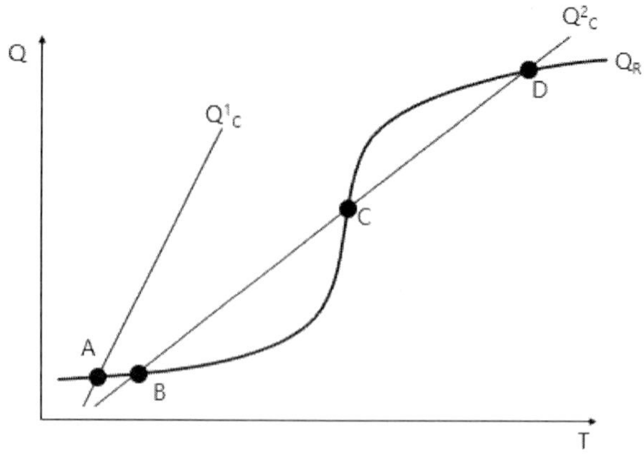

$e^{-E/RT}$ 의 형태는 sigmoid 함수꼴.

UA가 큰 경우 $\rightarrow Q_C^1$, 1개의 안정한 정상상태 "A"

UA가 작은 경우 $\rightarrow Q_C^2$, 3개의 정상상태 "B", "D" 안정, "C" 불안정

$Q_R(T)$ 는 T 증가에 따라 반응기 heat content Q 증가 → 양성 FB

$Q_C(T)$ 는 T 증가에 따라 반응기 heat content Q 감소 → 음성 FB

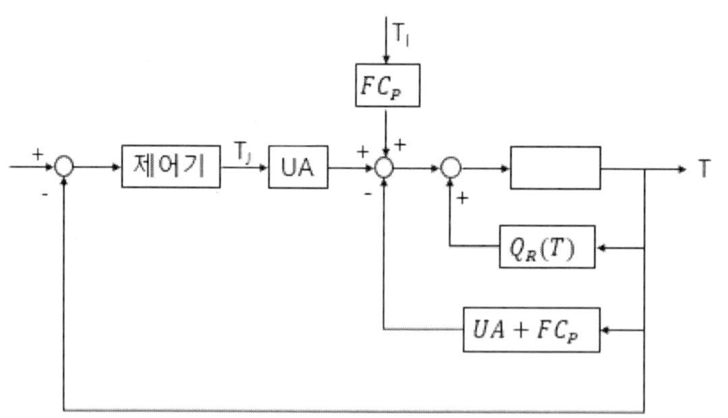

불안정 정상상태 "C"에서 운전을 원하면 위와 같이 제어기로 음성 FB을 부가하여 안정화 시켜야 한다.

5.

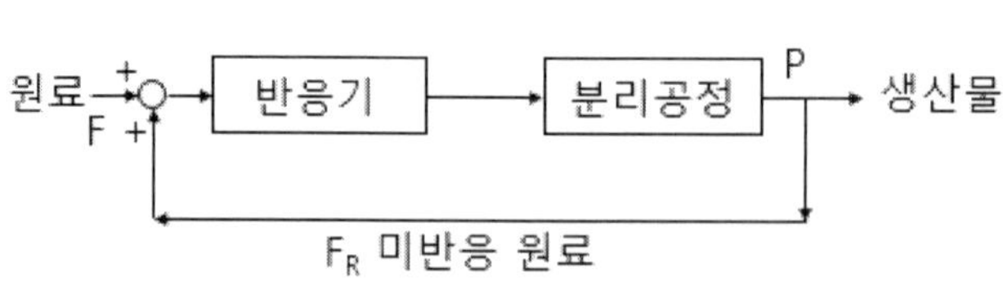

① 반응기 체류시간으로 인해 F_R증가시 전환율이 낮아져 반응기 출구에서 미반응 원료량이 증가하는 경우, 반응기가 양의 이득 → 양성 FB

② 만약 F_R증가가 원료 농도를 증가시켜 전환율을 증가 시킨다면, 위와 반대 경우가 되어 반

응기가 음의 이득 → 음성 FB

6.

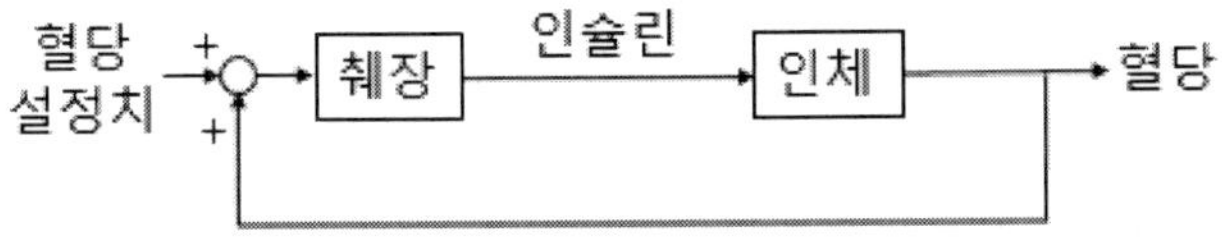

인체 : 인슐린 상승 → 혈당 강하, 음의 이득
췌장 : 혈당 상승 → 인슐린 증가, 양의 이득
⇒ 음성 FB

7.

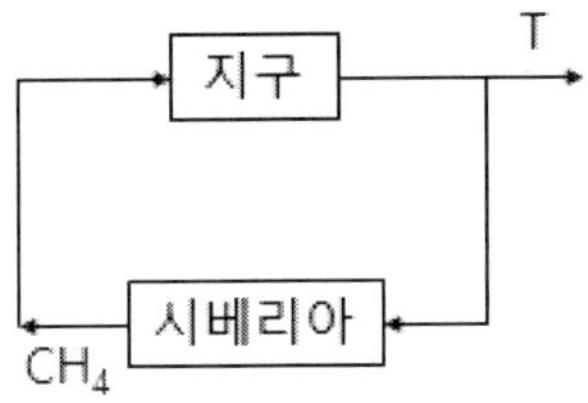

지구 : CH_4 ↑ → T ↑ 이득>0

시베리아 : T ↑ → CH_4 ↑ 이득<0

∴ 양성 FB

8.

0-5V DC ⇔ 14 bit ⇒2^{14} = 16384 states

∴ 1 bit 변화는 $5000 {}^{mV}\!/_{16384} = 0.305 {}^{mV}\!/_{bit}$ 에 해당

0-1500 ℃ ⇔ 4-20mV ⇔ 1-5V DC ⇒ $\frac{15}{40}\left(\frac{°C}{mV}\right)$

⇒ 해상도는 $\frac{15}{40} \times 0.305 = 0.114\left(\frac{°C}{bit}\right), 0.0076\%$

LSB 1 bit 오차가 있다면 $2^{13} = 8192\,states$ 만 유효하므로

⇒ 해상도는 $0.114 \times 2 = 0.228\left(\frac{°C}{bit}\right), 0.0152\%$

9.

14 bit ⇔ 16384 states

이 신호 전체를 0-100% vp에 전달한다면 해상도는 $\frac{100}{16384} = 0.0625\%$

∴ 밸브 위치의 정밀도가 D/A 출력을 완전히 반영할 만큼 정밀하지 못하다.

2장 연습문제 풀이

1.

(a) $(te^{-2t}\sin 3t)U(t)$

$L\{tf(t)\} = -\frac{dF(s)}{ds}$ 을 이용하여 $t\sin 3t$ 의 Laplace 변환을 구하자

$$L\{t\sin 3t\} = (-1)\frac{d}{ds}\left(\frac{3}{s^2+3^2}\right) = \left(\frac{6s}{(s^2+9)^2}\right)$$

또한, $L\{e^{at}f(t)\} = F(s-a)$ 이므로 다음을 구할 수 있다.

$$L\{e^{-2t}t\sin 3t\} = \left.\frac{6s}{(s^2+9)^2}\right|_{s\to s+2} = \frac{6(s+2)}{((s+2)^2+9)^2} = \frac{6s+12}{s^2+4s+13}$$

(b) $tU(t)+(\sin 2(t-1))U(t-1)$

Laplace는 선형 변환이므로 다음의 식이 성립된다.

$$L[tU(t)+(\sin 2(t-1))U(t-1)] = L[tU(t)] + L[(\sin 2(t-1))U(t)]$$

$$L[tU(t)] = \frac{1}{s^2}$$

시간 축으로 이동한 함수의 Laplace 변환은 다음과 같다.

$$L[f(t-d)U(t-d)] = e^{-ds}F(s)$$

또한, $L[\sin(wt)] = \frac{w}{s^2+w^2}$ 이므로 다음의 식이 성립한다.

$$L[(\sin 2(t-1))U(t-1)] = e^{-s}L[(\sin 2t)U(t)] = e^{-s}\frac{2}{s^2+4}$$

$$\therefore L[tU(t)+(\sin 2(t-1)U(t-1)] = \frac{1}{s^2} + e^{-2s}\frac{2}{s^2+4}$$

(c) $(\sin 2t)U(t-1)$

Laplace 변환의 정의 식을 이용한다. $t<1, (\sin 2t)U(t-1) = 0$ 이므로

$$L[(\sin 2t)U(t-1)] = \int_1^{\infty} \sin 2te^{-st}dt$$

$$\sin ce, \int e^{ax}(\sin bx)dx = \frac{e^{ax}}{a^2+b^2}(a\sin bx - b\cos bx) + C$$

$$\int_1^{\infty} e^{-st}\sin 2tdt = \left[\frac{e^{-st}}{s^2+4}(-s\sin 2t - 2\cos st)\right]_1^{\infty} = \frac{e^{-s}(s\sin 2 + 2\cos 2)}{s^2+4}$$

(d)

$$u(t) = \begin{cases} 1, & 2k \le t \le 2k+1 \\ -1, & 2k+1 \le t \le 2k+2 \end{cases}$$

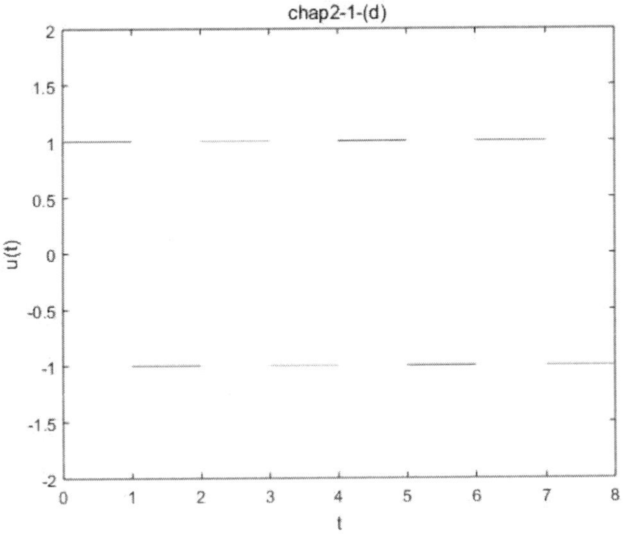

위 graph에서 알 수 있듯이 $u(t+2)=u(t)$ 인 주기함수이다. T를 주기로 갖는 주기함수의 Laplace변환은 다음과 같다.

$$F(s) = \frac{1}{1-e^{-Ts}}F_1(s)$$

$F_1(s)$는 $0 \le t \le 2$까지의 u(t)의 Laplace 변환을 뜻하며 다음과 같다.

$$u(t) = U(t) - 2U(t-1) + U(t-2)$$

$$L[u(t)] = L[U(t)] - L[2U(t-1)] + L[U(t-2)] = \frac{1}{s} - e^{-s}\frac{2}{s} + e^{-2s}\frac{1}{s} (\because L[f(t-d)U(t-d)] = e^{-ds}F(s))$$

$$F(s) = \frac{1}{1-e^{-2s}}\frac{1}{s}(1-2e^{-s}+e^{-2s}) = \frac{(1-e^{-s})^2}{s(1+e^{-s})(1-e^{-s})} = \frac{1-e^{-s}}{s(1+e^{-s})}$$

(e)

$$u(t)=\begin{cases}1-t, & 0\le t\le 2\\ -3+t, & 2\le t\le 3\\ 0, & 3\le t\end{cases}$$

$$\begin{aligned}u(t)&=(1-t)(U(t)-U(t-2))+(-3+t)(U(t-2)-U(t-3))\\ &=(1-t)U(t)+(2t-4)U(t-2)-(t-3)U(t-3)\end{aligned}$$

$$\begin{aligned}L[u(t)]&=L[(1-t)U(t)]+2L[(t-2)U(t-2)]-L[(t-3)U(t-3)]\\ &=\frac{1}{s}-\frac{1}{s^2}+2e^{-2s}\frac{1}{s^2}-e^{-3s}\frac{1}{s^2}\end{aligned}$$

2.

(b)

$$y''(t)+y'(t)+y(t)=u(t),\ y(0)=0,\ y'(0)=-1,\ u(t)=e^{-t}$$

$$s^2Y(s)+1+sY(s)+Y(s)=\frac{1}{s+1}$$

$$Y(s)=\frac{-s}{(s^2+s+1)(s+1)}=\frac{a}{s+1}+\frac{bs+c}{s^2+s+1}$$

$$a=1, b=-1, c=-1$$

$$L^{-1}[Y(s)]=L^{-1}[\frac{1}{s}]-L^{-1}[\frac{s+1}{s^2+s+1}]$$

$$L^{-1}[\frac{1}{s+1}]=e^{-t}$$

$$\frac{s+1}{s^2+s+1}=\frac{(s+\frac{1}{2})+\frac{1}{2}}{(s+\frac{1}{2})^2+(\frac{\sqrt{3}}{2})^2}=\frac{s+\frac{1}{2}}{(s+\frac{1}{2})^2+(\frac{\sqrt{3}}{2})^2}+\frac{1}{\sqrt{3}}\frac{\frac{\sqrt{3}}{2}}{(s+\frac{1}{2})^2+(\frac{\sqrt{3}}{2})^2}$$

$$=\left.\frac{s}{s^2+(\frac{\sqrt{3}}{2})^2}\right|_{s\to s+1/2}+\left.\frac{1}{\sqrt{3}}\frac{\frac{\sqrt{3}}{2}}{s^2+(\frac{\sqrt{3}}{2})^2}\right|_{s\to s+1/2}$$

$$\therefore L^{-1}[\frac{s+1}{s^2+s+1}]=e^{-\frac{1}{2}t}\left(\cos(\frac{\sqrt{3}}{2}t)+\frac{1}{\sqrt{3}}\sin(\frac{\sqrt{3}}{2}t)\right)$$

$$\Rightarrow y(t)=e^{-t}-e^{-\frac{1}{2}t}\left(\cos(\frac{\sqrt{3}}{2}t)+\frac{1}{\sqrt{3}}\sin(\frac{\sqrt{3}}{2}t)\right)$$

(c)

$$y''(t)+2y'(t)+y(t)=u(t),\ y'(0)=y(0)=0$$

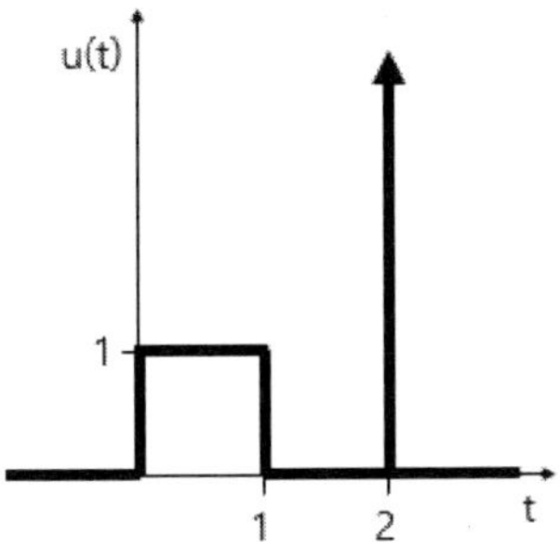

$u(t) = U(t) - U(t-1) + \delta(t-2)$, U(t)는 단위 계단함수이다. $\delta(t-2)$ 는 Dirac delta function 이다.

Laplace transform을 취하면 다음과 같다.

우변: $s^2Y(s) + 2sY(s) + Y(s)$

좌변: $L\{U(t) - U(t-1) + \delta(t-2)\} = \frac{1}{s} - e^{-s}\frac{1}{s} + e^{-2s}$

따라서, $Y(s) = \frac{1}{s(s+1)^2} - \frac{e^{-s}}{s(s+1)^2} + \frac{e^{-2s}}{(s+1)^2}$

$\frac{1}{s(s+1)^2} = \frac{a}{s} + \frac{b}{s+1} + \frac{c}{(s+1)^2}, a = 1, b = -1, c = -1$

$L^{-1}[Y(s)] = L^{-1}[\frac{1}{s(s+1)^2}] - L^{-1}[\frac{e^{-s}}{s(s+1)^2}] - L^{-1}[\frac{e^{-2s}}{(s+1)^2}]$

$L^{-1}[\frac{1}{s(s+1)^2}] = L^{-1}[\frac{1}{s} - \frac{1}{s+1} - \frac{1}{(s+1)^2}] = (1 - e^{-t} - te^{-t})U(t)$

$L^{-1}[\frac{e^{-s}}{s(s+1)^2}] \overset{let \frac{1}{s(s+1)^2} = F(s)}{=} L^{-1}[e^{-s}F(s)] = f(t-1)U(t-1) = \left(1 - e^{-(t-1)} - (t-1)e^{-(t-1)}\right)U(t-1)$

$L^{-1}[\frac{e^{-2s}}{(s+1)^2}] \overset{let \frac{1}{(s+1)^2} = F(s)}{=} L^{-1}[e^{-2s}F(s)] = f(t-2)U(t-2) \overset{e^{at}f(t) = L^{-1}[F(s-a)]}{=} (t-2)e^{-(t-2)}U(t-2)$

$\therefore y(t) = (1 - e^{-t} - te^{-t})U(t) + (1 - e^{-(t-1)} - (t-1)e^{-(t-1)})U(t-1) + (t-2)e^{-(t-2)}U(t-2)$

3.

(a)

$y''(t) + 2y'(t) + y(t) = 2u(t), y'(0) = 0, y(0) = 2$

1) 전달함수를 구하시오.

$$s^2Y(s) - 2s + 2sY(s) - 2 + Y(s) = 2u(s)$$

$$Y(s) = \underbrace{\frac{2}{s^2+2s+1}}_{G(s)}u(s) + \frac{2(s+1)}{s^2+s+1}$$

$$\therefore G(s) = \frac{2}{s^2+2s+1}$$

2) 입출력 관계를 impulse 응답모델로 표현 하시오.

$$g(t) = L^{-1}\left[\frac{2}{s^2+2s+1}\right] = L^{-1}\left[\frac{2}{(s+1)^2}\right] = 2te^{-t}$$

$$y(t) = L^{-1}[G(s)u(s)] \overset{u(\tau)=1}{=} \int_{-\infty}^{t} 2(t-\tau)e^{-(t-\tau)}u(\tau)d\tau$$

4.

	전달함수	특성방정식, D(s)의 근
a	$\frac{1}{2s^2-s+1}$	$s = \frac{1}{4} \pm \frac{\sqrt{7}}{4}j$
b	$\frac{1}{s^2-s+1}$	$s = \frac{1}{2} \pm \frac{\sqrt{3}}{2}j$
c	$\frac{1}{s^2-2s+2}$	$s = 1 \pm j$
d	$\frac{1}{2s^2+s+1}$	$s = -\frac{1}{4} \pm \frac{\sqrt{7}}{4}j$
e	$\frac{1}{s^2+2s-2}$	$s = -1 \pm \sqrt{3}$
f	$\frac{1}{2s^2+2s+1}$	$s = -\frac{1}{2} \pm \frac{1}{2}j$

극점이 $\alpha \pm jw$ 의 복소수 쌍으로 나타날 경우 이들에 의한 고유 응답은 다음과 같다.

$$y(t) = Ae^{\alpha t}(D_1 \cos wt + D_2 \sin wt)$$

실수 극 α 를 가질 경우에는 다음과 같은 고유 응답을 가진다.

$$y(t) = e^{\alpha t}$$

① 가장 빠른 주파수로 진동하는 응답

진동 주파수는 w가 커질수록 w=1인 c가 가장 빠른 주파수로 진동하는 응답이 된다.

② 가장 빠른 속도로 발산하는 응답

응답의 증가 속도는 실수로 표현되는 극일 경우 원점에서 멀리 떨어질수록 증가하고, 복소수 쌍으로 표현되는 극일 경우 극의 실수부 값이 양의 방향으로 커질수록 커지게 되므로 +1의 양의 실수부 값을 가지는 c가 가장 빠른 속도로 발산하는 응답이 된다.

5.

(a) $y'(t)+y^3(t)=3u^3(t)$

·1단계 : 정상상태 입력변수 값 :

$$\begin{aligned}&st-st \to y'(0)=0\\&y(0)=1\\&y'(0)+y^3(0)=3u^3(0)\to u(0)=3^{-\frac{1}{3}}\end{aligned}$$

·2단계 : 변이변수 정의 :

$$\begin{aligned}\overline{y}(t)&=y(t)-y(0)\\\overline{u}(t)&=u(t)-u(0)\end{aligned}$$

·3단계 : 비선형항을 정상상태 주변에서 선형화 :

$$\begin{aligned}y^3(t)&\cong y^3(0)+3y^2(0)(y(t)-y(0))\\u^3(t)&\cong u^3(0)+3u^2(0)(u(t)-u(0))\end{aligned}$$

·4단계

-선형화된 식을 미분방정식에 대입한다.

$$y'(t)+y^3(0)+3y^2(0)(y(t)-y(0))=3u^3(0)+9u^2(0)(u(t)-u(0))$$

-초기 정상상태에서

$$y'(0)+y^3(0)=3u^3(0)$$

-두 식의 차를 구한 후 변이변수로 정리한다.

$$\begin{aligned}&(y'(t)-y'(0))+3(y(t)-y(0))=9\times(3^{-\frac{1}{3}})^2(u(t)-u(0))\\&\Rightarrow \overline{y}'(t)+3\overline{y}(t)=3^{\frac{4}{3}}\overline{u}(t)\end{aligned}$$

·5단계 : Laplace 변환을 취한 후 정리한다.

$$s\overline{Y}(s)+3\overline{Y}(s)=3^{\frac{4}{3}}\overline{u}(s)\rightarrow\overline{G}(s)=\frac{\overline{Y}(s)}{\overline{u}(s)}=\frac{3^{\frac{4}{3}}}{s+3}$$

(b) $y''(t)+y(t)y'(t)=u(t)$

·1단계 : 정상상태 입력변수 값 :

$$\begin{aligned}&st-st\rightarrow y'(0)=0\\&y(0)=1\\&y''(0)+y(0)y'(0)=u(0)\rightarrow u(0)=0\end{aligned}$$

·2단계 : 변이변수 정의 :

$$\begin{aligned}&\overline{y}(t)=y(t)-y(0)\\&\overline{y}(t)'=y'(t)-y'(0)\end{aligned}$$

·3단계 : 비선형항을 정상상태 주변에서 선형화 :

$$\begin{aligned}&y(t)y'(t)\cong y(0)y'(0)+\left.\frac{d(y(t)y'(t))}{dy(t)}\right|_{t=0}(y(t)-y(0))+\left.\frac{d(y(t)y'(t))}{dy'(t)}\right|_{t=0}(y'(t)-y'(0))\\&\rightarrow y(t)y'(t)\cong y(0)y'(0)+y'(0)(y(t)-y(0))+y(0)(y'(t)-y'(0))\end{aligned}$$

·4단계

-선형화된 식을 미분방정식에 대입한다.

$$y''(t)+y(0)y'(0)+y'(0)(y(t)-y(0))+y(0)(y'(t)-y(0))=u(t)$$

-초기 정상상태에서

$$y''(0)+y(0)y'(0)=u(0)$$

-두 식의 차를 구한 후 변이변수로 정리한다.

$$\begin{aligned}&(y''(t)-y''(0))+y(0)(y''(t)-y(0))=u(t)-u(0)\\&\Rightarrow\overline{y}''(t)+\overline{y}'(t)=\overline{u}(t)\end{aligned}$$

·5단계 : Laplace 변환을 ㅜ치한 후 정리한다.

$$s^2\overline{Y}(s)+s\overline{Y}(s)=\overline{u}(s)\rightarrow\overline{G}(s)=\frac{1}{s^2+s}$$

(c) $y''(t)+y'(t)+u(t)y(t)=0$

·1단계 : 정상상태 입력변수 값 :

$$
\begin{aligned}
& st-st \rightarrow y'(0)=0 \\
& y(0)=1 \\
& y''(0)+y'(0)+u(0)y(0)=0 \rightarrow u(0)=0
\end{aligned}
$$

·2단계 : 변이변수 정의 :

$$
\begin{aligned}
\overline{y}(t) &= y(t)-y(0) \\
\overline{u}(t) &= u(t)-u(0)
\end{aligned}
$$

·3단계 : 비선형항을 정상상태 주변에서 선형화 :

$$
\begin{aligned}
& u(t)y(t) \cong u(0)y(0)+\left.\frac{d(u(t)y(t))}{du(t)}\right|_{t=0}(u(t)-u(0)+\left.\frac{d(u(t)y(t))}{dy(t)}\right|_{t=0}(y(t)-y(0)) \\
& \rightarrow u(t)y(t) \cong u(0)y(0)+y(0)(u(t)-u(0))+u(0)(y(t)-y(0))
\end{aligned}
$$

·4단계

-선형화된 식을 미분방정식에 대입한다.

$$
y''(t)+y'(t)+u(0)y(0)+y(0)(u(t)-u(0))+u(0)(y(t)-y(0))=0
$$

-초기 정상상태에서

$$
y''(0)+y'(0)+u(0)y(0)=0
$$

-두 식의 차를 구한 후 변이변수로 정리한다.

$$
\begin{aligned}
& (y''(t)-y''(0))+(y'(t)-y'(0))+y(0)(u(t)-u(0))=0 \\
& \Rightarrow \overline{y}''(t)+\overline{y}'(t)+\overline{u}(t)=0
\end{aligned}
$$

·5단계 : Laplace 변환을 취한 후 정리한다.

$$
s^2\overline{Y}(s)+s\overline{Y}(s)=-\overline{u}(s) \rightarrow \overline{G}(s)=\frac{-1}{s^2+s}
$$

6. (a)

Total mass balance

$$
A\frac{dh}{dt}=q_{in}-q=q_{in}-0.5\sqrt{h} \quad \mathrm{L} \quad (1)
$$

Component balance

$$
A\frac{dhc}{dt}=q_{in}C_{in}-qc=q_{in}C_{in}-0.5\sqrt{h}C \quad \mathrm{L} \quad (2)
$$

(C는 tracer의 농도 (mol/m^3) , A는 탱크 밑면적 (m^3))

(b)

정상상태에서

$$\frac{d}{dt}=0 \Rightarrow 0=1-0.5\sqrt{h}$$
$$\therefore h^{ss}=4m$$
$$Ah^{ss}=5m^3 \rightarrow A=1.25m^2$$

(c)

(1)에서 $\sqrt{h} \cong \sqrt{h^{ss}}+\frac{1}{2\sqrt{h^{ss}}}(h-h^{ss})$

(2)에서

$$\frac{dhc}{dt}=h\frac{dC}{dt}+C\frac{dh}{dt}=h\frac{dC}{dt}+q_{in}C-0.5\sqrt{h}C$$
$$\therefore (2) \rightarrow h\frac{dC}{dt}=q_{in}C_{in}-q_{in}C$$
$$h\frac{dC}{dt} \cong h^{ss}\left.\frac{dC}{dt}\right|_{ss}+h^{ss}\left(\frac{dC}{dt}-\left.\frac{dC}{dt}\right|_{ss}\right)+\left(\frac{dC}{dt}\right)_{ss}(h-h_{ss})=h_{ss}\frac{dC}{dt},\ \text{Q}\left.\frac{dC}{dt}\right|_{ss}=0$$
$$q_{in}C_{in} \cong q_{in}^{ss}C_{in}^{ss}+q_{in}^{ss}(C_{in}-C_{in}^{ss})+C_{in}^{ss}(q_{in}-q_{in}^{ss})$$
$$=C_{in}^{ss}+(C_{in}-C_{in}^{ss})+C_{in}^{ss}(q_{in}-1)$$
$$q_{in}C \cong C^{ss}+(C-c^{ss})+C^{ss}(q_{in}-1)$$

단순 혼합 탱크이므로 $C_{in}^{ss}=C^{ss}$

$\therefore q_{in}C_{in}-q_{in}C \approx C_{in}-C$

정리하면

$$(1) \rightarrow A\frac{dh}{dt}=q_{in}-\frac{1}{4\sqrt{h^{ss}}}(h-h^{ss}) \quad \text{L}\ (3)$$
$$(2) \rightarrow h^{ss}\frac{dC}{dt}=C_{in}-C \quad \text{L}\ (4)$$

Let, $\bar{h}\ @h-h^{ss}, \bar{C}\ @C-C^{ss}, \bar{q}_{in}=q_{in}-q_{in}^{ss}, \bar{C}_{in}\ @C_{in}-C_{in}^{ss}$

(3)식을 정상상태 식과 차를 내어 변이병수로 정리하면

$$A\frac{d\bar{h}}{dt} = \bar{q}_{in} - \frac{1}{4\sqrt{h^{ss}}}\bar{h}$$

(4)식 $h^{ss}\frac{d\bar{C}}{dt} = \bar{C}_{in} - \bar{C}$

$$\Rightarrow \begin{cases} 10\frac{d\bar{h}}{dt} + \bar{h} = 8\bar{q}_{in} \\ 4\frac{d\bar{C}}{dt} + \bar{C} = \bar{C}_{in} \end{cases}, \qquad \frac{\bar{h}(s)}{\bar{q}_{in}(s)} = \frac{8}{10s+1}, \quad \frac{\bar{C}(s)}{\bar{C}_{in}(s)} = \frac{1}{4s+1}$$

(d) $q_{in}^{ss} = 1(m^3/\min), P(\min)$ 동안 3kmol을 분산하여 pulse 형태로 주입하였다면

$$C_{in}q_{in}^{ss}P = 3(kmol)$$

$$\rightarrow C_{in}(t) = \left(\frac{3}{p}\right)\left[\frac{kmol}{m^3}\right] \; for \; 0 \le t \le P$$

$$As \; p \rightarrow 0, C_{in}(t) = 3\delta(t)[kmol/m^3]$$

$$\bar{C}(s) = \frac{1}{4s+1}\bar{C}_{in}(s) = \frac{3}{4s+1}[kmol/m^3]$$

$$\therefore \bar{C}(t) = 3e^{-\frac{t}{\tau}}[kmol/m^3]$$

7.

(a) Energy balance

$$Rate\,of\,(Acc. = In - Out + Gen)$$

$$\frac{d}{dt}(\rho V c_p(T(t)-T_r)) = \rho q c_p(T_i - T_r) - \rho q c_p(T(t)-T_r) - UA(T(t)-T_j) - r_A V\Delta H$$

$$\left[\frac{1}{\min}\frac{g}{cm^3}\frac{cm^3}{1}\frac{1}{gK}\frac{K}{1}\right] = \left[\frac{g}{cm^3}\frac{cm^3}{\min}\frac{J}{gK}\frac{K}{1}\right] - \left[\frac{g}{cm^3}\frac{cm^3}{\min}\frac{J}{gK}\frac{K}{1}\right] - \left[\frac{J}{Kcm^3\min}\frac{cm^3}{1}\frac{K}{1}\right] - \left[\frac{mol}{cm^3\min}\frac{cm^3}{1}\frac{J}{mol}\right]$$

$$\therefore \frac{dT(t)}{dt} + \left(\frac{q}{V} + \frac{UA}{\rho V c_p}\right)T(t) = \frac{q}{V}T_i + \frac{UA}{\rho V c_p}T_j - \frac{r_A\Delta H}{\rho c_p}$$

Where T_r is the reference temperature

(b) Mass balance

$$Rate\,of\,(Acc. = In - Out + Gen)$$

$$\frac{d}{dt}(VC_A) = qC_{A,i} - qC_A - k_0e^{-E/RT}C_AV$$

$$\left[\frac{1}{\min}\frac{cm^3}{1}\frac{mol}{cm^3}\right] = \left[\frac{cm^3}{\min}\frac{mol}{cm^3}\right] - \left[\frac{cm^3}{\min}\frac{mol}{cm^3}\right] - \left[\frac{mol}{cm^3\min}\frac{cm^3}{1}\right]$$

$$\therefore \frac{dC_A}{dt} + \left(\frac{q}{V} + k_0e^{-E/RT}\right)C_A = \frac{q}{V}C_{A,j}$$

8.

(a)

$$Rate\,of\,(Acc. = In - Out + Gen)$$

$$\frac{d}{dT}(Mc_pT(t)) = Q(t) - UA(T(t) - T_a)$$

$$Mc_p\frac{dT(t)}{dt} = Q(t) + UAT_a = UAT(t)$$

$$\therefore \frac{dT(t)}{dt} + \frac{UA}{Mc_p}T(t) = \frac{1}{Mc_p}Q(t) + \frac{UA}{Mc_p}T_a$$

(b)

$$\frac{dT_{ss}(t)}{dt} = -\frac{UA}{Mc_p}T_{ss}(t)\frac{1}{Mc_p}Q_{ss}(t) + \frac{UA}{Mc_p}T_a = 0$$

$$Q_{ss} = UA(T_{ss} - T_a) = 0.1(kJ/K\min)\cdot(70 + 273 - 25 - 273)(K) = 4.5(kJ/\min)$$

(c)

1)초기 정상상태에서 $Q_I = UA(T_I - T_a)$

2)변이변수 정의 $\bar{T} @ T - T_I, \bar{Q} @ Q - Q_I$

3)

$$\frac{dT(t)}{dt} = -\frac{UA}{Mc_p}T(t)\frac{1}{Mc_p}Q(t) + \frac{UA}{Mc_p}T_a \quad \text{L}\ (a)$$

$$\frac{dT_I(t)}{dt} = -\frac{UA}{Mc_p}T_I(t)\frac{1}{Mc_p}Q_I(t) + \frac{UA}{Mc_p}T_a \quad \text{L}\ (b)$$

$(a) - (b)$하면

$$\frac{d\bar{T}(t)}{dt} = -\frac{UA}{Mc_p}\bar{T}(t)\frac{1}{Mc_p}\bar{Q}(t)$$

4) Laplace를 취하면

$$s\bar{T}(s)=\frac{1}{Mc_p}\bar{Q}(s)-\frac{UA}{Mc_p}\bar{T}(s)$$

$$\therefore \bar{T}(s)=\frac{1/Mc_p}{s+UA/Mc_p}\bar{Q}(s)$$

9.

Rate of (Acc.=In-Out+Gen)

$$\frac{d}{dt}(\rho V(t))=\rho q_i(t)-\rho q$$

$$V(t)=\frac{1}{3}\pi\left(\frac{R}{H}\right)^2 h(t)^2 h(t), q=ah^{\frac{1}{2}} \text{ 대입}$$

$$\frac{1}{3}\pi\left(\frac{R}{H}\right)^2 \frac{dh(t)^3}{dt}=q_i(t)-ah^{\frac{1}{2}}$$

$$\frac{dh(t)^3}{dt}=3h(t)^2\frac{dh(t)}{dt}, A @\pi\left(\frac{R}{H}\right)^2 \text{ 대입, 정리}$$

$$\therefore A\frac{dh(t)}{dt}=\frac{q_i(t)}{h(t)^2}-ah(t)^{-\frac{3}{2}}$$

1) 초기 정상상태에서 $q_{iI}=ah_I^{\frac{1}{2}}$

2) 변이변수 정의 $\bar{h}(t) @h(t)-h_I, \bar{q}_i(t) @q_i(t)-q_I$

3) 선형화

$$(1) q_i(t)\cdot h_I(t)^{-2}+h_I^{-2}(q_i(t)-q_{iI})-2q_{iI}h_I^{-3}(h(t)-h_I)$$

$$(2) h(t)^{-\frac{3}{2}}\approx h_I^{-\frac{3}{2}}-\frac{3}{2}h_I^{-\frac{5}{2}}(h(t)-h_I)$$

$$\therefore A\frac{dh}{dt}=q_{iI}h_I^{-2}+h_I^{-2}(q_i(t)-q_{iI})-2q_{iI}h_I^{-3}(h(t)-h_I)-ah_I^{-\frac{3}{2}}+a\frac{3}{2}h_I^{-\frac{5}{2}}(h(t)-h_I) \quad \text{L } (a)$$

4) $A\frac{dh_I}{dt}=\frac{q_{iI}}{h_I^2}-ah_I^{-\frac{3}{2}} \quad \text{L } (b)$

$(a)-(b)$를 하면

$$\therefore A\frac{d\bar{h}}{dt}=h_I^{-2}\bar{q}_i(t)-2q_{iI}h_I^{-3}\bar{h}(t)+a\frac{3}{2}h_I^{-\frac{5}{2}}\bar{h}(t)$$

5) Laplce

$$As\bar{H}(s) = h_I^{-2}\bar{Q}_i(s) - 2q_{iI}h_I^{-3}\bar{H}(s) + a\frac{3}{2}h_I^{-\frac{5}{2}}\bar{H}(s)$$

$$\therefore \bar{H}(s) = \left\{ h_I^{-2} / \left\{ As + 2q_{iI}h_I^{-3} - a\frac{3}{2}h_I^{-\frac{5}{2}} \right\} \right\} \bar{Q}_i(s)$$

10.

(a) $\rho\frac{dV}{dt} = W_{in}(t) - W_{out}(t)$ L (1)

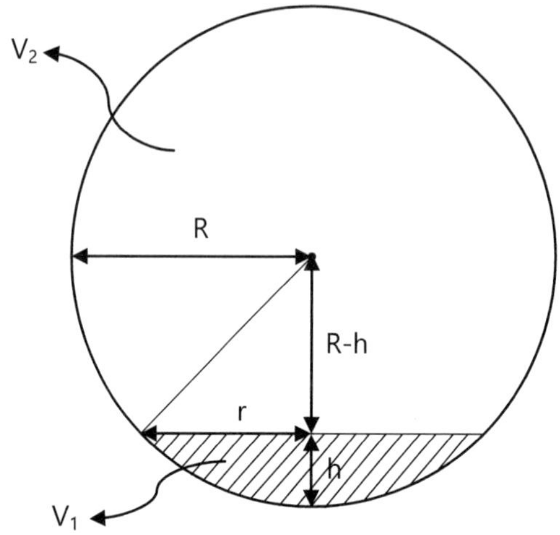

$r^2 = R^2 - (R-h)^2 = 2Rh - h^2$

$V_1(h) = \int_0^h \pi r^2(h)dh = \pi\left(Rh^2 - \left(\frac{1}{3}\right)h^3 \right)$

$V_2(h) = \frac{4}{3}\pi R^3 - V_1(h) = \left(\frac{4}{3}R^3 - Rh^2 + \left(\frac{1}{3}\right)h^3 \right)$

탱크 내 기체는 $(1.5)V_2(h^{ss}) = P_tV_2(h)$ 를 만족

$W_{in} = C_1vP_1\sqrt{P_1 - P_t}$ L (2)

$W_{out} = C_2vP_2\sqrt{P_t + \rho gh - P_2}$ L (3)

정상상태에서 $h^{ss} = 4m, W_{in} = W_{out} = 5000kg/hr$

$V_2(h^{ss}) = 9.3\pi(m^3)$

$$\rightarrow P_t = \frac{(1.5)(9.3)}{\left(36 - 3h^2 + \frac{1}{3}h^3\right)} = \frac{42}{(h^3 - 9h^2 + 108)} \quad (bar) \qquad \text{L (4)}$$

$$\rho\frac{dV}{dt} = 1000\pi\left(R\frac{dh^2}{dt} - \left(\frac{1}{3}\right)\frac{dh^3}{dt}\right) = 1000\pi(2hR - h^2)\frac{dh}{dt} \qquad \text{L (5)}$$

(2) ~(5)를 (1)에 대입하면 된다

(b)

정상상태 $\frac{d}{dt} = 0 \Rightarrow W_{in} = W_{out}$

$$14100vP_1^{ss}\sqrt{2\cdot 1.5} = 10600vP_2^{ss}\sqrt{1.5 + \rho g \cdot 4 - 1} = 5000$$

$$\therefore vP_1^{ss} = vP_2^{ss} = 0.5$$

11.

(a)

탱크 1

$$Mc_p\frac{dT_1}{dt} = q\rho c_p(T_0 - T_r) - q\rho c_p(T_1 - T_r) + Q \qquad \text{L (1)}$$

탱크 2

$$Mc_p\frac{dT_2}{dt} = q\rho c_p(T_1 - T_r) - q\rho c_p(T_2 - T_r) \qquad \text{L (2)}$$

$$\Rightarrow (1) \rightarrow \tau\frac{dT_1}{dt} + T_1 = T_0 + \left(\frac{1}{q\rho c_p}\right)Q\ , \frac{1}{q\rho c_p} @K \quad \text{L (3)}$$

$$(2) \rightarrow \tau\frac{dT_2}{dt} + T_2 = T_1 \qquad \text{L (4)}$$

(b)

$$(3) \rightarrow T_1(s) = \frac{1}{\tau s+1}\left(T_0(s) + KQ(s)\right)$$

$$(4) \rightarrow T_2(s) = \frac{1}{\tau s+1} T_1(s)$$

$$\Rightarrow T_2(s) = \frac{1}{(\tau s+1)^2}\left[T_0(s) + KQ(s)\right]$$

$$\rightarrow \tau^2 \frac{d^2 T_2}{dt} + 2\tau \frac{dT_2}{dt} + T_2 = T_0(t) + KQ(t)$$

12.

(a)

$$V\frac{dX}{dt} = V\mu X - FX$$

$$V\frac{dP}{dt} = VY_{P/X}\mu X$$

$$V\frac{dS}{dt} = FS_F - FS - \frac{V}{Y_{X/S}}\mu X - \frac{V}{Y_{P/S}} Y_{P/X}\mu X$$

$$\Rightarrow \begin{cases} \dfrac{dX}{dt} = \mu X - DX = (\mu - D)X & \text{L } (1) \\ \dfrac{dP}{dt} = Y_{P/X}\mu X & \text{L } (2) \\ \dfrac{dS}{dt} = DS_F - DS - \left(\dfrac{1}{Y_{X/S}} + \dfrac{Y_{P/X}}{Y_{P/Y}}\right)\mu X & \text{L } (3) \end{cases}$$

$$where\ \mu = \mu_{\max}\frac{S}{K_S + S} \quad \text{L } (4)$$

b) 정상상태에서 $d/dt = 0$

① $\rightarrow \mu$=D $\rightarrow \left(\frac{5}{12}\right)\frac{s}{2+s} = \frac{10}{30} \rightarrow S^{ss} = 8$

② $\rightarrow$ $0=\frac{10}{30}(10-8) - (\frac{1}{1} + \frac{0.3}{0.7})\left(\frac{1}{3}\right)X^{ss} = \frac{2}{3} - \frac{10}{21}X^{ss} \rightarrow X^{ss} = \frac{7}{5}$

c) "wash-out"은 반응기에서 cell의 농도가 계속 낮아져 결국 모두 사라지는 상태

$\mu -$D <0 $\rightarrow \mu <$ D 일 때, 이 현상 발생

d) straightforward, but complicated

13. a) $\mathrm{A}\dfrac{dh}{dt} = F - S,\ S = \alpha\sqrt{P + \rho gh - Pa}$ L ①

$$M_{air}\frac{dn_{air}}{dt} = \frac{M_{air}A}{RT}\frac{d(P(H-h))}{dt} = G - \beta\sqrt{P - Pa}\ \text{L ②}$$

$$\frac{d(P(H-h))}{dt} = -P\frac{dh}{dt} + (H-h)\frac{dP}{dt}$$

Let $C = \dfrac{M_{air}A}{RT}$

$$\text{②} \rightarrow\ C(H-h)\frac{dP}{dt} = P\frac{dh}{dt} + G - \beta\sqrt{P - Pa} = PF - \alpha P\sqrt{P + \rho gh - Pa} + G - \beta\sqrt{P - Pa}\ \text{L ③}$$

재정리하면

$$\text{①} \rightarrow \frac{dh}{dt} = -\frac{\alpha}{A}\sqrt{P + \rho gh - Pa} + \frac{1}{A}F$$

$$\text{②} \rightarrow \frac{dP}{dt} = \frac{1}{C(H-h)}\left\{\alpha P\sqrt{P + \rho gh - Pa} - \beta\sqrt{P - Pa} + PF + G\right\}$$

b) straightforward but complicated

3장 연습문제 풀이

1. Mass balance

$$\rho V \frac{dx}{dt} = \dot{m}x_{in} - \dot{m}x$$

$$\rightarrow \left(\frac{\rho V}{\dot{m}}\right)\frac{dx}{dt} + x = x_{in}$$

$$\rightarrow \frac{x(s)}{x_{in}(s)} = \frac{1}{\tau s+1},\ \tau = \frac{\rho V}{\dot{m}}$$

$$AR = \frac{1}{\sqrt{\tau^2\omega^2+1}}$$

$\omega = 2\pi/(24*60)$에 AR=$\frac{1}{5}$ 이 되기 위한 V=11.7m^3

2. u~수조 온도, y~열전대 측정치의 변이 변수 $y(s) = \frac{1}{0.5s+1}u(s)$

$$a)\ y(s) = \frac{1}{0.5s+1}\frac{25}{s} \rightarrow y(t) = 25(1-e^{-2t})$$

$\therefore y(t) = 23$이 되는 시간 t=$\frac{1}{2}\ln\left(\frac{25}{2}\right)$

$$b)\ y(t) = 5te^{-2t} \rightarrow y(s) = -5\frac{d}{ds}\left(\frac{1}{s+2}\right) = \frac{5}{(s+2)^2}$$

$$u(s) = (0.5s+1)\frac{5}{(s+2)^2} = \frac{5/2}{s+2}$$

$$u(t) = \frac{5}{2}e^{-2t} \rightarrow T_{수조}(t) = 50 + \frac{5}{2}e^{-2t}$$

$$c)\ AR = \frac{1}{\sqrt{0.5^2\omega^2+1}} = 0.89$$

$\therefore$수조 온도 변화의 진폭은 $0.5\times\frac{1}{0.89} = 0.56$

$$T_{수조}(t) = 70 \pm 0.56\sin t$$

3. Long time const와 short time const 구별이 뚜렷한 것 선택

zero항도 근사 가능 $(ex) -\alpha s+1 \cong e^{-\alpha s}$ 만약 α가 충분히 작으면

(a), (b), (c), (d) 부적합

$$(e)\ \frac{2}{(s+0.5)(s+1)(s+3)} = \frac{4/3}{(2s+1)(s+1)(\frac{1}{3}s+1)} \approx \frac{4/3\, e^{-\frac{1}{3}s}}{(2s+1)(s+1)}$$

$$(f)\ \frac{1}{0.3s+1} \approx e^{-0.3s},\ \frac{1}{0.1s+1} \approx e^{-0.1s}$$

$$\frac{1}{(s+1)(0.3s+1)(0.1s+1)} \approx \frac{2e^{-0.4s}}{s+1}$$

$$(g)\ \frac{1}{(0.3s+1)(0.1s+1)} \approx e^{-0.4s},\ 0.2\text{s}+1 \approx e^{0.2s}$$

$$\therefore G(s) \cong \frac{e^{-0.4s}e^{0.2s}}{(s+1)(0.5s+1)} = \frac{e^{-0.2s}}{(s+1)(0.5s+1)}$$

6. 쇠퇴비 $DR = \exp(-2\pi\zeta / \sqrt{1-\zeta^2}) = 0.15$

3% 정착시간 $t_{s,3\%} = \dfrac{-\ln(0.03\sqrt{1-\zeta^2})}{\zeta\omega_n} = 30 \qquad \rightarrow \zeta, \omega_n!$

7.

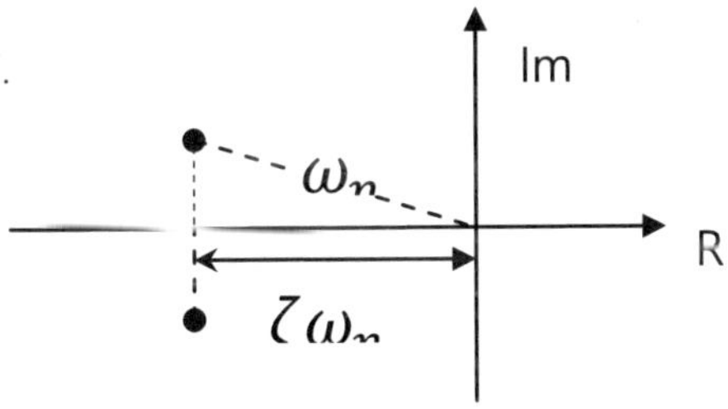

8. Force balance

$$M\frac{d^2y}{dt^2} = -C\frac{dy}{dt} - (k_1+k_2)y + F$$

$$\overline{Y}(s) = \frac{1}{Ms^2 + Cs + (k_1+k_2)}\overline{F}(s)$$

$$= \frac{K}{\left(s/\omega_n\right)^2 + s\varsigma\left(s/\omega_n\right) + 1}\overline{F}(s)$$

$$\omega_n = \sqrt{\frac{k_1+k_2}{M}},\ \varsigma = \frac{C}{\sqrt{M(k_1+k_2)}},\ K = \frac{1}{k_1+k_2}$$

9. (a) $A\dfrac{dh}{dt} = q_i - q_0 \cdots$ ①

$A\dfrac{d(hC)}{dt} = q_i C_i - q_0 C \cdots$ ②

여기서 $A\dfrac{d(hC)}{dt} = CA\dfrac{dh}{dt} + hA\dfrac{dC}{dt} = Ah\dfrac{dC}{dt} + q_i C - q_0 C$

② $\rightarrow Ah\dfrac{dC}{dt} = q_i C_i - q_0 C - q_i C + q_0 C = q_i (C_i - C) \cdots$ ③

$$\rightarrow \begin{cases} A\dfrac{dh}{dt} = q_i - q_0 \cdots ① \\ A\dfrac{dC}{dt} = \dfrac{q_i}{h} C_i - \dfrac{q_i}{h} C \cdots ④ \end{cases}$$

(b) 정상상태에서 $q_i^{ss} = q^{ss} = 0.5,\ h^{ss} = 2,\ C_i^{ss} = C^{ss} = 50$

$$\frac{q_i}{h} C_i \approx \left(\frac{q_i}{h} C_i\right)_{ss} + \left(\frac{q_i}{h}\right)_{ss} (C_i - C_i^{ss}) + \left(\frac{C_i}{h}\right)_{ss} (q_i - q_i^{ss}) - \left(\frac{q_i}{h^2} C_i\right)_{ss} (h - h^{ss})$$

$$= \left(\frac{q_i C_i}{h}\right)_{ss} + \left(\frac{q_i}{h}\right)_{ss} \overline{C}_i + \left(\frac{C_i}{h}\right)_{ss} \overline{q}_i - \left(\frac{q_i C_i}{h^2}\right)_{ss} \overline{h}$$

$$\frac{q_i}{h} C \approx \left(\frac{q_i C}{h}\right)_{ss} + \left(\frac{q_i}{h}\right)_{ss} \overline{C} + \left(\frac{C}{h}\right)_{ss} \overline{q}_i - \left(\frac{q_i C}{h^2}\right)_{ss} \overline{h}$$

$$\rightarrow \begin{cases} \dfrac{d\overline{h}}{dt} = \left(\dfrac{1}{A}\right)\overline{q}_i \\ \dfrac{d\overline{C}}{dt} = \left(\dfrac{a}{A}\right)(\overline{C}_i - \overline{C}) \end{cases} \qquad \text{where } a = \left(\frac{q_i}{h}\right)_{ss}$$

$$\frac{d}{dt}\begin{bmatrix} \overline{h} \\ \overline{C} \end{bmatrix} = \begin{bmatrix} 0 & 0 \\ 0 & -\left(\dfrac{a}{A}\right) \end{bmatrix} \begin{bmatrix} \overline{h} \\ \overline{C} \end{bmatrix} + \begin{bmatrix} 1/A \\ a/A \end{bmatrix} \begin{bmatrix} \overline{q}_i \\ \overline{C}_i \end{bmatrix}$$

$$\frac{dX}{dt} = \Phi X + \Gamma U$$

$$G(s) = (SI - \Phi)^{-1}\Gamma$$

$$(SI - \Phi)^{-1} = \begin{bmatrix} s & 0 \\ 0 & s + a/A \end{bmatrix}^{-1} = \begin{bmatrix} \dfrac{1}{s} & 0 \\ 0 & \dfrac{1}{s + a/A} \end{bmatrix}$$

$$(SI - \Phi)^{-1}\Gamma = \begin{bmatrix} s & 0 \\ 0 & s + a/A \end{bmatrix}^{-1} \begin{bmatrix} 1/A \\ a/A \end{bmatrix} = \begin{bmatrix} \dfrac{1}{As} \\ \dfrac{1}{(A/a)s + 1} \end{bmatrix}$$

10.

$$\begin{cases} Z_R = R \\ Z_C = \dfrac{1}{Cs} \end{cases}$$

Kirchoff's law:

$$\begin{cases} i = i_1 + i_2 \\ V_i + Z_R i + Z_C i_1 = 0 \\ V_i + Z_R i + Z_R i_2 + Z_C i_2 = 0 \end{cases}$$

Kirchoff's law로부터 $i,\ i_1,\ i_2$를 $V_i(s)$ 함수로 표현

$$\begin{bmatrix} 1 & -1 & -1 \\ Z_R & Z_C & 0 \\ Z_R & 0 & Z_R+Z_C \end{bmatrix}\begin{bmatrix} i \\ i_1 \\ i_2 \end{bmatrix} = \begin{bmatrix} 0 \\ -V_i \\ -V_i \end{bmatrix} \rightarrow \begin{bmatrix} i \\ i_1 \\ i_2 \end{bmatrix} = \begin{bmatrix} 1 & -1 & -1 \\ Z_R & Z_C & 0 \\ Z_R & 0 & Z_R+Z_C \end{bmatrix}^{-1}\begin{bmatrix} 0 \\ -V_i \\ -V_i \end{bmatrix}$$

3×3행렬의 역행렬 구하는 방법 알아놓을 것!

$$V_O(s) = Z_C \cdot i_2 = \frac{1}{(RC)^2 s^2 + 3(RC) + 1} V_i(s)$$

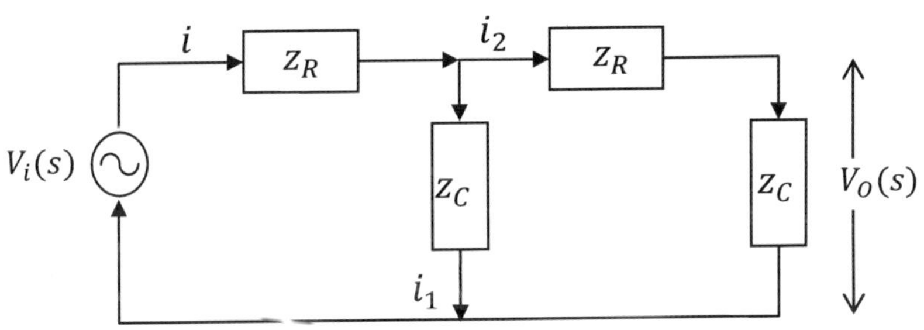

11.

(a) $\int_0^\infty qC(t)dt = 0.1 \rightarrow a = 0.0133$

(b) 0.1 mol을 일시에 투입하는 것은

$C_i(t) = 0.1\left(\dfrac{mol}{liter}\right)$용액을 $q = 10\left(\dfrac{liter}{\min}\right)$에 0.1 min동안 투입한 것과 동일 (총 양의 입장에서)

혹은 $C_i(t) = 0.01\left(\dfrac{mol}{liter}\right)$를 $q = 10\left(\dfrac{liter}{\min}\right)$에 1.0 min동안 투입

$\therefore$ 0.1mol 을 $q = 10\left(\dfrac{liter}{\min}\right)$에 일시에 투입한 것은 $C_i(t) = 0.01\delta(t)\left(\dfrac{mol}{liter}\right)$에 상당

$\rightarrow C(t) = 0.0133(e^{-t} - e^{-4t})$는 $0.01\delta(t)$의 impulse response

$\therefore unit\ impulse\ response = g(t) = 1.33(e^{-t} - e^{-4t})$

$$G(s) = L^{-1}\{g(t)\} = 1.33\left(\frac{1}{s+1} - \frac{1}{s+4}\right) = \frac{3.99}{(s+1)(s+4)} \approx \frac{4}{(s+1)(s+4)}$$

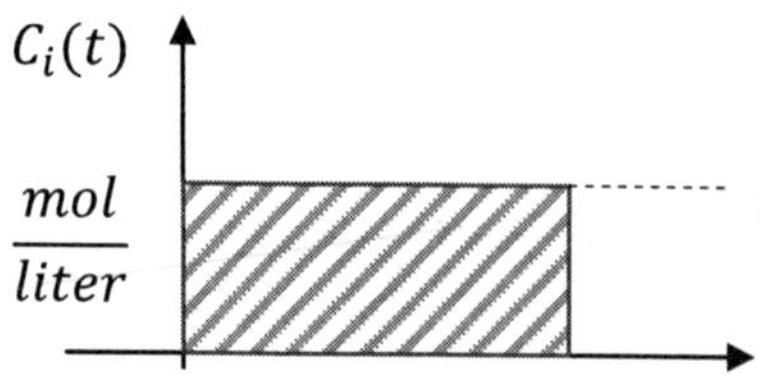

$$(c)\ \mathrm{C}(s)=\frac{4}{(s+1)(s+4)}\cdot\frac{0.01}{s}=0.4(\frac{1}{4}-\frac{1}{3}e^{-t}+\frac{1}{2}e^{-4t})U(t)$$

12.

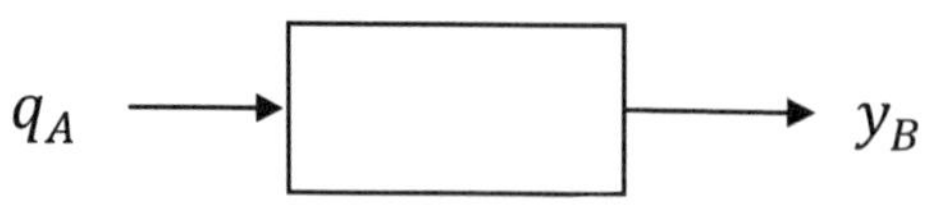

$$(a)\ \mathrm{q}_A^{SS}=5000\rightarrow y_B^{SS}=0.6$$

$$q_A=1.05\times5000\ (step\ change)\rightarrow y_B=0.6+0.1\times(1+te^{-0.5t}-e^{-t})$$

$$\overline{q_A}(s)=\frac{250}{s}\qquad \overline{y_B}(s)=0.1(\frac{1}{s}-\frac{d}{ds}\left(\frac{1}{2s+1}\right)-\frac{1}{s+1})$$

$$=0.1(\frac{1}{s}+\frac{2}{(2s+1)^2}-\frac{1}{s+1})=\frac{0.1(4s+1)}{s(2s+1)(s+1)}$$

$$\therefore G(s)=\overline{y_B}(s)\Big/\overline{q_A}(s)=\frac{(0.1/250)(4s+1)}{(2s+1)(s+1)}$$

(*b*) 1 mol A $\Leftrightarrow$ 22.4liter $\Rightarrow$ 22.4(liter/min) 만큼 유량을 상승시켜
1 min 동안 pulse로 투입하는 것에 상당

$$\therefore\ \overline{q_A}(t)=22.4\delta(t)$$

$$\overline{y_B}(s)=\frac{(1/2500)(4s+1)}{(2s+1)(s+1)}\times22.4\ \rightarrow\ \overline{y_B}(t)!$$

(*c*) $\overline{y_B}(t)$도 sine파 함수로 진동한다. 이 때,

$$A=Amplitude=\left|G(j\times0.1)\right|\times100$$

$$\phi=phase\ angle=\mathrm{R}G(j\times0.1)$$

$$y_B(t)=0.6+A\sin(0.1t+\phi)$$

13.

a) a에 대한 mass balance

$$A\rho_a \frac{dh_a}{dt} = F_O x - C_a\sqrt{\rho_a h_a + \rho_b h_b} \; \text{L} \; ①$$

b에 대한 mass balance

$$A\rho_b \frac{dh_b}{dt} = F_O(1-x) - F_b \; \text{L} \; ②$$

b)

c) ①은 동일, ②에서 F_b가 다음과 같이 수정

$$F_b = C_b\sqrt{\rho_b(h_b + h_a - h_1)}$$

d) $$\sqrt{\rho_a h_a + \rho_b h_b} \approx \sqrt{\rho_a h_a^{SS} + \rho_b h_b^{SS}} + \left.\frac{\rho_a}{2\sqrt{\rho_a h_a + \rho_b h_b}}\right|_{SS}\overline{h_a} + \left.\frac{\rho_b}{2\sqrt{\rho_a h_a + \rho_b h_b}}\right|_{SS}\overline{h_b}$$

$$\sqrt{\rho_b(h_b + h_a - h_1)} \approx \left.\sqrt{\rho_b(h_b + h_a - h_1)}\right|_{SS} + \left.\frac{\rho_a}{2\sqrt{\rho_b(h_b + h_a - h_1)}}\right|_{SS}\overline{h_a} + \left.\frac{\rho_b}{2\sqrt{\rho_b(h_b + h_a - h_1)}}\right|_{SS}\overline{h_b}$$

$$① \to A\rho_a \frac{d\overline{h_a}}{dt} = \overline{F_O}x - \left[\left.\frac{\rho_a C_a}{2\sqrt{\rho_a h_a + \rho_b h_b}}\right|_{SS}\overline{h_a} + \left.\frac{\rho_b C_a}{2\sqrt{\rho_a h_a + \rho_b h_b}}\right|_{SS}\overline{h_b}\right]$$

$$② \to A\rho_b \frac{d\overline{h_b}}{dt} = F_O(1-x) - \left[\left.\frac{\rho_a C_b}{2\sqrt{\rho_b(h_b + h_a - h_1)}}\right|_{SS}\overline{h_a} + \left.\frac{\rho_b C_b}{2\sqrt{\rho_b(h_b + h_a - h_1)}}\right|_{SS}\overline{h_b}\right]$$

Let

$$a_{11} \; \text{A} - \left(\left.\frac{\rho_a C_a}{2\sqrt{\rho_a h_a + \rho_b h_b}}\right|_{SS} \Big/ A\rho_a\right) \qquad a_{12} \; \text{A} - \left(\left.\frac{\rho_b C_a}{2\sqrt{\rho_a h_a + \rho_b h_b}}\right|_{SS} \Big/ A\rho_a\right)$$

$$a_{21} \; \text{A} - \left(\left.\frac{\rho_a C_b}{2\sqrt{\rho_b(h_b + h_a - h_1)}}\right|_{SS} \Big/ A\rho_b\right) \qquad a_{12} \; \text{A} - \left(\left.\frac{\rho_b C_b}{2\sqrt{\rho_b(h_b + h_a - h_1)}}\right|_{SS} \Big/ A\rho_b\right)$$

$$b_1 \; \text{A} \; x \big/ A\rho_a \qquad b_2 \; \text{A} \; (1-x) \big/ A\rho_b$$

$$\to \frac{d}{dt}\begin{bmatrix}\overline{h_a} \\ \overline{h_b}\end{bmatrix} = \begin{bmatrix}a_{11} & a_{12} \\ a_{21} & a_{22}\end{bmatrix}\begin{bmatrix}\overline{h_a} \\ \overline{h_b}\end{bmatrix} + \begin{bmatrix}b_1 \\ b_2\end{bmatrix}\overline{F_O}$$

14. a) $n = PV/RT \quad (\frac{V}{RT})\frac{dp}{dt} = q_1 - q_2 = k_1\sqrt{P_1(P_1 - P)} = k_2\sqrt{P(P - P_2)}$

b) $k_1\sqrt{2000\times 200} = k_2\sqrt{1800\times 600} = 25 \quad \therefore\; k_1 = 0.0395,\, k_2 = 0.0241$

15.

$$A_1 \frac{dh_1(t)}{dt} = q_I(t) - \frac{1}{R}(h_1(t) - h_2(t)) \rightarrow \frac{dh_1(t)}{dt} = -h_1(t) + h_2(t) + q_I(t)$$

$$A_2 \frac{dh_2(t)}{dt} = \frac{1}{R}(h_1(t) - h_2(t)) - \frac{1}{R}h_2(t) \rightarrow \frac{dh_2(t)}{dt} = \frac{1}{0.3}h_1(t) - \frac{2}{0.3}h_2(t)$$

$$A_3 \frac{dh_3(t)}{dt} = \frac{1}{R}h_2(t) - \frac{1}{R}h_3(t) \rightarrow \frac{dh_3(t)}{dt} = \frac{1}{0.1}h_2(t) - \frac{1}{0.1}h_3(t)$$

$$\frac{d}{dt}\underbrace{\begin{bmatrix} h_1(t) \\ h_2(t) \\ h_3(t) \end{bmatrix}}_{x} = \underbrace{\begin{bmatrix} -1 & 1 & 0 \\ 1/0.3 & -2/0.3 & 0 \\ 0 & 1/0.1 & -1/0.1 \end{bmatrix}}_{A} \underbrace{\begin{bmatrix} h_1(t) \\ h_2(t) \\ h_3(t) \end{bmatrix}}_{x} + \underbrace{\begin{bmatrix} 1 \\ 0 \\ 0 \end{bmatrix}}_{B} \underbrace{q_I(t)}_{u}, \quad \underbrace{h_3(t)}_{y} = \underbrace{\begin{bmatrix} 0 & 0 & 1 \end{bmatrix}}_{C} \underbrace{\begin{bmatrix} h_1(t) \\ h_2(t) \\ h_3(t) \end{bmatrix}}_{x}$$

$\dot{x} = Ax + Bu,\ y = Cx$ 로 나타내어지는 state space model을 구성할 수 있다. 이 식의 Laplace Transform은 다음과 같이 구할 수 있다.

$$\dot{x} = Ax + Bu \rightarrow sx(s) = Ax(s) + Bu(s) \rightarrow x(s) = (sI - A)^{-1}Bu(s)$$

$$y = Cx \rightarrow y(s) = Cx(s) \rightarrow y(s) = C(sI - A)^{-1}Bu(s)$$

위 식을 이용해 matrix 연산을 하면 다음과 같다. input이 $q_I(t)$,output이 $h_3(t)$인 system이다.

$$y(s) = \begin{bmatrix} 0 & 0 & 1 \end{bmatrix} \left(\begin{bmatrix} s & 0 & 0 \\ 0 & s & 0 \\ 0 & 0 & s \end{bmatrix} - \begin{bmatrix} -1 & 1 & 0 \\ 1/0.3 & -2/0.3 & 0 \\ 0 & 1/0.1 & -1/0.1 \end{bmatrix} \right)^{-1} \begin{bmatrix} 1 \\ 0 \\ 0 \end{bmatrix} u(s) \qquad (*1)$$

참고) 3×3 matrix 역행렬 $A = \begin{bmatrix} a_{11} & a_{12} & a_{13} \\ a_{21} & a_{22} & a_{23} \\ a_{31} & a_{32} & a_{33} \end{bmatrix}$, $A^{-1} = \frac{1}{\det(A)}[(-1)^{i+j}\overline{a}_{ij}]^T$, $\overline{a}_{11} = \begin{vmatrix} a_{22} & a_{23} \\ a_{32} & a_{33} \end{vmatrix}$, $\overline{a}_{22} = \begin{vmatrix} a_{11} & a_{13} \\ a_{31} & a_{33} \end{vmatrix}$

$\overline{a}_{ij}$ 는 행렬 A의 cofactor이다. cofactor는 행렬 A에서 i행과 j열을 지운 나머지 성분들의 determinant를 의미한다.

(*1) 식의 역행렬을 구해 연산을 하면 다음과 같은 식이 나온다.

$$\therefore h_3(t) = \frac{1}{0.03s^3 + 0.53s^2 + 2.4s + 1} q_I(s)$$

16. Magnitude 가 20dB 감소 → AR 이 1/10 로 감소

(a) 공정

- 주파수 100배 증가 → 진폭 10^{-4} 감소

  $\log_{10}$scale 에서 AR점근선(고주파)의 기울기 : -2

- Phase angle → -180°

- AR에 resonance peak 존재

- 진동에 있는 2차 공정 underdamped 2nd order process

(b) 공정

- Phase angle 이 +인 주파수 영역 존재 → 음의 영

- 주파수가 $10^{1} \sim 10^{2}$ 증가 → AR은 -20dB 변화

  $\log_{10}$scale 에서 AR 점근선 기울기 : -1

- Phase angle → -90°

  $\dfrac{as+1}{(s/w_n)^2+2\xi(s/w_n)+1}$ 형태의 전달함수

(c) 공정

- Phase angle → -270°

- AR 의 고주파 점근선 기울기 : -1

- resonance peak 존재

∴ 2개의 양의 영을(역응답 유발) 갖는 3차 underdamped 공정

$$\frac{(1-a_1 s)(1-a_2 s)}{(\tau s+1)((s/w_n)^2+2\xi(s/w_n)+1)}$$

4장 연습문제 풀이.

1. (a) $y(s)=\dfrac{K}{\tau s+1}u(s)$, $\tau=6(\min)$, $K=\dfrac{\Delta y_{ss}}{\Delta u_{ss}}=0.114$, $\therefore y(s)=\dfrac{0.114}{6s+1}u(s)$

   (b) 10 molA = 10000(cm3/min)*1(min)*ΔC_{AI}

   Therefore, injection of 10 mol of A <-> ΔC_A =1 x 10^{-3} mol/$cm^3$of impulse input

   $y(s)=\dfrac{0.114}{6s+1}\cdot 0.001$ $\qquad y(t)=1.14\cdot 10^{-4}\cdot e^{-\frac{t}{6}}$, $\therefore C_B(t)=0.003+1.14\cdot 10^{-4}\cdot e^{-\frac{t}{6}}$

2. (a) $K=\dfrac{2}{0.2}=10$, $d=1.4$

   첫 번째 방법: $\tau=4.4-1.4=3$, $\therefore y(s)=\dfrac{10}{3s+1}e^{-1.4s}u(s)$

   두 번째 방법.: $\tau=5.8-1.4=4.4$, $\therefore y(s)=\dfrac{10}{4.4s+1}e^{-1.4s}u(s)$

   (b) $K=10,\ d=1.4,\ t_{20}=2.2-1.4=0.8,\ t_{60}=4.2-1.4=2.8$, $\dfrac{t_{20}}{t_{60}}=0.286,\ \tau=0.67,\ \zeta=2.3$

   $\therefore y(s)=\dfrac{10}{0.4489s^2+3.682s+1}e^{-1.4s}u(s)$

   (c) Plots using MATLAB

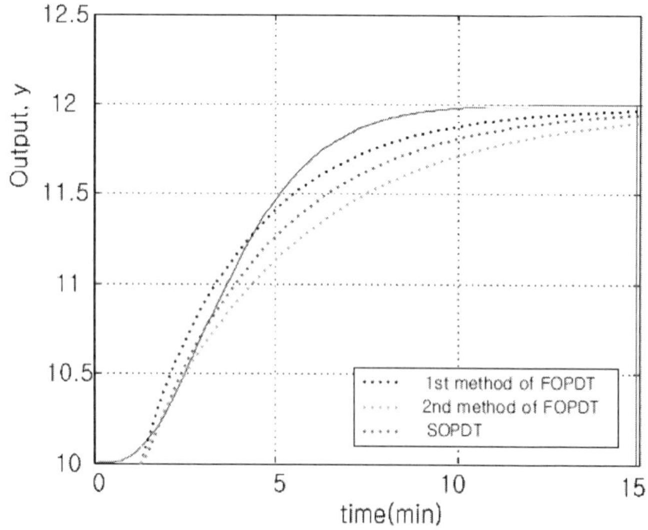

3. (a) $K=1$, $d=3$

   첫 번째 방법: $\tau=6.7-3=3.7$, $\therefore y(s)=\dfrac{1}{3.7s+1}e^{-3s}u(s)$

   두 번째 방법: $\tau=8.5-3=5.5$, $\therefore y(s)=\dfrac{1}{5.5s+1}e^{-3s}u(s)$

   (b) $K=10,\ d=1.4,\ t_{20}=4-3=1,\ t_{60}=6.3-3=3.3$,

   $\dfrac{t_{20}}{t_{60}}=0.3,\ \tau=0.94,\ \zeta=2.2$

$$\therefore y(s) = \frac{1}{0.8836s^2 + 4.136s + 1} e^{-3s} u(s)$$

(c)

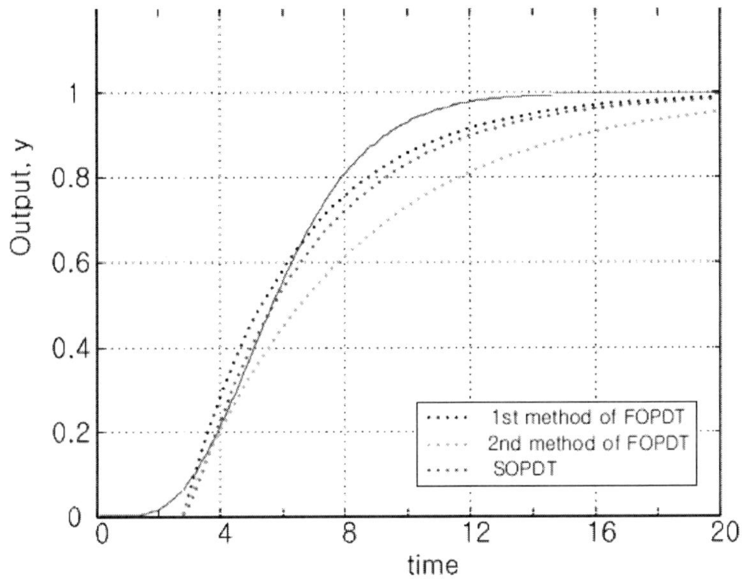

4. 생략

5. 이 문제의 풀이는 여러 방법이 있을 수 있다. 아래 방법은 한 예이다. 그림 P4.4의 공정은 $y(s) = \frac{K(1-as)}{(\tau_1 s + 1)(\tau_2 s + 1)} u(s)$ 으로 잘 표현된다. K, τ_1, τ_2, a 를 결정해야 한다

Step response는

$$y(s) = \frac{K(1-as)}{(\tau_1 s + 1)(\tau_2 s + 1)s} = \frac{K}{(\tau_1 s + 1)(\tau_2 s + 1)s} - \frac{Ka}{(\tau_1 s + 1)(\tau_2 s + 1)}$$

식 (3.59)이용하여

$$y(t) = K\left(1 - \frac{\tau_2^2}{\tau_2 - \tau_1} e^{-t/\tau_2} + \frac{\tau_1^2}{\tau_2 - \tau_1} e^{-t/\tau_1}\right) - Ka\left(\frac{\tau_2}{\tau_2 - \tau_1} e^{-t/\tau_2} - \frac{\tau_1}{\tau_2 - \tau_1} e^{-t/\tau_1}\right)$$

$K = \frac{\Delta y_{ss}}{\Delta u_{ss}}$ 로부터 K 결정한다. ---- (1)

역응답 최저값이 나타나는 시점은 y′(0)=0으로부터 결정

$$\frac{\tau_2 - \tau_1}{KA} \frac{dy(t)}{dt} = (1 + \tau_2) e^{-t/\tau_2} - (1 + \tau_1) e^{-t/\tau_1} = 0 \rightarrow t_1 = \frac{\tau_1 \tau_2}{\tau_2 - \tau_1} \ln\left(\frac{\tau_2 + a}{\tau_1 + a}\right) \quad \text{--- (2)}$$

$y(0)$=0인 시점: $(\tau_2 - \tau_1) = (\tau_2^2 + a\tau_2) e^{-t_2/\tau_2} - (a\tau_1 + \tau_1^2) e^{-t_2/\tau_1}$ ---- (3)

$y(t_3)$=0.6인 시점 t_3 에서, $0.6(\tau_2 - \tau_1) = (\tau_2 - \tau_1) - (\tau_2^2 + a\tau_2) e^{-t_3/\tau_2} + (\tau_1^2 + a\tau_1) e^{-t_3/\tau_1}$ -- (4)

(1),(2),(3),(4)를 연립하여 K, τ_1, τ_2, a 를 결정한다

6. K=2/3,

Overshoot 으로부터 ζ 결정,

진동주기 $\frac{2\pi}{P}=\omega_n\sqrt{1-\varsigma^2}$ 로부터 ω_n 결정

7. 지연시간이 반영된 음의 이득을 갖는 1차공정 그리고 1차 적분공정의 합

$$G(s)=e^{-ds}\left(-\frac{K_1}{\tau s+1}+\frac{K_2}{s}\right)=e^{-ds}\left(\frac{-K_1 s+K_2(\tau s+1)}{(\tau s+1)s}\right)=Ke^{-ds}\frac{bs+1}{(\tau s+1)s},\ b<\tau$$

5장 연습문제 풀이.

1. A, B를 열전대(TC)의 두 금속선이라고 하면 아래의 방법으로 온도차 측정이 가능하다.

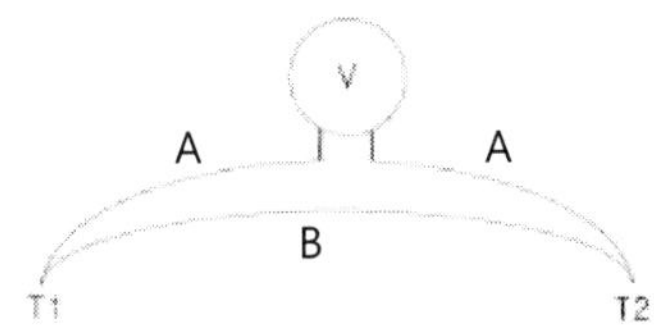

2. 온도를 측정하는 point가 기력전원이지만 발생되는 전압이 매우 작아 이 신호를 증폭해야할 필요성이 있다. Point를 n개로 늘려 직렬 연결하면 전압이 n배가 되므로 직렬 연결된 TC로부터 증폭된 신호를 얻을 수 있다.

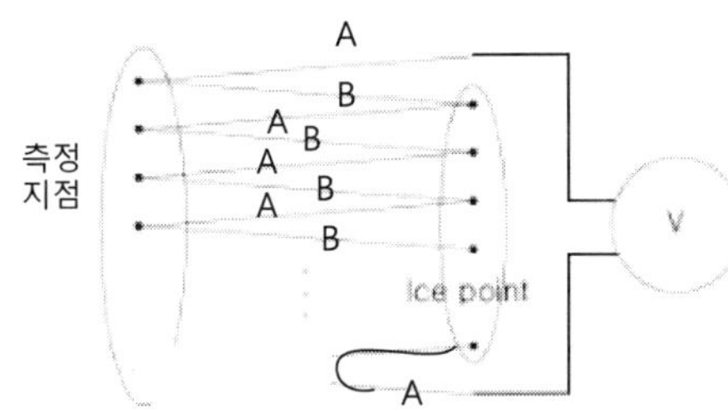

3. $\Delta P_1 = \rho_a g h_a + \rho_b g h_b$, $\Delta P_2 = \rho_b g(h_a + h_b - h_1)$

   두 식을 연립하여 h_a에 관하여 정리하면, $\therefore h_a = \dfrac{\Delta P_1 - \Delta P_2 - \rho_b g h_1}{g(\rho_a - \rho_b)}$

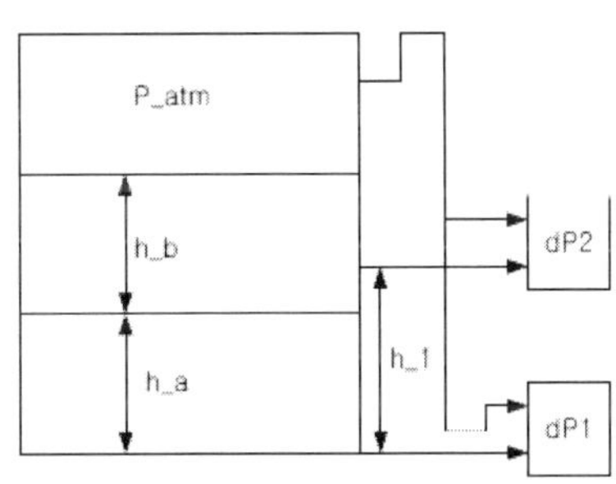

4. $\Delta P = \rho g h$의 관계를 이용한다.

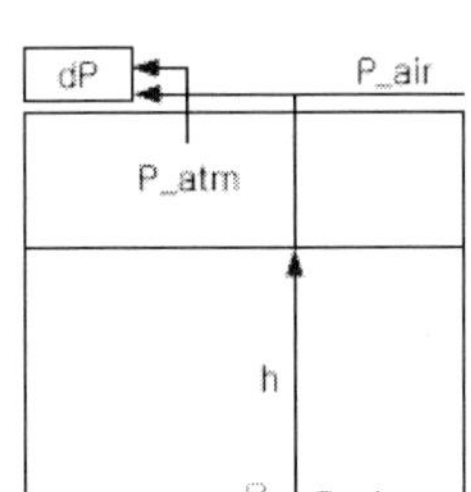

5. 입력 범위가 0~5000 kPa이고 정밀도가 ±0.1%인 경우, 오차는 5 kPa

   (1) 500 kPa 부근의 압력 측정 시 상대오차는 $500kPa \cdot x = 5kPa \quad \therefore x = 0.01,\ \pm 1\%$

(2) 50 kPa 부근의 압력 측정 시 상대오차는 $50kPa \cdot x = 5kPa, \ \ \therefore x = 0.1, \ \pm 10\%$

6.

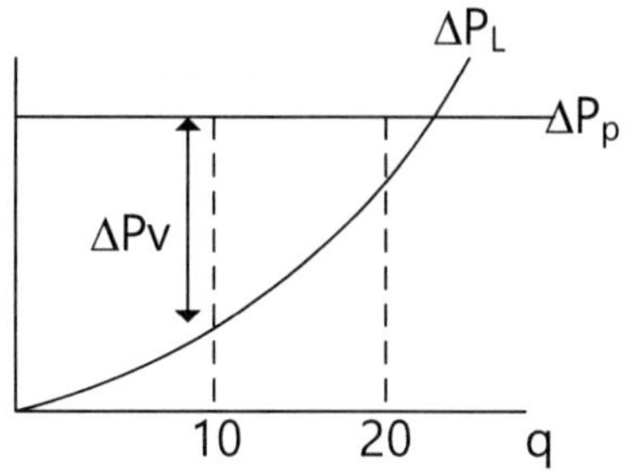

(1) ΔP_P=12+0.7 ΔP_P, ΔP_P =40 psi

(2) ΔP_L=a q^2, At 10 gal/min, 12=a 10^2, → a =12/100=0.12

At q_{max} =17, ΔP_L=(0.12) (17^2) =35 psi, → ΔP_v(vp=1)=40-35 = 5 psi

Cv = q_{max} /sqrt(ΔP_v)= 17/sqrt(5) = 7.6 (gpm at ΔP_v =1 psi)

(3) q = Cv R^{vp-1} sqrt(ΔP_v)=7.6 x 100^{vp-1} sqrt(40-0.12q^2) →

$$q = \frac{\sqrt{40} \times 7.6 \times 100^{vp-1}}{\sqrt{1 + 0.12\left(40 \times 7.6 \times 100^{vp-1}\right)^2}}$$

7.

$$q = C_v f(vp)\sqrt{\frac{\Delta P}{G_f}}, \ f(vp) = R^{vp-1}$$

$q_{vp=1} = 10 \cdot 50^{1-1}\sqrt{30} = 54.8$ (gpm)

$q_{vp=0.5} = 10 \cdot 50^{0.5-1}\sqrt{30} = 7.7$ (gpm)

8.

$$\text{Mass balance: } \beta\frac{dp_2 V}{dt} = a(p_1 - p_2) \qquad (1)$$

$$\text{Force balance: } (p_2 - p_1)A - ky - c\frac{dy}{dt} = 0 \qquad (2)$$

$$p_2\frac{dV}{dt} + V\frac{dp_2}{dt} = \alpha(p_1 - p_2), \ \ \frac{dV}{dt} = A\frac{dy}{dt}$$

$$(1) \rightarrow \ cAy\frac{dp_2}{dt} = cAy\alpha(p_1 - p_2) - A\,p_2\left((p_2 - p_1)A - ky\right) \quad (3)$$

$$(2) \rightarrow c\frac{dy}{dt} = (p_2 - p_1)A - ky \qquad (4)$$

$$\begin{cases} \dfrac{dp_2}{dt} = \alpha(p_1 - p_2) - \dfrac{1}{cy}p_2\left((p_2 - p_1)A - ky\right) \\ \dfrac{dy}{dt} = \dfrac{1}{c}\left((p_2 - p_1)A - ky\right) \end{cases}$$

9. (a) ATC (b) ATC (c) ATO (d) ATO (e) ATO (f) ATC

10. $u(t) = u_{bias} + \dfrac{100}{PB}(SP - y(t))$

$$u(t) = 20 + \frac{100}{80}(70 - y(t)) = 107.5 - 1.25y(t)$$

$$\therefore 6\% \le CV = y(t) \le 86\%,\ 0\% \le MV \le 100\%$$

11. (1) $u_{bias} = 0\%$

$$u(t) = 0 + \frac{100}{80}(70 - y(t)) = 87.5 - 1.25y(t)$$

$$\therefore 0\% \le CV = y(t) \le 70\%,\ 0\% \le MV \le 87.5\%$$

(2) $u_{bias} = 40\%$

$$u(t) = 40 + \frac{100}{80}(70 - y(t)) = 127.5 - 1.25y(t)$$

$$\therefore 22\% \le CV = y(t) \le 100\%,\ 2.5\% \le MV \le 100\%$$

(3) $u_{bias} = 100\%$

$$u(t) = 100 + \frac{100}{80}(70 - y(t)) = 187.5 - 1.25y(t)$$

$$\therefore 70\% \le CV = y(t) \le 100\%,\ 62.5\% \le MV \le 100\%$$

12. (a), (b)

$$\tilde{u}_{bias}(t) = 50 + \frac{5}{10}\int_0^t \tau d\tau = 50 + \frac{1}{2}t^2 u_{bias} + K_c\left[e(t) + \frac{1}{T_I}\int_0^t e(\tau)d\tau\right] = \left(u_{bias} + \frac{K_c}{T_I}\int_0^t e(\tau)d\tau\right) + K_c e(t)$$

$$= \tilde{u}_{bias}(t) + K_c e(t) = \tilde{u}_{bias}(t) + 5(50 - y(t))$$

$$\tilde{u}_{bias}(t) = 50 + \frac{5}{10}\int_0^t \tau d\tau = 50 + \frac{1}{2}t^2$$

$$\therefore u(t) = 50 + \frac{1}{2}t^2 + 5(50 - t) = \frac{1}{2}t^2 - 5t + 300$$

$PB(t)$는 $\tilde{u}_{bias}(t)$에 근거하여 산서의 PB를 계산

When $u(t) = 0$, $\quad 0 \le y_1(t) = 50 + \tilde{u}_{bias}(t)/5 \le 100$

When $u(t) = 100$, $\ 0 \le y_2(t) = 30 + \tilde{u}_{bias}(t)/5 \le 100$

At $t = 0, 4, 8, 10, 12 \rightarrow \tilde{u}_{bias} = 50, 58, 82, 100, 100$

$\rightarrow PB(t) = 40 \sim 60,\ 41.5 \sim 61.6,\ 46.4 \sim 66.4,\ 50 \sim 70$

13. 12와 동일한 방법으로 계산. 단, (t) 계산에서 derivative mode는 아무런 영향이 없음

14. $u(s) = \dfrac{1/T_t s}{1 + 1/T_t s} v(s) = \dfrac{1}{T_t s + 1} v(s)$

15.

$$G_c(s): u(s) = K_c(1+1/T_I s)e(s) = K_c \frac{1+T_I s}{T_I s} e(s)$$

$$G(s) = \frac{10}{(s+1)(2s+1)},\ r(s) = \frac{0.1}{s^2}$$

$$e(s) = \frac{1}{1+G(s)G_c(s)} r(s) = \frac{1}{1+\dfrac{10}{(s+1)(2s+1)} K_c \dfrac{1+T_I s}{T_I s}} \frac{0.1}{s^2}$$

$$= \frac{(s+1)(2s+1)T_I}{(s+1)(2s+1)T_I s + 10K_c\left(1+T_I s\right)} \frac{0.1}{s}$$

$$\lim_{t\to\infty} e(t) = \lim_{s\to 0} s\,e(s) = \frac{0.1T_I}{10K_c}$$

When $r(t) = 0.2t,\ r(s) = 0.2/s^2$

$$\lim_{t\to\infty} e(t) = \lim_{s\to 0} s\,e(s) = \frac{0.2T_I}{10K_c}$$

Ramp 설정치 변화에 대해서는 잔류오차가 발생하며, 잔류오차의 크기는 기울기가 클수록 커진다

6장 연습문제 풀이

1. Mason 법칙을 이용한다.

$$\frac{y(s)}{x(s)} = \frac{\sum G_i \Delta_i}{\Delta}$$

(a) $$\frac{y(s)}{x(s)} = \frac{G_2 G_4}{1 + G_2 G_3 G_4 - G_1 G_2}$$

$$\frac{z(s)}{x(s)} = \frac{G_4}{1 + G_2 G_3 G_4 - G_1 G_2}$$

(b) $$\frac{y(s)}{x(s)} = \frac{b_1 / s + b_2 / s^2 + b_3 / s^3}{1 + a_1 / s + a_2 / s^2 + a_3 / s^3} = \frac{b_1 s^2 + b_2 s + b_3}{s^3 + a_1 s^2 + a_2 s + a_3}$$

$$\frac{z(s)}{x(s)} = \frac{1 / s^2}{1 + a_1 / s + a_2 / s^2 + a_3 / s^3} = \frac{s}{s^3 + a_1 s^2 + a_2 s + a_3}$$

(c) $$\frac{y(s)}{x(s)} = \frac{G_3 G_4 G_6 + G_1(1 - G_2 G_3)}{1 - \left(G_4 G_5 + G_2 G_3 + G_6 G_7 + G_1 G_2 G_5 G_7\right) + (G_4 G_5 G_6 G_7)}$$

$$\frac{z(s)}{x(s)} = \frac{G_2 G_3 G_4 + G_1 G_2 G_7}{1 - \left(G_4 G_5 + G_2 G_3 + G_6 G_7 + G_1 G_2 G_5 G_7\right) + (G_4 G_5 G_6 G_7)}$$

(d) $$\frac{y(s)}{x(s)} = \frac{b_1 / s + b_2 / s^2}{1 + a_1 / s + a_2 / s^2} = \frac{b_1 s + b_2}{s^2 + a_1 s + a_2}$$

$$\frac{z(s)}{x(s)} = \frac{b_2}{1 + a_1 / s + a_2 / s^2} == \frac{b_2 s^2}{s^2 + a_1 s + a_2}$$

(e) $$\frac{y(s)}{x(s)} = \frac{G_1 G_2 G_3 G_4 G_5}{1 + G_3 G_4 + G_2 G_3 G_4 G_5}$$

$$\frac{z(s)}{x(s)} = \frac{G_1}{1 + G_3 G_4 + G_2 G_3 G_4 G_5}$$

2.

$$G_{ol}(s)=\frac{K_C}{(s+1)(0.5s+1)^2}$$

$$1+G_{ol}(s)=1+\frac{K_C}{(s+1)(0.5s+1)^2}=0$$

closed loop의 극의 실수부가 -0.5보다 작아지는 K_C의 범위를 찾기 위해

$$1+\frac{K_C}{(s+1)(0.5s+1)^2}=0\Big|_{s=s+0.5}$$

$$(s+1.5)(0.5s+1.25)^2+K_C=0$$

$$0.25s^3+1.625s^2+3.4375S+2.34375+K_C=0$$

i) $2.34375+K_C>0 \qquad \therefore K_C>-2.34375$

Routh array를 적용하면

0.25	3.4375
1.625	$2.34375+K_C$

$$b_0=\frac{a_1a_2-a_0a_3}{a_1}=\frac{1.625*3.4375-0.25(2.34375+K_C)}{1.625}>0 \qquad b_1=0$$

$$c_0=\frac{b_0a_3}{b_0}=a_3$$

ii) $\dfrac{1.625*3.4375-0.25(2.34375+K_C)}{1.625}>0, \quad \therefore K_C<20$

$\therefore -2.34375<K_C<20$

3. (a)

(1) Routh array

$$1+G_{ol}(S)=1+\frac{K_c(0.25s+1)}{(s+1)^2(0.5s+1)^2}=0$$

$$(s+1)^2(0.5s+1)^2+K_c(0.25s+1)=0.25s^4+1.5s^3+3.25s^2+(3+0.25K_c)s+K_c+1=0$$

0.25	3.25	$1+K_c$
1.5	$3+0.25K_c$	
$b_0 = \dfrac{8.25-0.125K_c}{3} > 0$	$1+K_c$	

$$\frac{\frac{8.25-0.125K_c}{3}(3+0.25K_c)-1.5(1+K_c)}{\frac{8.25-0.125K_c}{3}} = \frac{K_c^{\ 2}+90K_c-648}{4(x-66)} > 0$$

$$\frac{8.25-0.125K_c}{3} > 0, \frac{K_c^{\ 2}+90K_c-648}{4(K_c-66)} > 0$$

$-96.7011 < K_c < 6.7011$ 을 만족하면 안정하다

(2)한계 감도법

특성방정식 $0 = 0.25s^4 + 1.5s^3 + 3.25s^2 + (3+0.25K_c)s + K_c + 1$ 에 대해

$0 = (0.25s^4 + 1.5s^3 + 3.25s^2 + (3+0.25K_c)s + K_c + 1)|_{s=jw}$

$(0.25\omega^4 - 3.25\omega^2 + 1 + K_c) + (3 + 0.25K_c - 1.5\omega^3)j = 0$

Re) $0.25\omega^4 - 3.25\omega^2 + 1 + K_c = 0$ L (1)

Im) $3\omega + 0.25K_c\omega - 1.5\omega^3 = 0$ L (2)

$K_c = 6.7005, \omega = 1.7654$

(3)Bode 안정성 판별

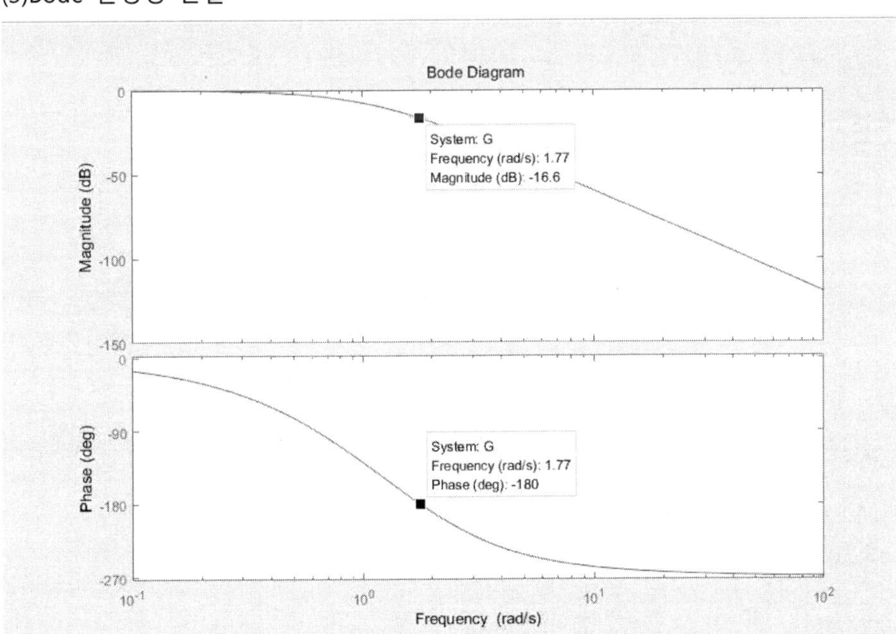

(4)근궤적

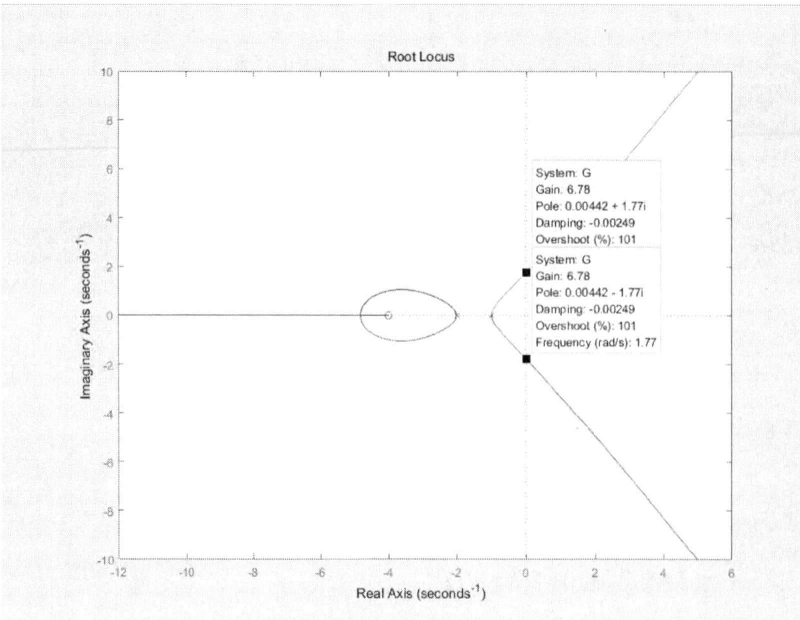

(b)

(1) Routh array

$$0.25s^4 + 1.5s^3 + 3.25s^2 + (3 - 0.25K_c)s + K_c + 1 = 0$$

$$\begin{array}{ccc} 1 & 13 & 4K_c + 4 \\ 6 & 12 - K_c & \\ \hline \dfrac{66 + K_c}{6} & 4K_c + 4 & \\ \hline \dfrac{-K_c^2 - 198K_c + 648}{K_c + 66} & & \end{array}$$

$$-1 < K_c < 3.2204$$

(2) 한계 감도법

$$0 = 0.25s^4 + 1.5s^3 + 3.25s^2 + (3 - 0.25K_c)s + K_c + 1|_{s=j\omega}$$

$$(0.25\omega^4 - 3.25\omega^2 + K_c + 1) - (1.5\omega^3 + 0.25K_c\omega - 3\omega)j = 0$$

$$\text{Re)}\ 0.25\omega^4 - 3.25\omega^2 + K_c + 1 = 0 \cdots (1)$$

$$\text{Im)}\ 1.5\omega^3 + 0.25K_c\omega - 3\omega = 0 \cdots (2)$$

$$K_c = 3.2204, \omega = 1.2097$$

$$K_c < 3.2204$$

(3) Bode 안정성 판별

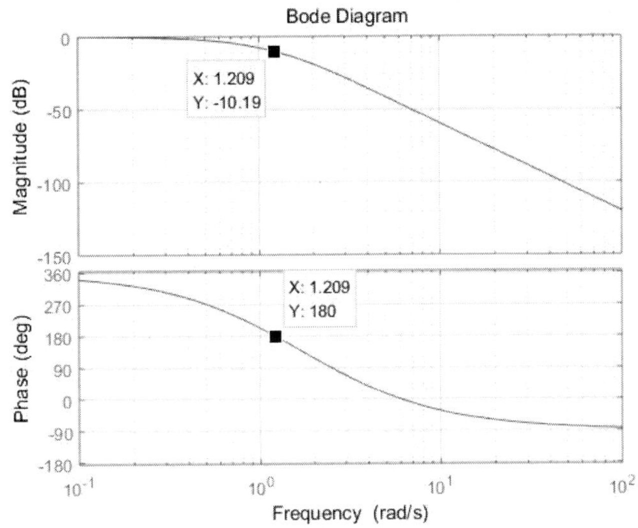

$w_{co} \approx 1.209\,\text{rad/sec}$

$Mag(\text{dB}) \approx -10.19, Mag \approx 3.2322$

$\therefore K_{cu} \approx 3.2322, K_c < 3.2322$

(4) Root locus

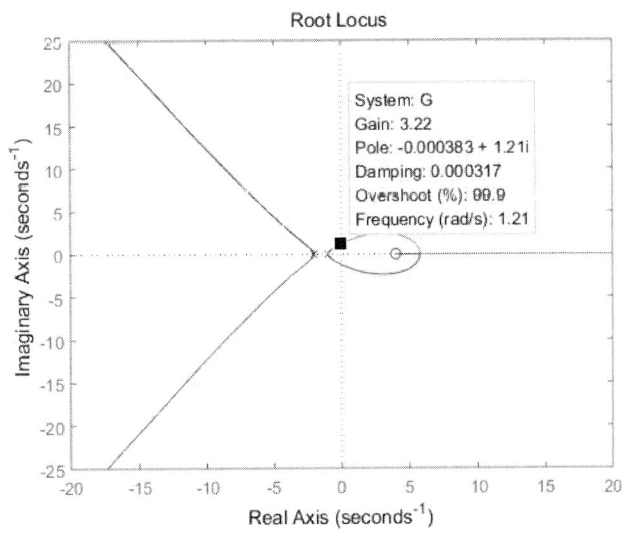

(c)

(1) Routh array

$$1+G_{ol}(s)=1+2(1+\frac{1}{T_I s})\frac{(-0.25s+1)}{(s+1)^2(0.5s+1)}=0$$
$$(s+1)^2(0.5s+1)T_I s+2(T_I s+1)(-0.25s+1)=0$$
$$(s+1)^2(s+2)T_I s+(T_I s+1)(-s+4)=0$$
$$T_I s^4+4T_I s^3+4T_I s^2+(6T_I-1)s+4=0$$

i) $6T_I-1>0 \qquad \therefore T_I>\frac{1}{6}$,

$$\begin{array}{ccc} T_I & 4T_I & 4 \\ 4T_I & 6T_I-1 & \\ \hline b_0=\frac{16T_I^2-(6T_I^2-T_I)}{4T_I}=\frac{10T_I+1}{4}>0 & b_1=\frac{16T_I-0}{4T_I} & \\ \hline c_0=6T_I-1-\frac{64T_I}{10T_I+1}>0 & & \end{array}$$

$$\frac{10T_I+1}{4}>0,(6T_I-1)(10T_I+1)-64T_I=60T_I^2-68T_I-1>0$$

$\therefore T_I>\frac{17+4\sqrt{19}}{30}\approx 1.1499$ 일 때, 안정하다.

(2) 한계 감도법

$$0=1+G_{ol}(s)\big|_{s=jw}$$
$$0=T_I s^4+4T_I s^3+4T_I s^2+(6T_I-1)s+4\big|_{s=jw}$$

$$0=1+G_{ol}(s)\big|_{s=jw}$$
$$0=T_I s^4+4T_I s^3+4T_I s^2+(6T_I-1)s+4\big|_{s=jw}$$

Re) $T_I\omega^4+4T_I\omega^2+4$ L (1)

Im) $4T_I\omega^3+(6T_I-1)\omega$ L (2)

(1)과 (2)의 연립방정식을 풀면,

$\therefore T_I=\frac{17\pm 4\sqrt{19}}{30}$, $w_u=\pm 4.326,\pm 1.1323$

(3) bode 안정성 판별

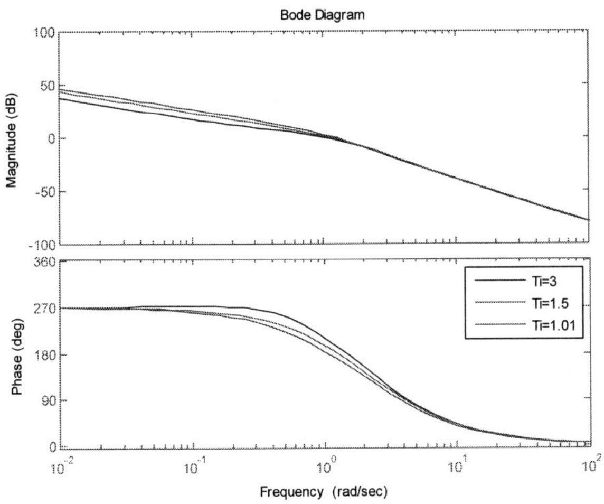

Bode Diagram
Magnitude (dB)
Phase (deg)
Ti=3
Ti=1.5
Ti=1.01
Frequency (rad/sec)

(5) 근궤적

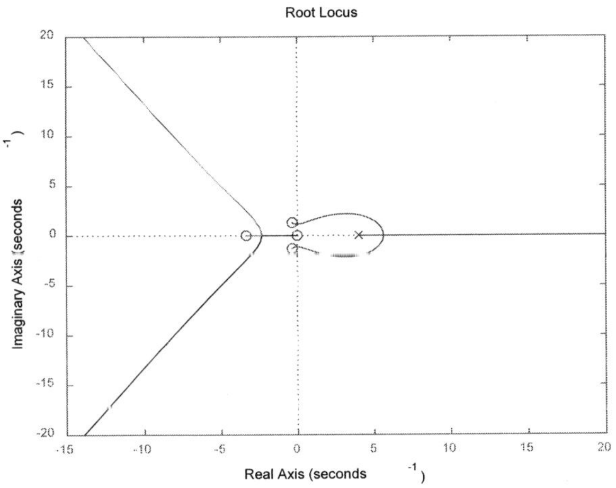

Root Locus
Imaginary Axis (seconds⁻¹)
Real Axis (seconds⁻¹)

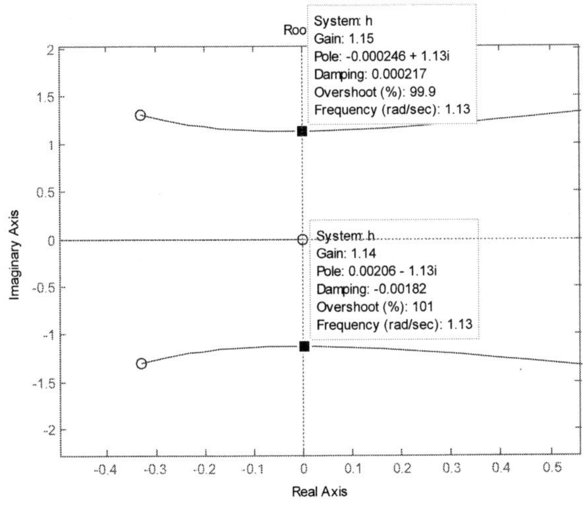

System: h
Gain: 1.15
Pole: -0.000246 + 1.13i
Damping: 0.000217
Overshoot (%): 99.9
Frequency (rad/sec): 1.13
System: h
Gain: 1.14
Pole: 0.00206 - 1.13i
Damping: -0.00182
Overshoot (%): 101
Frequency (rad/sec): 1.13
Imaginary Axis
Real Axis

(d)

(1) Routh array

Pade(2,2) 근사를 이용하면

$$e^{-0.2s} \approx \frac{1-\frac{1}{2}ds+\frac{1}{12}d^2s^2}{1+\frac{1}{2}ds+\frac{1}{12}d^2s^2} = \frac{1-\frac{1}{10}s+\frac{1}{300}s^2}{1+\frac{1}{10}s+\frac{1}{300}s^2}$$

$$1+G_{ol}(s) = 1+2\left(1+\frac{1}{T_I s}\right)\frac{1}{(s+1)^2}\frac{\left(1-\frac{1}{10}s+\frac{1}{300}s^2\right)}{\left(1+\frac{1}{10}s+\frac{1}{300}s^2\right)} = 0$$

$$T_I s^5 + 32T_I s^4 + 363T_I s^3 + (570T_I+2)s^2 + (900T_I-60)s + 600 = 0$$

$$\begin{array}{ccc}
T_I & 363T_I & 900T_I-60 \\
32T_I & 570T_I+2 & 600 \\
\hline
363T_I - \dfrac{570T_I+2}{32} & 900T_I - \dfrac{2520}{32} & \\
\hline
\dfrac{\left(363T_I - \dfrac{570T_I+2}{32}\right)(570T_I+2) - 32T_I\left(900T_I - \dfrac{2520}{32}\right)}{363T_I - \dfrac{570T_I+2}{32}} & &
\end{array}$$

$$363T_I - \frac{570T_I+2}{32} > 0, \frac{\left(363T_I - \frac{570T_I+2}{32}\right)(570T_I+2) - 32T_I\left(900T_I - \frac{2520}{32}\right)}{363T_I - \frac{570T_I+2}{32}} > 0$$

$T_I > 1/5523$ 일 때 안정하다.

(2)한계감도법

$$0 = 1+G_{ol}(s) = 1+2\left(1+\frac{1}{T_I s}\right)\frac{e^{-0.2s}}{(s+1)^2}\Big|_{s=j\omega}$$

$$0 = T_I s(s+1)^2 + 2(T_I s+1)e^{-0.2s}\Big|_{s=j\omega}$$

$$(-2T_I\omega^2 + 2T_I\omega\sin 0.2\omega + 2\cos 0.2\omega) + (-T_I\omega^3 + T_I\omega + 2T_I\omega\cos 0.2\omega - 2\sin 0.2\omega)j = 0$$

$$\text{Re)}\ -2T_I\omega^2 + 2T_I\omega\sin 0.2\omega + 2\cos 0.2\omega = 0 \ \cdots\ (1)$$

$$\text{Im)}\ -T_I\omega^3 + T_I\omega + 2T_I\omega\cos 0.2\omega - 2\sin 0.2\omega = 0 \ \cdots\ (2)$$

4. $G(s) = \dfrac{2e^{-2s}}{6s+1}$

a) 열린 루프 Bode 선도, 한계 이득, 한계 주파수

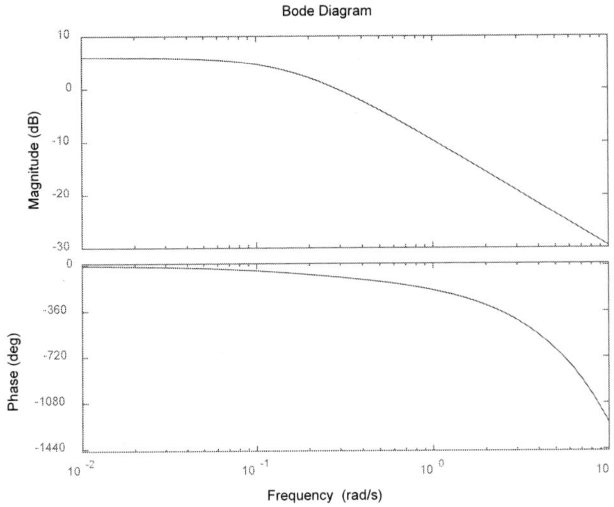

$\omega_{cu} = 0.881\ (rad/s),\ K_{cu} = 2.6915$

b) T_I = 시정수, T_D = 지연시간 PID 열린 공정의 Bode선도, 한계이득, 한계주파수

$T_I = 6,\ T_D = 2$

$$G_c(s) = K_C(1 + \frac{1}{T_I s} + T_D s) = K_C(1 + \frac{1}{6s} + 2s)$$

$$G_{ol}(s) = G_c(s)G_p(s) = K_C(1 + \frac{1}{6s} + 2s)(\frac{2e^{-2s}}{6s+1})$$

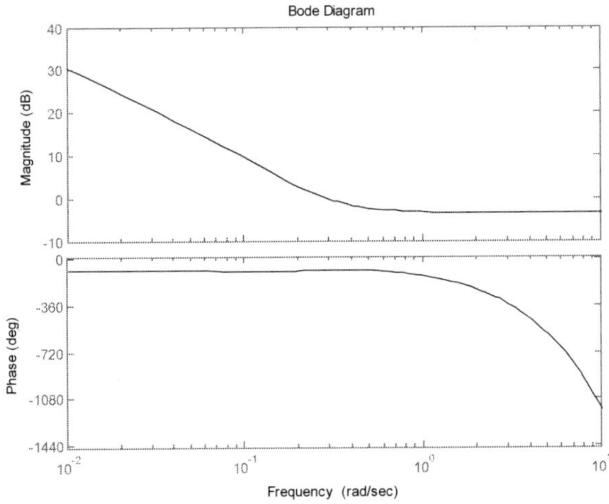

$\omega_{cu} = 1.46\ (rad/s),\ K_{cu} = 1.48$

c) 1차 Pade 근사 후 b)의 PID 제어기가 설치된 닫힌 루프의 근 궤적

$$e^{-2s} \approx \frac{1-s}{1+s}$$

$$G_c(s) = K_C(1 + \frac{1}{T_I s} + T_D s) = K_C(1 + \frac{1}{6s} + 2s)$$

$$G_{ol}(s) = G_c(s)G_p(s) = K_C(1 + \frac{1}{6s} + 2s)(\frac{2}{6s+1}\frac{1-s}{1+s})$$

$$1 + G_{ol}(s) = 1 + K_C(1 + \frac{1}{6s} + 2s)(\frac{2}{6s+1}\frac{1-s}{1+s}) = 0$$

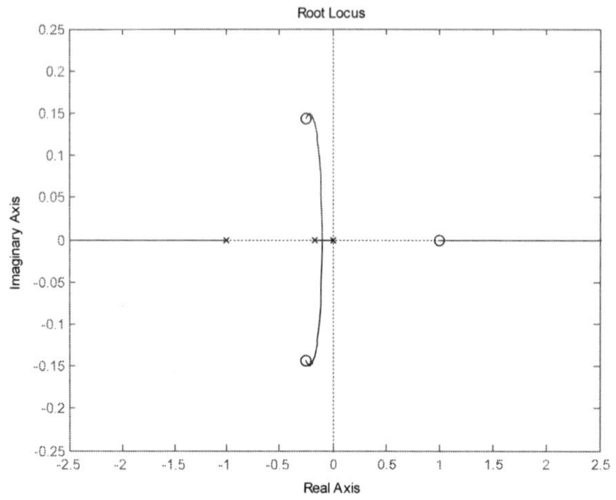

5.

$$G(s) = 10/(2s+1)^3$$

I-P제어

$$u(s) = K_c\left(\frac{1}{T_I s}e(s) - y(s)\right)$$

$$y(s) = G(s)K_c\left(\frac{1}{T_I s}e(s) - y(s)\right) = G(s)K_c\left(\frac{1}{T_I s}(r(s) - y(s)) - y(s)\right)$$

$$y(s) = \frac{\dfrac{K_c G(s)}{T_I s}}{1 + K_c G(s)\left(1 + \dfrac{1}{T_I s}\right)} r(s)$$

닫힌 루프 특성방정식에 대해

$$T_I s + K_c G(s)(T_I s + 1) = T_I s + \frac{10K_c(T_I s + 1)}{(2s+1)^3} = 0$$

$$8T_I s^4 + 12T_I s^3 + 6T_I s^2 + (10K_c + 1)T_I s + 10K_c = 0$$

Routh array 방법을 이용하면

$8T_I$	$6T_I$	$10K_c$
$12T_I$	$(10K_c+1)T_I$	
$b_0 = \frac{16T_I - 20T_I K_c}{3} > 0$	$10K_c$	
$c_0 = \frac{-50T_I^2 K_c^2 - 35T_I^2 K_c - 4T_I^2 - 90T_I K_c}{T_I(4-5K_c)} > 0$		

$$\therefore 0 < K_c < \frac{4}{5}, \quad \frac{90K_c}{-50K_c^2 + 55K_c + 4} < T_I$$

7장 연습문제 풀이

1.

$$G_m(s)=\frac{Ke^{-ds}}{\tau s+1}$$

i) $e^{-ds}\approx 1-ds$

$$G_m^{-}(s)=\frac{K}{\tau s+1},\qquad G_m^{+}(s)=e^{-ds}=1-ds$$

$$G_c(s)=\frac{G_i(s)}{1-G_m(s)G_i(s)}=\frac{\frac{1}{G_m^{-}(s)}F(s)}{1-G_m^{+}(s)G_m^{-}(s)\frac{1}{G_m^{-}(s)}F(s)}$$

$$=\frac{\frac{\tau s+1}{K}\frac{1}{(\tau_{cl}s+1)^r}}{1-(1-ds)\frac{K}{\tau s+1}\frac{\tau s+1}{K}\frac{1}{(\tau_{cl}s+1)^r}}=\frac{\tau s+1}{K\{(\tau_{cl}s+1)^r-(1-ds)\}}$$

r=1로 지정하면

$$G_c(s)=\frac{\tau s+1}{K(\tau_{cl}+d)s}$$

ii) $e^{-ds}\approx\frac{1-0.5ds}{1+0.5ds}$

$$G_m^{-}(s)=\frac{K}{\tau s+1},\qquad G_m^{+}(s)=e^{-ds}=\frac{1-0.5ds}{1+0.5ds}$$

$$G_c(s)=\frac{G_i(s)}{1-G_m(s)G_i(s)}=\frac{\frac{1}{G_m^{-}(s)}F(s)}{1-G_m^{+}(s)G_m^{-}(s)\frac{1}{G_m^{-}(s)}F(s)}$$

$$=\frac{\frac{\tau s+1}{K}\frac{1}{(\tau_{cl}s+1)^r}}{1-\frac{1-0.5ds}{1+0.5ds}\frac{K}{\tau s+1}\frac{\tau s+1}{K}\frac{1}{(\tau_{cl}s+1)^r}}=\frac{(\tau s+1)(1+0.5ds)}{K\{(\tau_{cl}s+1)^r(1+0.5ds)-(1-0.5ds)\}}$$

r=1로 지정하면

$$G_c(s)=\frac{(\tau s+1)(2+ds)}{K\{\tau_{cl}ds^2+2(\tau_{cl}+d)s\}}$$

2. $G(s) = \dfrac{2e^{-s}}{s(5s+1)}$

a) Bode plot

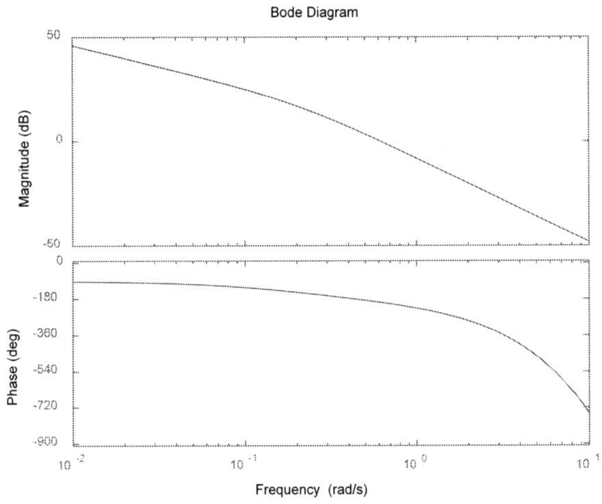

b) 한계 감도법을 이용한 한계 이득과 한계 주기 계산

$$1 + G_{ol}(s) = 0\Big|_{s=j\omega}$$

$$1 + K_C \frac{2e^{-s}}{s(5s+1)} = 0\Bigg|_{s=j\omega}$$

$$s(5s+1) + 2K_C e^{-s} = 0\Big|_{s=j\omega}$$

$$(-5\omega^2 + 2K_C \cos\omega) + j(\omega - 2K_C \sin\omega) = 0$$

$$\therefore K_{cu} = 0.524, \quad \omega_n = 0.4363$$

$$\therefore P_u = \frac{2\pi}{\omega_u} = 14.4$$

c) $K_C = 0.25K_{cu}$ PM/GM

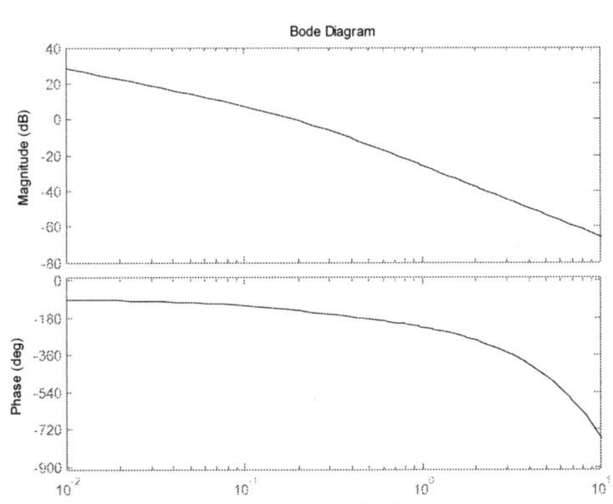

이득여유: 3.9386, 위상여유: 35.5897

d) $K_C = 0.25K_{cu}$ P 제어, 설정값 단위계단변화에 대한 잔류오차계산

$K_C = 0.25K_{cu} = 0.1310$

$$G_{cl}(s) = \frac{G_c(s)G_p(s)}{1+G_c(s)G_p(s)} = \frac{K_c \frac{2e^{-s}}{s(5s+1)}}{1+K_c \frac{2e^{-s}}{s(5s+1)}} = \frac{2K_c e^{-s}}{s(5s+1)+2K_c e^{-s}}$$

잔류오차는 아래와 같이 정의한다.

$\lim_{t\to\infty} e(t) = 0 = \lim_{s\to 0} se(\mathrm{s})$

외란에 대한 영향이 없다면 제어 오차의 설정값에 대한 전달함수는

$$e(s) = \frac{1}{1+G_c(s)G_p(s)} r(s) = \frac{1}{1+K_c \frac{2e^{-s}}{s(5s+1)}} r(s) = \frac{s(5s+1)}{s(5s+1)+2e^{-s}K_c} r(s)$$

설정값의 단위 계단 함수에 대한 잔류오차는

$$\lim_{s\to 0} se(\mathrm{s}) = s\left[\frac{s(5s+1)}{s(5s+1)+2e^{-s}K_c}\frac{1}{s}\right] = 0$$

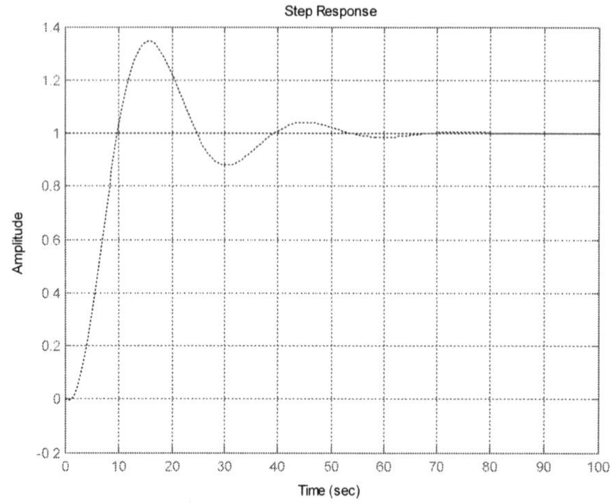

실제 응답 결과를 보면 잔류 오차가 없는 것을 확인할 수 있다.

3.

a)

$$G_P = e^{-2s}, G_C = K_C / s$$

$$G_{ol} = \frac{K_C e^{-2s}}{s}$$

$$G(jw) = K_C \frac{-w\sin 2w - jw\cos 2\,\mathrm{w}}{w^2}$$

$$1 = |G(jw)| = K_{cu}\sqrt{\left(\frac{-w\sin 2w}{w^2}\right)^2 + \left(\frac{-w\cos 2w}{w^2}\right)^2} = K_{cu}\frac{1}{w}$$

$$\therefore K_{cu} = w_u$$

$$\angle G(jw) = \tan^{-1}\left(\frac{1}{\tan 2w}\right) = -180°$$

$$\therefore w_u = \frac{\pi}{4} \approx 0.7854, K_{cu} \approx 0.7854, P_u = 8$$

$b)$

$$\mathrm{GM} = \frac{K_{cu}}{K_c} \geq 2.5$$

$$\therefore K_C \leq \frac{K_{cu}}{2.5} = 0.3142$$

$$\angle G(jw) \leq -135°$$

$$\therefore K_C \leq 0.3927$$

4.

(1) $G_1(s) = \dfrac{2}{(2s+1)^3}$

a) P-제어, Routh array

$$1 + K_c\frac{2}{(2s+1)^3} = 0$$

$$(2\mathrm{s}+1)^3 + 2K_c = 0$$

$$8s^3 + 12s^2 + 6s + 1 + 2K_c = 0$$

i) $2K_C > 0, \qquad \therefore K_C > 0$,

Routh array를 적용하면

$$\begin{array}{cc} 8 & 6 \\ 12 & 1+2K_c \\ \hline \end{array}$$

$$b_0 = \frac{72 - 8 - 16K_c}{12} > 0 \qquad b_1 = 0$$

ii) $K_c < 4$

$$c_0 = \frac{b_0(1 + 2K_C)}{b_0} > 0$$

$$\therefore K_{cu} = 4$$

b) P-제어, 한계감도법

$$8s^3 + 12s^2 + 6s + 1 + 2K_c\Big|_{s=jw} = 0$$

$$\left(-12w^2 + 1 + 2K_c\right) + \left(6w - 8w^3\right)j = 0$$

$$\text{Re)} \quad -12w^2 + 1 + 2K_c = 0 \quad \text{L (1)}$$

$$\text{Im)} \quad 6w - 8w^3 = 0 \qquad \text{L (2)}$$

(1)과 (2)의 연립방정식을 풀면,

$$\therefore K_{cu} = 4,\ w_u = \pm 0.866$$

$$\therefore\ P_u = 2\pi / w_u = 7.25$$

c) Ziegler-Nichols 조율법, PI-parameter, GM/PM

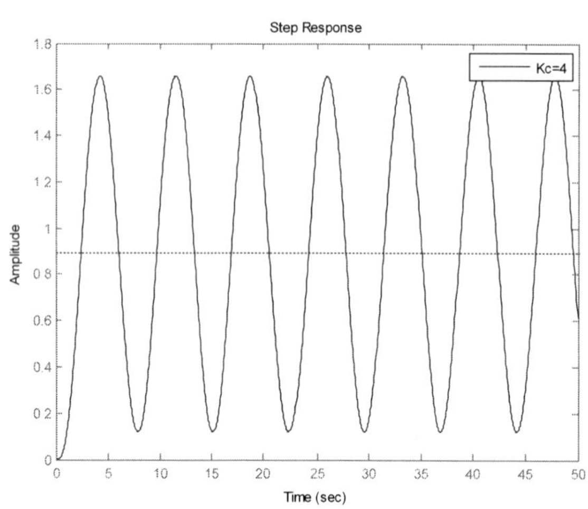

K_c=4 일 때, 공정출력에 진동이 지속되는 시점이 나타난다.

$$\therefore K_{cu} = 4,\ P_u = 7.25$$

$$PI - parameter:\ K_c = 0.45K_{cu} = 1.8,\ \ \mathrm{T}_I = P_u / 1.2 = 6.04$$

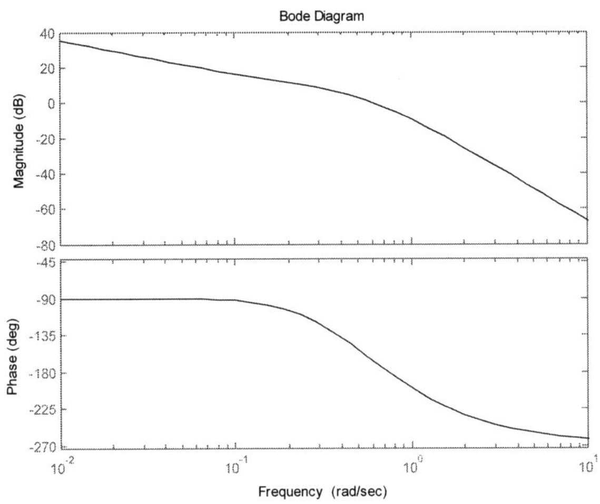

이득여유=1.523, 위상여유=14.77

d) IMC 제어기 설계

$$G_m(s)=\frac{2}{(2s+1)^3}$$

$$G_c(s)=\frac{G_i(s)}{1-G_m(s)G_i(s)}=\frac{\frac{(2s+1)^3}{2}F(s)}{1-\frac{2}{(2s+1)^3}\frac{(2s+1)^3}{2}F(s)}=\frac{\frac{(2s+1)^3}{2}\frac{1}{(\tau_{cl}s+1)^r}}{1-\frac{1}{(\tau_{cl}s+1)^r}}$$

$r=3$으로 지정하면

$$G_c(s)=\frac{(2s+1)^3}{2\{(\tau_{cl}s+1)^3-1\}}$$

(2) $G_2(s)=\dfrac{2e^{-s}}{(2s+1)^2}$

a) P-제어, Routh array

시간 지연항을 pade 1차 근사로 적용하면

$$e^{-s}\approx\frac{1-0.5s}{1+0.5s},\qquad G_2(s)\approx\frac{2(1-0.5s)}{(2s+1)^2(1+0.5s)}=\frac{2(2-s)}{(2s+1)^2(2+s)}$$

Closed loop의 characteristic equation은

$$1+K_c\frac{2(2-s)}{(2s+1)^2(2+s)}=0$$

$$(2s+1)^2(2+s)+2K_c(2-s)=0$$

$$4s^3+12s^2+(9-2K_c)s+2+4K_c=0$$

ⅰ) $9-2K_C > 0,\ K_C > 0 \qquad \therefore 0 < K_C < \frac{9}{2}$,

Routh array를 적용하면

$$\begin{array}{ll} 4 & 9-2K_c \\ 12 & 2+4K_c \\ \hline \end{array}$$

$$b_0 = \frac{12(9-2K_c)-4(2+4K_c)}{12} = \frac{100-40K_c}{12} > 0 \qquad b_1 = 0$$

ⅱ) $K_c < \frac{5}{2}$

$$c_0 = \frac{b_0(2+4K_C)}{b_0} > 0$$

$\therefore K_{cu} = 2.5$

b) P-제어, 한계감도법

$$4s^3 + 12s^2 + (9-2K_c)s + 2 + 4K_c\Big|_{s=jw} = 0$$

$$(4K_c - 12w^2 + 2) + (9w - 2K_c w - 4w^3)j = 0$$

Re) $4K_c - 12w^2 + 2 = 0 \quad \cdots (1)$

Im) $9w - 2K_c w - 4w^3 = 0 \quad \cdots (2)$

(1)과 (2)의 연립방정식을 풀면,

$\therefore K_{cu} = 2.5,\ w_u = \pm 1$

$\therefore P_u = 2\pi / w_u = 6.28$

c) Ziegler-Nichols 조율법, PI-parameter, GM/PM

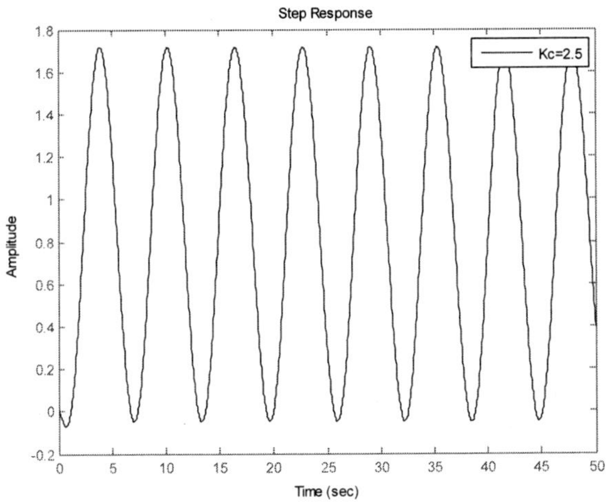

K_c=2.5 일 때, 공정출력에 진동이 지속되는 시점이 나타난다.

$\therefore K_{cu} = 2.5,\ P_u = 6.28$

$PI - parameter:\ K_c = 0.45K_{cu} = 1.125,\ \mathrm{T}_I = P_u / 1.2 = 5.23$

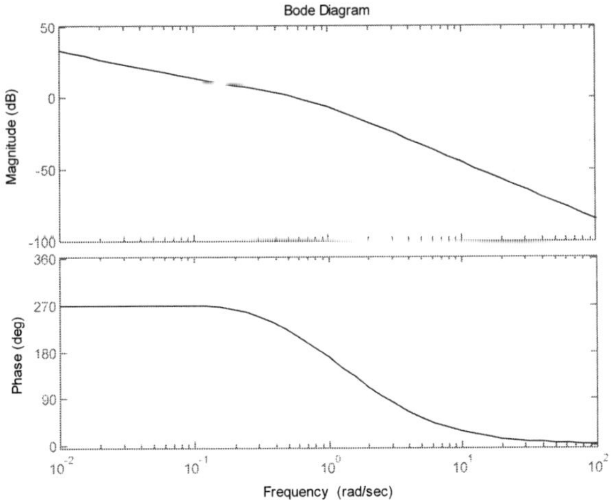

이득여유=1.76, 위상여유=30.39

d) IMC 제어기 설계

$$G_m(s)=\frac{2e^{-s}}{(2s+1)^2}$$

$$G_m^-(s)=\frac{2}{(2s+1)^2},\qquad \mathrm{G}_m^+(s)=e^{-ds}=\frac{1-0.5ds}{1+0.5ds}$$

$$G_c(s)=\frac{G_i(s)}{1-G_m(s)G_i(s)}=\frac{\frac{1}{G_m^-(s)}F(s)}{1-G_m^+(s)G_m^-(s)\frac{1}{G_m^-(s)}F(s)}$$

$$=\frac{\frac{(2s+1)^2}{2}\frac{1}{(\tau_{cl}s+1)^r}}{1-\frac{1-0.5ds}{1+0.5ds}\frac{2}{(2s+1)^2}\frac{(2s+1)^2}{2}\frac{1}{(\tau_{cl}s+1)^r}}=\frac{(2s+1)^2(1+0.5ds)}{2\{(1+0.5ds)(\tau_{cl}s+1)^r-(1-0.5ds)\}}$$

$r=2$으로 지정하면

$$G_c(s)=\frac{(2s+1)^2(1+0.5ds)}{2\{(1+0.5ds)(\tau_{cl}s+1)^2-(1-0.5ds)\}}$$

5.

(a) FOPDT model

$$y(s)=\frac{Ke^{-ds}}{\tau s+1}u(s)$$

$$K=\Delta y_{ss}/\Delta u_{ss}=2$$

변곡점에서 접선을 그은 후 접선이 시간 축을 끊는 점으로부터 d, 응답이 새 정상상태 출력의 63.2%에 도달하는 시간으로 τ를 결정하면 d = 1.5, τ=2.85

(b)IAE 설정값 조율법에 의한 PI제어기 파라미터

P-mode

$$A(d/\tau)^B=KK_c, A=0.758, B=-0.861$$

I-mode

$$\tau/T_I=A+B(d/\tau), A=1.02, B=-0.323$$

$$K_c=0.6487, T_I=3.3059$$

(c)

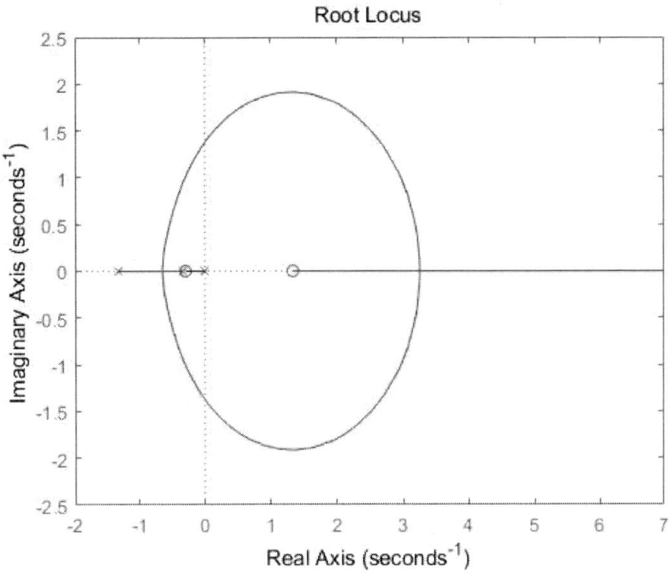

6.

$$G_p(s) = \frac{2}{(5s+1)(s+1)} \qquad G_m(s) = \frac{2}{5s+1}$$

a) 원하는 닫힌 루프 전달 함수 $G_{cl}(s) = \frac{1}{2s+1}$

$G_m(s)$ 에 대한 PI 제어기 파라미터 결정

$$G_{cl}(s) = \frac{G_c(s)G_m(s)}{1+G_c(s)G_m(s)} = \frac{1}{2s+1}$$

$$G_c(s) = K_C(1+\frac{1}{T_I s}) = \frac{1}{G_m(s)}\left[\frac{G_{cl}(s)}{1-G_{cl}(s)}\right]$$

$$= \frac{5s+1}{2}\left[\frac{\frac{1}{2s+1}}{1-\frac{1}{2s+1}}\right] = \frac{5}{4}\left(1+\frac{1}{5s}\right)$$

$$\therefore K_C = \frac{5}{4}, \quad T_I = 5$$

b) $G_p(s) = \frac{2}{(5s+1)(s+1)}, \qquad G_C(s) = \frac{5}{4}\left(1+\frac{1}{5s}\right)$

$$G_{cl}(s) = \frac{G_c(s)G_p(s)}{1+G_c(s)G_p(s)} = \frac{\frac{5}{4}\left(1+\frac{1}{5s}\right)\frac{2}{(5s+1)(s+1)}}{1+\frac{5}{4}\left(1+\frac{1}{5s}\right)\frac{2}{(5s+1)(s+1)}} = \frac{2(5s+1)}{4s(5s+1)(s+1)+2(5s+1)} = \frac{1}{2s^2+2s+1}$$

단위계단변화에 대한 공정 출력 응답은 아래와 같다.

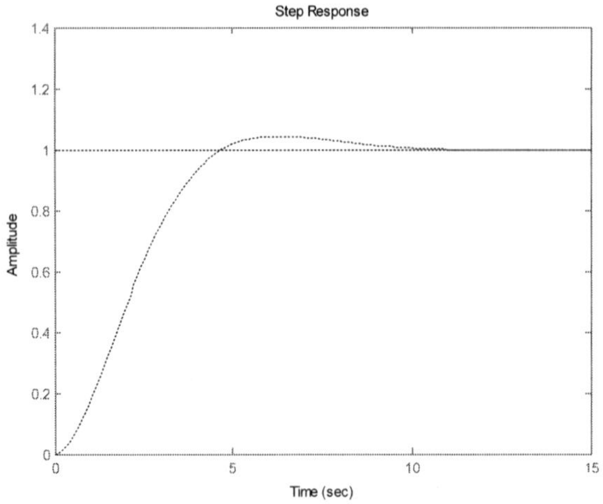

7. .(a) $G^{+}_{nom}(s) = e^{-s}, G^{-}_{nom}(s) = \dfrac{3}{(s+1)(3s+1)}$

닫힌 루프 전달함수

$G^{+}(s)(1/\lambda s+1)^{r}, r=2$ 로 지정하면

$$G_i(s) = \frac{(s+1)(3s+1)}{3}\frac{1}{(\lambda s+1)^2}$$

$$G_c(s) = \frac{G_i(s)}{1-G_i(s)G_{nom}(s)} = \frac{\dfrac{(s+1)(3s+1)}{3(\lambda s+1)^2}}{1-\dfrac{(s+1)(3s+1)}{3(\lambda s+1)^2}\dfrac{3e^{-s}}{(s+1)(3s+1)}} = \frac{(s+1)(3s+1)}{3((\lambda s+1)^2-e^{-s})}$$

$$y(s) = \frac{G(s)}{1+G(s)G_c(s)}d(s) + \frac{G(s)G_c(s)}{1+G(s)G_c(s)}r(s)$$

$$\frac{G(s)}{1+G(s)G_c(s)} = \frac{\dfrac{4e^{-s}}{(s+1)(4s+1)}}{1+\dfrac{4e^{-s}}{(s+1)(4s+1)}\dfrac{(s+1)(3s+1)}{3\left\{(\lambda s+1)^2-e^{-s}\right\}}} = \frac{12e^{-s}\left\{(\lambda s+1)^2-e^{-s}\right\}}{(s+1)\left[3(4s+1)\left\{(\lambda s+1)^2-e^{-s}\right\}+4e^{-s}(3s+1)\right]}$$

$$\frac{G(s)G_c(s)}{1+G(s)G_c(s)} = \frac{\dfrac{4e^{-s}}{(s+1)(4s+1)}\dfrac{(s+1)(3s+1)}{3((\lambda s+1)^2-e^{-s})}}{1+\dfrac{4e^{-s}}{(s+1)(4s+1)}\dfrac{(s+1)(3s+1)}{3((\lambda s+1)^2-e^{-s})}} = \frac{4e^{-s}(3s+1)}{3(4s+1)\left\{(\lambda s+1)^2-e^{-s}\right\}+4e^{-s}(3s+1)}$$

8.

$$G_p(s)=\frac{K}{(\tau_1 s+1)(\tau_2 s+1)},\qquad G_{cl}(s)=\frac{1}{(s/\omega_n)^2+2\zeta(s/\omega_n)+1}$$

직접합성법을 이용하면

$$G_c(s)=\frac{1}{G_p(s)}\left[\frac{G_{cl}(s)}{1-G_{cl}(s)}\right]$$

$$G_p(s)=\frac{K}{(\tau_1 s+1)(\tau_2 s+1)}$$

$$G_p^-(s)=\frac{K}{(\tau_1 s+1)(\tau_2 s+1)},\qquad \mathrm{G}_p^+(s)=1$$

$$G_{cl}(s)=\mathrm{G}_p^+(s)\mathrm{G}_{cl}^*(s)=\frac{1}{(s/\omega_n)^2+2\zeta(s/\omega_n)+1}$$

$$G_c(s)=\frac{1}{G_p(s)}\left[\frac{G_{cl}(s)}{1-G_{cl}(s)}\right]=\frac{1}{\dfrac{K}{(\tau_1 s+1)(\tau_2 s+1)}}\left[\frac{\dfrac{1}{(s/\omega_n)^2+2\zeta(s/\omega_n)+1}}{1-\dfrac{1}{(s/\omega_n)^2+2\zeta(s/\omega_n)+1}}\right]$$

$$=\frac{(\tau_1 s+1)(\tau_2 s+1)}{\mathrm{K}\{(s/\omega_n)^2+2\zeta(s/\omega_n)\}}$$

동일 공정에 IMC방법으로 제어기를 설계하면

$$G_m(s)=\frac{K}{(\tau_1 s+1)(\tau_2 s+1)}$$

$$G_m^-(s)=\frac{K}{(\tau_1 s+1)(\tau_2 s+1)},\qquad \mathrm{G}_m^+(s)=1$$

$$G_c(s)=\frac{G_i(s)}{1-G_m(s)G_i(s)}=\frac{\dfrac{1}{G_m^-(s)}F(s)}{1-G_m^+(s)G_m^-(s)\dfrac{1}{G_m^-(s)}F(s)}$$

$$=\frac{\dfrac{(\tau_1 s+1)(\tau_2 s+1)}{K}\dfrac{1}{(s/\omega_n)^2+2\zeta(s/\omega_n)+1}}{1-\dfrac{K}{(\tau_1 s+1)(\tau_2 s+1)}\dfrac{(\tau_1 s+1)(\tau_2 s+1)}{K}\dfrac{1}{(s/\omega_n)^2+2\zeta(s/\omega_n)+1}}=\frac{(\tau_1 s+1)(\tau_2 s+1)}{\mathrm{K}\{(s/\omega_n)^2+2\zeta(s/\omega_n)\}}$$

동일한 결과를 얻을 수 있다.

9.

직접합성법을 이용하면

$$G_p^+(s)=(1-s/z),G_p^-(s)=\frac{K}{(\tau_1 s+1)(\tau_2 s+1)}$$

$$G_{cl}^*(s) = \frac{K}{(\tau_{cl}s+1)^2}$$

$$G_c(s) = \frac{1}{G_p^-(s)}\left[\frac{G_{cl}^*(s)}{1-G_{cl}^*(s)}\right] = \frac{(\tau_1 s+1)(\tau_2 s+1)}{K}\left(\frac{\dfrac{K}{(\tau_{cl}s+1)^2}}{1-\dfrac{K}{(\tau_{cl}s+1)^2}}\right) = \frac{(\tau_1 s+1)(\tau_2 s+1)}{(\tau_{cl}s+1)^2 - K}$$

IMC 방법으로 설계하면

$$G_m^+(s) = (1-s/z), G_m^-(s) = \frac{K}{(\tau_1 s+1)(\tau_2 s+1)}$$

$$G_i(s) = \frac{1}{G_m^-(s)}F(s) = \frac{(\tau_1 s+1)(\tau_2 s+1)}{K}\frac{1}{(\tau_{cl}s+1)^2}$$

$$G_c(s) = \frac{G_i(s)}{1-G_i(s)G_m(s)} = \frac{\dfrac{1}{(\tau_{cl}s+1)^2}\dfrac{(\tau_1 s+1)(\tau_2 s+1)}{K}}{1-\dfrac{(1-s/z)}{(\tau_{cl}s+1)^2}} = \frac{(\tau_1 s+1)(\tau_2 s+1)}{K\left\{(\tau_{cl}s+1)^2 - 1 + s/z\right\}}$$

저자소개

이 광순

1977 화학공학 학사, 서울대학교
1983 화학공학 학사, KAIST
1983-현재 화공생명공학과 교수, 서강대학교

화학공학인을 위한 공정제어 이론과 실무

A-JIN

인 쇄 : 2018년 05월 15일
발 행 : 2018년 05월 20일
저 자 : 이광순
발 행 처 : 도서출판 아진
437-120
경기도 의왕시 이미로 40 (포일동 653번지)
인덕원IT밸리 A동 1019호
TEL:02-737-0663 FAX:02-737-0664
Homepage:ajin.to
E-mail:kgb@ajin.to
발 행 인 : 김 근 배
등록번호 : 제330-1995-56호
I S B N : 978-89-5761-516-4 93570

가격 25,000원